科学出版社"十四五"普通高等教育本科规划教材

兽医病理生理学

（第二版）

杨鸣琦　主编

科学出版社

北　京

内 容 简 介

全书共19章,以疾病论、基本病理过程、器官病理生理学等传统兽医病理生理学的体系为基础,保持了该学科的系统性与完整性,有利于学生在全面理解的同时打好基础,还增加了细胞凋亡与疾病、细胞黏附分子与疾病、细胞信号转导与疾病、自由基与疾病、多器官功能障碍综合征等现代病理生理学新进展的内容,充分反映了当前这方面的创新成果。本书结构严谨、内容翔实,突出重点、兼顾一般,删繁就简、文字精练,通俗易懂、实用性强。

本书不仅适合全国高等农林院校动物医学专业及其相关专业(动物药学、兽医公共卫生)四年或五年制教学使用,也可作为研究生、兽医病理学工作者与临床兽医工作者的参考书。

图书在版编目(CIP)数据

兽医病理生理学 / 杨鸣琦主编. —2版. —北京:科学出版社,2022.12
科学出版社"十四五"普通高等教育本科规划教材
ISBN 978-7-03-074225-4

Ⅰ. ①兽⋯ Ⅱ. ①杨⋯ Ⅲ. ①兽医学-病理生理学-高等学校-教材
Ⅳ. ①S852.33

中国版本图书馆CIP数据核字(2022)第235644号

责任编辑:刘 丹 韩书云/责任校对:严 娜
责任印制:张 伟/封面设计:迷底书装

科 学 出 版 社 出版
北京东黄城根北街 16 号
邮政编码:100717
http://www.sciencep.com

北京凌奇印刷有限责任公司 印刷
科学出版社发行 各地新华书店经销
*
2010年5月第 一 版 开本:787×1092 1/16
2022年12月第 二 版 印张:21 1/4
2023年7月第十三次印刷 字数:530 400

定价:79.00元
(如有印装质量问题,我社负责调换)

《兽医病理生理学》（第二版）编委会名单

《兽医病理生理学》（第一版）编委会名单

第二版前言

本书是科学出版社"十四五"普通高等教育本科规划教材,其第一版于2010年出版以来,得到了业界同行和广大师生的认可与欢迎,国内多所院校将本书作为动物医学专业的教材或参考书,还被部分院校列为硕士研究生或博士研究生入学考试的指定参考书。

本书第一版出版已逾10年,本学科已有不少进展,第二版基本保持了第一版的结构体系,着重对内容进行了修改,尤其是结合了本学科与疾病发生机制密切相关的研究新进展。考虑到专业培养方案中其他课程教学大纲中涉及与动物遗传疾病相关的内容,故在第二版中删除了"遗传与疾病"一章。第二版共19章,涵盖疾病论、基本病理过程、器官病理生理学三大内容。

本书不仅适合全国高等农林院校动物医学专业及其相关专业(动物药学、兽医公共卫生)四年或五年制教学使用,也可作为研究生、兽医病理学工作者与临床兽医工作者的参考书。

本书第二版在编写过程中,得到了西北农林科技大学、各位编者所在院校及科学出版社的大力支持,谨此一并致谢!

虽然本书全体编者认真编撰、修改,但不妥之处在所难免,恳请同行和师生批评指正,以便再版时订正。

杨鸣琦

2022年12月

第一版前言

为了适应科学技术的发展和兽医专业（动物医学专业）兽医病理生理学教学的需要，我们组织了全国13所农林院校16位在兽医病理生理学教学、科研第一线的专家、教授共同编写了本书，以供农林院校兽医专业教学使用。

兽医病理生理学是兽医科学中基础兽医学与临床兽医学结合点上的一门重要学科，其任务是通过研究患病动物机体功能、代谢的变化来阐明疾病发生、发展与转归规律及其基本机制的学科，对学习、研究和从事兽医工作十分必要。著名病理学家Virchow曾称："病理生理学是医学的真正科学"（Pathologic physiology，the true science of medicine）。

随着现代生物科学的发展和学科之间的渗透、交叉，兽医病理生理学的研究领域与对象不断扩大，出现了不少边缘学科和新的学科分支，兽医病理生理学取得了很大的进展。本书以疾病论、基本病理过程、器官病理生理学等传统兽医病理生理学的体系为基础，保持了该学科的系统性与完整性，有利于学生在全面理解的同时打好基础，还增加了细胞凋亡与疾病、细胞黏附分子与疾病、细胞信号转导与疾病、自由基与疾病、多器官功能障碍综合征等现代病理生理学新进展的内容，充分反映当前这方面的创新成果。

本书共20章，涵盖疾病论、基本病理过程、器官病理生理学等三人内容。

本书不仅适用于全国各高等农业院校兽医专业（动物医学专业）及其相关专业（兽医公共卫生、动物药学）四年或五年制教学使用，也可作为研究生、兽医病理学工作者与临床兽医工作者的参考书。在教学过程中，各校可根据实际情况对内容进行适当的调整。

虽然编写《兽医病理生理学》的初衷是本书既能继承和反映当代兽医病理生理学的发展水平，又能体现和突出中国兽医专业教学的特色与优势；既有完整的系统性，又有前沿的创新性；既强调理论阐述上的严谨性，又突出对学生学习的指导性。在编写过程中，我们力求做到结构严谨、内容翔实，突出重点、兼顾一般，删繁就简、文字精练，但缺点与错误在所难免，恳请兽医病理生理学工作者批评指正。

在本书付梓之时要衷心感谢西北农林科技大学、所有编者所在院校及科学出版社等单位和个人的大力支持与帮助。

杨鸣琦
2009年11月

目　　录

绪　　论

兽医病理生理学（veterinary pathophysiology）又称动物病理生理学（animal pathophysiology），是研究动物疾病发生、发展和转归的规律及其机制，为动物疾病的诊断和防治提供理论基础，为人类疾病提供可靠动物模型的科学。

一、兽医病理生理学在兽医科学中的地位

兽医病理生理学与兽医病理解剖学（veterinary pathoanatomy）是连接基础兽医学与临床兽医学的"桥梁"或"纽带"，前者侧重功能、代谢变化与机制的研究，后者侧重形态结构变化的研究，二者相辅相成、相互配合，在兽医学教学中起着承前启后的作用。

兽医病理生理学作为一门独立的学科，是兽医科学发展的必然结果，其研究范围几乎涵盖了从基础到临床的所有兽医学领域。它以兽医解剖学、动物生理学、动物生物化学、兽医微生物学、兽医免疫学等学科为基础，为进一步学习兽医内科学、兽医外科学、兽医外科手术学、兽医产科学、兽医传染病学和兽医寄生虫病学等课程奠定理论基础，在疾病的诊断、机制的阐明和临床工作水平的提高等方面均起着十分重要的作用。

二、兽医病理生理学的基本内容

兽医病理生理学涵盖下列三大内容。

（一）疾病论

疾病论包括健康与疾病的概念，疾病发生的原因，疾病发生、发展的一般规律与基本机制，疾病的经过与转归，寄生物与宿主的关系，细胞凋亡与疾病，细胞黏附分子与疾病，细胞信号转导与疾病，自由基与疾病，应激与疾病等内容（本书第一至七章）。这部分内容着重阐述疾病发生、发展的一般规律及基本机制，为正确理解和掌握具体疾病的特殊规律提供基本概念和思想方法。

（二）基本病理过程

基本病理过程包括水与电解质代谢障碍、酸碱平衡紊乱、缺氧、发热、炎症介质、弥散性血管内凝血、休克等内容（本书第八至十四章）。这部分内容着重阐述在临床上许多疾病所共有的、典型的、具有代表性的基本病理过程及机制。

（三）器官病理生理学

器官病理生理学包括心功能不全、呼吸功能不全、肝功能不全、肾功能不全和多器官功能障碍综合征等内容（本书第十五至十九章）。这部分内容着重阐述各器官系统疾病的病因与发病机制。

三、兽医病理生理学的研究方法

兽医病理生理学的研究方法整体来说有动物实验和临床观察两种，这是兽医病理生理学研究的两大支柱。从机体组成上来说，有分子水平、细胞水平、器官系统水平及整体水平的研究等；分子、细胞、器官系统水平的研究侧重于分析单因子的影响，整体水平的研究侧重于综合分析多因子对机体的影响。从学科分类上来说，有化学方法、物理方法、生物化学方法、免疫学方法、生理学方法等。这里主要讲动物实验和临床观察两种方法。

（一）动物实验

在人为控制条件下，在实验动物身上复制疾病模型或在体外培养细胞、组织及器官，然后根据需要对其功能、代谢、形态结构等改变进行研究，将其结果通过综合分析来探索疾病发生的机制。这是兽医病理生理学研究的基本方法，可分为体内试验与体外试验两种。

1. 体内试验　　体内试验（*in vivo* experiment）是指直接在实验动物身上复制疾病，然后进行样品采集与指标测定。体内试验是整体水平的研究，是以完整机体为研究对象来观察、分析在各种内外环境改变的情况下，疾病发生、发展的过程及其变化规律。

体内试验的优点是实验在动物体内进行，比较符合疾病发生时的实际情况；缺点是其影响因素较多，需要比较多的样本，费时、费力。

2. 体外试验　　体外试验（*in vitro* experiment）是运用培养基在体外培养选定的细胞、组织或器官来观察外来因子对细胞、组织或器官的影响，包括细胞培养（cell culture）、组织培养（tissue culture）和器官培养（organ culture）。

（1）细胞培养　　细胞培养是指用单个细胞或细胞群在体外进行培养的同时加入致病因子来观察细胞功能、代谢及形态结构的变化。这是细胞水平上的研究，是最常用的体外试验方法。

动物机体器官的功能是由构成该器官的各种细胞的生理特性决定的。例如，心脏的收缩功能是由心肌细胞的生理特性决定的。细胞的生理特性是由构成细胞的各种分子，尤其是生物大分子（蛋白质、核酸）的生化特性决定的。细胞特殊基因表达的异常会导致细胞结构与功能的异常。这是分子水平的研究，其研究的是疾病发生的分子机制。

（2）组织培养　　组织培养是指从动物体内取出组织，并将其在模拟体内生理环境培养的同时加入致病因子来观察组织功能、代谢及形态结构的变化。这往往是细胞或分子水平的研究。

（3）器官培养　　器官培养是指从动物体内取出某个器官或一部分器官，并将其在模拟体内生理环境培养的同时加入致病因子来观察器官功能、代谢及形态结构的变化。这是器官系统水平的研究。

体外试验的优点是能人为地控制条件，了解单因子在疾病发生、发展过程中对细胞、组织或器官甚至机体的影响；缺点是其结果有时与体内差异较大。

（二）临床观察

临床观察是对自然发病的动物在整体观察的基础上，根据疾病特点和研究目的，选用实验室技术对其血液、尿液、骨髓等做化验，其结果可直接反映患病动物机体的功能、代谢或某些形态结构的改变，从而了解具体疾病的发生、发展过程，综合分析其发生机制并制订治疗方案。临床观察也属于整体水平的研究。

四、学习兽医病理生理学的指导思想

病理生理学是医学的哲学，是医学的真正科学；兽医病理生理学也不例外。

辩证唯物主义的哲学思想应当是学习兽医病理生理学的指导思想，要具体地运用辩证唯物主义的观点去观察、分析和解决疾病中的各种问题，主要应树立以下几个观点。

（一）整体的观点

要正确地认识动物有机体局部与整体的辩证关系。局部病理过程受整体状态的制约，同时又不断地影响或改变整体的状态；机体疾病时的全身性反应往往也有局部表现（详见第一章第三节中"疾病过程中局部与整体的关系"）。

（二）运动发展的观点

任何疾病或病理过程同一切事物一样，都是在运动的、发展的、变化的，都有一个由发生、发展到消亡的过程。我们观察疾病的症状、病理变化及检测到的生理生化指标等都是其发展过程中某一阶段的状态，我们要运用运动发展的观点去理解，通过前后对比、综合分析，"去粗取精，去伪存真，由此及彼，由表及里"来揭示整个疾病过程的全貌。

（三）对立统一的观点

疾病是机体内损伤与抗损伤的一种对立统一体，损伤与抗损伤贯穿于整个疾病过程的始终，双方力量的对比决定着疾病的发生、发展与转归（详见第一章第三节中"疾病过程中损伤与抗损伤的关系"）。

（四）实践第一的观点

认识来源于实践，要坚持实践、认识、再实践、再认识的哲学观。兽医病理生理学是一门实践性很强的学科，要深入临床调查研究，全面掌握患病动物所呈现的功能、代谢变化及其相关数据，细致观察组织、器官的病变，在充分占有第一手资料的基础上综合分析，才有可能正确阐明疾病发生、发展的规律与发生机制。

在学习过程中，既要重视理论知识的学习，又要重视教学实验。要循序渐进地学好每一章节，将其有机地联系起来；在实验教学中要独立操作、独立思考，运用所学理论知识以严谨的、实事求是的科学态度来观察、分析每一实验现象及其发生机制。

（杨鸣琦）

第一章 疾病概论

著名病理学家Virchow有句名言："疾病是变异条件下的生命"（Disease is life under altered condition）。

第一节 健康与疾病的概念

正常情况下，机体内部各器官系统之间的功能代谢活动相互协调，维持着动态平衡，机体与外界环境之间也保持着相互统一，我们把机体这时的生命活动过程称为健康（health）。Bernard的体内环境恒定学说（stability of the milieu interne hypothesis）和Cannon的体内稳态学说（homeostasis hypothesis）认为健康是体内环境的恒定或稳定，疾病则是这种恒定稳态的破坏。人们对人类健康的理解日臻完善，世界卫生组织（World Health Organization，WHO）将健康定义为：健康不仅指没有疾病，而且在身体上、心理上、社会适应性上处于完好状态（state of complete well-being）。从健康到疾病是一个由量变到质变的过程，两者之间存在中间状态，既不健康也无疾病，即亚健康。

动物疾病（disease of animal）是指动物机体在致病因素作用下，发生损伤与抗损伤的斗争过程，在此过程中，机体的自稳调节（homeostasis control）紊乱，功能代谢和形态结构发生改变，使机体内、外环境之间的相对平衡与协调关系发生障碍，从而表现出一系列的症状（symptom）或体征（sign），并造成动物的生产能力下降或经济价值降低。简言之，动物疾病是指动物机体在致病因素作用下自稳调节紊乱而发生的异常生命活动过程。

例如，禽霍乱（avium cholera）是营养不良、气温突变等因素使禽类机体抵抗能力降低时，多杀性巴氏杆菌的禽型菌株（禽霍乱巴氏杆菌）乘虚而入，进入禽类机体而导致的禽出血性败血症。在此过程中，机体表现的精神沉郁、缩颈闭眼、独立一隅、食欲减少甚至废绝、结膜潮红、冠和垂肉发绀、许多内脏器官出现大小不等的出血斑点等均属于损伤反应；鼻腔分泌物增多、呼吸加快、体温升高、机体吞噬功能增强等则属于机体和入侵的病原菌展开一系列斗争的抗损伤反应。若抗损伤反应占主导地位，消灭了病原菌或经抗菌药物帮助消灭了病原菌，并使损伤得以修复，机体则由疾病状态恢复健康；若损伤反应占主导地位或治疗不当，病原菌不但未被消灭，甚至在体内繁殖，使损伤不能修复，则疾病将进一步发展。

有人将系统论（system theory）和控制论（cybernetics）的概念与原理移植到医学中，认为健康的本质是机体通过复杂的调节代偿机制对定态遭受威胁做出反应能力的保持，疾病是这种调节代偿机制受破坏从而引起定态丧失（loss of the steady state）的结果。对疾病本质的认识是随着人们对疾病认识水平的提高和疾病本身的发展而逐步深入的，已从群体水平、个体水平、系统器官组织水平、细胞水平、亚细胞水平发展到分子水平。

中医对健康与疾病的认识及疾病的防治都是以我国的传统哲学思想——阴阳五行学说为指导的。阴阳学说认为，"阴阳者，天地之道也""生之本，本于阴阳""阴平阳秘，精神乃治；阴阳离决，精气乃绝"，用现代语言来讲，就是生命的根本在于对立统一，健康乃对立生命过程的统一、平衡；疾病或死亡乃对立生命过程统一性或平衡性的破坏。

中、西医虽是两个截然不同的独立体系，但对健康与疾病的认识有着相似的描述。当然西医惯用的研究方法是分析的、还原论的方法（reductionistic approach），侧重揭示健康与疾病的局部规律，对阐明疾病的本质非常必要；中医传统研究方法主要是综合的、构成论方法（compositionistic approach），侧重揭示健康与疾病的整体规律。

兽医工作者的主要任务就是要正确掌握动物疾病与健康之间的转化条件，明确主攻方向，采取合理的、有效的防治原则与措施，消除致病因素的损伤作用，增强机体的抗损伤能力，使疾病朝着有利于健康的方向转化，从而保护动物健康，维护动物性食品安全，最终保障人类健康。

第二节　疾病发生的原因

疾病发生的原因，简称病因（cause of disease），也称致病因素（pathogenic factor）。研究疾病发生原因和条件的科学称为病因学（etiology）。

任何疾病都是由一定的致病因素引起的，没有原因的疾病是不存在的。有些疾病发生的原因，尽管目前尚不清楚，但随着科学技术的发展，最终一定会被人们认识的。

疾病发生的原因很多，根据来源可分为外源性致病因素（外因）和内源性致病因素（内因）两方面。然而对于大多数疾病的发生来说，除了引起疾病的某种特定因素，还有疾病的条件，即所谓诱因。能够促进疾病发生的因素称为诱因（precipitating factor）。

病因与诱因不同，同一因素既可以是某一疾病发生的病因，也可以是另一疾病发生的诱因。譬如，寒冷（低温）是冻伤的病因，也可以成为感冒、肺炎、关节炎等疾病的诱因；营养不良是营养缺乏症的病因，也会成为结核病发生的诱因。因此，在阐述某一具体疾病发生原因时要具体问题具体分析。

一、外源性致病因素

（一）生物性致病因素

自从Pasteur发现很多疾病由微生物引起以后，生物性致病因素一度成为预防疾病的主攻方向，这是最常见的外界致病因素，包括各种病原微生物（如病毒、细菌、支原体、衣原体、立克次氏体、螺旋体、真菌等）和寄生虫（如原虫、蠕虫等），可引起传染病或寄生虫病，是养殖业的大敌，也是动物检疫的重点。

生物性致病因素的致病特点有以下几点。

1. 特异性强　生物性致病因素引起的疾病具有一定的病理变化和特异性的免疫反应。例如，禽结核病，在肝、肠等部位可出现大量的灰白色结节，较大结节中心呈淡黄色。禽型结核杆菌侵入机体后还可产生特异性的抗体，我们可利用这种特点应用荧光抗体法或结核菌素垂肉内注射法来诊断禽结核病。

2. 潜伏期恒定　生物性致病因素侵入机体后在体内生长繁殖，达到一定数量或毒力增强到一定程度时，才表现出一定的症状。例如，鸡白痢沙门菌所引起的鸡白痢，其潜伏期为4～5d；禽巴氏杆菌所引起的禽霍乱，其潜伏期为2～9d；鸡新城疫病毒所引起的新城疫，其潜伏期为3~5d。

3. 入侵途径及部位具选择性　　生物性致病因素对感染动物的种属、入侵门户、感染途径和寄生部位等，均具有选择性。例如，鸡新城疫病毒主要通过消化道和呼吸道入侵，先寄生在呼吸道和消化道黏膜并大量繁殖，然后侵入血液循环，迅速扩散至全身，引起败血症。又如，鸡球虫病具有侵袭性的卵囊被鸡食入后，在肠道中游离出孢子，孢子钻入肠黏膜上皮细胞并在其中继续发育成裂殖体，裂殖体又进一步发育分裂成许多裂殖子，裂殖子继续钻入肠壁黏膜上皮细胞再发育成裂殖体；如此往复过程都是在肠壁黏膜上皮细胞内外进行的。

4. 产生有毒产物对机体造成损伤　　生物性致病因素在体内生长繁殖的过程中可产生一些有毒代谢产物（内毒素、外毒素、溶血素等）从而对机体造成损害。例如，禽曲霉菌侵入机体后，除本身引起侵入部位的炎症过程外，还产生大量的黄曲霉毒素而引起家禽出现神经中毒等现象。又如，鸡奇棒恙螨病，该螨吸食鸡组织液时除对皮肤造成损伤外，还向伤口注射一种强刺激性的物质，造成其附着部位奇痒。

5. 机体抵抗力起着举足轻重的作用　　当机体防御功能健全或抵抗力很强时，虽然体内带有病原微生物，但也不一定发病；反之，若机体抵抗力减弱，则平时没有致病作用或毒性不强的微生物也可能引起发病。目前，在大型机械化、集约化养殖场，必须人为地采取预防接种的措施，以增强动物机体对某些疾病的抵抗力。

（二）化学性致病因素

随着经济的发展，由于科学技术的飞跃进步，工农业生产的迅猛发展，人类征服自然的能力空前提高，每年都有大量新合成的化学物投放市场，每年都有数以亿吨计的各种废物被抛到环境中，日积月累，终于达到了大自然稀释和净化不了的程度，于是出现了环境污染。不言而喻，环境的污染必然带来动植物和食品的污染，从而给人类和动物带来危害。近半个世纪以来，世界上相继发生过多起环境污染造成的公害事件，使成千上万的人与畜禽蒙难受害，更多的人和动物呼吸着污染的空气，食用着污染的食品，受到长期的慢性毒害。据统计到目前为止，世界上至少有36种哺乳动物绝迹，还有120种正处在绝迹的危险中，有94种鸟类绝迹，还有187种趋于绝迹。生物死亡造成生态平衡的破坏，将会导致更多严重的结果。如果人类要继续享用工业化世界所带来的文明，就必须研究和控制污染，否则总有一天，人类将会面临灭顶之灾。

化学性致病因素主要是污染造成的。除此之外，还有化学农药及化工产品的广泛应用，若应用不当，就会成为致病因素；在某些情况下，化学性致病因素可以来自体内，导致内源性的自体中毒，如肾功能不全时引起的尿毒症等。

化学性致病因素包括植物性毒物（如荨麻）、动物性毒物（如尸毒）、无机化学性毒物（如酸、碱）、有机化学性毒物（如乙醇、氯仿）、现代农药毒物（如有机磷、氯、硫、汞、砷）等。现代工业毒物主要是工业三废中所含的铅、汞、CO_2、HCl、醌等，现代军用毒剂有糜烂性毒剂芥子气、刺激性毒气苯氯乙酮、窒息性毒剂双光气等。

化学性致病因素的致病特点有以下几点。

1. 蓄积发病，有一短暂潜伏期　　化学性致病因素除慢性中毒外，引起疾病的潜伏期一般较短。例如，镉在动物体内的半衰期为16~33年，那么长期微量饲用，就会蓄积发病。从开始食用到出现症状这一阶段就是潜伏期。

2. 对组织器官有选择性的毒害作用 如黄曲霉毒素、CCl₄等主要损害肝；CO、亚硝酸盐等主要使血液成分变性，从而失去其固有的携氧功能；疯草（locoweed）毒素主要损伤神经组织，使动物出现神经症状；萱草（orange daylily）毒素主要损伤视神经，常引起牛、羊等动物失明。

（三）物理性致病因素

一定强度的机械力、温度、光、电、电离辐射等均可成为致病因素。机械力可引起创伤。温度过高或过低可引起烧伤或冻伤；持续高温可引起中暑，持续低温可使机体抵抗力降低而诱发其他疾病，如感冒等。光为机体所必需，一般无致病作用，当体内含有光过敏物质（如三叶草、荞麦等）时，其对阳光照射的敏感性会增高，易出现疹斑、烧伤等病变。电流作用于局部可引起烧伤（电热作用），作用于全身时可引起肌肉痉挛性收缩甚至搐搦。电离辐射可引起放射性烧伤和放射病。大多数物理性致病因素只在疾病发生的初期损伤机体，引起损伤后失去致病作用，不参与疾病发生、发展的过程。

（四）饲养管理不当

营养物质的缺乏，可造成各种营养缺乏性疾病。例如，饲料中维生素B₂或维生素D缺乏时可引起维生素B₂缺乏症或软骨症。动物若长期处于慢性饥饿状态，则可引起营养不良性水肿、贫血甚至全身性萎缩，最终导致衰竭死亡。饲料中某些物质过多，超过了机体对它的有效利用时，也可能引起代谢障碍。例如，鸡日粮中蛋白质过多可引起痛风。

饲养管理不当所形成的各种应激因素，也可引起疾病。例如，鸡受到惊吓后产软蛋、白蛋（褐壳蛋鸡）增多；母、犊牛分离过早时，母牛胎衣不下的发生率会显著提高。

二、内源性致病因素

疾病的发生和发展，多数由外源性致病因素所致，但与内源性致病因素也有很重要的关系，其中有些内源性因素的异常可直接引起疾病，有些内源性因素的变化，可促进疾病的发生。具体来说，机体内源性致病因素主要有如下几方面。

（一）防御免疫功能降低

1. 屏障功能 健康的皮肤、黏膜可阻挡病原微生物侵入机体；胸腔可保护肺、心和纵隔；颅骨和脊椎骨可保护脑和脊髓。由脑软膜、脉络膜、室管膜及脑血管组成的血-脑屏障，能阻止细菌、某些病毒及一些大分子物质从血液中进入脑脊液或中枢神经系统。胎盘屏障可阻止微生物或大分子物质进入胎儿体内。当机体的这些屏障功能受损或功能不足时，就容易发生疾病。

2. 吞噬和杀灭作用 单核巨噬细胞系统是体内具有较强吞噬防御能力的细胞系统，主要包括分散在全身各处（骨髓、血液、结缔组织、脾、淋巴结、肝、肺、浆膜腔、神经系统）的巨噬细胞、单核细胞。它们能吞噬侵入体内的病原菌、异物及衰老死亡的细胞，并以其溶酶体中所含的各种水解酶消化和分解上述物质。此外，中性粒细胞也起重要的防御作用，能吞噬细菌、细胞碎片及抗原抗体复合物等，并以其溶酶体中的各种水解酶将其杀死或分解消化。嗜酸性粒细胞能吞噬抗原抗体复合物，并通过溶酶体中酶的消化降解作用，减轻抗原抗体复合物引起的有害作用。

唾液与鼻液中的黏多糖能杀灭某些病毒；唾液、汗液与泪液中的溶菌酶可杀灭某些细菌；胃液、胆汁也有一定的杀菌作用。

当机体的吞噬和杀灭能力减弱时，就容易发生感染性疾病。

3. 解毒功能　　肝是机体的主要解毒器官，从肠道吸收来的各种有毒物质，经门静脉到肝，肝细胞可通过氧化、还原、甲基化、乙酰化、脱氨基、脱羧基等形成硫酸酯或葡糖醛酸等，将有毒物质分解、转化或结合成无毒或弱毒物质，经肾排出体外。肾也可通过脱氨基、结合等方式将某些毒性物质解毒。当这些解毒功能障碍时，则可发生中毒性疾病。

4. 排除功能　　消化道的呕吐、腹泻，呼吸道黏膜上皮的纤毛运动、咳嗽、喷嚏，肾的滤过及分泌功能等，都可将有害物排出体外。如果这些排除功能受阻，则可发生相应的疾病。

5. 特异性免疫反应　　动物机体除上述先天性非特异性防御功能外，还有特异性免疫反应。机体的特异性免疫反应，在防止和对抗感染的过程中起着十分重要的作用。在特异性抗原的刺激下，以T细胞活动为主产生致敏淋巴细胞的免疫反应，称为细胞免疫；以B细胞活动为主产生特异性抗体的免疫反应，称为体液免疫。当细胞免疫功能不足时，易发生细菌，特别是化脓性细菌的感染。

当某些个体或品系接触某些抗原物质时可发生过敏反应，如青霉素过敏、禽霉菌性哮喘。

（二）种属及遗传因素

不同种属或品系的动物，对同一外界致病因素的感受性是不一样的。例如，马不感染猪瘟；牛不感染鼻疽；鸡不感染炭疽；鸭、鹅、鸽很少感染真性鸡瘟；来航鸡及杂种鸡比土种鸡易感染鸡新城疫；鸡不感染猪虱，但极易感染鸡羽虱等。这是机体在进化过程中形成的一种先天性的非特异性免疫能力。

遗传性疾病是生殖细胞中遗传物质的缺陷遗传给后代所造成的。例如，有一种爬行鸡（短翅、短胫、走路时像爬行一样）是由一种显性的致死基因引起的，该基因通过杂合体世代传递，这种基因若为纯合体则不会出雏，胚胎在孵化后第四天就会死亡。

（三）年龄与性别

年龄与性别在疾病的发生方面，也具有一定的意义。

幼龄动物的各系统功能发育不够完全，防御代偿能力还不完善，代谢过程旺盛，易发生消化道及呼吸道疾病。例如，鸡白痢常发生于小鸡，鸡传染性法氏囊病常发生于90日龄以内的鸡群。成年动物的各系统功能发育日趋完善，防御代偿能力日益加强，故抵抗力较强。例如，成年鸡对马立克病病毒感染的抵抗力比1日龄鸡强1000～10 000倍。老龄动物的神经系统功能衰退，防御屏障功能也大大减弱，易发生传染病及其他疾病，当器官受到损伤时，修复过程也较缓慢。

机体性别不同，对致病因素的反应也不同。例如，牛、犬、鸡的白血病，雌性发病率明显高于雄性；患鸡产蛋下降综合征的当然是母鸡。

三、内因与外因的关系

在疾病发生、发展过程中，外因与内因之间的关系可概括为：外因是变化的条件，内因是变化的根据，外因通过内因而起作用。例如，鸡新城疫病毒只感染鸡、火鸡等禽类，而不感染猪；猪瘟病毒只感染猪而不感染鸡等禽类。又如，在鸡法氏囊病大流行的1991年，同群鸡内，有些鸡发病，有些鸡不发病；同样剂量的某些化学药品（如敌百虫、水合氯醛、土霉素等）对一些动物可能具有治疗作用，而对另一些动物可能成为危及生命的毒物。

疾病的发生是内因和外因相互作用的结果。中医认为："正气存内，邪不可干""邪之所凑，其气必虚"。从某种意义上讲，这对阐述内因和外因之间的关系起到了画龙点睛的效果。那么内因和外因在疾病发生过程中谁起主要的、决定性的作用呢？这要看具体情况，进行具体分析，一般来说，内因起着主要的、决定的作用，但有时外因也起着主要的作用。这主要取决于当时内因和外因两方面的力量对比关系。例如，外伤或某些疾病大流行（如鸡新城疫、鸡法氏囊病），因外因作用强度一时大于机体抵抗力，所以外因起了主要的、决定性的作用；如果对其进行预防接种，提高了机体的抵抗力（内因），那么尽管有时碰到疫病大流行，该群动物也会幸免于难，在这里内因起决定性的作用。

由此可见，内因与外因在特定情况下彼此之间的相对强弱决定着疾病是否发生及疾病发生的过程。

第三节　疾病发生、发展的一般规律与基本机制

不同疾病发生、发展的规律与机制不尽相同。不同疾病在发生、发展过程中共同存在或遵守的基本规律属疾病发生、发展的一般规律。不同疾病发生、发展的基本原理，即基本机制，不同于具体疾病的特殊机制。研究疾病发生、发展和转归的一般规律与基本机制的科学称为发病学（pathogenesis）。

一、疾病发生、发展的一般规律

（一）疾病过程中损伤与抗损伤的关系

致病因素作用于动物机体引起功能、代谢与形态结构等各种病理性损伤的同时，也动员机体各种防御、适应、代偿功能来对抗致病因素及其所引起的损伤。损伤与抗损伤的斗争，贯穿于疾病的始终，推动着疾病的发生、发展过程。损伤与抗损伤之间有如下几种关系。

1. 相互对立　自然界万事万物，其内部都存在着相反的两种属性，二者是相互对立的，是一切事物的根本矛盾。疾病过程中的损伤与抗损伤，是疾病的一对根本矛盾，二者是相互对立的。

2. 二者互依　自然界事物或现象中对立着的两个方面相互依存，相互为用。疾病过程也不例外，损伤与抗损伤是相互依存的，二者处于同一共同体（动物机体）之中。

"对立"和"互依"接近于马克思主义哲学中的"对立统一规律"，损伤与抗损伤既对立，又统一，都是以另一方的存在作为自己存在的前提，即没有损伤就没有抗损伤，没有抗损伤就没有损伤。

3. 彼此消长　　事物中对立着的两个方面，是运动变化的，其运动规律是以彼此消长的形式进行的。"日往则月来，月往则日来，日月相推而明生焉"（《周易·系辞下》），所谓往来就是消长。

在疾病过程中，损伤和抗损伤所处的主导地位是变化的，在疾病发生的最初阶段，损伤一般占主导地位，随着疾病过程的发生、发展（当然包括有效的治疗），若抗损伤占主导地位，则机体趋于康复。

消长法则告诉我们，认识疾病也必须用发展的眼光。任何疾病都是由发生、发展直到死亡或康复的过程，在不同的阶段有不同的疾病现象。例如，某个症状或病理组织学变化，并非反映这一过程全貌，只是疾病在某一特定阶段的表现。因此，我们必须通过观察和对比，"去粗取精、去伪存真、由此及彼、由表及里"，来揭示这一过程的真相。

4. 相互转化　　相互转化是指事物的两种不同属性，在一定条件下向其对立的方面转化。"暑极不生暑而生寒，寒极不生寒而生暑；屈之甚者信必烈，伏之久者飞必决"（《魏源集》），这句古语的实质就是讲这种转化关系的。

损伤与抗损伤是疾病的两个方面，若损伤占主导地位，机体就发病，若抗损伤占主导地位，机体就康复，若抗损伤表现得极为强烈，机体也可能发病，如自身免疫病（过敏等）。必要的损伤也可以治病（如手术摘除肿瘤等）。

正确认识损伤与抗损伤之间的关系及彼此之间相互转化的条件，对于疾病的防治有很重要的意义。疾病重在预防，"是故圣人不治已病治未病，不治已乱治未乱，此之谓也。夫病已成而后药之，乱已成而后治之，譬犹渴而穿井，斗而铸锥，不亦晚乎"（《素问·四气调神大论》）。

（二）疾病过程中的因果交替规律

因果交替规律是指在原始病因作用下，机体发生了某种变化，这种变化又可以作为新的病因而引起另外一些变化，使原因和结果交替不已的连锁式发展过程，也称因果转化规律。

例如，禽类饲料中若缺乏氯化胆碱，就会导致脂肪肝发生，这时肝质地变脆，若再遇到产蛋或受惊等刺激，肝就会破裂，肝破裂导致内出血，内出血使有效循环血量下降，有效循环血量下降使组织器官血压降低、缺氧，这会进一步导致中枢神经系统紧张性降低，使循环呼吸障碍加重，严重者因循环呼吸麻痹而死亡。

上述每一中间环节既是上一环节的"果"，又是下一环节的"因"，因果如此交替，形成病情日益严重的因果恶性循环，最终导致死亡。在治疗实践中，若能及时找出疾病发展和恶化的主导环节，并针对这些环节采取相应的措施，则有利于疾病的康复。上述病理过程中，肝破裂是其主导环节，若能及时地在饲料中补充氯化胆碱，减少日粮中蛋白质含量，并在管理方面尽量减少惊恐等应激因素的刺激，就能避免脂肪肝的发生，打断恶性循环，建立良性循环，使疾病向痊愈的方向发展。兽医临床工作者就是要针对疾病发展的不同阶段，通过具体分析正确找出疾病过程的主导环节与转化条件，提出并实施有效的防治措施，打断病理螺旋或恶性循环，使动物由疾病状态转变为健康状态。

（三）疾病过程中局部与整体的关系

无论在疾病过程中还是在健康状态下，机体的任一局部与全身之间，以及各个局部之间，都是通过神经和体液紧密地联系在一起的。孤立地看待疾病时的局部变化或全身变化，否认其相互联系、相互影响、相互制约的观点，都是错误的。例如，某局部组织的化脓灶既可引起其附近淋巴结的炎症（局部与局部），也可引起发热、食欲不佳、毒血症等全身性反应（局部与整体）。又如，感冒本身就是机体的一种全身性反应，在此病理过程中，也会有一些局部的表现，如流鼻涕、打喷嚏、扁桃腺炎等（整体与局部）。在治疗局部化脓灶时，若只顾局部创伤处理而不注意全身状态（补充营养、预防炎症蔓延），那么局部治疗效果则不佳；反之，只管全身，不顾局部，也无法使局部创伤及时愈合，这种治疗方法当然也是片面的。

总之，在认识与防制疾病时，既要从整体出发，又不能忽视局部变化。

（四）疾病过程中功能、代谢和形态结构的关系

正常器官、组织、细胞的形态结构、功能代谢是相互依存、相互制约的统一体。没有正常的形态结构和代谢过程，便不可能有正常的功能；反之，没有正常的代谢过程和功能活动，细胞和组织就不可能不断地自我更新，其正常结构也将不能维持。例如，结构破坏或代谢异常的肌肉固然不能正常地收缩，而缺血缺氧所致的代谢障碍也将引起肌肉组织的结构破坏。大叶性肺炎时，肺泡内充满大量纤维蛋白，这种形态结构的变化就使患部失去了通气功能，其结果引起全身性的缺氧和代谢变化。又如，饲料中胆碱缺乏会使鸡肝内代谢过程发生改变，进一步导致肝中脂肪转运失灵，使大量脂肪堆积于肝内，形成脂肪肝（形态结构改变），最终导致肝正常的功能发生改变。

二、疾病发生、发展的基本机制

疾病发生、发展的机制各式各样，动物机体在致病因素作用下，发生疾病的共同的基本机制可概括为以下4个方面。

（一）细胞机制

某些致病因素可以直接作用于组织、细胞，或者在侵入机体后选择性地损害某一细胞或组织，使细胞的自稳调节紊乱，称为疾病发生的细胞机制（cell mechanism）。前者如机械力直接作用可引起外伤，高温引起烧伤，低温引起冻伤，强酸、强碱对组织与细胞的腐蚀；后者如四氯化碳引起肝细胞的变性、坏死，鸡法氏囊病毒侵害法氏囊和肌胃与腺胃交界处，组织滴虫侵入鸡体主要侵害盲肠和肝等。

（二）体液机制

体液质和量的相对恒定，对于维持机体内环境的稳定及正常生命活动有着十分重要的意义。在致病因素作用下，体液可发生量或兼质的改变，继而引起机体疾病或病变的发生，称为疾病发生的体液机制（humoral mechanism）。例如，电解质浓度、pH、渗透压、血氧含量、凝血因子、抗体含量、激素含量及其相互间的比例等都可能发生改变，这些改变不同程度地形成或加重了疾病的病理过程。体液因素中，激素的变化尤为重要。

（三）神经机制

致病因素作用于神经系统或组织引起神经系统功能改变从而导致机体发病，称为疾病

发生的神经机制（neural mechanism）。致病因素引起神经系统功能的改变包括致病因素对神经的直接作用和神经反射作用两种。

1. 直接作用　　致病因素直接作用于中枢，从而引起神经系统功能的改变。其中最常见的如中枢性损伤（外伤）、感染（禽脑脊髓炎、狂犬病）、中毒（铅、一氧化碳、汞、曲霉毒素中毒）及缺氧等均可直接损伤神经组织，引起神经系统功能改变而导致相应疾病的发生。

2. 神经反射作用　　致病因素作用于机体引起神经功能的改变是通过反射途径进行的。例如，饲料中毒时出现的反射性呕吐与腹泻；有害气体刺激时反射性地发生呼吸运动的减弱甚至暂停；机体受到创伤后反射性地引起心跳和呼吸加快；缺氧的信号——血氧分压（PO_2）降低，可刺激颈动脉体和主动脉弓的化学感受器，使呼吸加深加快等，均能反射性地引起神经系统功能紊乱而导致相应疾病的发生。

（四）分子机制

从分子水平上研究疾病时机体功能、代谢和形态结构改变的机制，称为疾病发生的分子机制（molecular mechanism）。分子机制的阐明可以提高人们对疾病本质的认识。疾病发生、发展过程中都会以各种形式表现出生物大分子（蛋白质、核酸）兼或小分子物质的异常，这种异常会影响正常的生命活动。

分子病理学（molecular pathology）是在研究生命现象的分子基础上，探索异常生命活动时机体表现出的分子生物学现象。狭义的分子病理学主要研究生物大分子在疾病过程中的异常现象，广义的分子病理学则研究生物大分子兼或小分子在疾病过程中的异常现象。例如，CO选择性地与血红蛋白（Hb）结合成碳氧血红蛋白（HbCO），使Hb失去了携氧能力。

从基因水平上阐明疾病发生的机制均可认为是分子机制。分子病（molecular disease）是指由DNA变异引起的以蛋白质异常为特征的疾病，包括酶缺陷病（如糖原贮积症）、细胞蛋白缺陷病（如镰状细胞贫血）、受体病（如重症肌无力）、膜转运障碍病（如胱氨酸尿症）等。

基因病（gene disease）是指基因突变、缺失或表达调控异常而引起的疾病，包括单基因病与多基因病等。例如，人的痴呆是脑神经元编码Tau蛋白（微管聚合蛋白）的基因突变的结果。

越来越多的病理学工作者认识到了研究疾病发生的分子机制的重要性。有人指出："疾病是体内细胞变异的表象，细胞变异又是细胞内基因变异的表象。"应用分子生物学技术来研究生物大分子、离子通道、信号转导的变化，以及细胞分化与凋亡调控等在基本病理过程和疾病发生、发展中的作用，已成为现代病理生理学研究的热点。我们相信，随着对分子病理学、基因学（genetics）、基因组学（genomics）及蛋白质组学（proteomics）研究的深入，许多疾病发生的分子机制将会被逐步阐明。

上述4种基本机制在疾病发生过程中不是孤立的，而往往是紧密联系、同时或相继发挥作用的，它们相互联系、相互影响，共同决定疾病的过程。例如，致病因素作用于神经系统（神经机制）时可通过神经递质（体液机制）影响免疫系统（细胞机制与体液机制），也可通过激素系统来影响细胞核基因组遗传信息的传递（分子机制）。抗原抗体复合物、细胞旁分泌等均属于体液因素，在多数情况下，体液机制往往是其他3种机制的中间环节或辅助环节。

当然，上述4种机制在不同的疾病和疾病的不同发展阶段，其意义是不一样的，若要具体确定四者的主次关系或相互关系，只有在分析具体疾病时方能阐明。

第四节　疾病的经过与转归

从疾病开始至结束的过程中，由于损伤与抗损伤矛盾双方力量对比的不断变化，疾病会出现不同的发展阶段或时期。致病因素的性质不同，阶段或分期不尽相同，有的分期明显，有的不明显。由生物性致病因素引起的传染病，其病程经过的阶段性或分期尤为明显，通常可分为潜伏期（incubation period）、前驱期（prodromal period）、临床明显期（clinic manifest period）和转归期（period of outcome）4个发展阶段。

一、潜伏期

潜伏期是指致病因素作用于动物机体，至机体出现一般临床症状前的一段时期。对于传染病，由于病原微生物的特性（数量、毒力等）及机体所处的环境与自身免疫状况的不同，潜伏期长短不一。例如，猪瘟一般为5～7d，禽霍乱一般为2～9d，鸡新城疫一般为3～5d。这一时期的特点是机体动员一切防御力量，与入侵的致病因素做斗争。如果防御力量能克服致病因素的损害，则机体不发病；反之，若致病因素在机体内数量增多、毒力增强或机体抵抗力下降时，则疾病继续发展可进入下一时期，即前驱期。

二、前驱期

前驱期是指从疾病的一般症状出现开始，到疾病的特异性症状出现前的一段时期。前驱期的及时发现有利于对疾病的早期发现与治疗。在这一阶段中，机体的活动及反应性均有所改变，出现一些非特异性的临床症状，如精神沉郁、食欲减退、体温升高、呼吸及脉搏的变化等。若机体的防御、适应、代偿功能增强或采取适当的治疗措施后，疾病则停止发展或康复，否则进入下一个时期，即临床明显期。

三、临床明显期

临床明显期为疾病的特异性症状表现出来的时期，也称症状明显期（period of apparent wanifestation）。不同疾病在这一阶段持续的时间是不一样的。在这一时期中，患病动物抗损伤能力得到进一步发挥，同时机体由致病因素作用而造成的损伤不但未得到修复，甚至更加严重。该期具有疾病所特有的临床症状，因此研究机体此期功能、代谢和形态结构的改变，对正确诊断和合理治疗疾病有着重要的意义。

四、转归期

转归期是指疾病趋于结束的阶段。疾病的转归主要取决于疾病过程中损伤与抗损伤双方力量的对比，治疗过程也可影响疾病的转归。疾病的转归可分为完全康复（complete recovery）、不完全康复（incomplete recovery）和死亡（death）3种情况。

（一）完全康复

完全康复也叫痊愈，是指致病因素及患病机体的功能和代谢障碍消除，形态结构的损伤得到修复，机体内部各器官系统之间及机体与外界环境之间的协调关系得到完全恢复，动物的生产能力也恢复正常。完全康复说明机体的防御、适应、代偿等反应取得绝对的优势，自稳调节恢复到健康状态。完全康复在临床上多见，不少传染病痊愈以后，机体还能获得特异性的免疫。

（二）不完全康复

不完全康复是指病因消除后，疾病的主要症状已经消失，致病因素对机体的损害作用已经停止，但机体功能、代谢的障碍和形态结构的改变未完全恢复，往往留下持久性的、不再变化的损伤残迹，这时机体通过适应、代偿来维持相对正常的生命活动。如果不适当地增加机体的功能负荷，疾病就可因代偿失调而复发（recidivation）。例如，烧伤后形成的瘢痕，关节炎后形成的关节愈合，心内膜炎后所形成的心瓣膜闭锁不全等都属于不完全康复。

（三）死亡

近年来，人们对死亡的认识，正在经历着某些重要的变化。

按照传统的观点，死亡是指生命活动的终止，完整机体的解体。死亡的原因可以是生命重要器官（如心、脑、肝、肾、肺、肾上腺等）发生严重的不可恢复的损伤，也可以是慢性消耗性疾病（如严重的结核病、恶性肿瘤等）引起的全身极度衰竭，还可以是失血、休克、窒息、中毒等因素使各器官系统之间的协调关系发生严重的障碍。通常把死亡分为以下3个时期。

1. 濒死期　在濒死期（agonal stage），机体各系统的功能、代谢发生严重障碍，脑干以上的中枢神经系统处于深度抑制状态，机体表现为反应迟钝、感觉消失、心跳微弱、呼吸时断时续或出现周期性呼吸、括约肌松弛、粪尿失禁等。

因心跳或呼吸骤停的动物，可以不经过或无明显的濒死期而直接进入临床死亡期，这种情况称为猝死或暴死（sudden death）。

2. 临床死亡期　临床死亡期（stage of clinical death）的主要标志是心跳和呼吸完全停止。此时反应消失，延髓处于深度的抑制状态，但各种组织、细胞仍然进行着微弱的代谢过程，也称临症死亡期。动物实验证明，在一般条件下，临床死亡期的持续时间为6～8min，即血液供应完全停止后，大脑所能耐受缺氧的时间。超过这个时间，大脑将发生不可恢复的变化。

在濒死期及临床死亡期，重要器官的代谢过程尚未停止，此时若采取正确的急救措施，机体有复苏或复活（resuscitation）的可能，故把此两期称为死亡的可逆时期。

3. 生物学死亡期　生物学死亡期（stage of biological death）是死亡的不可逆阶段，此时从大脑皮质开始到整个神经系统及其他各器官系统的新陈代谢相继停止并出现不可逆的变化，整个机体已不可能复活。

从20世纪60年代末至今，由于社会、法律、医学本身特别是复苏技术的普及提高、器官移植的广泛开展，人们对死亡进行了大量的研究。Bernat认为，死亡应当是机体作为一个整体（organism as a whole）的功能的永久性停止。例如，体温调节就是机体作为一个整体的功能之一，体温调节功能的丧失是机体作为一个整体停止功能活动的重要标志之一。

机体作为一个整体的功能的永久性停止是指整体死亡而并不意味着各器官组织同时都发生死亡。在整体死亡以后的一段时间内，某些器官、系统、组织、细胞还能继续进行功能活动。例如，患者整体死亡后继续使用人工呼吸机，血液循环还能维持2周左右。

机体作为一个整体的功能的永久性停止的标志是全脑功能的永久性消失。简言之，整体死亡的标志就是脑死亡（brain death）。

脑死亡判断的根据有很多方面，如零电位脑电图，机体对疼痛刺激无反应，15min人工呼吸后仍无自主呼吸，瞳孔散大或固定，脑神经反射消失（瞳孔反射、咳嗽反射、吞咽反射等）。一般认为上述5项检查结果持续存在24h（还有人认为6h）而无逆转倾向时，或者仅有一次脑血管造影证明脑血管灌流完全停止时，就可宣告死亡。

脑死亡的概念把死亡看成一个事变（event）而不是一个过程，就可以准确地判断死亡发生的时间，对器官移植来说非常重要。器官移植能否成功，长期效果是否良好，在很大程度上取决于被移植的器官从供者机体上摘除时和摘除前一定时间内血液的灌流情况。用脑死亡的概念来取代或补充传统的死亡概念，不论是理论上还是实践上都有重要的意义。

小　结

健康与疾病的概念揭示了健康与疾病的本质和根本规律。研究疾病发生原因和条件的科学称为病因学，病因学介绍了外源性和内源性致病因素及各自的致病特点，这是要熟练掌握的。疾病的发生是内因与外因相互作用的结果，二者在特定条件下的相对强弱决定着疾病是否发生及疾病发生、发展的过程。发病学研究疾病发生、发展与转归的一般规律与基本机制。其中疾病发生的一般规律即疾病过程中损伤与抗损伤的关系，因果交替规律，局部与整体的关系，功能、代谢和形态结构的关系是学习的重点。由于损伤与抗损伤双方力量对比的不断变化，疾病表现出不同的发展阶段，即潜伏期、前驱期、临床明显期、转归期。转归期又包括完全康复、不完全康复和死亡。人们对死亡的认识也经历着一些变化，其中脑死亡的观念越来越广泛地被接受。

思　考　题

1. 简述健康与疾病的概念。
2. 如何正确理解原因和条件在疾病发生中的作用？
3. 举例说明疾病过程中的因果交替规律。
4. 简述疾病发生的基本机制及其相互关系。

（杨鸣琦）

第二章 寄生物与宿主的关系

自由生活方式是动物生活的特征，现已有一些进化证据表明寄生现象源于生物间的偶然接触，又经历了漫长的环境适应过程，最终导致两者之间相互适应，其中一方产生了对另一方的依赖，并且依赖性愈来愈大，即从自生生活演化为寄生生活。为了适应寄生生活，病原微生物从基因、形态到功能均可发生一系列的改变。

第一节 寄生物与宿主概述

生物在长期的进化过程中，很多种类的生物逐渐形成一种密切的共生关系，它们之间的利害关系可以有多种表现形式。我们把不同种类的两种生物共同生活在一起的现象称为共生（symbiosis）关系。依据它们之间利害关系的不同可分为互利共生、共栖和寄生。

两种生物共同生活在一起，互相无害，彼此之间互相帮助、和睦共处，将这种共生关系称为互利共生（mutualism），也称互惠共生。例如，在一定的条件下，动物肠道内的细菌，牛、羊瘤胃内的微生物区系和纤毛虫与其宿主之间就是一种互利共生关系。这些微生物与宿主共存时，不仅对宿主无害，而且有利于自身和宿主的生存、繁殖，使宿主处于健康状态。

共栖（commensalism）又叫偏利共生（synoeciosis），是指一种生物栖息于另一种生物的体内或体表，但对宿主并不产生损害。例如，在动物体表皮肤、鼻腔、口腔及阴道等部位都有许多微生物，它们与宿主的关系属于共栖关系。这些微生物与宿主共存时，使动物机体处于健康状态，称为共生物（commensal）。

生物性致病因素与宿主共存时，专以损害宿主来维持自身的生命活动，对宿主产生一系列不利的影响，可能使宿主处于一种异常的生理状态，最终导致疾病的发生，这种共存现象称为寄生（parasitism）。寄生于宿主体内的生物性致病因素一般统称为寄生物（parasite）或病原体（pathogen）。寄生物在损害宿主的同时，随着宿主防御免疫功能的下降，引起动物疾病的发生，严重时导致宿主死亡，这时也会危及寄生物自身的生存和发展。

很多共生物在宿主防御和保护功能正常的情况下才可能与宿主维持共生关系，而对宿主没有真正的损害。当宿主由于外界环境因素的变化，其抵抗力下降，或者其局部防御保护功能被破坏、免疫功能缺陷时，正常情况下，无害的微生物也会对宿主表现出致病作用。寄生物与宿主之间的关系一方面取决于寄生物的本性、特点、对宿主的致病力，另一方面取决于宿主对寄生物的各种防御性反应。此外，还应考虑环境对它们之间的影响。

寄生物根据其与宿主的关系不同，一般分为内源性寄生物和外源性寄生物。内源性寄生物主要是指一种生物栖息于另一种生物的体内或体表，在一定条件下可引起宿主发生疾病的一类寄生物。外源性寄生物是指在一定条件下侵入非自然宿主引起宿主发病的病原体。

外源性寄生物必须具备以下几方面条件才能完成整个寄生过程：外源性寄生物能够侵入宿主的体内；宿主具有寄生物所必需的营养和生存条件；寄生物能够突破宿主的屏障机构和克服其防御功能；同时宿主自身缺乏有效的防御能力。外源性寄生物在一定条件下侵入非自然宿主，宿主对此类寄生物缺乏必要的准备及有效的抵抗力，往往导致疾病的发生，甚至引起宿主死亡。

感染或称传染（infection），主要是指寄生的发生过程。一般把感染分为隐性感染（silent infection）和显性感染（apparent infection）。隐性感染主要是指宿主的抵抗力足以克服入侵寄生物的致病能力并能够将病原体消灭或排出体外的感染。而显性感染主要是指寄生物的致病力能够克服宿主的抵抗力而出现各种临床症状的感染。

第二节　宿　　主

对宿主来说，不论是在生物长期进化的方面还是短期适应生存的方面，都需要保护自身不受寄生物的损害，这也就是所谓的抗感染免疫（anti-infection immunity）。抗感染免疫是指动物机体防御病原微生物入侵的能力，主要包括非特异性免疫（nonspecific immunity）和特异性免疫（specific immunity）。非特异性免疫也称固有免疫或天然免疫，是动物机体防御感染的第一道防线。特异性免疫也称获得性免疫（acquired immunity），是指动物机体在生命活动过程中与病原微生物及其毒性代谢产物等抗原物质作用后所产生的免疫力。动物机体通过抗感染免疫可达到以下目的：终止初次感染；防御与抵抗再次感染；防止感染的进一步发展。

一、固有免疫应答

固有免疫（innate immunity），又称天然免疫（natural immunity），是指动物机体与生俱来的抵抗体外寄生物的侵袭、清除体内抗原性异物的一系列防御免疫能力，是动物机体在长期生物进化过程中逐渐形成的一种天然免疫防御功能。其包括固有免疫屏障、固有免疫分子及固有免疫细胞。固有免疫屏障包括皮肤和黏膜屏障、淋巴组织和脾的滤过作用与局部屏障结构，固有免疫分子包括体表分泌液、血浆及其他体液中能够识别或攻击寄生物的可溶性分子，固有免疫细胞包括吞噬细胞、树突状细胞、自然杀伤细胞、自然杀伤T细胞（NKT细胞）、$\gamma\delta$T细胞及B_1细胞等，是固有免疫的主要执行者。

（一）固有免疫屏障

1. 皮肤和黏膜的屏障作用　　皮肤被覆于动物体表，由表皮和真皮组成。表皮细胞排列紧密，外源性寄生物很难进入体内，表皮还存在"皮肤相关淋巴组织"，其主要参与细胞免疫。真皮作为半通透屏障，也可阻止外源性寄生物入侵。

动物的消化道、呼吸道及泌尿生殖道与外界相通，是外源性寄生物入侵的主要部位。在这些部位，黏膜及其特化结构发挥重要的屏障作用，消化道管壁存在丰富的淋巴组织，在保护胃肠黏膜免受外源性寄生物侵袭方面发挥着极为重要的作用。呼吸道由导管部和呼吸部组成，呼吸部的肺泡腔表面广泛分布着尘细胞（dust cell），其具有活跃的吞噬功能，是呼吸系统抗御外源性寄生物入侵最坚固的屏障。泌尿生殖道黏膜可分泌化学物质来干扰、抑制和杀死入侵寄生物，是化学性屏障。除此之外，在动物体内的消化道、呼吸道和泌尿生殖道的黏膜上还寄生着多种对动物机体有益的菌群，它们以各自的方式阻止或限制外源性寄生物的定居和繁殖，在动物体内构成一道微生物屏障，这些寄生在动物体内的有益菌群有着特殊的代谢产物，可形成一种不利于外源性寄生物的微环境。

2. 淋巴组织的滤过作用　　淋巴结的皮质淋巴窦和髓质淋巴窦内有网状纤维、网状细胞及大量的巨噬细胞（macrophage）等，外源性寄生物一旦侵入皮下或黏膜后，易进入毛细淋巴管回流进入淋巴结。流经皮质淋巴窦和髓质淋巴窦时，外源性寄生物会被巨噬细胞清除，起到滤过屏障作用。寄生物等抗原物质进入淋巴结首先被巨噬细胞吞噬处理，处理后抗原物质被传递给B细胞，激活B细胞使其转化为淋巴母细胞再增殖为浆细胞产生抗体，行使免疫作用。同时还激活T细胞，使其增生形成效应T细胞，行使细胞免疫功能。

3. 脾的滤过作用　　脾有滤过血液并对侵入血液的抗原进行免疫清除等功能。脾窦内有大量的T细胞、B细胞、巨噬细胞及自然杀伤细胞等，当侵入血液中的寄生物流经脾时，可引起脾的体液免疫应答和细胞免疫应答。

4. 局部屏障结构　　主要包括以下几个方面：①血-胸腺屏障，维持胸腺内环境的稳定；②气-血屏障，防御病原微生物的入侵；③血-尿屏障，它是肾小球滤过功能的结构基础；④血-睾屏障，使精子在成熟过程中免受血浆和淋巴液中某些有害物质的伤害；⑤血-附睾屏障，具有维持附睾内环境稳定的作用；⑥血-脑屏障，阻止血液中有害物质的伤害；⑦血-胎屏障，可防止母体内病原微生物及其毒性产物通过，从而使胎儿免受感染，保证胎儿的正常发育。这些器官、系统内的局部屏障结构在防御外源性寄生物入侵和维持内环境稳定方面形成了一道特殊的屏障。

（二）固有免疫分子

1. 补体　　补体（complement）是存在于动物体内血清中的一组球蛋白，在抗体存在下，参与灭活病毒，杀灭、溶解细菌，促进吞噬细胞吞噬、消化寄生物等过程。抗原抗体复合物可激活补体系统，加强寄生物的杀伤作用。过强时可引起免疫病理损伤。

2. 溶菌酶　　溶菌酶（lysozyme）是一种低分子质量、不耐热的蛋白质，存在于组织和体液中，主要对革兰氏阳性菌起溶菌作用，溶菌酶专门作用于细菌细胞壁，为水解酶类，又称为细胞壁溶解酶。

3. 抗菌肽　　抗菌肽（antimicrobial peptide）是具有抗菌活性短肽的总称。其经诱导而合成，在动物机体抵抗外源性寄生物的入侵方面起着非常重要的作用，被认为是动物机体非特异性防御免疫屏障的重要组成部分。抗菌肽具有广谱杀菌作用，大多数对革兰氏阳性菌有较强的杀灭作用，有的则对革兰氏阳性菌和革兰氏阴性菌均有作用。对某些真菌、原生动物、耐药性细菌均有杀灭作用，并能选择性地杀伤肿瘤细胞，抑制乙型肝炎病毒的复制。

4. 细胞因子　　细胞因子（cytokine）是由细胞分泌的，能介导和调节免疫、炎症及造血过程的小分子蛋白质，通过结合细胞表面的相应受体发挥生物学效应。根据其结构和功能的不同，一般可分为白细胞介素（interleukin，IL）、干扰素（interferon，IFN）、肿瘤坏死因子（tumor necrosis factor，TNF）、集落刺激因子（colony stimulating factor，CSF）、趋化性细胞因子和生长因子等6类。在天然免疫反应及获得性免疫应答过程中，细胞因子是在细胞间传递激活、诱导、抑制信息的生物分子。

（三）固有免疫细胞

1. 吞噬细胞　　吞噬细胞（phagocytic cell）是一类具有吞噬杀伤功能的细胞，主要由单核巨噬细胞（mononuclear phagocyte，MNP）和中性粒细胞（neutrophilic granulocyte，NG）组成。单核巨噬细胞包括循环于血液中的单核细胞（monocyte）和组织器官中的巨噬细胞，它们具有很强的吞噬能力。单核巨噬细胞是动物机体固有免疫的重要组成细胞，同时又是一类主要的抗原呈递细胞，在特异性免疫应答的诱导与调节过程中起着关键的作用。

2. 树突状细胞　　树突状细胞（dendritic cell，DC）因其有许多表面膜而得名，形态上与神经组织的树突很相似。树突状细胞分布十分广泛，皮肤、气道、淋巴组织中不成熟的树突状细胞呈星状。树突状细胞是目前所知动物机体内功能最强的专职抗原提呈细胞，可有效地刺激T淋巴细胞和B淋巴细胞的活化，从而将固有免疫与获得性免疫有机地联系起来。

3. 自然杀伤细胞　　自然杀伤（natural killer，NK）细胞主要分布在动物机体的肝、肺、腹腔、呼吸道黏膜及消化道黏膜上皮等部位。NK细胞可杀伤病毒感染的细胞，因而认为NK细胞承担着第一道天然防线的作用。在NK细胞抗病毒反应中，IFN的产生可能是NK细胞被活化的原因之一。IFN担负双重任务，一方面抑制细胞内病毒的繁殖，另一方面可活化NK细胞以清除受感染细胞，防止病毒扩散。NK细胞可以杀伤细胞内寄生菌，某些细胞内寄生菌因寄生于单核细胞或巨噬细胞内而躲避免疫系统的清除，这些寄生物被吞噬细胞吞噬后并不能被杀死，其原因在于吞噬体-溶酶体的融合过程受阻，导致溶酶体无法进入吞噬体内。NK细胞在IL-2激活下，可产生大量的IFN-γ和粒细胞-巨噬细胞集落刺激因子（GM-CSF），NK细胞一方面可杀伤胞内感染的吞噬细胞，另一方面可释放细胞因子以活化吞噬细胞来杀伤其潜在的胞内菌。NK细胞可杀伤真菌，正常寄存于动物皮肤、消化道和口腔的真菌，当动物机体免疫功能缺损时可引起动物感染。NK细胞不仅可直接杀灭该菌，还可以通过分泌细胞因子活化和聚集中性粒细胞，从而最终清除该菌。

4. NKT细胞　　NKT（natural killer T）细胞是一群细胞表面既有T细胞受体（TCR），又有NK细胞受体的特殊T细胞亚群。NKT细胞受到外源性寄生物刺激后，可分泌大量的IL-4、IFN-γ、GM-CSF、IL-13等细胞因子，发挥免疫调节作用。NKT细胞是联系固有免疫和获得性免疫的桥梁之一，固有免疫DC细胞等可通过直接接触或释放细胞因子，激活NKT细胞，使其分泌IFN-γ，从而活化其他固有免疫细胞。同时，NKT细胞来源的IFN-γ也可以影响获得性免疫的性质。

5. $\gamma\delta$T细胞　　T细胞表达不同类型的T细胞抗原受体（TCR），其与CD_3分子非共价相连，以TCR-CD_3复合物形式表达于T细胞表面。按照组成TCR多肽链性质的不同，可将TCR分为TCR$\alpha\beta$和TCR$\gamma\delta$两种类型，把表达TCR$\alpha\beta$和TCR$\gamma\delta$的T细胞分别称为$\alpha\beta$T细胞和$\gamma\delta$T细胞。$\gamma\delta$T细胞主要分布于皮肤、小肠、肺及生殖器官等黏膜及皮下组织，是构成皮肤的表皮内淋巴细胞（intraepidermal lymphocyte）和黏膜组织的上皮内淋巴组织（intraepithelial lymphocyte，IEL）的主要成分之一。$\gamma\delta$T细胞能释放细胞毒性效应分子及分泌IFN-γ，识别和杀伤某些病毒与胞内寄生菌如李斯特菌感染的靶细胞，最终清除感染细胞和病原微生物。IFN-γ活化后可以在局部释放IL-2、IL-4、IL-5、IL-6、IL-10、IFN-γ、GM-CSF、TNF-α等细胞因子参与免疫调节，增强动物机体非特异性免疫防御功能。

6. B_1细胞　　B细胞可分为B_1细胞和B_2细胞两个亚群。前者属于非特异性免疫细胞，后者是参与特异性体液免疫应答的细胞。肠黏膜固有层和肠系膜淋巴结的B_1细胞能分泌IgA，这种IgA的产生需要有外源性抗原的刺激，但不依赖于T细胞的辅助作用。

二、适应性免疫应答

适应性免疫（adaptive immunity），又称获得性免疫（acquired immunity）或特异性免疫（specific immunity），是动物机体在长期与外源性病原微生物接触过程中，对特定病原微生物（抗原）产生识别及后续效应，最终将病原微生物清除到体外的过程。具有特异性应答能力的淋巴细胞分为 B 细胞和 T 细胞。

依据其参与成分和功能，适应性免疫应答可分为体液免疫（humoral immunity）和细胞免疫（cellular immunity）。抗体（antibody）介导了体液免疫应答。抗体是 B 细胞合成和分泌的免疫效应分子，存在于血液和黏膜分泌液中，可特异性识别病原微生物的抗原分子，中和病原微生物的传染性。体液免疫主要执行抗细胞外微生物感染及中和其毒素的防御功能。抗体可与细胞外微生物和毒素结合，导致其得以清除。某些抗体可促进吞噬细胞的吞噬作用，有些抗体可激活白细胞，释放炎性介质。T 细胞介导细胞免疫，细胞内微生物如病毒和某些细胞内感染细菌（如结核杆菌），可在吞噬细胞和其他宿主细胞内继续生存和繁殖，抗体不能与之结合，T 细胞可发挥促进吞噬细胞杀灭细胞内微生物的作用，或直接杀灭受感染细胞，从而起到清除细胞内感染病原体存储场所的作用。

三、白细胞渗出、吞噬作用及炎症

寄生物进入宿主体内，宿主首先是通过极为活跃的细胞吞噬作用将其排出或消灭，吞噬细胞能否杀死或消灭异物是宿主对寄生物实行的早期抵抗力是否有效的关键。吞噬是炎症过程的重要组成部分，炎症是宿主对侵入的寄生物的非特异性反应。炎症是许多疾病的一种最基本的病理过程，也是机体抗感染的基础，宿主往往通过炎症反应企图进一步建立起防御性屏障，以便隔离和破坏寄生物。但在损害寄生物的同时，宿主自身也往往受到不同程度的损伤，因而可能会出现各种病理变化过程，最终导致动物疾病的发生。

（一）白细胞渗出和吞噬作用

炎症反应最重要的功能是将白细胞输送到损伤部位，中性粒细胞和单核细胞可吞噬和降解细菌、免疫复合物及坏死组织碎片，构成炎症反应主要的防御环节。

白细胞从毛细血管内到血管外的游出过程包括：白细胞边集（leukocytic margination）、黏着（adhesion）和游出（transmigration）等阶段，随后在趋化因子的作用下运动到炎症部位，在炎症部位发挥其防御功能。

1. 白细胞边集　　随着毛细血管的扩张，血管通透性升高及血流缓慢，甚至血流停滞，白细胞离开血管中心的轴流，到达血管边缘，此过程称为白细胞边集。白细胞到达毛细血管边缘后可沿着血管内皮细胞表面滚动，随后贴附在内皮细胞上出现所谓的附壁现象。

2. 白细胞黏着　　白细胞和内皮细胞黏着，是游出的前提。这种黏着是靠细胞表面的黏附分子相互识别、相互作用来完成的。内皮细胞分泌的细胞间黏附分子 1（intercellular adhesion molecule 1，ICAM-1）和血管细胞黏附分子 1（vascular cell adhesion molecule 1，VCAM-1）与白细胞上的整合蛋白相互起作用。内皮细胞在生理状况下分泌少量 P-选择素（P-selectin），在组胺、血小板激活因子（platelet-activating factor，PAF）等刺激下，内皮细胞 P-选择素分泌增多，并分布至内皮细胞表面与血管内的白细胞相黏接。在白细胞介素、肿瘤坏死因子等作用下，内皮细胞可产生E-选择素（E-selectin），并介导和中性粒细胞、单核细胞及淋巴细胞的黏着。整合蛋白LFA-1和细胞间黏附因子ICAM-1的相互作用，是白细胞和内皮细胞相互黏着的重要发生机制，为白细胞随后游出血管创造了条件。

3. 白细胞游出和化学趋化作用　　白细胞游出是通过白细胞在内皮细胞连接处伸出伪足，整个白细胞以阿米巴运动的方式从内皮细胞缝隙中逸出。中性粒细胞、嗜酸性粒细胞、嗜碱性粒细胞、单核细胞及淋巴细胞均以此运动方式游出血管。

趋化作用（chemotaxis）是指白细胞向着化学刺激物做定向移动，这些化学刺激物称为趋化因子（chemotactic factor）。趋化因子具有特异性，有些趋化因子只吸引中性粒细胞，而另一些趋化因子则吸引单核细胞或嗜酸性粒细胞。

4. 白细胞在局部的作用　　游出的白细胞在炎灶局部可发挥吞噬作用（phagocytosis）和免疫作用（immunization），因而成为炎症防御反应中极为重要的一个阶段。

（1）吞噬作用　　指吞噬细胞游出到炎灶部位，吞噬病原微生物及组织碎片的过程。完成此过程的吞噬细胞主要有中性粒细胞和巨噬细胞两种。两种细胞的吞噬过程基本相同。组织内巨噬细胞分布在结缔组织或肝（库普弗细胞）、脾和淋巴结（巨噬细胞）及肺（尘细胞），炎灶部位的巨噬细胞大多来自血液。

（2）吞噬过程　　中性粒细胞和巨噬细胞在炎灶部位发挥吞噬和释放酶的作用。吞噬过程是由三个连续步骤组成的：识别及附着；吞入；杀伤或降解。

1）识别及附着（recognition and attachment）：在无血清存在的条件下，吞噬细胞通常很难识别和吞噬细菌。因血清中存在调理素（opsonin）（是指一类能增强吞噬细胞吞噬功能的蛋白质），吞噬细胞利用其表面的Fc受体和C_{3b}受体，能识别被抗体或补体包被的颗粒状物如细菌。经抗体或补体与相应受体结合，细菌就被黏着在吞噬细胞的表面。

2）吞入（engulfment）：吞噬细胞附着在调理素化的颗粒状物体后，伸出伪足，随着伪足延伸及相互融合，形成由吞噬细胞膜包围吞噬物的泡状小体，称为吞噬体（phagosome）。

吞噬体逐渐脱离细胞膜进入细胞内部，并与初级溶酶体相融合形成吞噬溶酶体（phagolysosome），细菌在溶酶体内容物作用下被杀伤或降解。

3）杀伤（killing）或降解（degradation）：进入吞噬溶酶体的细菌可被依赖氧和不依赖氧机制杀伤和降解。进入吞噬溶酶体的细菌主要被具有活性的氧代谢产物杀伤。

（3）免疫作用　　发挥免疫作用的细胞主要有巨噬细胞、淋巴细胞和浆细胞。抗原进入机体，首先巨噬细胞将其吞噬处理，再把抗原传递给T细胞和B细胞。免疫活化的淋巴细胞分别产生淋巴因子或抗体，发挥着杀伤病原微生物的作用。NK细胞无须先致敏，就可溶解病毒感染的细胞。NK细胞是抗病毒感染的第一道防线。

（二）炎症反应

急性炎症的血管扩张、通透性增加及白细胞渗出是炎症发生的重要环节。除某些致炎因子可直接损伤血管内皮细胞外，这些炎症反应主要是通过一系列化学因子的介导而实现的。这些化学因子称为化学介质或炎症介质（inflammatory mediator），大多数炎症介质通过与靶细胞表面的受体结合发挥其生物活性作用。

1. 炎症的局部表现

（1）局部发红　　主要是充血的结果。开始时血流速度加快，患病部位呈鲜红色。稍后，血流速度变慢、血液淤滞，患病部位由鲜红色转为暗红色。

（2）局部组织肿胀　由于充血和渗出增加，发生炎性水肿，局部组织会发生肿胀。

（3）炎症部位温度升高　炎灶内动脉充血，物质代谢尤其是分解代谢增强，产生的热量增加，因此炎症部位出现局部温度升高现象。

（4）疼痛　主要是组织肿胀的压迫、组织损伤和病理性产物的刺激，作用于局部神经感受器引起的一种保护性反应。机体借助保护性反应，可以消除、消灭或回避病因作用。

（5）功能障碍　由于疼痛反应或组织细胞变性坏死及组织形态结构改变等，功能减退或废绝。

（6）白细胞增多　致炎因素作用于动物机体以后，机体动员所有的防御功能进行抵抗。白细胞为防御功能之一，白细胞增加，有利于吞噬、分解、消化病原微生物和病理产物。

2. 炎症的全身反应

（1）发热　炎症反应时，一定程度的体温升高可增强单核巨噬细胞系统的功能，促进吞噬作用和抗体的形成，增强肝的屏障解毒功能，从而增强机体的抵抗力。但过度或长期体温升高，可对局部炎症造成不利的影响。

（2）血液白细胞的变化　急性炎症特别是细菌性炎症时，多以中性粒细胞增多为主，常出现核左移现象（幼稚型和杆状核粒细胞比例增大）。当发生某些变态反应性炎症和寄生虫性炎症时，可见嗜酸性粒细胞增多。当发生一些慢性炎症或病毒性炎症时，单核细胞和淋巴细胞明显增多。

第三节　寄　生　物

病原体侵入宿主体内，表现为细胞外寄生和细胞内寄生两类。细胞外寄生以细菌为主，细胞内寄生主要有病毒、霉菌、原虫、某些细菌等。

寄生物作为病原微生物能引起发病的因素包括致病力、趋向性及它在宿主体内存活和传播的能力。

一、致病力

致病力（pathogenicity）又称毒力或侵袭力，是指病原微生物入侵和损害宿主的能力。不同性质的病原微生物可以有不同的致病力。致病力的强弱主要表现在以下几个方面。

1. 病原微生物的数量　一般情况下，病原微生物突破宿主防御屏障引起动物疾病与病原微生物的感染剂量有关，感染病原微生物剂量越大，病原微生物在宿主体内繁殖的数量越多，致病的程度越严重。例如，猪丹毒是由猪丹毒杆菌引起的一种急性、热性传染病，病猪、带菌猪及其他带菌动物排出菌体污染饲料、饮水及猪舍等，经消化道传染给易感猪只，猪丹毒杆菌的剂量只有达到一定的阈值（数量），才能突破猪消化道黏膜屏障，沿着血液循环进入体内，在体内组织器官大量繁殖，导致猪丹毒的发生。

2. 病原微生物产生的毒素　例如，沙门氏菌侵入人和动物体内，可通过产生肠毒素（外毒素）和菌体崩解时释放沙门氏菌壁的脂多糖（内毒素）而导致疾病的发生。大肠埃希氏菌侵入仔猪体内，通过菌体崩解时释放脂多糖、分泌不耐热肠毒素和耐热肠毒素及大肠埃希氏菌素等毒素引起仔猪黄痢、仔猪白痢。仔猪水肿病大肠埃希氏菌突破肠黏膜屏障，进入血液循环后，通过产生志贺样毒素Ⅱ型变异体（shiga like toxin Ⅱ variant, SLT-Ⅱe），作用于微血管壁可引起微血管内皮细胞损伤，引起局部组织水肿，最终导致仔猪水肿病的发生。

3. 病原微生物掠夺宿主的营养 例如，鸡吃到饲料、饮水或土壤中的艾美耳球虫孢子化卵囊后被感染，虫体在鸡肠道上皮样细胞内大量繁殖，掠夺鸡体的营养物质，病鸡逐渐消瘦，严重时可导致病鸡死亡。

4. 病原微生物可破坏组织 例如，犬传染性肝炎病毒可引起犬以循环障碍、肝小叶中心坏死为特征的犬传染性肝炎。

1）机械性损伤宿主的组织。例如，禽白血病病毒感染肝组织时可引起肿瘤细胞呈结节性增生，将正常肝组织细胞挤压到一侧，引起肝细胞变性、萎缩，甚至坏死。支气管败血波氏杆菌引起猪鼻甲骨萎缩，致使患病猪只鼻腔和面部变形。

2）产生各种酶破坏宿主的防御屏障。例如，金黄色葡萄球菌通过透明质酸、脱氧核糖核酸酶、溶纤维蛋白酶、脂酶、蛋白酶、溶血酶、杀白细胞素、皮肤坏死毒素、表皮脱落毒素和肠毒素等，损伤鸡体的防御屏障，导致鸡葡萄球菌病的发生。

3）可作为变应原引起变态反应而破坏组织。例如，牛进行性肺炎是牛吸入发霉干草中的霉菌孢子（如嗜热性放线菌）等抗原物质而引起的变态反应，引起肺泡上皮细胞增生、化生和形成腺瘤样结构。

5. 病原微生物在细胞内寄生而改变细胞的性质，最后导致疾病的发生 例如，有些病毒DNA可以与机体细胞核DNA整合，使细胞性质发生改变。

6. 对宿主吞噬反应的抵抗力 例如，有毒力的炭疽杆菌芽孢进入动物机体，侵入局部的组织生长繁殖，同时，宿主本身也会动员其防御机制抑制病菌的生长繁殖，并将其部分杀死，当宿主抵抗力较弱时，有毒力的炭疽杆菌能及时形成一种有保护作用的荚膜，保护菌体不受白细胞吞噬和溶菌酶的作用，使细菌易于扩散和繁殖。

二、趋向性

趋向性（taxis）又称向性或嗜性（tropism），是指病原微生物对宿主有一定的侵入门户和寄生位置或趋向于一定的靶器官（target organ），嗜好某一类专门细胞、组织或器官。其作用机制包括以下几个方面。

1）这些器官组织存在适合某种寄生物生存的营养条件。例如，布鲁氏菌寄生于牛、羊胎盘，因胎盘组织含有赤藓醇，为布鲁氏菌营养所必需的物质，因而胎盘组织是布鲁氏菌最佳的靶器官。

2）靶器官对寄生物可提供适当的保护场所。

3）靶器官组织细胞上有适合病毒吸附的受体存在。

三、病原微生物在宿主体内存活和传播的能力

一般寄生物需在宿主体内存活才能致病。在宿主体内存活的最佳部位是细胞。病原微生物在宿主体内可以通过血液、淋巴液和组织液进行传播，使局部组织损伤扩散至全身各组织器官。

第四节　环　　境

近年来，人们越来越重视环境因素在寄生物-宿主相互关系中所起的作用，因为寄生物与宿主的相互作用是在一定的环境条件下进行的，直接受到环境因素的影响。

一、环境因素对寄生物的影响

就寄生物而言，环境因素可以影响寄生物的生存、类型、突变速度、地理分布和传播能力。影响传染病流行的自然因素也称为环境因素，主要包括气候和地理因素。自然因素通过作用于传染源（感染或携带病原体的动物）、传播媒介（蚊蝇、蠓、飞鸟及老鼠等）和易感动物（没有抵抗力或抵抗力低下的动物）而影响传染病的流行。

1）温度、阳光等因素直接影响着病原体在自然界中的存活时间。病原微生物一般能够耐受低温环境，而不耐受高温环境和直射阳光，因此，在阳光充足的夏季，由患病或感染动物排泄到外界环境中的病原微生物存活时间缩短，使传染病扩散和流行的机会大大降低。例如，由于口蹄疫病毒对高温和直射阳光比较敏感，因而口蹄疫主要表现为秋季开始、冬春严重、夏季基本平息的流行特点。

2）环境因素对传播媒介的影响非常明显。在气温较高的夏季，蚊子、蚋和蠓大量孳生繁殖，以蚊子为传播媒介的传染病如猪流行性乙型脑炎，以蚋和蠓为传播媒介的鸡住白细胞虫病的病例明显增多。禽痘在夏秋流行也与蚊子为传播媒介有关。洪水泛滥季节，地面粪尿、被病原体污染的土壤被冲刷进河塘湖泊，造成水源污染，使一些以土壤和水为传播媒介的传染病如钩端螺旋体病、炭疽病等容易流行。温度降低的同时环境湿度增加的情况，有利于气源性感染的发生，因此，鸡传染性支气管炎等呼吸道传染性疾病在秋冬季节发病率明显上升。

3）季节和气候变化引起动物机体抵抗力的改变，当外界环境寒冷潮湿时，动物机体容易受凉、呼吸道黏膜的屏障作用降低，呼吸道疾病容易流行。例如，猪支原体肺炎的隐性病猪的病情恶化，出现频繁咳嗽等临床症状。反之，在干燥、温暖的季节，病情减轻、咳嗽减少。高温条件下，动物消化道的杀菌作用明显下降，消化道传染性疾病的发生显著增加。

4）社会环境因素对寄生物的影响。社会环境因素即社会因素，主要包括政治经济制度、生产力、文化与科学技术水平、兽医相关法律法规的制定与贯彻执行情况等。近年来，布鲁氏菌病、结核杆菌病、狂犬病等一些过去在一定程度上得以控制的疫病又卷土重来，一些新的传染性疾病如非洲猪瘟、禽流感、新型羊流感、猪圆环病毒3型、猪圆环病毒4型、猪丁型冠状病毒、塞尼卡谷病毒等暴发与流行，在很大程度上受到了社会因素的影响。比如，非洲猪瘟是一种高度接触性传染性疾病，自然传播速度较慢，中国是生猪养殖和产品消费大国，猪肉消费量占全球消费量的50%左右。国内生猪主要养殖区和主力消费区不匹配，生猪调运频次高、数量多，增加了非洲猪瘟的传播概率和传播范围。每当各地猪价差异较大时，调运会更加频繁，从而增加了非洲猪瘟防控的难度。社会因素既可能是促进动物疫病广泛流行的原因，又可以是有效消灭和控制疫病流行的关键。随着社会的进步，畜禽及其产品贸易往来频繁，传染病种类增多，流行机会也大大增强。同时，由于人们生活方式的改变，一些在一定程度上得到控制的老疫病又重新复发。已有的兽医法律法规不能贯彻执行，传染病一旦发生而不能及时做到快速诊断、疫情上报及采取最初的控制措施，使传染病的防治错失了最佳时机，并进而扩散蔓延。

二、环境因素对宿主的影响

就宿主而言，环境中的各种污染都会影响对寄生物的反应。对家畜来说，饲养管理方面的各种环境因素尤为重要。饲养管理因素主要包括养殖场场址选择、畜舍设计、规划布局、通风设施、饲养管理制度、卫生防疫制度及工作人员素质等，这些都密切关系到科学饲养管理技术和卫生防疫制度能否实施，当发生疫情时能否迅速切断和消灭传染病流行过程的三个基本环节，阻止传染病的流行和蔓延。

除此之外，动物与环境关系中一个值得注意的部分是如何处理人与动物的关系，可称之为动物伦理（animal ethics）。在饲养管理过程中要求饲养管理员善待动物，要让饲养场中的动物获得与其环境协调一致的健康状态，这样才能避免宿主免疫保护功能下降，病原微生物乘虚而入，最终导致疾病的发生。落实到具体工作中，要求饲养管理人员应该给予动物宽敞清洁的圈舍，定期打扫卫生，同时尽量避免在精神上虐待动物。在人类不能善待动物时，恶劣的饲养环境也可能为各类病原微生物的生长、繁殖及变异提供机会。这也是兽医工作者在生产实践过程中需要重视的问题。

第五节　宿主与寄生物相互作用的结局

宿主与寄生物相互作用可能的结局表现在以下几个方面。

1）彻底消灭病原微生物，机体康复。宿主的防御免疫屏障功能足以克服入侵病原微生物的致病能力并将病原微生物消灭，致病因素及患病机体的功能和代谢障碍消除，形态结构的损伤得到修复，机体内部各器官系统之间及机体与外界环境之间的协调关系得到完全恢复，动物的生产能力也恢复正常。在此过程中，动物机体的防御、代偿等反应占绝对的优势。大部分病原微生物感染所引起的传染性疾病痊愈以后，机体还能获得特异性的免疫。

2）宿主发病，导致死亡。病原微生物通过一定的途径突破宿主的防御免疫屏障，侵入宿主体内的组织器官，在不断的生长繁殖过程中，吸收周围组织营养物质，对局部组织造成一定的损伤，达到一定数量时，会通过血液、淋巴液和组织液进行传播，从而使局部组织的损伤全身化。在此过程中，动物机体虽然通过非特异性免疫和特异性免疫发挥其抗损伤能力，但损伤反应占主导地位，病原微生物不但未被消灭，甚至在体内大量繁殖，使损伤不能修复，则疾病进一步发展，严重时导致动物死亡。

3）寄生物未被消灭，但致病作用减弱。主要指病原微生物侵入动物体内，造成体内组织不同程度的损伤，随着动物机体的抗损伤作用增强，损害了的变化得到了控制，疾病的主要症状已经消失，但体内仍存在着某些病理变化，只能通过代偿反应才能维持相对正常的生命活动，同时体内的致病微生物致病作用减弱。

小　结

在漫长的生物进化过程中，生物与生物之间形成了各种错综复杂的关系，其中，凡是两种不同的生物共同生活的现象，称为共生。根据共生生物之间的利害关系，又可将共生现象分为互利共生、共栖和寄生。宿主为保护自己不受寄生物的损害，通过固有免疫屏障及适应性免疫反应发挥其积极的防御免疫屏障功能，吞噬作用及炎症反应是其主要表现形式。寄生物作为病原微生物能引起发病的因素包括致病力、趋向性及它在宿主体内存活和传播的能力。环境因素在寄生物与宿主的相互作用过程中也起到一定的作用。

思 考 题

1. 如何理解不同种类的生物在一起会形成偏利共生关系？
2. 请你说明固有免疫屏障在动物机体抗感染免疫过程中的作用。
3. 白细胞的吞噬过程经过哪几个阶段？
4. 试举例说明病原微生物的趋向性。
5. 环境因素在寄生物-宿主相互关系中所起的作用有哪些？

（周宏超）

第三章　细胞凋亡与疾病

动物体内的细胞注定是要死亡的，有些死亡是生理性的，有些死亡则是病理性的。细胞死亡有多种形式，到目前为止，人们认识最深刻的细胞死亡形式包括两种，即坏死（necrosis）和凋亡（apoptosis）。坏死是早已被认识到的一种细胞死亡方式，而凋亡则是近年来逐渐被认识的一种完全不同于坏死的细胞死亡方式。从本质上看，细胞凋亡是在基因控制下的主动而有序的细胞死亡过程，既可以发生在生理条件下，也可以发生在病理条件下。生理条件下的细胞凋亡对于确保机体的正常生长发育、维持机体内环境的相对稳定具有重要意义。细胞凋亡过程失调不仅可使生物体失去自身稳定，而且是许多疾病发生的根源。目前，干预凋亡过程已成为治疗某些疾病（如肿瘤）的新手段。

第一节　细胞凋亡概述

细胞凋亡又称程序性细胞死亡（programmed cell death，PCD），是由体内外各种因素促发预存于细胞内的死亡程序而引起的细胞死亡，即在基因调控下的主动而有序的细胞自我消亡过程。但凋亡与程序性死亡这两个概念在内涵上又略有不同：首先，PCD是一个功能性概念，描述在一个多细胞生物中，某些细胞的死亡是个体发育中一个预定的，并受到严格程序控制的细胞学过程，而凋亡是一个形态学概念，描述一种有着一整套在形态学特征上与坏死完全不同的细胞死亡形式；其次，多种刺激诱导的细胞凋亡，有些是受程序控制的，而有些则是非程序化的；最后，PCD只存在于发育细胞，而凋亡既可以存在于发育细胞，又可存在于成体细胞。但一般情况下，这两个概念常被通用。

"apoptosis"一词出自希腊语，原意为"花瓣或树叶的枯落"，意即细胞的这种死亡就如同树叶到了秋天会自然凋落一样，是细胞生命过程中最基本的一种生物学现象。细胞凋亡的现象最早是由Kerr等在1965年观察到的。他们在研究中发现，结扎大鼠门静脉左侧支数小时后，大鼠肝左叶细胞开始出现片状坏死，但由肝动脉维持供血的区域仍有细胞存活，只是这些细胞随着时间的延长体积缩小。在这期间，一些散在的单个细胞不断转变成小的圆形细胞质团块，其中通常含有凝集的染色质。这种细胞质团块显然是细胞死亡的结果，但并不伴有细胞坏死所具有的炎症反应，而且其酸性磷酸酶染色特性也有别于坏死细胞。仔细观察，这种细胞质团块在健康鼠的肝中也偶尔可以见到，在电子显微镜下，它们是由细胞质膜包裹起来的结构完整的细胞器。为了和细胞坏死相区别，1972年，Kerr等把细胞的这种死亡方式定名为细胞凋亡。

细胞凋亡作为一种主动的细胞死亡方式，在许多方面与坏死有显著的差别，尤其在形态学上的差异更明显（表3-1）。

细胞凋亡作为一种正常的生理过程，至少具有以下三方面作用。

1）确保正常的生长发育。机体的生长发育不仅与细胞的增殖、分化有关，细胞凋亡也起了重要作用。通过细胞凋亡，可以清除多余的、失去功能价值的细胞。

2）维持内环境的稳定。受损、突变或衰老的细胞存留在体内就可能干扰机体功能，

表3-1　细胞凋亡和坏死的区别

特征	凋亡	坏死
1. 性质	生理或病理性，特异性	病理性，非特异性
2. 诱导因素	较弱刺激，非随即发生	强烈刺激，随即发生
3. 生化特点	主动过程，有新蛋白质合成，耗能	被动过程，无新蛋白质合成，不耗能
4. 形态学变化	胞膜及细胞器相对完整，细胞皱缩，核固缩	细胞肿胀，结构全面破坏、溶解
5. DNA 电泳	DNA 片段化裂解（180~200bp 的倍数），电泳呈梯状条带	弥漫性降解，电泳呈均一的 DNA 片状
6. 炎症反应	无	有
7. 凋亡小体	有	无
8. 基因调控	有	无

甚至演变为疾病（如肿瘤）。为了维持内环境的稳定，机体必须及时将这些细胞清除，而清除这些细胞的主要方式就是凋亡。

3）发挥积极的防御功能。细胞凋亡参与了机体的防御反应。例如，当机体受到病毒感染时，受感染的细胞发生凋亡，使DNA发生降解，整合于其中的病毒DNA也随之被破坏，因而阻止了病毒的复制。

第二节　细胞凋亡的生物学特征

细胞凋亡是受基因调控的一个主动连续的程序化反应过程，不仅在形态学上有改变，而且具备生化变化的特征。

一、凋亡细胞的形态学改变

在透射电镜下，凋亡细胞与坏死细胞在形态学上的变化完全不同（图3-1）。

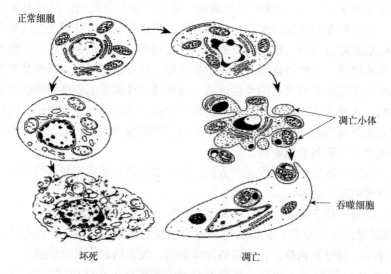

图 3-1　坏死及凋亡的超微结构改变示意图

在凋亡早期，细胞表面的微绒毛消失，并逐渐脱离与周围细胞的接触，细胞体积缩小，细胞质浓缩，内质网不断扩张并与细胞膜融合，核染色质固缩、碎裂成团块并紧衬在核膜周边，细胞膜和核膜均出现褶皱，并逐渐形成膜表面的芽状突起，称为"出芽"（budding）。在接下来的过程中，很快出现核仁裂解，细胞膜进一步皱缩内陷，分割包裹细胞质，随后脱落，形成具有完整质膜结构的内含细胞器、核碎片或仅含细胞质的凋亡小体（apoptotic body）。在扫描电镜下，凋亡小体呈球形突出于细胞表面，细胞其他部位可见包膜内陷（图3-2）。最后，凋亡小体被巨噬细胞或邻近的各种细胞吞噬消化。整个凋亡过程无溶酶体和细胞膜的破裂，细胞内容物不外泄，因而不伴有局部的炎症反应。

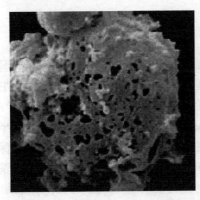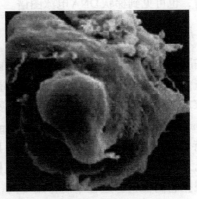

图 3-2　坏死细胞（左）和凋亡细胞（右）的扫描电镜图片（5000×）
（引自 Robinson and Cossarizza，2017）

相反，细胞坏死首先是细胞膜通透性增强，细胞外形发生不规则变化，内质网扩张，核染色质不规则移位，进而线粒体及细胞核肿胀，溶酶体破坏，细胞膜破裂，细胞质外溢。这种死亡过程常引起炎症反应。

二、细胞凋亡的主要生化改变

（一）核酸内切酶激活及 DNA 的片段化降解

细胞凋亡的一个显著特点就是染色质 DNA 的片段化降解，降解所产生的 DNA 片段长度为 180～200bp 或其整数倍，在进行琼脂糖凝胶电泳时，形成特征性的"梯"状（ladder pattern）条带，这一特征被广泛用作判断细胞凋亡的依据。

DNA 片段化的形成是由被激活的核酸内切酶的降解所致。组成染色质的最基本单位是核小体，核小体之间的连接最易受核酸内切酶的攻击而发生断裂。DNA 链上每隔 200 个核苷酸就有一个核小体，当核酸内切酶在核小体连接处切开 DNA 时，即可形成 180～200bp 或其整数倍的片段。

降解 DNA 的核酸内切酶有多种，常见的有核酸内切酶 I（DNase I）和核酸内切酶 II（DNase II）。DNase I 为 Ca^{2+}/Mg^{2+} 依赖性核酸内切酶，分子质量为 32～37kDa。DNase I 发挥活性的最适 pH 为 7.5。其抑制剂有 Zn^{2+}、乙二胺四乙酸（EDTA）、二乙基焦磷酸盐和肌动蛋白。1980 年，Wyllie 等首次报道 DNase I 被激活后可降解基因组 DNA，形成 DNA 梯状条带。

DNase II的分子质量为29kDa，在细胞溶酶体和细胞核内均被发现，是一种pH依赖性核酸内切酶，在低pH条件下被激活。在某些类型的细胞凋亡过程中，其胞质内的Ca^{2+}浓度并不增加，DNase I也未显示出活性，而DNase II却显示出较强的活性，同时这些凋亡细胞内pH均降至6.4左右，而这正是广泛存在于真核细胞内的DNase II的适宜pH，表明这些细胞的基因组DNA由DNase II降解成梯状DNA片段。目前已有更多的试验表明，胞内H^+浓度升高可促发凋亡的形成。

值得强调的是，虽然DNA片段化裂解可作为鉴定凋亡细胞的重要参考依据，但也并非绝对，有时形态学上可见明显的凋亡表现，但并不出现DNA的梯状条带；相反，在肝细胞坏死时，也可见到梯状DNA电泳图谱。

（二）胱天蛋白酶的激活

凋亡细胞的形态学改变与一系列半胱氨酸蛋白酶（cysteine protease）的特异性激活有关。这些蛋白酶在结构上同源，同属于胱天蛋白酶（caspase）家族，也称为ICE/CED-3家族。这个家族的蛋白酶能特异性地在特定的氨基酸序列中将肽链从天冬氨酸（Asp）之后切断。caspase是cystine-containing aspartate-specific protease的缩写，原意为含半胱氨酸的天冬氨酸特异性水解酶，简称胱天蛋白酶。胱天蛋白酶是一族在进化上高度保守的蛋白酶，目前已从人和动物体内克隆出10余种这样的蛋白酶，其中2/3的胱天蛋白酶与细胞凋亡有关。根据它们在凋亡过程中的作用不同，分为启动酶（initiator）和效应酶（effector）两类，前者包括caspase-8、caspase-10和caspase-9，后者包括caspase-3、caspase-6和caspase-7，它们分别在死亡信号转导过程中的上游和下游发挥作用。

未活化的caspase家族蛋白酶是以酶原形式存在的，酶原的氨基端有一段被称为"原结构域"（pro-domain）的序列。酶原活化时不但要将原结构域切除，并且要将剩余部分剪切成一大一小两个亚基，分别称为P20和P10，活性酶就是由这两种亚基以（P20/P10）$_2$的形式组成的。剪切发生在酶原中保守序列的Asp与其后的氨基酸残基之间，一般是先切下羧基端的小亚基，然后再从大亚基的氨基端切去原结构域。通常情况下，作为效应酶的胱天蛋白酶通常被上游胱天蛋白酶通过酶切的方式激活，而作为启动酶的胱天蛋白酶则通过蛋白质-蛋白质相互酶切而激活。

胱天蛋白酶在凋亡中所起的主要作用是：灭活细胞凋亡的抑制物；直接作用于细胞结构并使其解体，促使凋亡小体的形成；在凋亡级联反应中水解相关活性蛋白，从而使该酶获得或丧失某种生物学功能，如caspase-9可使caspase-3酶原水解形成具有水解活性的caspase-3。

第三节　细胞凋亡的过程与调控

一、细胞凋亡的过程

从细胞接收到相关凋亡信号到细胞凋亡的完成大致可以分为4个阶段：①凋亡信号转导。细胞内外的凋亡诱导因素通过各种受体作用于细胞后，产生一系列复杂的生化反应，形成与细胞凋亡有关的第二信使，如Ca^{2+}、cAMP和神经酰胺等，然后通过不同的胞内信号转导途径激活后续凋亡过程。②凋亡基因激活。调控凋亡的基因在接收到由信号转导途径传来的死亡信号后按预定程序启动，并合成执行凋亡所需的各种酶类及相关物质。③细胞凋亡的执行。在相关酶的作用下，已决定死亡的细胞迅即进入死亡执行阶段。参与执行细胞凋亡的酶类包括核酸内切酶和胱天蛋白酶，前者彻底破坏细胞生命活动所需的全部指令，而后者导致细胞结构的全面解体。④凋亡细胞的清除。细胞凋亡后所形成的凋亡小体被邻近的巨噬细胞或其他细胞吞噬、分解。

二、凋亡信号

（一）诱导细胞凋亡的信号

诱导细胞凋亡的信号较多（表3-2），有的具有普遍性，如射线辐射、应激等导致的DNA损伤可诱导多种细胞的凋亡；有的具有组织特异性，如糖皮质激素对淋巴细胞、转化生长因子-β_1（TGF-β_1）对肝细胞的凋亡具有诱导作用。

表3-2　诱导细胞凋亡的信号举例

诱导因子	细胞类型	诱导因子	细胞类型
射线辐射	多种细胞	谷氨酸	神经元
热休克	多种细胞	细菌感染	巨噬细胞
肿瘤坏死因子-α（TNF-α）	多种细胞	病毒感染	靶细胞
T细胞抗原受体	胸腺细胞	自由基	多种细胞
糖皮质激素	淋巴细胞	细胞毒T细胞	靶细胞
TGF-β_1	肝细胞	Fas/Apo-1激活	胸腺细胞和其他细胞

（二）抑制细胞凋亡的信号

抑制细胞凋亡的信号（表3-3）主要可以分为以下两方面。

1. 某些生长因子和激素　包括一些细胞因子集落刺激因子（CSF）、神经生长因子（NGF）及白细胞介素（IL）等。比如，IL-6对野生型p53蛋白介导的细胞凋亡具有抑制作用，IL-4对氢化可的松介导的B细胞性慢性淋巴细胞性白血病细胞的凋亡具有抑制作用。性激素对细胞凋亡也具有抑制作用，如雌激素和黄体酮可抑制乳腺细胞凋亡。

2. 某些病毒　一些病毒为延长其寄居在宿主细胞中的寿命，以利于自身复制和存活，常带抑制宿主细胞凋亡的基因。例如，腺病毒和人乳头瘤病毒常编码一种蛋白使 p53 基因失活甚至破坏；疱疹病毒和非洲猪瘟病毒含有类似于 bcl-2 的基因；牛痘病毒中的细胞因子反应修饰剂A（cytokine response modifier A，CrmA）成分可抑制IL-1β转换酶（interleukin-1β convertase，ICE）所诱导的细胞凋亡。

表3-3　抑制细胞凋亡的信号举例

抑制因子	细胞类型	抑制因子	细胞类型
各种细胞因子	造血干细胞	雌激素	乳腺细胞
IL-2	T淋巴细胞	雄激素	前列腺细胞
IL-5	嗜酸性粒细胞	腺病毒、疱疹病毒	B淋巴细胞
神经生长因子	神经元	牛痘病毒CrmA	神经元
血小板源生长因子	胶质细胞		

三、细胞凋亡的信号转导

凋亡信号转导系统是介于凋亡信号与核染色质DNA片段化和细胞结构蛋白降解的中间环节。一般情况下，来自体内外的凋亡信号需通过复杂的信号转导途径才能最终引起细胞凋亡的执行者胱天蛋白酶家族的活化，这些蛋白酶剪切相应的底物，使细胞发生凋亡。

凋亡起始信号向胱天蛋白酶进行转导的过程通常被划分成两个途径，即死亡受体途径（death receptor pathway）和线粒体途径（mitochondrial pathway）。

（一）死亡受体途径（外源通路）

死亡受体是一类跨膜受体，属于肿瘤坏死因子受体（tumor necrosis factor receptor，TNFR）基因家族成员。这类受体的特征是在胞外区富含半胱氨酸残基，在胞质区含有一段由60～80个氨基酸残基组成的同源结构域，死亡受体通过这个结构域与胞质中介导细胞凋亡信号的蛋白质结合，通过后者启动细胞内部的凋亡程序，引起细胞凋亡，所以这个结构域被称为死亡结构域（death domain，DD）。但在某些情况下，死亡受体也能介导抗凋亡信号。此外，虽然某些死亡受体缺乏死亡结构域，但也能介导死亡信号的传递。在这些死亡受体中，研究得最多的就是Fas（CD95）和TNFR。

1. Fas/FasL途径　这一信号途径对于保证免疫系统的正常发育和功能发挥具有重要作用。在凋亡信号转导过程中，Fas蛋白与可溶性Fas配体（sFasL）结合，引起Fas蛋白死亡结构域聚集成簇，进而与胞质中另一种带有同样死亡结构域的接头蛋白——Fas死亡结构域衔接蛋白（Fas-associated death domain protein，FADD）相结合。FADD还含有一个死亡效应结构域（death effector domain，DED），能与胞质中的caspase-8酶原中相同的DED相结合，从而形成DD-FADD-caspase-8复合酶体，又称死亡诱导信号复合体（death-inducing signaling complex，DISC）。随后，caspase-8被自身激活，进而引起下游凋亡效应胱天蛋白酶（caspase-3、caspase-6、caspase-7）活化，最终引起细胞凋亡。

2. TNFR途径　TNF主要由巨噬细胞和T淋巴细胞合成，具有刺激细胞增殖、溶解肿瘤细胞、诱导炎性反应、抗病毒和调节免疫反应等多种作用。TNF的生物学效应由TNFRⅠ和TNFRⅡ所介导。这两种受体的胞外氨基酸序列非常相似，但胞内结构域却有很大差别：TNFRⅠ含有死亡结构域，而TNFRⅡ却缺乏死亡结构域。从功能上看，TNFRⅠ主要介导凋亡信号，引起细胞凋亡，也可以介导细胞活化和增殖信号，活化核转录因子NF-κB（nuclear factor-kappa B）和活化蛋白-1（activator protein，AP-1）；TNFRⅡ主要传递细胞增殖信号，刺激细胞增殖和NF-κB的活化，但在细胞凋亡过程中也有一定的作用。

TNFRⅠ介导的凋亡信号也是由FADD向下游传递的，但TNFRⅠ不能直接结合FADD，而是通过TRADD蛋白（TNF receptor-associated death domain protein）来与FADD发生联系。与配体TNF-α或TNF-β结合后，TNFRⅠ迅速形成三聚体，使胞质区内的死亡结构域聚集成簇，进而与TRADD蛋白羧基端的死亡结构域相结合。TRADD蛋白的死亡结构域不但可以结合TNFRⅠ的死亡结构域，也可以结合FADD的死亡结构域，从而使TNFRⅠ介导的凋亡信号通过TNFRⅠ-TRADD-FADD-caspase-8的途径传递。截去死亡效应结构域的FADD不但能阻断Fas活化引起的细胞凋亡，也能阻断TNFRⅠ引起的细胞凋亡。

TNFRⅠ活化NF-κB的信号也是通过TRADD蛋白介导的，TRADD蛋白在通过羧基端死亡结构域与TNFR I 胞质区结合后，还可以通过氨基端部分与另一种信号转导蛋白肿瘤坏死因子受体相关因子2（TNF receptor-associated factor 2，TRAF2）结合，TRAF2再通过NIK（NF-κB inducing kinase）→IKK（IκB kinase）→IκB信号通路引起NF-κB的活化，使其进入细胞核内发挥转录因子的功能。所以TRADD蛋白在TNFR I 的信号转导中占据着中心位置，既介导细胞凋亡信号，又介导NF-κB活化信号。

（二）线粒体途径（内源通路）

线粒体途径是一种非死亡受体依赖性途径，来自细胞外部环境的凋亡信号及细胞内部DNA损伤可迅即启动这一信号转导途径。一些化疗药物、射线辐射和自由基（活性氧和活性氮）诱导的细胞凋亡就通过这一途径得以实现。

1993年，Jacobson等发现用溴化乙锭除去线粒体DNA（mtDNA）能诱导人成纤维细胞凋亡，表明线粒体损伤在细胞凋亡中起作用。细胞凋亡期间，尽管线粒体仍能维持其超微结构基本正常，但在凋亡早期就出现了功能的改变，如线粒体内膜通透性增大、线粒体内膜跨膜电位（$\Delta\psi_m$）明显下降和能量合成显著下降。

细胞色素c从线粒体释放到细胞质是线粒体途径的关键步骤。细胞色素c是一种水溶性蛋白，位于线粒体内、外膜之间的膜间隙，并与内膜松弛连接。目前认为，细胞色素c从线粒体释放出来与线粒体膜的通透性改变有关。线粒体内、外膜之间的通透性转换孔（permeability transition pore，PTP）具有调节线粒体膜通透性的作用，在正常情况下，绝大多数PTP处于关闭状态。当线粒体$\Delta\psi_m$在各种凋亡诱导信号的作用下降低时，PTP开放，导致线粒体膜通透性增大，使细胞色素c得以释出。释放到细胞质的细胞色素c在ATP/dATP存在的条件下能促使凋亡蛋白酶活化因子-1（apoptosis protease activating factor-1，Apaf-1）与caspase-9酶原结合形成Apaf-1/caspase-9凋亡体（apoptosome），进而使caspase-9活化，活化的caspase-9使caspase-3激活，从而诱导细胞凋亡（图3-3）。

此外，在凋亡诱导过程中，线粒体还释放凋亡诱导因子（apoptosis inducing factor，AIF）、第二线粒体源胱天蛋白酶激活剂或低等电点IAP直接结合蛋白（second mitochondria-derived activator of caspases/direct IAP-binding protein with low pI，Smac/DIABLO）、核酸内切酶G（endonuclease G，EndoG）、高温必备蛋白A_2或线粒体丝氨酸蛋白酶（high temperature requirement protein A_2，HtrA$_2$/Omi），以及包括caspase-2、caspase-3和caspase-9在内的多种caspase酶原。多种促凋亡蛋白的释放保证了细胞能发生快速而确定的死亡，也在一定程度上保证了凋亡信号呈单向级联传递。

死亡受体途径与线粒体途径在激活caspase-3时交汇，caspase-3的激活和活性可被凋亡抑制蛋白（inhibitor of apoptosis protein，IAP）拮抗，而IAP自身又可被从线粒体释放的Smac/DIABLO蛋白所拮抗。死亡受体途径和线粒体途径的串流（cross-talk）是通过促凋亡的BCL-2家族成员BH$_3$结构域凋亡诱导蛋白（BH$_3$ interacting domain protein，Bid）实现的。caspase-8介导的Bid的裂解极大地增强了它的促凋亡活性，并将其转位到线粒体，促使细胞色素c释放。因而，Bid是将凋亡信号从caspase-8向线粒体传递的信使。

四、细胞凋亡的调控

细胞凋亡受到严格调控，目前发现有许多分子参与了对细胞凋亡精准的调节。

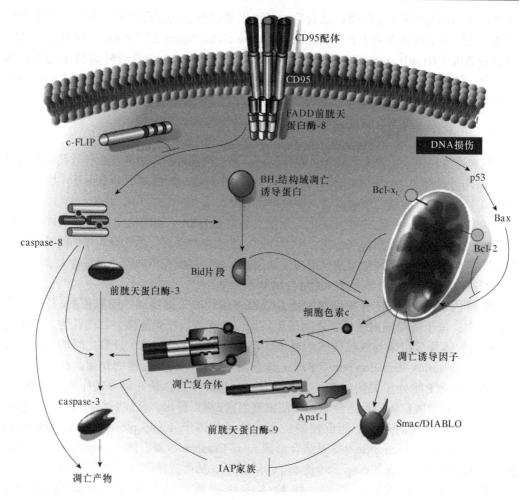

图 3-3　凋亡信号的死亡受体途径和线粒体途径模式图

（引自 Hengartner，2000）

FADD. Fas死亡结构域衔接蛋白；Smac/DIABLO. 第二线粒体源胱天蛋白酶激活剂或低等电点IAP直接结合蛋白；
Apaf-1. 凋亡蛋白酶活化因子-1；Bid. BH3结构域凋亡诱导蛋白；c-FLIP. 细胞型Fas相关死亡结构域样白细胞
介素-1β转换酶抑制蛋白；IAP. 凋亡抑制蛋白

（一）BCL-2 家族蛋白

BCL-2家族蛋白被认为是细胞凋亡蛋白家族中最重要的调控蛋白，定位在核膜的胞质面、内质网及线粒体外膜上。目前发现BCL-2家族蛋白共有20多个成员，它们具有单个或数个保守的功能区——BCL-2同源域（BCL-2 homologous domain）BH-1~BH-4，其中BH-4是抗凋亡蛋白所特有的结构域，而BH-3是与促进凋亡有关的结构域。在这些蛋白质中，有的具有抑制凋亡的作用（如BCL-2、BCL-XL、MCL-1），而有的具有促进凋亡的作用（如BAX、BCL-Xs、BAK、BOK、BAD、BID、BIM、NOXA和PUMA）。

1. BCL-2　BCL-2是B淋巴细胞瘤/白血病-2（B cell lymphoma/leukemia-2）的缩写形式，是第一个被确认为具有凋亡抑制作用的蛋白，能抑制多种凋亡诱导因素（如射线、化学药物、自由基）等引起的细胞凋亡。

线粒体膜上的BCL-2至少在三个水平上发挥抑制凋亡的作用：①BCL-2能改变线粒体巯基的氧化还原状态来调控线粒体膜电位，从而调控细胞凋亡。在细胞凋亡过程中，线粒体的巯基可能组成了胞内氧化还原电位的传感器，BCL-2可能是通过抑制谷胱甘肽（GSH）的外泄，降低胞内的氧化还原电位来抑制细胞凋亡的。②BCL-2能通过抑制PTP开放来抑制促凋亡蛋白从线粒体中释放，从而保护细胞免于凋亡。③BCL-2能将凋亡蛋白前体Apaf-1等定位至线粒体膜上，使其不能发挥促凋亡作用。

2. BAX　　BAX与BCL-2具有很高的同源性，两者形成异源二聚体，抑制BCL-2的活性，促进凋亡发生。BAX在凋亡信号诱导下可以发生构象变化（conformational change），在线粒体膜上形成BAX寡聚孔道，诱导细胞色素c释放，从而导致细胞凋亡。而BCL-2通过与BAX结合而抑制BAX所致的细胞凋亡。

3. BCL-X　　*bcl-x*基因可翻译出两种蛋白，即BCL-XL和BCL-Xs，前者抑制细胞凋亡，后者促进细胞凋亡。*bcl-x*基因激活后是否造成细胞凋亡取决于这两种蛋白的表达量。

（二）p53蛋白

p53蛋白是由抑癌基因*p53*编码的具有393个氨基酸残基的蛋白质，分子质量为53kDa，因此而得名。

*p53*基因分为野生型（*wtp53*）和突变型（*mtp53*）两种，前者编码的p53蛋白能促进细胞凋亡，而后者则抑制细胞凋亡。正常存在于细胞内的是野生型，其编码的蛋白是一种DNA结合蛋白，该蛋白在细胞周期的G$_1$期发挥检查点（checkpoint）的作用，负责检查DNA是否有损伤，一旦发现有缺陷的DNA，它就刺激CIP［CDK-interacting protein-1，CDK是细胞周期依赖性激酶（cyclin dependent kinase）的缩写］的表达，使细胞停止在G$_1$期，并启动DNA修复机制；如果DNA损伤严重，无法修复，p53蛋白则启动细胞凋亡机制，将其排除。因此，p53有"分子警察"的美誉。突变型*p53*基因编码的蛋白由于构象发生了改变，不能制止DNA损伤细胞的增殖，导致有遗传缺陷的细胞可能发展成为恶性肿瘤细胞。

在正常细胞内，野生型p53蛋白含量极低，这主要是由于这种蛋白的半衰期较短，一般为20～30min。而突变型p53蛋白半衰期较长，为野生型的100～1000倍，造成p53在细胞内蓄积。因此，通过免疫组化检测到的大多数是突变型p53蛋白。这种方法也可间接地大致反映出是否存在*p53*基因突变。

在依赖于p53蛋白的细胞凋亡中，*p53*基因是通过调节*bcl-2*和*bax*基因的表达来影响细胞凋亡的。p53蛋白能特异地抑制*bcl-2*的表达，而对*bax*的表达具有明显的促进作用。研究表明，p53蛋白是*bax*基因的直接转录活化子。在这些细胞中，p53蛋白的积累和活动引起了细胞凋亡。

（三）凋亡抑制蛋白家族

凋亡抑制蛋白（inhibitor of apoptosis protein，IAP）家族是一类独立于bcl-2、有着更广泛的抗凋亡作用的内源性凋亡抑制蛋白，目前已发现8种IAPs：c-IAP-1（HIAP-1）、c-IAP-2（HIAP-2）、NAIP、XIAP（ILP-1）、IAP-2、存活蛋白（survivin）、BRUGUE及新成员生存蛋白（livin）。IAP首先是在杆状病毒中被发现的，它能抑制病毒感染所诱发的宿主细胞的凋亡。IAP在结构上非常相似，均包含2～3个串联含有Cys/His的杆状病毒IAP

重复序列（baculovirus IAP repeat，BIR），BIR是IAP抑制细胞凋亡所必需的序列，IAP可能就是通过BIR与caspase相结合。

survivin是该蛋白家族的最小成员，也是迄今发现的最强的凋亡抑制因子，在凋亡和细胞周期的蛋白调控中均发挥重要的作用。survivin主要通过两条途径来抑制细胞凋亡：①直接作用于胱天蛋白酶，主要抑制凋亡效应caspase-3和caspase-7的活性或干扰caspase-9的活性，阻断各种刺激诱导的下游细胞凋亡的共同通路。②与细胞周期蛋白激酶CDK4和p34cdc2相互作用而阻断凋亡信号转导通路，抑制细胞凋亡。

（四）FLIP蛋白

FLIP蛋白（FLICE-inhibitory protein）是近年来发现的一类含有死亡效应结构域（DED）的凋亡抑制蛋白，能抑制Fas/FasL介导的细胞凋亡。这种蛋白在结构上与FADD样白细胞介素-1β转换酶（FADD like IL-1β converting enzyme，FLICE）相似并能抑制FLICE的作用，故命名为FLIP。FLIP首先在病毒中被发现，又称vFLIP。FLIP蛋白N端含有与caspase-8相似的两个相互串联的DED，可竞争性地与caspase-8上的DED结合，从而阻断死亡诱导信号复合体DD-FADD-caspase-8的形成，抑制Fas介导的凋亡信号转导。

（五）*c-myc*基因家族蛋白

c-myc蛋白既能诱导细胞增殖，又能诱导细胞凋亡，是一种双向调节蛋白。细胞在*c-myc*基因家族蛋白作用下出现哪种结果，取决于细胞所接受的外来信号和细胞所处的生长环境。例如，在*c-myc*基因家族蛋白表达后，如果没有足够的生长因子持续作用于细胞，细胞便凋亡；反之，细胞就处于增殖状态。

五、凋亡的执行

当凋亡信号通过信号转导途径到达凋亡效应胱天蛋白酶并使之激活后，凋亡就进入执行阶段。胱天蛋白酶的底物多达百余种，其中就包括核酸内切酶。胱天蛋白酶切割核酸内切酶使其活化，活化的核酸内切酶使染色质DNA发生片段化降解。胱天蛋白酶介导的其他底物的酶解也引起细胞相应的形态学变化。比如，胱天蛋白酶对核纤层蛋白（lamin）的酶解导致细胞核皱缩和胞膜"出芽"（budding），而整个细胞的形态改变则可能与细胞骨架蛋白中的胞衬蛋白（fodrin）和凝胶蛋白（gelsolin）的酶解有关。胱天蛋白酶介导的PAKα（一种p21活化的蛋白激酶）的降解可能与凋亡小体从胞膜上断离有关。此外，胱天蛋白酶还能灭活或下调与DNA修复有关的酶、mRNA剪切蛋白和DNA交联蛋白的表达和活性。由于这些蛋白功能被抑制，细胞的增殖与复制受阻并发生凋亡。所有这些都表明，胱天蛋白酶以一种有条不紊的方式对细胞进行"破坏"，它们切断细胞与周围的联系、拆散细胞骨架、阻断细胞DNA复制和修复、干扰mRNA剪切及损伤DNA与核结构，使细胞发生不可逆死亡。

六、吞噬细胞对凋亡细胞的识别和吞噬

凋亡细胞的清除对维持组织自身稳定具有重要的作用。虽然细胞凋亡在组织中持续发生，但它们在体内很快被巨噬细胞或邻近的细胞所吞噬，因而在正常组织中很少能观察到

凋亡细胞。吞噬发生在凋亡细胞的溶解之前，避免了可能的促炎和促免疫原性的细胞内含物的外泄。研究表明，吞噬细胞上也有多种受体参与识别凋亡细胞，在凋亡细胞表面也有相应的死亡标记，表明其"可食性"。

（一）凋亡细胞表面识别信号

1. 磷脂酰丝氨酸（PS）暴露 正常情况下，血细胞膜磷脂双层结构的外层中性磷脂较多，如神经鞘磷脂和磷脂酰胆碱；而阴性磷脂，如PS则常局限于胞膜内侧，呈不对称性结构。这种不对称性结构受到ATP依赖性氨基磷脂易位酶的作用而保持，受非特异性脂翻转位点（lipid flipsite）的激活而丧失。细胞发生凋亡后，由于这种易位酶的表达下调和非特异性脂翻转位点的激活，不对称性结构丧失，PS暴露于细胞表面，增强了吞噬细胞对它的识别。

2. 碳水化合物 凋亡细胞表面碳水化合物的改变是被巨噬细胞表面凝集素样分子识别的另一种标志。比如，凋亡能导致细胞间黏附分子3（ICAM-3）上的碳氢基团外露，增强凝集素样分子识别CD_{14}的能力。而吞噬细胞对凋亡胸腺细胞的识别也是胸腺细胞表面部分碳水化合物与凝集素样受体作用的结果。凋亡细胞表面 N-乙酰神经氨酸等侧链终端唾液酸残基的丢失，使正常情况下被覆盖的 N-乙酰葡糖胺、N-乙酰乳糖及半乳糖等单糖暴露出来，从而可与吞噬细胞表面的凝集素样分子结合并发生相互作用。碳水化合物的改变也参与正常组织细胞对凋亡细胞的识别。例如，在新生大鼠肝细胞培养中发现，凝集素样受体参与正常肝细胞对凋亡细胞的消化。由于所有类型的细胞发生凋亡时形态改变是相似的，因此这种糖类-凝集素依赖性识别被认为是一种清除凋亡细胞的普遍机制。

（二）吞噬细胞表面识别性受体

1. 磷脂酰丝氨酸（PS）受体 PS受体是吞噬细胞表面主要识别性受体。吞噬细胞对凋亡淋巴细胞的识别可被含有L型PS的脂质体或其他结构与PS相近的L型异构体所抑制，且呈剂量相关性，但不被含有其他阴性磷脂包括D型PS的脂质体所抑制，提示吞噬细胞上PS受体具有立体专一性。但目前对于巨噬细胞PS受体的本质还不能完全肯定。

2. 血小板反应蛋白（TSP）受体、CD_{36}及victronectin受体（VnR） TSP是一种多功能黏附糖蛋白，除参与血小板凝集、肿瘤的转移、胚胎发育、血管平滑肌增生调节外，还在识别凋亡细胞的过程中发挥重要作用。在凋亡的纤维母细胞表面，TSP和受体CD_{36}的表达不断增加。抑制CD_{36}或TSP都明显抑制了凋亡纤维母细胞的清除。相反，PS或凝集素样分子却不参与这个过程。TSP作为吞噬细胞和凋亡细胞之间的分子桥，一端结合吞噬细胞表面的受体CD_{36}和VnR，另一端与凋亡细胞上的TSP结合区结合，这样就易于吞噬细胞识别和吞噬凋亡细胞，以达到清除的目的。此外，吞噬细胞上的VnR也具有识别凋亡细胞的功能。

第四节 细胞凋亡异常与疾病

细胞凋亡是维持机体正常生理功能和自身稳定的重要机制，细胞凋亡过程失调不仅可使生物体失去自身稳定，而且是许多疾病发生的根源。

一、细胞凋亡与炎症

炎症反应不仅是机体对有害刺激正常防御反应的一部分，也是机体组织损伤后修复必不可少的重要一环。炎症吸收过程是一个多因素参与的复杂过程，包括引起炎症反应刺激的清除，介导因子消耗，停止炎症细胞游出，恢复微血管通透性，清除血管外液体、蛋白、炎性细胞，最后恢复组织结构。中性粒细胞（neutrophilic granulocyte，NG）在炎症的发生、发展和转归中起着至关重要的作用，是炎症反应的重要标志之一。NG首先到达炎灶，其他炎症反应如单核细胞的游出、水肿的形成等均有赖于NG的作用。NG内含有多种组织毒性物质，可以酶解基质蛋白，形成趋化物质，放大炎症反应，因此炎灶内NG的转归对炎症的转归起着重要作用。

研究表明，炎灶内的炎症细胞及其他增生细胞是通过凋亡机制而得以清除的，这是机体限制组织损伤、促进炎症吸收的重要机制之一。如果炎灶中NG的凋亡受到抑制，则可导致炎症持续。比如，肠炎患畜的肠组织和外周血中NG的凋亡显著减少。

二、细胞凋亡与微生物感染

细胞凋亡在防卫微生物的感染中起着重要的作用，当机体受到病原微生物感染时，机体会运用细胞凋亡的手段，使宿主细胞发生主动凋亡，以牺牲个别细胞来清除外来物，保持自身整体的稳定，起到宿主防御作用，结果是被感染细胞的死亡和病毒的清除，因此是机体一种重要的防卫功能。

在漫长的进化过程中，宿主与病原微生物都产生和发展了有利于保护自己的机制，宿主细胞利用细胞凋亡来清除病原微生物，而病原微生物为了生存与扩散而抑制细胞凋亡。但任何事情都具有两面性，细胞凋亡有时并不一定都对宿主机体有利，反而与疾病的发病机制密切相关。

（一）细胞凋亡与病毒感染

细胞凋亡与病毒感染是当今最令人感兴趣的研究领域之一。现已证明，一些病毒所致的细胞凋亡在疾病的发病机制中起着重要的作用。

流感病毒感染哺乳动物和禽类会带来严重的后果，而病毒杀死特异宿主细胞的确切机制一直不清楚。流感病毒感染人体后，可损伤人呼吸道上皮细胞，并能诱导体外培养的哺乳类动物细胞凋亡。流感病毒A接种小鼠后3d，在许多呼吸道上皮细胞显示核碎裂、染色质浓缩的细胞凋亡特征，用末端DNA转移酶介导的原位末端缺门标记法检测组织中的凋亡细胞，发现肺支气管、细支气管上皮及管腔上皮脱落细胞中有大量凋亡的特异性信号。肺泡壁和支气管间质也有凋亡信号：脾和胸腺组织中的细胞凋亡数明显高于对照组。这些研究结果表明，流感病毒能引起小鼠体内的细胞凋亡，其机制可能与流感病毒的直接作用和宿主体内淋巴细胞介导的细胞毒及某些淋巴因子有关。

淋巴细胞凋亡可能是禽流感病毒感染后产生免疫抑制和淋巴细胞减少症的原因。研究表明，用禽流感病毒H9N2亚型感染蛋鸡接种3d后，脾和法氏囊的淋巴细胞凋亡率显著升高，随后细胞凋亡率虽有下降，但在接种后14d仍显著高于对照组。胸腺的细胞凋亡率在接种后3～21d均极显著地高于对照组。

鸡贫血病病毒介导的细胞凋亡能够引起严重的贫血和免疫缺陷。鸡传染性法氏囊病毒也可引起法氏囊淋巴细胞凋亡，造成免疫功能损伤。此外，牛疱疹病毒、鸡白血病病毒均通过诱导细胞凋亡而引起宿主细胞缺失和功能紊乱。由人免疫缺陷病毒（human immunodeficiency virus，HIV）引起的AIDS，关键的发病机制就是CD_4^+ T细胞被选择性破坏而致其数量显著减少，从而导致免疫功能缺陷。

有些病毒感染并不表现出细胞凋亡，但可使宿主细胞对凋亡的敏感性提高。巨细胞病毒（CMV）是一种疱疹病毒，感染许多动物，包括人类和鼠类，初次感染后，CMV长期处于潜伏状态，在机体免疫力变弱时引起严重的临床表现。抗CD_3抗体能够引发未成熟胸腺细胞凋亡，机体感染CMV后，对它的敏感性大大提高。

目前已证实能够引发细胞凋亡的病毒还有麻疹病毒、牛痘病毒、脊髓灰质炎病毒、肉瘤病毒40（sarcoma virus 40 SV40）、人合胞体病毒（HSV）等。这一范围还在不断扩大。

（二）细胞凋亡与细菌感染

1. 革兰氏阳性菌与细胞凋亡　　葡萄球菌、链球菌、白喉杆菌均属革兰氏阳性菌，与革兰氏阴性菌不同，它们不产生内毒素，而是通过外毒素或各种水解酶而发挥致病作用。用葡萄球菌产生的肠毒素B（staphylococcal enterotoxin B，SEB）可引起小鼠胸腺细胞发生凋亡，导致CD_4^+、CD_8^+ T淋巴细胞急剧减少。用SEB处理后，小鼠胸腺细胞凋亡通常发生在第4天，此时DNA片段化裂解，细胞形态呈典型的凋亡改变，而在处理后第2天，细胞凋亡并不明显，第7天不再发生凋亡增强现象，提示SEB处理小鼠后，其胸腺细胞凋亡只发生在有限时间内，这与细菌保持自身存活、逃避机体免疫杀灭和清除及随后可造成多部位感染有密切关系。

将化脓性链球菌产生的外毒素B（streptococcal pyrogenic exotoxin B，SPEB）与单核细胞U937共同培养后，后者出现明显的细胞凋亡。将SPEB提纯后与U937细胞共同培养，细胞出现皱缩、DNA片段化裂解，说明化脓性链球菌感染后无须其他凋亡诱导因子如Fas、TNF-α的参与就能导致单核细胞凋亡。除此之外，SPEB还能使单核巨噬细胞对化脓性链球菌的吞噬能力明显下降，这对化脓性链球菌的致病力有特别的促进作用。

白喉棒状杆菌产生的白喉毒素（diphtherial toxin，DT）是一种强有力的蛋白质合成抑制物，能直接阻断蛋白质合成的转录过程，在引起细胞坏死的同时，也能诱导细胞核染色质DNA裂解而导致细胞凋亡。

2. 革兰氏阴性菌与细胞凋亡　　内毒素（lipopolysaccharide，LPS）是革兰氏阴性菌重要的致病因子之一。LPS本身对TNF诱导的细胞凋亡有明显的抑制作用，这有利于细菌存活。但已有的研究表明，革兰氏阴性菌主要通过非LPS毒力因子诱导细胞凋亡，造成细菌扩散的同时，引起组织器官损害。

幽门螺杆菌感染是慢性胃炎和消化性溃疡的主要病因，与胃癌及其癌前病变密切相关。传统的观点认为这些因子最终是通过引起上皮细胞的变性、坏死而参与黏膜的损伤。近年来，随着细胞凋亡研究的逐步深入，人们认识到幽门螺杆菌感染损伤胃黏膜的机制不但与坏死有关，而且与直接诱导胃上皮细胞凋亡有关。胃、十二指肠上皮细胞感染幽门螺杆菌后，胞内Fas及FasL的形成明显增加，由Fas/FasL诱导上皮细胞凋亡。因此，可以认为胃上皮细胞凋亡和坏死是幽门螺杆菌引起胃黏膜损伤的两种主要方式。

结核分枝杆菌是威胁人类健康的主要致病菌，也是免疫缺陷者最易继发的感染菌。机体通过细胞免疫机制清除体内结核菌的过程漫长而艰难，就其机制来说，主要是因为结核杆菌可导致T淋巴细胞凋亡，使细胞免疫功能受损。

纵观细菌感染与细胞凋亡的研究结果可见，一些细菌可通过引起受感染宿主的免疫细胞凋亡而躲避主动防御系统的杀伤作用，为其进一步致病创造有利条件。细菌进入靶细胞后，也能诱导靶细胞凋亡，引起宿主出现实质器官的病理改变。因此，从抑制凋亡的角度来防治某些难治性细菌感染性疾病不失为一个值得探讨的课题。

三、细胞凋亡与肿瘤

在很长一段时间里，人们认为肿瘤的发生是致瘤因素引起细胞增殖过度和分化不足而引起的。但目前的研究表明，细胞增殖过度仅是肿瘤发生的一种途径，而细胞凋亡不足则是肿瘤发生的另一种途径，这两种途径可以并存。多种肿瘤组织中出现 *bcl-2* 基因表达上调或 *p53* 基因突变，表明细胞凋亡不足与肿瘤的发生存在密切联系。迄今，有关细胞凋亡与肿瘤之间的关系仍有许多环节尚不清楚。

第五节　细胞凋亡在疾病防治中的意义

细胞凋亡的研究为探索疾病的发生机制和新的干预措施提供了新的思路，针对凋亡发生的各个环节对疾病进行干预并开发新药一直是医学上的研究热点。

一、合理利用凋亡诱导因素

凋亡诱导因素是凋亡的始动环节，人们正在尝试利用凋亡诱导因素治疗一些细胞凋亡不足所致的疾病，如临床上用放疗、化疗、局部高温等诱导肿瘤细胞凋亡；用神经生长因子治疗阿尔茨海默病，以防治神经元凋亡。

二、干预凋亡信号转导

Fas/FasL信号途径是细胞凋亡重要的信号转导系统之一，用阿霉素刺激肿瘤细胞，使其胞膜表达Fas/FasL，致使肿瘤细胞间发生相互作用，从而诱导肿瘤细胞的凋亡。

三、调节凋亡相关基因

如果能人为控制凋亡相关基因及蛋白质的表达，就会给许多疾病的防治带来光明的前景。当野生型 *p53* 基因发生突变后，其诱导肿瘤细胞凋亡效应减弱。人们正在研究用腺病毒、逆转录病毒或脂质体将野生型 *p53* 基因导入瘤细胞内，以增强或恢复p53蛋白"分子警察"的作用，诱导肿瘤细胞的凋亡。

四、调控凋亡相关的酶

利用细胞凋亡的酶学机制治疗某些疾病也有一定的疗效，如前所述，核酸内切酶的激活需要 Ca^{2+} 和 Mg^{2+}，用钙通道阻滞剂可降低细胞内外 Ca^{2+} 浓度，可减缓细胞凋亡。Zn^{2+} 对核酸内切酶的活性有抑制作用，用含锌药物可治疗某些与细胞凋亡过度有关的疾病。

五、防止线粒体跨膜电位下降

线粒体功能失调在细胞凋亡中发挥关键作用，通过阻止线粒体跨膜电位的下降以防止细胞凋亡的研究日益受到关注。目前已发现环孢素 A 能阻抑线粒体跨膜电位下降，从而抑制凋亡。

小　结

细胞凋亡是由体内外各种因素促发预存于细胞内的死亡程序而引起的细胞死亡，在电镜下以核染色质固缩碎裂、胞膜"出芽"及形成质膜结构完整的凋亡小体为特征。DNA 片段化裂解是凋亡细胞重要的生化特征之一。

在凋亡发生过程中，凋亡信号沿着死亡受体途径或线粒体途径向下游级联传递，最终激活凋亡效应胱天蛋白酶和核酸内切酶，导致细胞的核染色质损伤，并使细胞以出芽的方式形成凋亡小体，进而被巨噬细胞或邻近的细胞识别并吞噬。

细胞凋亡受到严格的基因调控，如 *bax* 和 *p53* 基因编码的蛋白对凋亡有促进作用，*bcl-2*、*IAP* 和 *FLIP* 基因编码的蛋白对凋亡具有抑制作用，而 *c-myc* 和 *bcl-x* 基因对凋亡具有双向调节作用。

细胞凋亡不仅是维持机体正常生理功能和自身稳定的重要机制，也与多种疾病的发生有关。

思　考　题

1. 根据你所学的知识，如何理解细胞凋亡是"细胞生命过程中最基本的一种生物学现象"？
2. 作为一种生理过程，细胞凋亡与细胞的增殖和分化是否存在内在联系？
3. 线粒体损伤在细胞凋亡中发挥着重要作用，你是否能提出一些更有说服力的论据来说明这一问题？
4. 除坏死和凋亡外，细胞死亡的方式还有哪些？
5. 目前对细胞凋亡的研究又取得了哪些新进展？

（谭　勋）

第四章　细胞黏附分子与疾病

　　细胞内含有很多分子，这些分子包括大分子多聚体（如蛋白质和核酸）与小分子物质。各种致病因子无论通过何种途径引起疾病，在疾病过程中都会以各种形式表现出分子水平上生物分子的异常。反之，生物分子的异常变化又会在不同程度上影响正常生命活动。近年来，从细胞黏附分子（cell adhesion molecule，CAM）的角度研究生命现象和疾病的发生机制引起了人们极大的重视，它使人们对疾病的形态、功能、代谢变化及本质的认识进入了一个新阶段。本章主要介绍细胞黏附分子与疾病间的相关性及重要的生物学意义。

第一节　细胞黏附分子概述

一、细胞黏附分子的概念

　　CAM是在多种细胞上表达、起黏附作用的一类膜表面糖蛋白分子，介导细胞与细胞、细胞与细胞外基质（extracellular matrix，ECM），以及某些血浆蛋白间的识别与结合（图4-1）。CAM以受体-配体结合的形式发挥作用，介导两个细胞结合的CAM，其中一个细胞上的CAM作为配体，与之结合的另一个CAM就作为受体；或一个作为受体，则作为配体的另一个称为反受体（counter receptor）。CAM参与细胞的识别与活化、信号转导、细胞的分化与凋亡、调节细胞功能，并与许多疾病密切相关，在细胞生物学、分子生物学、免疫学、病理生理学、肿瘤学及其他生命科学领域里备受人们的普遍关注。在免疫系统中，CAM通过增强免疫细胞与其他细胞的结合能力，不仅能促进淋巴细胞的发育分化、增强呈递抗原和传递信号的能力，诱发有效的免疫应答反应，而且对白细胞向炎症区移行、淋巴细胞的归巢（homing）和再循环等过程都起着重要的作用。

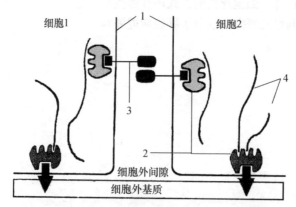

图 4-1　细胞黏附分子介导的细胞与细胞及细胞与细胞外基质的黏附反应
1. 细胞膜；2. 骨架结合蛋白；3. 细胞黏附分子；4. 细胞骨架

二、细胞黏附分子的基本结构

绝大多数CAM是存在于膜上的整合糖蛋白，由较长的细胞外区、跨膜区和胞质区组成。配体结合部位于细胞外区，多数CAM的胞质区通过骨架结合蛋白（cytoskeleton binding protein，CBP）与细胞骨架成分结合。少数CAM通过糖基磷脂酰肌醇（glycosy-lphosphatidyl inositol，GPI）锚定在细胞膜上，还有部分以溶解或循环形式存在于机体血清或其他体液中，被称为可溶性细胞黏附分子（soluble cell adhesion molecule，sCAM），它们是CAM的细胞外区脱落后形成的。在某些病理状态下，如炎症、自身性免疫疾病、恶性肿瘤或移植排斥反应等，可致血清中sCAM水平升高，临床上由于它们容易检测，故有较大的临床价值。sCAM可与膜型细胞黏附分子竞争结合配体，抑制膜型细胞黏附分子介导的细胞间的黏附。CAM与骨架连接，不仅能加强黏附的力度，配体（ECM等）-CAM-CBP-细胞骨架途径还参与细胞的跨膜联系和信号转导，调节基因表达，以及细胞骨架的组装和收缩。根据编码CAM的基因及其产物的结构功能特点，可将CAM分为五大家族，即钙黏附素家族（cadherin family）、整合素家族（integrin family）、选择素家族（selectin family）、免疫球蛋白超家族（immunoglobulin superfamily）和CD$_{44}$家族（图4-2）。另外，还有一些尚未被归类的CAM。

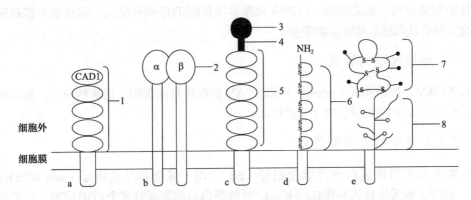

图 4-2　细胞黏附分子家族结构示意图

a. 钙黏附素家族；b. 整合素家族；c. 选择素家族；d. CD$_{44}$家族；e. 免疫球蛋白超家族。
1. 钙黏素（CAD）重复序列区；2. 球形区；3. 凝集素样区；4. 表皮生长因子（EGF）同源区；
5. 补体结合蛋白重复序列区；6. 免疫球蛋白样区；7. 软骨蛋白多糖样部位；8. 硫酸软骨素连接位点

三、细胞黏附分子的配体

（一）同种或异种细胞黏附分子的细胞外区

相邻两细胞通过同种或异种的CAM介导相互结合，前者称为同种亲和性结合，如钙依赖黏附素介导的同种细胞间的黏附；后者称为异种亲和性结合，如白细胞表面的淋巴细胞功能相关抗原-1（LFA-1）（受体）与血管内皮细胞上细胞间黏附分子-1（ICAM-1）（配体）介导的白细胞-内皮细胞的黏附。此外，还有通过细胞外连接分子结合的方式，如两个以上的血小板通过其膜上的黏附分子GPⅡ$_b$/Ⅱ$_a$与纤维蛋白原的结合导致血小板间的聚集（图4-3）。

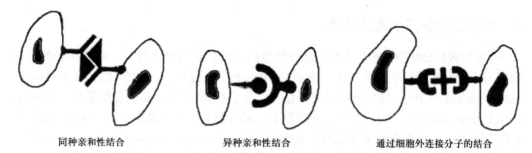

|同种亲和性结合|异种亲和性结合|通过细胞外连接分子的结合|

图 4-3　细胞黏附分子介导的细胞 - 细胞间黏附的方式

（二）细胞外基质

ECM 成分及组装形式由所产生的细胞决定，对细胞的存活、死亡、增殖及分化具有重要的调节作用，其是整合素家族和 CD_{44} 家族的重要配体。例如，胶原蛋白、纤连蛋白和层粘连蛋白等是整合素家族部分成员的配体；透明质酸是 CD_{44} 家族的配体。它们分子中含有能与整合素家族成员相互作用的识别位点，典型的有三肽序列：Arf-Gly-Asp，简称 RGD 序列，含有 RGD 序列的合成肽可抑制整合素与 ECM 的结合，从而阻断由整合素介导的血小板聚集、炎症反应及肿瘤的转移过程。某些细菌、病毒和原生虫表面具有与黏附分子配体类似的结构，如艾滋病、口蹄疫病毒等具有 RGD 序列样结构，因此能与细胞膜上的整合素结合从而感染哺乳动物细胞。

（三）细胞表面的寡糖

有些 CAM，如选择素（selectin）家族 CAM 的配体是细胞膜上的寡糖分子，如唾液酸化的寡糖 Lewise^x 和它的异物体（sLe^x 和 sLe^a）等。

（四）血浆中的可溶性蛋白

血浆中的可溶性蛋白有纤维蛋白原（FB）、冯·维勒布兰德因子（von Willebrand factor，vWF）和无活性的补体 C_{3b}（iC_{3b}）。纤维蛋白原的表面有多个 RGD 序列，它可作为连接分子与多个血小板膜上的整合素结合，介导血小板之间的黏附反应。细胞表面的黏附分子通过与一个多价分子（配体）结合介导细胞间的黏附，是细胞间黏附的另一种方式。

四、细胞黏附分子的调节

在正常细胞中，CAM 的表达及活性都受到严格的调控，主要表现为对黏附分子的表达量（数量）和黏附能力等方面的调节。目前已知的 CAM 数量和亲和力受多种胞外信号如激素、细菌脂多糖（LPS）、细胞因子及炎症介质等调节因素的调节。这些胞外信号启动的细胞信号转导通路，能调节 CAM 的基因表达，或使某些 CAM 从细胞内转位到膜上，从而改变膜上 CAM 的数量；信号转导通路中激活的蛋白激酶［酪氨酸蛋白激酶（PTK）或丝/苏氨酸蛋白激酶］和磷酸酶可使 CAM 的胞质区磷酸化，并影响其活化，以增强或减弱 CAM 与配体的黏附性或结合的亲和力。而当 CAM 与其配体结合后，又能激活多条细胞内的信号转导途径，导致细胞内 CBP 的重组，造成细胞形态的变化，以及细胞的增生、分化、凋亡和细胞因子生成等的改变。

CAM作用的发挥还受到多方面因素的调节，如数量和构型的改变、外界因素的刺激等。有些调节因素之间是相互关联的。例如，黏附分子构型改变与表达数量的增减并不是截然分开的两个过程，两者可能同时存在，共同完成对黏附作用的调节；淋巴细胞活化后，不仅黏附分子构型改变导致亲和力增加，同时也伴有黏附分子数量的增加。

五、细胞黏附分子的生物学作用

细胞黏附分子具有多种生物学作用，主要是：①参与免疫细胞的发育和分化；②参与免疫应答和免疫调节；③参与免疫炎症反应；④参与淋巴细胞再循环；⑤参与免疫细胞的识别作用；⑥参与调节细胞凋亡；⑦参与胚胎发育；⑧参与伤口愈合和血栓形成；⑨参与生物活性物质的产生。

第二节 几种重要的细胞黏附分子

一、钙黏附素家族

（一）组成与结构

钙黏附素（cadherin）的全称为钙依赖性细胞黏附分子（calcium dependent cell adhesion molecule），其是一类依赖钙的跨膜单链糖蛋白，在钙存在的条件下，通过同种亲和性结合介导细胞间的黏附反应，参与构建细胞间的黏合连接（adherence junction）。该家族成员多达30余种，为哺乳动物细胞表面的主要钙黏附素分子（表4-1），其中主要有3个成员，即上皮-钙黏附素（E-cadherin）、胎盘-钙黏附素（P-cadherin）、神经-钙黏附素（N-cadherin）。免疫组织化学研究证实上皮-钙黏附素在大多数上皮细胞中表达；胎盘-钙黏附素主要在胎盘中表达，其次在桑葚胚的滋养层细胞和心、肺、小肠中表达，在复层上皮中常与上皮-钙黏附素共同表达；神经-钙黏附素主要位于神经系统（脑、神经节），其次也可在胚胎中胚层、神经外胚层、心、肺和晶状体中表达。三者分子质量差别不大，为118～127kDa，均由723～748个氨基酸残基组成，其胞外区有5个被称为CAD的重复序列区，配体结合部或黏附区位于CAD1区域的N端，该部位含有一个保守的His-Ala-Val（HAV）三肽序列，为识别和介导同种钙黏附素的黏附所需。钙结合位点在CAD1和CAD2之间。胞质区很短且是高度保守的区域，其末端通过连环蛋白与细胞骨架中的肌动蛋白丝相连，形成具有锚定作用的复合体，起稳固细胞间的黏附作用。连环蛋白有α、β和γ三种，γ-连环蛋白即桥粒珠蛋白。此外，钙黏附素也参与细胞内的信号转导。

表4-1 哺乳动物细胞表面的主要钙黏附素分子

名称	主要分布组织
E-钙黏附素	着床前的胚胎、上皮细胞（在带状黏合处特别集中）
P-钙黏附素	胎盘，桑葚胚的滋养层细胞和心、肺、小肠
N-钙黏附素	神经系统（脑、神经节）、胚胎中胚层、神经外胚层、心、肺、晶状体
肌肉-钙黏附素	成肌细胞、骨骼肌细胞
视网膜-钙黏附素	视网膜神经细胞、神经胶质细胞
肾-钙黏附素	肾

名称	主要分布组织
成骨 - 钙黏附素	成骨细胞
血管内皮 - 钙黏附素	脉管内皮细胞
桥粒胶蛋白（desmocollin）	桥粒

（二）主要功能

钙黏附素的配体与自身同型细胞的钙黏附素结合，因而主要介导同型细胞间的黏附作用，这对于胚胎细胞的早期分化及成体组织（尤其是上皮及神经组织）的构筑有重要作用。在发育过程中通过调控钙黏附素表达的种类和数量，可决定胚胎细胞间的相互作用（黏合、分离、迁移、再黏合），从而通过细胞的微环境，影响细胞的分化，参与器官形成过程。此外，基因转染实验证实钙黏附素可限制或逆转肿瘤因子的转移行为，因此，钙黏附素被认为是肿瘤抑制因子。

二、整合素家族

（一）组成与结构

国内外将integrin译为黏合素、整合素等，本书暂将其命名为整合素。整合素最初是在20世纪80年代（1986年）提出的概念，描述一个膜受体家族，主要介导细胞与细胞、细胞与ECM之间的黏附，并介导细胞与ECM之间的双向信号转导，使细胞得以附着而形成整体（integration），故得名。整合素家族黏附分子是由α和β亚基以非共价键结合形成的异二聚体。目前已经发现16种α亚基和9种β亚基，它们可以相互结合形成20多种整合素。该家族又可以分为数个亚族，迄今了解最多的有3个亚族，即β_1、β_2和β_3亚族（表4-2）。每个亚族的α亚基和β亚基组合构成整合素并不是随机的，多数α亚基只能与一种β亚基结合组成异源双体，但也有的α亚基可与几种不同的β亚基组合；而大部分β亚基则可以结合数种不同的α亚基。两种亚基都有一个较大的球形细胞外区、一个跨膜区和一个较短的细胞质区。在电镜下可见，整合素分子有一个球头部，向下伸展有杆状结构穿过细胞膜的磷脂双层。细胞外区的配体结合区域有3~4个二价阳离子结合位点。细胞质区通过α-辅肌动蛋白（α-actinin）、踝蛋白（talin），以及与它们相连的黏附斑蛋白（vinculin）、桩蛋白（paxillin）和张力蛋白（tensin）与骨架蛋白的肌动蛋白细丝连接。在β_1和β_2亚基胞质区的C端及桩蛋白、张力蛋白等细胞骨架结合蛋白中具有酪氨酸磷酸化位点，它们是细胞内酪氨酸蛋白激酶（protein tyrosine kinase，PTK）的作用部位。

表4-2　整合素家族主要黏附分子

分组	成员	结构	配体	分布
β_1	VLA-1（CD_{49a}/CD_{29}）	$\alpha_1\beta_1$	LN，COL	激活的淋巴细胞，其他白
	VLA-2（CD_{49b}/CD_{29}）（GP I a/ II a）	$\alpha_2\beta_1$	LN，COL	细胞、上皮细胞、成纤维细胞和血小板等
	VLA-3（CD_{49c}/CD_{29}）	$\alpha_3\beta_1$	FN，LN，COL	

分组	成员	结构	配体	分布
β_1	VLA-4（CD_{49d}/CD_{29}）	$\alpha_4\beta_1$	FN，VCAM-1	
	VLA-5（CD_{49e}/CD_{29}） （GP I c/II a）	$\alpha_5\beta_1$	FN	
	VLA-6（CD_{49f}/CD_{29}） （GP I c′/II a）	$\alpha_6\beta_1$	LN	
		$\alpha_7\beta_1$	LN	
		$\alpha_8\beta_1$		
	（CD_{49f}/CD_{29}）	$\alpha_v\beta_1$	FN	
β_2	LFA-1（CD_{11a}/CD_{18}）	$\alpha_L\beta_2$	ICAM-1，ICAM-2，ICAM-3	全部白细胞
	Mac-1（CD_{11b}/CD_{18}）	$\alpha_M\beta_2$	iC3b，FB X 因子，ICAM-1	单核细胞，中性粒细胞
	GP150/95（CD_{11c}/CD_{18}）	$\alpha_X\beta_2$	iC3b，FB	单核及中性粒细胞
β_3	GP II b/III a（CD_{41}/CD_{61}）	$\alpha_{IIb}\beta_3$	FB，FN，VN，vWF，TSP	血小板
	VNR（CD_{51}/CD_{61}）	$\alpha_v\beta_3$	VN，FB，vWF，TSP	多种细胞

注：LN. 层粘连蛋白；COL. 胶原蛋白；FB. 纤维蛋白原；FN. 纤连蛋白；VN. 玻连蛋白；TSP. 血小板反应蛋白；iC3b. 灭活的 C3b；ICAM. 细胞间黏附分子；VCAM-1. 血管细胞黏附分子 -1；vWF. 冯·维勒布兰德因子

（二）主要功能

1. 整合素的 β_1 亚族　　β_1 亚族又称迟现抗原（very late appearing antigen，VLA）亚族。目前已发现9种属于 β_1 亚族的黏附分子，它们都具有共同的 β_1 亚基，而 α 亚基各不相同。它们分布广泛，主要介导细胞与ECM成分的结合，在伤口愈合和胚胎发生的细胞迁移中发挥作用，因此被认为是ECM的受体。此外，该家族的黏附分子还参与细胞与细胞的黏附，介导淋巴细胞的归巢及白细胞与激活的血管内皮细胞的黏附反应。

2. 整合素的 β_2 亚族　　该亚族因其只表达于白细胞，故又称白细胞黏附分子（leukocyte-CAM，Leu-CAM），由3个成员组成：①淋巴细胞功能相关抗原-1（LFA-1），其配基属于免疫球蛋白超家族的细胞间黏附分子（intercellular adhesion molecule，ICAM）ICAM-1和ICAM-2，参与白细胞之间及白细胞与内皮细胞之间的黏附。②巨噬细胞分化抗原-1（macrophage differentiation antigen，Mac-1），主要存在于中性粒细胞和单核细胞，有多种配体，其功能除介导白细胞与内皮细胞、上皮细胞黏附外，还参与NK细胞杀伤结合 iC3b 的靶细胞及巨噬细胞与大肠杆菌等病原菌的结合。③糖蛋白150/95（GP150/95），主要存在于组织中的巨噬细胞膜上，血中的单核细胞和某些激活的淋巴细胞有少量表达，其主要介导细胞毒T细胞与靶细胞的黏附。

3. 整合素的 β_3 亚族　　又称细胞黏附素（cytoadhesin），主要存在于血小板表面，由 II b/III a（GP II b/III a）、复合物（$\alpha_{IIb}\beta_3$）和玻连蛋白受体（vitronectin receptor，VnR）（$\alpha_v\beta_3$）组成。可与纤维蛋白原、纤连蛋白、玻连蛋白、血小板反应蛋白和vWF等结合，介导血小板之间的聚集及血小板与基底膜的黏附，参与血栓的形成。血小板上的整合素 GP II b/III a 是血小板中含量最丰富的跨膜糖蛋白，其有两种可转化的构象形式。当血小板被凝血酶、胶原及其他血小板激活剂激活后，GP II b/III a 转化为活化的形式，它与配体纤维蛋白原结合的亲和力增高。一个纤维蛋白原分子中含有多个GPⅡb/Ⅲa结合位点，通过GPⅡb/Ⅲa-纤维蛋白原的桥联作用，血小板发生聚集反应。血小板GPⅡb/Ⅲa表达量的减少和结构异常可致血小板功能不全症，又称Glanzamann血小板无力症。

三、选择素家族

（一）组成与结构

选择素（selectin）原意是指识别sLe^{x}的凝集素（lectin），又称凝集素样细胞黏附分子（lectin cell adhesion molecule，Lec-CAM），为跨膜糖蛋白，介导细胞与细胞之间的黏附，并具有高度选择性。目前已发现选择素家族中有三个成员，即L-选择素、P-选择素和E-选择素（表4-3），L、P和E分别表示白细胞（leukocyte）、血小板（platelet）和内皮（endothelium），是最初发现相应选择素分子的3种细胞。它们的细胞外区结构相似，从N端起依次为凝集素样区、表皮生长因子（EGF）样区和数个补体结合区，EGF样区能协同凝集素样区识别和结合配体。二者共同作用可构成对配体的最佳识别。选择素的胞质区很短，且3种之间无同源性。选择素的配体是位于细胞膜上的寡糖sLe^{x}和sLe^a，它们可以唾液酸化（sLe^{x}和sLe^a）或硫酸化（sulfo-Le^{x}和sulfo-Le^a），抗寡聚糖决定簇特异性的单抗可以抑制选择素介导的细胞黏附。

表4-3 选择素家族主要黏附分子

选择素黏附分子	配体	分布
L-选择素（CD62L、LAM-1）	sLe^x，CD34	白细胞
P-选择素（CD62P、PADGEM）	sLe^x，CD15	血小板、活化的内皮细胞
E-选择素（CD62E、ELAM-1）	sLe^x，sLe^a	活化的内皮细胞

（二）主要功能

1. L-选择素 主要分布于白细胞上，又称白细胞黏附分子-1（LAM-1）、白细胞内皮细胞黏附分子-1（LECAM-1）、淋巴结归巢受体（lymphnode homing receptor），主要介导白细胞移向炎区、淋巴归巢和再循环。内皮细胞膜上有选择素的配体sLe^x，能与L-选择素之间呈快速低亲和力的结合，加之白细胞活化后，L-选择素的细胞外区即脱落（shedding），使白细胞失去了和内皮细胞黏附的能力，因而白细胞与内皮细胞的黏附表现滚动（rolling），而不是稳定的黏附。但白细胞与内皮细胞的这种相互作用，为下阶段的稳定黏附和介导白细胞迁移到炎症部位创造了条件。可溶性L-选择素是L-选择素在白细胞表面脱落的部分，起负反馈免疫调节作用，与临诊疾病关系密切，如遗传性的岩藻糖代谢病。缺乏L-选择素会减少白细胞的趋化，不表达L-选择素的白细胞在炎症区域的移动缺乏方向性。因此，阻断L-选择素与其内皮配体的作用将成为抗炎药物研究的新途径。另外，L-选择素被认为是淋巴细胞的特异性归巢受体，介导淋巴细胞向外周淋巴结的特定部位定居，与淋巴细胞再循环有密切的关系。

2. P-选择素 又称血小板活化依赖性颗粒表面膜蛋白（platelet-activation-dependent granule-external membrane，PADGEM）或颗粒膜蛋白140（granular membrane protein 140，

GMP-140），主要分布于血小板α颗粒、小静脉及微静脉内皮细胞怀布尔-帕拉德（Weible-Palade）小体膜内面，当血小板和内皮细胞分别被凝血因子和炎症介质激活后，其迅速被动员到血小板或内皮细胞表面，介导血小板或内皮细胞与中性粒细胞和单核细胞的黏附，参与凝血、血栓形成和炎症反应。因此，P-选择素可以作为血小板活化和释放最特异的标志物。

3. E-选择素 主要分布于毛细血管和后微静脉的内皮细胞膜上，也称为内皮细胞白细胞黏附分子-1（ELAM-1）。静息时，E-选择素在内皮细胞的含量甚微，当内皮细胞受炎性因子白细胞介素-1、肿瘤坏死因子、细菌脂多糖等刺激后，E-选择素的表达量大大增加，并在炎症部位的血管内皮细胞与中性粒细胞黏附中发挥作用，介导白细胞移向炎区。此外，E-选择素介导肿瘤细胞与内皮细胞的黏附，在肿瘤的血路转移中发挥作用。

四、免疫球蛋白超家族

（一）组成与结构

免疫球蛋白超家族（immunoglobulin superfamily，IgSF）是指分子结构中与免疫球蛋白（Ig）有类似结构域的分子超家族，多数介导Ca^{2+}非依赖性同种和异种细胞之间的黏附反应。Ig的每个结构域都是由70~110个氨基酸组成的紧密折叠的结构。后来在很多不同种类的蛋白质中也都发现有类Ig结构域的存在，这些结构同Ig抗体一起构成了IgSF。该家族成员主要有ICAM-1、ICAM-2、ICAM-3，血管细胞黏附分子1（vascular cell adhesion molecule 1，VCAM-1），LFA-2、LFA-3；神经细胞黏附分子（neural cell adhesion molecule，NCAM）、神经元-胶质细胞黏附分子（Ng-CAM），细胞素性T淋巴细胞相关抗原-4（cytolytic T-lymphocyte-associated antigen-4，CTLA-4），CD_{28}，B7-1、B7-2及血小板内皮细胞黏附分子-1（PECAM-1）等（表4-4）。癌胚抗原（carcinoembryonic antigen，CEA）也为该家族的黏附分子，其结构特征是分子中含有免疫球蛋白样区域，相当一部分具有与免疫球蛋白可变区（Ig V区）或恒定区（Ig C区）类似的结构，且其氨基酸组成也有一定的同源性，即沿着肽链每60~80个氨基酸残基出现一个链内二硫环，每个环内大约有110个氨基酸残基，呈反平行β片层折叠，中心通过半胱氨酸形成二硫键加以稳定，成为一种刚性结构（图4-2e），使得肽链多处糖基化后也不致引起分子结构的变形。二硫环的数目依肽链的长短决定。

表4-4 免疫球超蛋白家族主要黏附分子

IgSF 黏附分子	配体	分布
ICAM-1（CD_{54}）	LFA-1，Mac-1	多种细胞
ICAM-2（CD_{102}）	LFA-1，Mac-1	内皮细胞
ICAM-3（CD_{50}）	LFA-1	内皮细胞
VCAM-1（CD_{106}）	VLA-4	激活的内皮细胞
LFA-2（CD_2）	LFA-3，CD_{48}	淋巴细胞
LFA-3（CD_{58}）	LFA-2	多种细胞
NCAM（CD_{56}）	NCAM-1	神经组织
Ng-CAM		神经组织
CTLA-4（CD_{152}）	B7-1，B7-2，B7-3	淋巴细胞

续表

IgSF 黏附分子	配体	分布
CD_{28}	B7-1，B7-2	淋巴细胞
B7-1（CD_{80}）	CD_{28}，CTLA-4	淋巴细胞、巨噬细胞
B7-2（CD_{86}）	CD_{28}，CTLA-4	淋巴细胞、巨噬细胞
PECAM-1（CD_{31}）	PECAM-1	内皮细胞、白细胞、血小板
CEA（CD_{66}）	CEA	结膜黏膜细胞

（二）主要功能

IgSF 的大多数成员是整合膜蛋白，存在于淋巴细胞的表面，参与各种免疫活动。它们中的某些整合蛋白参与非钙依赖性的细胞之间的黏附。大多数 IgSF 黏附分子介导淋巴细胞与需要进行免疫反应的细胞（如巨噬细胞及别的淋巴细胞）间的黏附反应，然而，某些 IgSF 成员，如 VCAM、NCAM 和 PD-L1（programmed death-ligand 1，程序性死亡受体配体 1），在神经系统发育过程中，对于神经突起、突触形成等都有重要作用。IgSF 黏附蛋白分子既能介导同嗜性的细胞黏着，又能介导异嗜性的细胞黏着，但多数是介导同嗜性的细胞黏着。如果介导同嗜性的细胞黏着，是非 Ca^{2+} 依赖性的，如果介导异嗜性的细胞黏着，则是 Ca^{2+} 依赖性的。癌胚抗原也为该家族的黏附分子，它是结肠黏膜细胞表面的糖蛋白，介导钙非依赖性结肠癌细胞之间或细胞与 ECM 胶原间的黏附反应。血清中癌胚抗原的升高往往预示肿瘤的复发和转移。

五、CD_{44} 家族

（一）组成与结构

CD_{44} 家族是透明质酸黏素（hyalherin）中的重要成员，分子质量为 80～215kDa，介导细胞与细胞间及细胞与细胞外基质间的相互作用。CD_{44} 是一种高度异质性的跨膜单链糖蛋白，由于编码该蛋白的基因在转录后的拼接和翻译后修饰不同，可产生多种拼接变异体（splicing variants of CD_{44}，$CD_{44}V$），从而形成高度异质的 CD_{44} 分子群。目前已发现有 20 多种 $CD_{44}V$，用 $CD_{44}V1$、$CD_{44}V2$、$CD_{44}V3$ 等表示。不同类型细胞表达 CD_{44} 的水平和类型差异很大。根据不同细胞表达 CD_{44} 分子质量的差异，可将其分为 3 类：①80～90kDa 类。它们广泛分布于各种白细胞（特别是淋巴细胞）和多种间质细胞，通常称为血细胞型 CD_{44}（hematopoietic isoform of CD_{44}，$CD_{44}H$）或标准型 CD_{44}（standard isoform of CD_{44}，$CD_{44}S$）。它与透明质酸有较高的亲和力，是透明质酸的主要受体。②110～160kDa 类。它们主要表达于上皮细胞，称上皮细胞型 CD_{44}（epithelial isoform of CD_{44}，$CD_{44}E$），一般不与透明质酸结合。③180～215kDa 类。它们由 CD_{44} 蛋白骨架与硫酸软骨素结合而成，其表达量较少。CD_{44} 族同样是由胞外、跨膜及胞质三个部分构成的糖蛋白，糖链为硫酸软骨素及硫酸乙酰肝素。CD_{44} 的胞外区能与多种 ECM 成分如透明质酸（hyaluronic acid，HA）、硫酸软骨素（chondroitin sulfate，CS）、纤连蛋白（fibronectin，FN）、层粘连蛋白（laminin，LN）和胶原蛋白（collagen，COL）结合，胞质区通过埃兹蛋白/根蛋白/膜突蛋白（ezrin/radixin/moesin，ERN）家族与肌动蛋白细丝结合。

（二）主要功能

CD$_{44}$家族的主要功能：①可与透明质酸、纤连蛋白及胶原蛋白结合，介导细胞与细胞外基质之间的黏附；②参与细胞对透明质酸的摄取及降解；③参与淋巴细胞归巢；④参与T细胞的活化；⑤促进细胞迁移。CD$_{44}$在多种肿瘤细胞的表达量比相应正常组织中高，并与肿瘤细胞的成瘤性、侵袭性及淋巴转移性有关。

六、细胞黏附分子的共同特点

细胞黏附分子的共同特点：①大多为跨膜糖蛋白；黏附分子结构的多态性程度低，同一种属所有个体同类细胞表达的同一黏附分子结构基本相同。②一种细胞可同时表达多种黏附分子；同一种黏附分子在不同细胞表面可发挥不同的生物学作用，不同的黏附分子也可介导相似的功能。③黏附分子以互为受体-配体的方式发挥生物学效应，且常需多种黏附分子-配体对协同作用才能完成。④大多数情况下，细胞间的黏附结合是短暂的、可逆的。例如，血液循环中的白细胞是非黏附的，在跨血管内皮细胞迁移的早期是黏附的，晚期转变为非黏附而脱离内皮细胞，进入淋巴结或炎症区时又呈现出黏附性能。⑤黏附分子与相应配体结合可启动信号转导，其介导的黏附作用和信号转导均与黏附分子的密度及其和配体的亲和力有关，与其他黏附分子的协同作用也有关。⑥通常静止细胞黏附分子的表达量少且亲和力低，活化时表达量增多且亲和力高。

第三节　细胞黏附分子异常与疾病

细胞黏附分子具有多种生理功能，在一定条件下，细胞黏附分子异常（如表达水平和构象的异常）与某些疾病或病理过程的发生、发展密切相关。在细胞因子如炎症介质及其他因素的作用下，细胞黏附分子的表达水平和构象可以发生改变，导致细胞黏附能力的变化。细胞黏附分子异常通过其表达的数量和构象的改变来参与某些疾病或病理过程的发生、发展。

一、细胞黏附分子与肿瘤转移

目前已知肿瘤转移是一个复杂的多步骤的连续过程（图4-4），并且具有高度选择性。整个过程有多种基因产物参与，现已证实，肿瘤组织中有多种ECM和细胞黏附分子的改变，这些改变赋予肿瘤侵袭和转移的能力。肿瘤转移包括以下步骤。

（一）肿瘤细胞从原位脱离

肿瘤细胞转移的第一步是从原位脱离，这与其细胞表面的钙黏附素表达减少、细胞间的黏附性下降有关。试验表明，E-钙黏附素的表达减少或结构异常是某些上皮细胞性肿瘤细胞具有侵袭转移能力的原因之一。例如，食道癌、胃癌、大肠癌及乳腺癌等上皮细胞癌有E-钙黏附素表达减少或结构异常现象。

（二）肿瘤细胞进入血液系统

肿瘤细胞从原位脱离后，在黏附分子的介导下与基底膜及ECM黏附，释放蛋白酶降

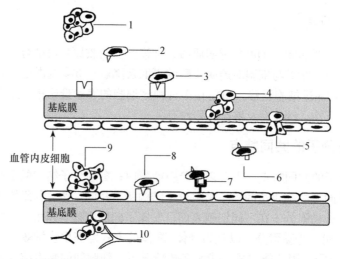

图 4-4　肿瘤细胞转移过程

1. 肿瘤细胞从原位脱离；2. 肿瘤细胞在间质中移动；3. 肿瘤细胞与基底膜黏附；4. 肿瘤细胞分解破坏并穿越基底膜；
5. 肿瘤细胞在基底膜内移动，穿过血管内皮细胞进入血管内；6. 免疫逃避；7、8. 肿瘤细胞与血管内皮细胞的选择性黏
　　附，穿过血管内皮细胞，破坏基底膜迁移入组织实质中；9. 血小板聚集；10. 肿瘤细胞进入靶器官中生长

解ECM，破坏脉管基底膜进入血液循环，这个过程称为内向侵袭（intravasation）。

（三）血液循环中肿瘤细胞的移动

　　直径1cm的肿瘤，每天可向血液循环中释放几百万个肿瘤细胞，进入血液循环后，只有不到0.01%的肿瘤细胞能形成转移灶。这是因为进入血管中的多数肿瘤细胞的变形能力不如白细胞强而被阻塞在毛细血管内，在毛细血管内血压差和毛细血管外组织压力的作用下破裂而死亡；一部分还可通过黏附分子的黏附作用与淋巴细胞、单核巨噬细胞、自然杀伤细胞及补体等黏附，使其容易被宿主的免疫细胞所清除。只有少量的肿瘤细胞在循环中可逃避免疫监视，通过自身黏附或与纤维蛋白沉积物结合形成瘤细胞血栓，或通过整合素家族中的β_3亚族介导与血小板黏附；同时，肿瘤细胞ICAM-1表达减少，而血液中可溶性ICAM-1升高，可使淋巴细胞和自然杀伤细胞识别癌细胞的能力降低，这些都有利于肿瘤细胞逃避免疫监视，并促进肿瘤细胞在血路转移的形成。

（四）肿瘤细胞与异位器官血管内皮细胞的选择性黏附

　　转移性肿瘤细胞进入异位器官要穿过血管壁，瘤细胞首先要与内皮细胞发生特异性黏附，这是器官特异性转移的关键步骤。肿瘤细胞与内皮细胞的黏附主要是内皮细胞表面的黏附分子与它们的配体相互作用的结果。肿瘤细胞转移的器官特异性与不同器官的血管床选择性表达黏附分子有关。例如，VCAM-1在肺血管内皮细胞上表达非常丰富，ELAM-1主要分布在肝，所以表达VLA-4的皮肤黑色素瘤和一些淋巴瘤易转移至肺；表达sLe^{x}寡糖的胃癌、结肠癌等易转移到肝。

（五）肿瘤细胞穿过血管基底膜进入异位组织

　　肿瘤细胞与血管内皮细胞黏附往往引起内皮收缩或损伤，暴露于内皮下基底膜

（SEM），或肿瘤细胞也可直接穿过内皮细胞与内皮下基底膜黏附，分泌特定酶降解基底膜和ECM，再经细胞移动穿过血管壁进入异位组织。而肿瘤细胞从毛细血管和小静脉进入组织，被称为外向侵袭（extravasation）。与SEM粘连的主要是肿瘤细胞表面的整合素家族黏附分子，此外还有非整合素家族黏附分子，如与LN亲和力很高的LN受体，与透明质酸结合的CD₄₄等。肿瘤细胞与SEM黏附后，SEM中的成分如LN和FN片段及体内的细胞因子、生长因子等可诱导肿瘤细胞产生蛋白酶，以降解SEM成分。目前比较明确的蛋白酶包括金属蛋白酶、丝氨酸蛋白酶、半胱氨酸蛋白酶、天冬氨酸蛋白酶及完整的膜蛋白酶等。最后，进入异位组织、器官的肿瘤细胞通过细胞生长、分裂，肿瘤组织内血管生成等形成转移灶。由此可见，肿瘤的转移是一个多步骤的过程，临床中阻断任何一个环节都将对抑制转移灶的形成、肿瘤治疗具有潜在意义。

二、细胞黏附分子与炎症

特定细胞黏附分子及其相应配体的表达水平和结合的亲和力是不同类型炎症发生过程中重要的分子基础。其中起主要作用的CAM有：①免疫球蛋白超家族中的ICAM-1、ICAM-2及VCAM-1；②整合素家族中的Mac-1，LFA-1，VLA-1、VLA-2；③选择素家族中的P-选择素、L-选择素和E-选择素；④钙黏附素家族中的E-钙黏附素等。白细胞穿越血管向炎症区聚集是炎症反应中的重要生物学现象。炎症过程的一个重要特征就是白细胞黏附、穿越血管内皮细胞，向炎症部位渗出。该过程中（图4-5）一个重要的分子基础是白细胞与血管内皮细胞黏附分子的相互作用，不同白细胞的渗出过程或渗出过程的不同阶段涉及的黏附分子不尽相同。白细胞游出血管向炎性部位的浸润大致经历了以下几个阶段。

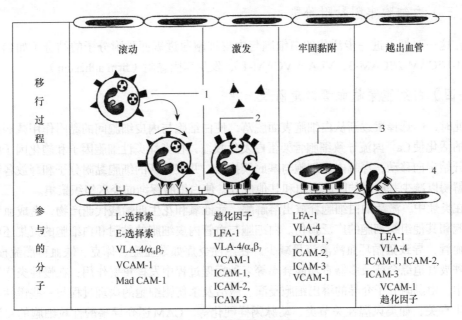

图 4-5 白细胞渗出过程

1. 白细胞滚动阶段；2. 白细胞激发阶段；3. 白细胞牢固黏附阶段；4. 白细胞穿越血管游走阶段。
ICAM. 细胞间黏附分子；LFA-1. 淋巴细胞功能相关抗原-1；Mad CAM-1. 黏膜地址素细胞黏附分子；
VCAM-1. 血管细胞黏附分子-1

（一）白细胞聚合或滚动阶段

在炎症初期，炎症部位的毛细血管后微静脉扩张，血流缓慢，白细胞着边，并沿内皮细胞表面做往返的运动。这是短暂和可逆的过程，与内皮细胞的黏附是不牢固的。此阶段中中性粒细胞在趋化因子、内毒素和多种炎症介质等的作用下被迅速激活，膜表面的黏附分子受体Mac-1增多；同样，在炎性细胞因子和炎症介质的作用下，内皮细胞也被激活，P-选择素还要在内皮细胞膜上表达，与白细胞表面的寡糖配体sLe^x和sLe^a结合，同时，白细胞也可通过其膜上的L-选择素与内皮细胞表面的寡糖sLe^x和sLe^a结合，L-选择素在白细胞黏附中起"锚"的作用，它随着白细胞的透过而随即脱落（shedding），这样就发生了白细胞沿着血管内皮细胞表面的滚动现象。这个阶段主要参与的黏附分子是白细胞的L-选择素与内皮细胞的E-选择素，淋巴细胞可能利用$\alpha_4\beta_7$整合素与内皮细胞上的VCAM-1/Mad CAM-1结合来介导。

（二）白细胞激发阶段

在白细胞激发（triggering）阶段，聚合的白细胞受内皮细胞与ECM产生的细胞因子和内皮细胞表面分子的刺激而活化，诱导白细胞表达整合素家族的黏附分子LFA-1和VLA-4。而内皮细胞在细胞因子作用下进一步被激活，内皮细胞充分表达E-选择素，ICAM-1、ICAM-2、ICAM-3和VCAM-1等黏附分子。LFA-1和VLA-4分别与内皮细胞的ICAM-1、ICAM-2、ICAM-3，VCAM-1结合（即LFA-1-ICAM-1/ICAM-2/ICAM-3、VLA-4-VCAM-1），使白细胞停滞于局部。

（三）白细胞牢固黏附阶段

在这一时期，进一步活化的白细胞与内皮细胞通过表面黏附分子的结合（如LFA-1-ICAM-1/ICAM-2/ICAM-3、VLA-4-VCAM-1），发生牢固黏附（firm adhesion）。

（四）白细胞穿越血管游走阶段

此时，L-选择素逐渐从白细胞表面脱落，使白细胞与内皮细胞间的黏附作用减弱；白细胞的活化使Ca^{2+}内流导致细胞骨架蛋白发生收缩，在炎灶炎性细胞因子和趋化因子的作用下开始定向移动，穿越内皮细胞与基底膜接触，并表达新的细胞黏附分子和释放各种蛋白水解酶以减少基底膜的胶原蛋白和其他成分，使白细胞逐渐向炎区组织聚集。

在炎灶中，激活的白细胞释放出溶解酶、活性氧和花生四烯酸代谢产物，造成血管内皮细胞和其他组织细胞的广泛损伤。白细胞与血管内皮细胞的黏附和白细胞的聚集还可堵塞微血管，导致微循环血液灌流量减少。在急性炎症如败血症、休克、缺血再灌流损伤、急性呼吸窘迫综合征及多器官功能衰竭等多种病理过程中发挥重要作用；在慢性炎症反应过程中，由黏附分子介导的淋巴细胞浸润、激活及杀伤靶细胞的病理过程与一些慢性炎症的发生有关，如类风湿性关节炎、动脉粥样硬化等。CAM还介导嗜酸性粒细胞的浸润及炎症反应，从而导致变态反应性疾病的发生。CAM还是移植物排斥反应的始动因素，它们首先介导白细胞与内皮细胞间的相互作用，引起移植物部位炎症细胞的浸润，其后，黏附分子介导淋巴细胞与抗原提呈细胞（APC）之间相互作用，从而激活淋巴细胞使之成为效应细胞，并促进效应细胞对移植物细胞的杀伤反应。

炎症一方面可以清除外来抗原或病原微生物，但另一方面也可造成组织、细胞的损伤，随着黏附机制在炎症过程中的不断阐明，研究使用黏附阻断剂阻断白细胞与血管内皮细胞的黏附和白细胞的渗出有可能成为预防和治疗炎症疾病的一种新手段。所用的黏附阻断剂有：①特定黏附分子的单抗。②合成的黏附分子配体的多肽，如作为整合素配体的含RGD序列的多肽。③人工合成的作为选择素配体的寡糖等。

三、细胞黏附分子与血栓形成

血栓形成是一个十分复杂的过程，其影响的因素包括血管因素、血液动力学参数、血小板的数量和功能、凝血因子的水平和结构异常及纤溶系统等。其中，血小板是参与血栓形成、凝血及止血过程的主要效应细胞，血小板与内皮下基底膜及血浆中黏附蛋白之间的黏附和血小板相互之间的聚集，是由多种黏附分子参与的过程，如整合素家族中的$\alpha_2\beta_1$（GP I a/ II a）、$\alpha_5\beta_1$（GP I c/ II a）、$\alpha_6\beta_1$（GP I c'/ II a）、$\alpha_{IIb}\beta_3$（GP II b/ III a）及GP I b/IX复合物。在生理情况下，血小板血栓的形成是一个旨在维持血管壁完整性的自限性过程；而在病理情况下，血栓形成的失控会给机体造成严重危害。例如，冠状动脉的血栓形成可导致心肌梗死，脑血管血栓形成或血栓栓塞可引起脑血管意外。相反，若血栓形成障碍，则可发生出血性疾病。

四、细胞黏附分子与组织器官损伤

（一）细胞黏附分子与肾损伤

细胞黏附分子与组织器官损伤间有着密不可分的联系。例如，在某些动物传染病或寄生虫病如猪丹毒、猪瘟、鸡新城疫、马传染性贫血、链球菌感染及弓形虫病等的发病过程中，常伴有肾小球肾炎发生。而在肾小球肾炎中，白细胞的浸润是一个重要环节，除了与免疫复合物的Fc受体及补体受体有关，还与肾内皮细胞上的CAM所介导的黏附作用密切相关。这些CAM参与细胞与细胞、细胞与细胞外基质间的相互作用，从而介导肾小球肾炎时的白细胞浸润、细胞增殖及细胞外基质的增加等病理过程。

（二）细胞黏附分子与肺损伤

研究指出，在急性重症胰腺炎（AHNP）动物模型中发现，AHNP致肺损伤后大鼠肺组织和血中P-选择素水平1h起即明显增高，至3h达峰；与此同时出现肺组织病理改变。经P-选择素单克隆抗体（McAb）预处理后，大鼠肺组织中P-选择素表达明显受到抑制，肺出血和肺损伤得到改善，证实P-选择素早期参与介导了多形核白细胞（PMN）与血管内皮细胞的相互作用，是协助PMN参与和启动炎症反应的重要介质。白细胞在内皮细胞上滚动、黏附、迁移及通过内皮层的过程，是导致细胞激活、内皮细胞通透性变化及肺水肿的重要一步。介导白细胞滚动的黏附分子是选择素家族。另外，白细胞稳定的黏附及向血管外渗透又需要β_2整合素LFA-1、Mac-1及其在内皮细胞上的受体ICAM-1和ICAM-2的参与。

（三）细胞黏附分子与肝损伤

试验证明，肝缺血再灌注损伤中ICAM-1明显增高，且心脏、肾等多器官内的

ICAM-1也明显增高，再灌注1h，大鼠肝组织与血中P-选择素即明显表达和增高，P-选择素主要在肝左叶小血管及部分肝细胞膜上表达，血清酶学水平增高，出现明显的病理变化及细胞凋亡，至24h趋向坏死。经P-选择素McAb预处理后，肝组织内P-选择素及PMN积聚受到抑制，肝细胞凋亡减少，肝病理变化及肝功能得到改善。

（四）细胞黏附分子与脑损伤

关于脑损伤，已证明黏附分子是介导脑缺血和脑细胞坏死等不可逆性脑损伤的关键因素。动物试验表明，炎症细胞因子在脑缺血时可刺激脑微血管内皮细胞表达ICAM-1、VCAM-1和E-选择素，并使IL-1β和TNF-α增加3～10倍。

五、可溶性黏附分子与疾病

白细胞、血管内皮细胞或其他细胞表面的黏附分子可以被内吞进入细胞，也可脱落进入血液，成为可溶性黏附分子（soluble adhesion molecule，sAM）。此外，某些黏附分子的mRNA存在着不同的剪接形式，其中有的mRNA翻译后的产物直接分泌进入血液，成为sAM的另一个重要来源。除血清外，某些sAM还可在脑脊液、肺泡灌洗液、尿、滑膜液及腹水中出现，反映了局部黏附分子的表达和代谢状况。在结构上，sAM一般与跨膜型黏附分子胞膜外区部分相同，通常具有黏附分子的结合活性，因此，可能成为机体调节黏附作用的一个途径。在疾病状态下，黏附分子的表达往往增加，可致血清中可溶性黏附分子的水平显著升高，因此检测sAM的水平已成为监测某些疾病状态的手段。多数黏附分子都有其对应的sAM存在，目前研究较多的sAM有可溶性E-选择素、P-选择素、L-选择素、VCAM-1、ICAM-1、CD_{44}和NCAM等。

小　结

本章主要介绍了细胞黏附分子的概念、种类、在机体内的生物学功能、致病机制及与某些疾病的关系。CAM是介导细胞之间及细胞与ECM连接的重要大分子，根据CAM结构特点的不同，将CAM分为钙黏附素家族、整合素家族、选择素家族、免疫球蛋白超家族和CD_{44}家族等不同家族，并分别对其组成、结构和功能进行了概括。CAM异常与多种疾病或病理过程的发生、发展密切相关。

思　考　题

1. 简述CAM的概念、结构、分类及功能。
2. 简述生物体内重要的CAM的特点和功能。
3. 联系某些疾病，阐明CAM在疾病发生中的作用。

（高　洪）

第五章　细胞信号转导与疾病

动物的新陈代谢和生长发育受遗传和环境变化信息的双重调控，体内大分子、细胞器、细胞、组织和器官之间在空间上是相互隔离的，动物体与外环境之间更是如此。两个空间上相互隔离的组分之间相互作用和影响，必须通过信息与信号的交流。因此，动物新陈代谢时，既存在物质流和能量流，还有极其复杂的信息流，三个量之间有序、有组织的活动是维持生命的基础。信息流发挥着调节、控制物质和能量代谢的作用，这种信息的传递就是"细胞信号转导"。对细胞而言，环境信息包括了外界环境信息和体内环境信息两方面，基因只决定机体代谢和生长发育的基本模式，很大程度上受控于环境因素的作用。如果各种体内外致病因素作用于机体，使细胞信号转导的任何环节发生改变，必将导致细胞信号转导的异常，最终引发疾病或病理过程。

细胞信号转导（cell signal transduction），又称为细胞信号转导系统（cell signal transduction system）、细胞信号系统（cell signal system），由受体或其他可接收信号的分子及细胞内的信号转导通路组成。它是指细胞通过存在于细胞膜或细胞内的受体，感受细胞外信息分子刺激，经极其复杂的细胞内信号转导系统转换而影响细胞生物学功能的过程。该系统具有调节细胞增殖、分化、代谢、适应、防御和凋亡等多方面的功能。细胞信号转导是细胞对外界刺激应答的基本生物学方式。由于细胞外信息性质不同（一类能穿过细胞膜，包括大多数脂溶性信息分子；另一类不能穿过细胞膜，如水溶性信息分子），引起细胞信息传递的方式也不同。不能穿过细胞膜的信息分子必须与细胞膜上受体结合才能进一步激活细胞内信息分子，即将胞外信号首先转变为细胞内信号，启动细胞内信号传递系统，再经信号转导级联反应将细胞外信息传递至胞质或胞核内，从而调节靶细胞功能，此过程称为跨膜信号转导（transmembrane signal transduction）。病理状况下，细胞信号转导途径中一个或多个环节异常，可导致细胞代谢、功能紊乱或生长发育异常。

第一节　细胞信号转导概述

生物细胞具有极其复杂的生命活动，这些生命活动的调控是通过细胞间通信和细胞的信息传递实现的。不同细胞信号转导通路间具有相互联系和作用，构成十分复杂的信息传递网络。

一、细胞通信

细胞通信包括细胞间通信和由其引起的细胞内信号转导通路。相对于单细胞生物，多细胞生物需要在不同细胞间进行信息交流和传递，以协调不同细胞执行某些特定生理功能，即细胞间通信。细胞间通信的方式主要有细胞间直接通信和间接通信两种。前者的典型方式是缝隙连接（gap junction），即两个相邻细胞通过由连接蛋白（connexin）形成的六聚体连接子（connexon）相联系。该连接子中央有直径约为1.5nm的亲水性孔道，允许小分子物质（如Ca^{2+}、cAMP等）通过，使相邻同型细胞间不受细胞膜阻碍而直接进行信息交流和共享，实现相邻细胞对外界信号的协同反应。细胞膜表面分子接触是细胞间直接通信的另一种方式，它是经过细胞膜表面的蛋白、糖蛋白或糖脂分子与其他细胞膜表面分子特异性地相互作用而实现信息的传递。直接通信的共同点是需要细胞间的紧密接触才得以实现。与直接通信相反，由受体介导的信号转导系统（receptor-mediated signal transduction system）以信号分子为介质对没有直接接触的细胞进行调控，是细胞间接通信最主要的形式。

二、细胞信号

生物细胞所接收的信号多种多样，就信号本身而言种类繁多，常见的细胞信号可归纳为以下几类。

（一）按信号的自然性质分类

1. 物理信号 包括光、电、机械信号及与环境应激有关的信号，如热刺激、细胞容积和渗透压改变等。该类信号作用于细胞后可直接启动细胞内信号转导，部分物理信号还可通过刺激细胞分泌化学信号间接启动信号转导。对该类信号转导机制的研究比较少，有许多问题有待进一步探讨。

2. 化学信号 相对于物理信号，化学信号是在有机体间和细胞间通信中最为广泛，也是研究较多、较明确的一类信号。化学信号又称为配体（ligand），根据其化学结构可包括蛋白质、多肽、氨基酸、核苷酸、脂类和胆固醇衍生物及气体分子（如NO、CO）等。该类信号的主要特点是：①特异性强，只有与特定的受体结合，才能发挥生物学作用。②生物效率高，经细胞信号的级联放大，几个分子可产生显著的生物学效应。③活性可灭活，信号分子完成信息传递后，其活性很快可被降解或被修饰而失活，从而保证信息传递的完整性和细胞免于疲劳。依其溶解性，化学信号可进一步分为脂溶性（或疏水性）和水溶性两类。前者主要包括类固醇激素和甲状腺素，经弥散方式可直接通过细胞膜进入靶细胞，再与细胞内受体结合形成激素-受体复合物发挥生物学作用，或与特定DNA序列结合调节基因表达；绝大多数化学信号是水溶性的，主要有神经递质、细胞因子和水溶性激素等，此类信号不能穿过靶细胞膜，只有与细胞膜表面受体结合，通过信号转换机制，经细胞内信使（如cAMP）或激活膜受体激酶（如受体酪氨酸激酶）引起细胞应答。

化学信号通过内分泌（endocrine）、旁分泌（paracrine）、自分泌（autocrine）和胞内分泌（intracrine）使信号发放细胞与靶细胞间发挥相互作用。

3. 其他信号 如细胞黏附分子（详见第四章细胞黏附分子与疾病）等。

（二）按信号引起的细胞生物学效应分类

1）调节细胞增殖的信号，如细胞生长因子、细胞因子和激素等。

2）促进细胞分化的信号，如自体激素和细胞因子等。

3）促进细胞凋亡的信号，如TNF-α、Fas及对细胞有害的刺激等。

4）调节细胞代谢和功能的信号，如参与三大基本物质代谢、使血管平滑肌收缩的激素和活性物质及神经递质等。

5）引起应激反应的信号，对细胞具有有害作用的刺激或应激原（stressor），包括射线、活性氧、缺血缺氧、病原体及其代谢产物、温度和渗透压改变、营养物质缺乏等。

三、细胞信号转导的基本过程及其机制

典型的细胞信号转导过程是由受体接收信号，并启动细胞内信号转导通路而实现的。受体是具有识别功能并能与信号分子结合的蛋白质，可分为细胞质或核受体（cytoplasmic/nuclear receptor）和细胞表面或膜受体（surface/membrane receptor）两大类。膜受体占受体的绝大多数，根据其结构和功能可进一步分为离子通道型受体（ion-channel-linked receptor）、G-蛋白偶联受体（G-protein coupled receptor）、酶偶联受体（enzyme-linked receptor）等。膜受体能接受化学信号（如激素、神经递质和神经肽、体液因子、细胞代谢产物、药物和毒物等）、感受物理信号［如机械刺激（牵拉和血液切应力刺激等）及细胞间和细胞与细胞外基质（extracellular matrix，ECM）间直接接触所产生的刺激］，并激活细胞内的信号转导通路，以发挥生物学效应。目前认为，不论哪一类受体介导的信号转导，其过程均可分为以下4个步骤。

1. 起始　信号产生细胞合成并释放信号分子。

2. 转导　靶细胞上的特异性受体识别信号分子并与之结合，从而启动细胞内信号转导通路。该通路中包含多种转导蛋白，如蛋白激酶、磷酸酯酶、GTP-结合蛋白，以及能与上述蛋白相互作用的其他蛋白等；或cAMP、cGMP、三磷酸肌醇（1,4,5-inositol triphosphate，IP_3）、二酰基甘油（diacylglycerol，DAG）和Ca^{2+}等第二信使（second messenger）。

3. 细胞反应　通路激活后通过对某些靶蛋白（如酶、细胞骨架、转录因子等）的调控引起细胞代谢、功能及基因表达的改变。

4. 终止　作为一个完整的信号转导过程，除了信号转导通路的激活，还应包括信号分子最终的去除及细胞反应的终止。

不同类型的细胞对同一信号的反应不同。例如，心肌细胞和骨骼肌细胞在接受乙酰胆碱（acetylcholine，ACh）信号刺激后，前者收缩力度和频率下降，呈现舒张；而后者出现收缩。同理，一个细胞对不同信号或信号组合也有特异性的反应，从而使细胞在一个极其复杂的环境中能够选择性地发挥其正常的生理功能。总之，在上述信号转导过程中，细胞对信号的反应十分关键。

第二节　细胞信号转导异常的发生机制

一、细胞信号转导的主要途径

（一）G蛋白介导的信号转导途径

G蛋白是GTP结合蛋白的简称，是指能与鸟嘌呤核苷酸可逆性结合的蛋白质家族，在跨膜信号传递通路中起分子开关作用。G蛋白分为两类：一类是由α、β和γ亚单位组成的异三聚体，在膜受体与效应器之间的信号转导中发挥中介作用。α亚单位具有受体结合位点、GTP或GDP结合位点和GTP酶活性。另一类为分子质量是21~28kDa的小分子G蛋白，主要在细胞内发挥信号转导作用。目前发现的G蛋白偶联受体（G-protein coupled receptor，GPCR）有 150 余种，其结构的共同特征是：由单一肽链经 7 次穿越膜，形成 7 次跨膜受体。无外来信号时，受体、G 蛋白和效应蛋白独立存在。当外来信号与受体结合后，受体构象改变，G 蛋白结合位点暴露。受体与 G 蛋白在膜上聚集结合，G_α 上的 GDP 被 GTP 取代，是 G 蛋白激活的关键步骤。此时 G 蛋白解离成 GTP-G_α 和 $G_{\beta\gamma}$ 两部分，它们分别与效应器作用，直接改变其功能，如离子通道开闭；或通过产生第二信使影响细胞反应。最后，G_α 上的 GTP 酶水解 GTP 为 GDP，终止 G 蛋白介导的信号转导。此时，G_α 与 $G_{\beta\gamma}$ 又结合成无活性的三聚体。由于效应酶及第二信使不同，不同信号转导途径引起的生物学效应也不同。

1. 腺苷酸环化酶信号转导途径　腺苷酸环化酶（adenylyl cyclase，AC）信号转导途径受控于两种作用相反的 G 蛋白，即 Gs 和 Gi。其中 Gs 对 AC 有激活作用；Gi 对 AC 起抑制作用。AC 活性改变能调节细胞内 cAMP 生成，进而影响细胞功能。β-肾上腺素能受体、胰高血糖素受体等被激活后通过 Gs 提高 AC 活性，促进 cAMP 生成。而 α_2-肾上腺素能受体、M 胆碱能受体及血管紧张素 II 受体等被激活后则与 Gi 偶联，经抑制 AC 活性，使 cAMP 生成减少。cAMP 可激活蛋白激酶 A（protein kinase A，PKA），引起多种靶蛋白磷酸化，调节其功能。例如，肾上腺素引起肝细胞内 cAMP 增加，通过 PKA 促进磷酸化酶激酶活化，增加糖原分解。心肌 β 受体兴奋引起 cAMP 增加，经 PKA 促进心肌钙转运，提高心肌收缩力。进入核内的 PKA 可磷酸化 cAMP 反应元件（cAMP response element，CRE）结合蛋白（cAMP response element binding protein，CREB），使其与 DNA 调控区的 CRE 相结合，激活靶基因转录。

2. IP_3、Ca^{2+}-钙调蛋白激酶信号转导途径　α_1 肾上腺素能受体、内皮素受体和血管紧张素 II 受体等被激活后可与 Gq_α 结合，激活细胞膜上磷脂酶 C（phospholipase C，PLC）β 亚型，后者使质膜磷脂酰肌醇二磷酸（phosphatidylinositol 4,5-diphosphate，PIP_2）水解为三磷酸肌醇和甘油二酯（1,2-diacylglycerol，DG）。IP_3 促进肌浆网或内质网释放 Ca^{2+}，Ca^{2+} 作为第二信使启动多种细胞反应。例如，促进胰岛 β 细胞合成及分泌胰岛素；与肌钙蛋白结合，引起肌肉收缩；与钙调蛋白结合，激活 Ca^{2+}/钙调蛋白依赖性蛋白激酶，通过磷酸化多种靶蛋白，从而发挥生物学效应。

3. DG-蛋白激酶 C 信号转导途径　DG 与 Ca^{2+} 协同，能活化蛋白激酶 C（protein kinase C，PKC）。后者可增进细胞膜上 Na^+/H^+ 交换蛋白磷酸化，增进 H^+ 外流；活化 PKC 也可经磷酸化转录因子 AP-1、NF-κB 等，促进靶基因转录和细胞增殖与肥大。

（二）酪氨酸蛋白激酶介导的信号转导途径

该途径包括：受体酪氨酸蛋白激酶信号转导途径和非受体酪氨酸蛋白激酶信号转导途径两种。

1. 受体酪氨酸蛋白激酶信号转导途径　受体酪氨酸蛋白激酶（tyrosine protein kinase，TPK）是由 50 余种跨膜受体组成的超家族，该家族的共同特征是：受体胞内区均含有 TPK，当配体如表皮生长因子（epidermal growth factor，EGF）、血小板源生长因子（platelet-derived growth factor，PDGF）等与受体胞外区结合后，诱导受体构象改变，导致受体发生稳定的二聚化，并催化其胞内区酪氨酸残基本身磷酸化，使 TPK 活化。磷酸化的酪氨酸可被一类含有 SH_2 区（Src homology 2 domain）的蛋白质所识别，通过级联反应将信号传入细胞内。由于多数调节细胞增殖与细胞分化的因子均经此途径发挥作用，因此，该途径与细胞增殖和肿瘤发生密切相关。

（1）丝裂原活化蛋白激酶活化　　丝裂原活化蛋白激酶（mitogen activated protein kinase，MAPK）家族可由多种方式激活，是与细胞生长、分化、凋亡等密切相关的信号转导途径中的关键物质。EGF、PDGF等生长因子与其受体结合使TPK活化后，细胞内含SH_2区的生长因子受体连接蛋白Grb_2与受体结合，将细胞质中具有鸟苷酸交换因子活性的p53蛋白吸引至细胞膜，p53蛋白促进无活性Ras所结合的GDP被GTP置换，引起Ras活化。活化Ras进一步激活Raf（又称MAPK kinase kinase，MAPKKK），从而使MEK（又称MAPK kinase，MAPKK）被激活，最终导致细胞外信号调节激酶（extracellular signal regulated kinase，ERK）活化。被激活的ERK可促进胞质靶蛋白磷酸化或调节其他蛋白激酶活性，如激活磷脂酶A_2；激活调节蛋白质翻译的激酶等。尤其是被激活的ERK进入核内，促进多种转录因子磷酸化，如ERK促进血清反应因子（serum response factor，SRF）磷酸化，使其与含有血清反应元件（serum response element，SRE）的靶基因启动子相结合，增强转录活性。

（2）蛋白激酶C激活　　受体TPK磷酸化酪氨酸位点可被含有SH_2区的PLC_γ识别并与其结合，进一步引起PLC_γ活化，后者水解PIP_2生成IP_3和DG，进而调节细胞活动。

（3）磷脂酰肌醇3激酶活化　　磷脂酰肌醇3激酶（phosphatidylinositol 3-kinase，PI_3K）是由p85调节亚单位和p110催化亚单位组成的异二聚体，因能催化磷脂酰肌醇3位的磷酸化而得名。PI_3K的p85与受体磷酸化的酪氨酸相结合，调节p110催化亚单位活性，促进底物蛋白磷酸化，在细胞生长与代谢调节中发挥重要作用。例如，PI_3K可促进细胞由G_1期进入S期；p110能与Ras-GTP结合，参与细胞生长调节。

2. 非受体酪氨酸蛋白激酶信号转导途径　　细胞因子如IL、IFN及红细胞生成素等膜受体本身并无蛋白激酶活性，其信号转导由非受体TPK介导。非受体TPK调节机制的差异较大，现以IFN-γ为例，说明其信号转导途径。IFN-γ与受体结合，使受体发生二聚化后，受体细胞内近膜区可与胞质内非受体型TPK-JAK激酶（janus kinase）结合并发生磷酸化，进而与信号转导和信号转录激活因子（signal transducer and activator of transcription，STAT）结合。在JAK激酶催化下，STAT中酪氨酸发生磷酸化，结合成STAT二聚体转移入核，与靶基因DNA启动子活化序列结合，诱导靶基因表达，促进多种蛋白质合成，进而增强细胞抵御病毒感染的能力。

（三）鸟苷酸环化酶信号转导途径

鸟苷酸环化酶（guanylate cyclase，GC）信号转导途径主要存在于心血管系统和脑内，NO激活胞质可溶性GC，心钠素及脑钠素可激活膜颗粒性GC，增加cGMP生成，再经蛋白激酶G（protein kinase G，PKG）磷酸化靶蛋白而发挥生物学作用。

（四）核受体及其信号转导途径

细胞内受体分布于细胞质或细胞核内，本质上都是配体调控的转录因子，均在核内启动信号转导并影响基因转录，故统称为核受体（nuclear receptor）。按结构与功能可将其分为以下两类。

1. 类固醇激素受体家族　　包括糖皮质激素、盐皮质激素、性激素受体等。除了雌激素受体位于细胞核内，其他类固醇激素受体均位于细胞质，在未与配体结合前，该类激素首先与热休克蛋白（heat shock protein，HSP）结合，处于非活化状态。当配体与受体结合时，HSP与受体解离，暴露DNA结合区。激活受体二聚化并转移入细胞核，与DNA的激素反应元件（hormone response element，HRE）结合或与其他转录因子相互作用，增强或抑制靶基因转录。

2. 甲状腺素受体家族　　包括甲状腺素、维生素D和维甲酸受体等。此类受体位于细胞核内，不与HSP结合，多以同源或异源二聚体形式与DNA或其他蛋白质结合，配体进入细胞核与受体结合后，激活受体，并经HRE调节基因转录。

研究表明，不同信息分子和不同信号转导途径之间还存在着相互调节，从而构成极其复杂的信号转导网络。例如，$Gi_{\beta\gamma}$可通过激活PLC_β引起AC及PLC介导的信号转导途径之间的相互调节；在众多信号转导途径中，无论哪一个环节出现异常，都可使相应信号转导过程受阻，导致细胞应答减弱、丧失或者反应过度，均可导致疾病发生。

二、细胞信号转导异常的原因及其发生机制

（一）细胞信号转导异常的常见原因

1. 生物因素　　许多病原微生物感染人和其他动物后，可通过不同信号转导途径引发疾病。例如，多种病原微生物及其代谢产物可通过Toll样受体（Toll like receptor，TLR）家族成员激活细胞内信号转导通路，在炎症和免疫反应中发挥重要作用；霍乱弧菌感染动物后，其分泌的霍乱毒素选择性地催化Gs_α亚基的精氨酸核糖化，GTP酶失活，不能将GTP水解为GDP，结果Gs_α处于不可逆的激活状态，后者不断刺激AC生成cAMP，使细胞质中cAMP含量明显增加，甚至可达正常含量的100多倍，最终导致肠上皮细胞膜蛋白构象改变，Cl^-和H_2O大量转入肠腔，临床上出现严重腹泻及脱水，以至循环衰竭导致动物死亡。

2. 理化因素　　某些机械性刺激（如心肌牵拉和血液流变性改变等）可通过特定的信号转导通路激活PKC、ERK等。电离辐射等也可激活细胞内信号转导通路，但是某些物理信号启动信号转导的详细机制有待进一步研究。

动物机体内的某些信号成分与肿瘤发生密切相关。例如，多环芳烃类化合物-鸟苷酸加合物可通过小G蛋白诱导小鼠*K-Ras*基因突变，GTP酶活性降低，使Ras与GTP结合持续处于激活状态，进而通过Ras-Raf-MEK-ERK途径导致细胞异常增生。

3. 免疫因素　　主要是各种因素使机体产生了抗受体的抗体所致。虽然迄今为止对抗受体抗体产生机制尚未完全阐明，但多数学者认为抗受体抗体的产生是遗传因素和环境因素共同作用的结果。例如，基因的突变可导致受体的一级结构改变而使受体具有抗原性，或各种因素使受体隐蔽抗原决定簇暴露，或某些受体与外来抗原（如病原体）具有相同的抗原决定簇，经交叉免疫反应而引起。此外，机体免疫功能紊乱，自我识别功能异常，也可能是引起抗受体抗体产生的原因。例如，重症肌无力和自身免疫性甲状腺病均属于此类。

4. 遗传因素　　常见于染色体异常和编码信号转导蛋白基因的突变。后者可发生于

结构基因，也可产生于基因的调节序列。基因突变可导致信号转导蛋白数量或（和）功能的改变。

信号转导蛋白数量的改变主要表现为数量减少和增加。信号转导蛋白数量减少主要与基因表达障碍使信号转导蛋白生成减少，或降解增加，或蛋白产物组装和定位异常等有关；信号转导蛋白数量增加常见于基因拷贝增强或表达异常增高，或其降解减少。

基因突变可改变信号转导蛋白的结构，如果突变发生在信号转导蛋白的重要功能域，可导致其功能异常。其常表现为信号转导蛋白功能的减弱或丧失和异常持续的激活，前者如甲状腺功能减退；后者常见于甲状腺功能亢进和某些内分泌肿瘤（如垂体瘤、卵巢肿瘤和肾上腺皮质肿瘤等）。

5. 其他因素　动物机体在严重缺血、缺氧、炎症、创伤等情况下，神经内分泌系统的过度激活，神经递质、激素、细胞因子、炎症介质等生物活性物质的大量释放，使信号转导通路某些成分过度激活或（和）障碍，使机体的功能及代谢紊乱。上述异常改变虽然不是疾病发生的直接原因，但可促进疾病的发生、发展。

（二）细胞信号转导异常的发生机制

细胞信号转导从信号发放、接受、细胞内传递直至靶蛋白呈现效应，是一个完整过程，在此过程中无论是配体、受体，还是受体后信号通路的任何一个环节发生异常，均可影响最终的生物学效应，导致细胞增殖、分化、凋亡、代谢及其功能异常，从而引发疾病。如尿崩症，肾对 H_2O 的重吸收和排泄受抗利尿激素（antidiuretic hormone，ADH）的调节，ADH 与远端肾小管或集合管上皮细胞膜上的 2 型抗利尿激素受体（V_2R）结合，V_2R 属 G 蛋白偶联受体，当其与 ADH 结合后，激活 Gs-AC-cAMP-PKA 通路，使肾集合管上皮细胞微丝微管磷酸化。在后者作用下，位于集合管上皮细胞管腔侧膜下胞质小泡膜上的水通道蛋白-2（aquaporin-2，AQP2）向管腔侧膜移动，并插入膜中，在髓质高渗环境作用下，肾集合管管腔膜对水的通透性增加，尿液因此而浓缩。目前已证明，尿崩症的发生至少与 ADH 作用的三个环节异常有关，即 ADH 分泌减少、V_2R 变异和 AQP2 异常。由 ADH 分泌减少所引起的尿崩症称为中枢性尿崩症。而由后两个因素改变使肾集合管上皮细胞对 ADH 反应性降低所致的尿崩症称为肾性尿崩症（nephrogenic diabetes insipidus，NDI），其中，由 V_2R 变异所致的肾性尿崩症属 X 染色体隐性遗传病；而由 AQP2 异常所致的肾性尿崩症为常染色体隐性遗传病。中枢性尿崩症与肾性尿崩症的主要区别为：前者患病动物血中 ADH 含量减少；而后者血中 ADH 含量正常，甚至高于正常。

细胞信号转导通路有的短而直，有的长而复杂，迄今有些通路尚未完全阐明，根据已有研究资料可将细胞信号转导异常分为配体异常、受体异常或（和）受体后异常。但必须指出，细胞信号系统是一个极其复杂的网络系统，不同受体介导的信号转导通路之间存在串流（cross-talk）和作用，某种信号蛋白功能丧失后，如果其作用能被其他相关信号蛋白取代，或功能相近的信号转导途径间发生功能上的互补，则不影响细胞的功能代谢。因此，并非所有信号转导蛋白异常均可导致疾病的发生。

单个环节或单个信号转导分子异常多见于遗传病；而有些疾病如肿瘤已证明与多种信号转导蛋白或（和）多环节异常有关。

第三节　细胞信号转导异常与疾病

细胞信号转导异常涉及受体、胞内信号转导分子及转录因子等多个环节。细胞信号转导系统的某个环节可由原发性障碍而引起疾病；也可继发于某种疾病或病理过程而使细胞信号转导系统改变，其功能紊乱又促进了疾病的进一步发展。

一、细胞信号转导异常与遗传性受体病

由于受体数量、亲和力、结构或调节功能改变，不能介导配体在靶细胞中应有的效应所引起的疾病，称为受体病（receptor disease）或受体异常症。受体异常可表现为受体下调（receptor down regulation）或减敏（receptor desensitization），前者是指受体数量减少；后者是指靶细胞对配体刺激的反应性减弱或消失。受体异常也可表现为受体上调（receptor up regulation）或增敏（receptor hypersensitivity），受体上调是指受体数量增加；受体增敏是靶细胞对配体刺激的反应性增强。遗传性受体病是编码受体的基因突变，使受体数量减少甚至缺乏，或受体结构异常而引起的疾病。该类疾病多数为家族遗传性疾病，其主要特征是患病动物体内的相应激素水平并不减少，而表现出该类激素减少症状和体征。

（一）家族性高胆固醇血症

家族性高胆固醇血症（familial hypercholesterolemia，FH）是由Coldstein和Brown于20世纪70年代初报道的第一个受体病。该病是低密度脂蛋白（low-density lipoprotein，LDL）受体缺陷所致。富含胆固醇的LDL能与存在于肝细胞及其他组织细胞膜表面的LDL受体结合，并由受体介导的内吞作用进入细胞。在细胞内，受体与LDL解离，再回到细胞膜，而LDL则在溶酶体内降解并释放出胆固醇，供细胞代谢需要并降低血浆胆固醇含量。人LDL受体为160kDa的糖蛋白，由839个氨基酸残基组成，其编码基因位于19号染色体。FH属常染色体显性遗传，按LDL受体突变类型及分子机制可分为以下4种类型。

1. 受体合成障碍　LDL受体基因突变使之不能编码正常受体蛋白，导致受体合成减少，数量不足，最为常见。

2. 受体转运障碍　因编码受体转运信号的基因突变，在内质网合成的受体前体不能正常转运至高尔基体，影响了受体的翻译后加工，如糖链合成、亚基组装等，使受体前体成熟发生障碍，转移到细胞膜的受体量减少。

3. 受体与相应配体结合障碍　由于编码LDL受体的配体结合域碱基缺失或点突变，配体结合域缺乏或变异，有缺陷的受体虽然能转运到细胞膜，但不能与配体结合；或内吞的受体不能释放脂蛋白，难以进行受体的再利用。

4. 受体内吞缺陷　因编码胞质区的基因发生突变，生成的LDL受体结构异常，受体与LDL结合后不能聚集成簇，进而不能内吞入细胞。

因LDL受体数量减少或功能异常，其对血浆LDL的清除能力降低，患病动物出生后，其血浆LDL含量高于正常，发生动脉粥样硬化的危险性也显著提高。纯合子FH是编码LDL受体的等位基因均有缺陷，发病率在人类中约为1/100万，患病动物LDL受体缺失或严重不足，血浆LDL水平高于正常水平的6倍，并有早发动脉粥样硬化。在幼龄动物即可

出现冠状动脉狭窄等，人常在20岁前就因严重动脉粥样硬化而过早死亡；杂合子FH为编码LDL受体等位基因的单个基因突变所致，发病率在人类中约为1/500，患病动物LDL受体量为正常的一半，血浆LDL水平为正常水平的2~3倍。

（二）雄激素受体缺陷与雄激素抵抗综合征

雄激素与雄性动物性分化、发育及其生殖能力等密切相关，雄激素受体（AR）属核受体，当其与雄激素结合后，在核内再与靶基因的雄激素反应元件结合，调节基因的表达产生生物学效应。因此，AR异常（包括数量减少、功能失活等）可引起雄激素不敏感综合征（androgen insensitivity syndrome，AIS）。依据病变程度可将AIS分为以下3类。

1. 雄性假两性畸形　　主要特征为性分化、发育障碍，雄性动物雌性化。患病动物的染色体核型正常，为雄性，但生殖器官表现为不同程度的雌性化。

2. 生育能力降低或丧失　　患病动物表现为精子数量明显减少，甚至呈现无精症。

3. 延髓脊髓性肌萎缩　　延髓脊髓性肌萎缩（spinal and bulbar muscular atrophy，SBMA）属运动神经元变性疾病，在人体表现为进行性肌无力和肌萎缩，约有1/2的患者可见乳房雌性化，并呈现生育能力低下，患病者均为雄性。

（三）胰岛素受体与胰岛素抵抗性糖尿病

胰岛素受体（insulin receptor，IR）属酪氨酸蛋白激酶型受体，其基因异常与2型糖尿病（NIDDM）发生密切相关。IR与胰岛素结合使酪氨酸蛋白激酶（protein tyrosine kinase，PTK）被激活，活化的PTK经胰岛素受体底物（IRS）进一步激活包括PI-3K和Ras-Raf-MEK-ERK在内的多条细胞内信号转导通路产生生物学效应。例如，促进葡萄糖转运蛋白4（GLUT4）转移到膜上，提高外周组织摄取葡萄糖的能力；活化糖原合成酶，使糖原合成增强；通过增强基因表达和蛋白质合成，促进细胞增殖等。

目前已报道的胰岛素受体基因突变有50余种，突变具有明显的异质性，以点突变为主，并散在分布于受体的胞外区和酪氨酸激酶区。突变可通过多种机制（如受体合成障碍、受体向膜运输受阻、受体与胰岛素的亲和力下降、受体降解加快和PTK活性降低等）使靶细胞对胰岛素的反应性减弱或丧失。遗传性胰岛素抵抗性糖尿病在人类常见的有：Donohue综合征、Rabson-Mendenhall综合征及A型胰岛素抵抗综合征等，一般都有家族史，呈现严重的高血糖和高胰岛素血症。

NIDDM除遗传因素外，还可由自身免疫性胰岛素受体病所致，此时动物血中含有抗胰岛素受体的抗体，以阻断型为主。

二、细胞信号转导异常与自身免疫性受体病

自身免疫性受体病是体内产生抗受体的自身抗体所引起的疾病，该抗体引起细胞对配体的反应性增强，或因阻断性抗体干扰配体与受体结合，导致细胞反应性降低。

（一）重症肌无力

重症肌无力（myasthenia gravis，MG）是一种神经、肌肉间传递功能障碍的自身免疫病，主要特点为受累横纹肌稍为活动后即迅速疲乏无力，经休息后肌力有不同程度的恢

复。轻者仅累及眼肌，重者可波及全身肌肉，甚至因呼吸肌受累而危及生命。

正常情况下，当神经冲动抵达运动神经末梢时，神经末梢释放 ACh，其与骨骼肌的运动终板膜表面烟碱型乙酰胆碱（n-ACh）受体结合，使受体构型改变，离子通道开放，Na^+ 内流形成动作电位，肌纤维收缩。患病动物的胸腺上皮细胞及淋巴细胞内含有一种与 n-ACh 受体结构相似的物质，其可能作为自身抗原而引起胸腺产生抗 n-ACh 受体的抗体。在试验性重症肌无力动物血清中可检测到抗 n-ACh 受体的抗体，其含量与疾病严重程度呈平行关系。将重症肌无力患者的血浆注射给小鼠，可诱发类似重症肌无力的变化。抗 n-ACh 受体抗体通过干扰 ACh 与受体结合；或是加速受体内吞与破坏，最终导致运动神经末梢释放的 ACh 不能充分与运动终板上的 n-ACh 受体结合，使兴奋由神经传递到肌肉的过程发生障碍，从而影响肌肉收缩。

（二）自身免疫性甲状腺病

腺垂体合成和释放的促甲状腺素（thyroid-stimulating hormone，TSH）是糖蛋白激素，其与甲状腺细胞膜上的 TSH 受体结合，经 Gs 激活 AC，增加 cAMP 生成；也可经 Gq 介导的 PLC 增加 DG 和 IP_3 生成，其生物学效应是调节甲状腺细胞生长和甲状腺素分泌。

甲状腺自身抗体可引起自身免疫性甲状腺病（autoimmune thyroid disease），根据自身抗体性质不同，动物临床表现各异。TSH 受体抗体分为：①TSH 受体刺激性抗体（TSH receptor-stimulating antibody），其与 TSH 受体结合后能模拟 TSH 作用，通过激活 G 蛋白，促进甲状腺素分泌和甲状腺腺体生长，在弥漫性甲状腺肿动物血中可检出 TSH 受体刺激性抗体，与甲状腺功能亢进和甲状腺肿大的临床表现有关。②TSH 受体阻断性抗体（TSH receptor-blocking antibody），阻断性抗体可存在于慢性淋巴细胞性甲状腺炎和特发性黏液性水肿病动物血液中，阻断性抗体与 TSH 受体的结合，减少了 TSH 与受体的结合，减弱或消除了 TSH 的作用，抑制甲状腺素分泌，造成甲状腺功能低下。

三、细胞信号转导异常与肿瘤

肿瘤细胞的信号转导异常在肿瘤发生的不同时期是不同的，肿瘤早期主要与参与细胞增殖、分化、凋亡相关基因的改变有关，是调控细胞生长、分化和凋亡的信号转导异常，呈现细胞高增殖、低分化、凋亡减弱等特点；肿瘤晚期主要与控制细胞黏附及运动性基因发生改变密切相关，其结果使肿瘤细胞获得了转移性。因此，肿瘤发生原因可以是刺激细胞生长的信号转导通路持续激活，或诱导细胞凋亡的信号转导通路失活。由于细胞信号转导异常可发生在信号转导系统的任何环节和成分上，因此无论是信号分子本身，还是受体或信号转导蛋白的改变，只要能够导致信号转导通路异常就可能诱发肿瘤，或促进肿瘤的发展。

（一）促进细胞增殖的信号转导增强

在肿瘤发生上促进细胞增殖的信号转导异常往往表现为信号转导过强。

1. 细胞因子产生增加　　参与肿瘤发生的细胞因子主要是生长因子类，如转化生长因子-α（transforming growth factor-α，TGF-α）、纤维母细胞生长因子（fibroblast growth factor，FGF）、血小板源性生长因子（platelet-derived growth factor，PDGF）、表皮生长因

子（epidermal growth factor，EGF）等。大量研究表明，很多肿瘤细胞可分泌某些生长因子。此外，某些癌基因可编码生长因子样活性物质（growth factor-like product），如 *sis* 癌基因表达产物与 PDGF 的 β 链高度同源；*int-2* 癌基因蛋白与纤维母细胞生长因子具有相似的结构，上述癌基因的激活可使生长因子样物质生成增多，通过自分泌或旁分泌方式刺激细胞增殖。另外，肿瘤细胞还具有生长因子受体，生长因子与相应受体共同作用刺激肿瘤细胞自身增殖。

2. 受体异常

（1）生长因子受体表达异常增多　　许多研究表明，恶性肿瘤常伴有某些生长因子受体表达的异常改变，如量的改变（过表达）、结构改变（基因突变）等，且基因表达量与肿瘤的生长密切相关。酪氨酸蛋白激酶受体（receptor of tyrosine kinase，RTK）是多种生长因子受体及与其有同源性的癌基因产物。RTK 与生长因子结合后，通过二聚化及受体间的交叉磷酸化，使胞内区的 PTK 激活。活化受体通过其接头蛋白（adapter）可启动多条信号转导通路（如 PLCγ-DAG-PKC、PI-3K-PKB、Ras-Raf-MEK-ERK 等），增强基因表达和细胞周期的运行，促进细胞增殖。另外，某些癌基因还可表达生长因子受体类似物，通过模拟生长因子受体功能促进细胞增殖。例如，*erb-B* 癌基因编码的变异型 EGF 受体，缺乏与配体结合的膜外区，但在没有 EGF 存在的情况下，就可持续激活下游增殖信号。

还有报道，神经胶质细胞瘤中神经生长因子受体（nerve growth factor receptor，NGFR）显著增加；脑胶质瘤、乳腺癌、卵巢癌、结肠癌等多种肿瘤组织中有血管内皮生长因子（vascular endothelial growth factor，VEGF）受体、FGF 受体和 PDGF 受体的高表达。上述生长因子受体可介导相应生长因子促进血管生成，在肿瘤发生、发展中发挥重要作用。

（2）受体的组成型激活突变　　已发现多种肿瘤组织中存在 RTK 的组成型激活突变。例如，人乳腺癌、肺癌、胰腺癌和卵巢肿瘤中已发现有 EGF 受体的过度表达，这种受体处于配体非依赖性持续激活状态，能不断刺激细胞的增殖与转化。

（3）小分子 G 蛋白的改变　　*ras* 癌基因编码的小分子 G 蛋白 Ras，可在 p53 蛋白催化下通过与 GTP 结合而激活下游信号转导分子。在人肿瘤组织中发现，有 30% 不同性质的 *ras* 基因突变，其中突变率较高的是甘氨酸 12、甘氨酸 13 或谷氨酰胺 61，为其他氨基酸残基所取代。变异的 *ras* 与 GDP 解离速率增加或 GTP 酶活性降低，均可导致 *ras* 持续活化，促进细胞增殖信号的增强而引起肿瘤。例如，人膀胱癌细胞 *ras* 基因编码序列第 35 位核苷酸由正常 G 突变为 C，相应的 Ras 蛋白甘氨酸突变为缬氨酸，使其处于持续激活状态。

另外，肿瘤组织中还发现有某些编码蛋白激酶的其他癌基因（如 *src*）的表达增加，*src* 产物具有 PTK 活性，能催化下游信号转导蛋白的酪氨酸残基磷酸化，进而增强细胞的异常增殖。

（二）抑制细胞增殖的信号转导减弱

肿瘤的发生不仅可由促进细胞增殖的信号转导通路增强所致，还可能与细胞生长抑制因子受体减少或功能丧失及受体后信号转导通路异常，即负调控细胞生长机制的减弱或丧失等有关。例如，转化生长因子-β（transforming growth factor-β，TGF-β）具有抑制多种肿瘤细胞增殖和激活凋亡的作用，其受体（TGF-βR）具有丝氨酸/苏氨酸蛋白激酶

（PSTK）活性。TGF-βR有Ⅰ型和Ⅱ型两种。Ⅱ型受体与配体结合后，与Ⅰ型受体形成寡聚体并使其磷酸化，活化Ⅰ型受体可使Smad蛋白家族的丝氨酸/苏氨酸残基磷酸化，随后Smad以二聚体形式转入细胞核内，调节靶基因转录，经抑制细胞周期依赖性激酶4（cyclin dependent kinase 4，CDK4）表达，诱导$P21^{wafl}$、$P27^{kipl}$和$P15^{ink4b}$等CDK抑制因子的生物合成，使细胞周期阻滞于G_1期。

有研究证明，在某些肿瘤（如胃肠癌、肝癌、淋巴瘤等）组织中不仅存在TGF-βⅡ型受体（TGF-βⅡR）的突变，还有Smad的失活、缺失或突变。Smad和受体突变导致TGF-β信号转导通路障碍，从而使细胞脱离TGF-β的负调控作用而发生肿瘤。此外，TGF-β还可通过增进细胞外基质生成和刺激肿瘤组织血管的增生，对肿瘤的发生、发展发挥促进作用。

四、细胞信号转导异常与心血管疾病

心血管疾病不仅种类繁多，而且病因多样，因而涉及的信号转导系统也更加复杂，有许多问题迄今尚未阐明。以下简要介绍目前研究较多、相对比较清晰的几种信号转导系统。

（一）β-肾上腺受体与心功能衰竭

心功能衰竭是心功能不全的最后或最严重的阶段，是由高血压、冠心病、肺心病、心肌病等所致的以心功能严重障碍为特征的临床综合征。不论什么原因引起的心功能衰竭，其心肌均呈现一系列特殊的分子病理变化，其中最受学者关注的是β-肾上腺受体（β-adrenergic receptor，β-AR）信号转导通路的改变。因β-AR属G蛋白偶联受体，故其脱敏需依赖于G蛋白偶联受体激酶（GRK）。心肌细胞中β-AR的主要作用是针对儿茶酚胺类（catecholamines）物质的刺激而调节心肌收缩力和心率。GRK对底物有严格的选择性，心肌细胞中的GRKs（包括GRK_2、GRK_3、GRK_5，其中GRK_2、GRK_3又分别称为$β-ARK_1$、$β-ARK_2$）只能识别与配体结合的受体并将其磷酸化，使受体脱敏。心力衰竭时，一方面由于儿茶酚胺类物质的持续存在，β-AR密度和敏感性均下降；另一方面因$β-ARK_1$水平的明显增加，β-AR脱敏。研究表明，许多心肌损伤因素（如心肌缺血、高血压等）均可诱导$β-ARK_1$的上调，进而导致心功能衰竭。由于$β-ARK_1$上调产生在心功能衰竭发生之前，故其可作为判断心肌损伤程度的重要指标，也可作为临床治疗心功能衰竭的新靶点。

（二）肾素-血管紧张素系统与心血管疾病

肾素-血管紧张素系统（renin-angiotensin system，RAS）由肾素（renin）、血管紧张素原（angiotensinogen）、血管紧张素转化酶（angiotensin converting enzyme，ACE）、血管紧张素（angiotensin，Ang）及其相应受体组成。该系统的激活在由心肌缺血和高血压等因素所诱发的心脏重塑中发挥关键作用。其中血管紧张素Ⅱ（AngⅡ）可通过与心肌细胞膜上的G蛋白偶联受体AT_1受体（AngⅡ type 1 receptor）结合激活Ras-MAPK通路，PLC和Ca^{2+}引起基因表达改变而促进RNA和蛋白质的生物合成，从而导致心肌肥大。AT_1还可激活JAK-STAT通路。RAS和AT_1信号转导通路的长期活化可使补偿性心肌肥大向心衰转化。

应用血管紧张素转换酶抑制剂（ACE inhibitor，ACEI）或AT_1拮抗剂不仅可缓解心脏重塑过程，还可延长机体存活时间。

在缺血引起的心肌梗死中，Ang Ⅱ-AT_1通路可通过多种方式对心肌细胞造成损伤，如活化Ca^{2+}依赖性内切酶或（和）p53诱导心肌细胞凋亡，或因增强心肌的收缩性使心脏代谢负荷过重。Ang Ⅱ-AT_1激活的JAK 2（Janus kinase 2）可激活STAT5和STAT6，后两者结合到A_0基因的启动子区，在引起A_0基因转录的同时，还可使A_0转化为Ang Ⅱ，从而形成一个正反馈的自我放大信号通路，引起心肌细胞更大的损伤。

Ang Ⅱ、内皮素-1（endothelin-1，ET-1）及去甲肾上腺素（norepinephrine）等可通过G蛋白参与由压力负荷过重所导致的心肌肥大。G蛋白激活Ca^{2+}通路，后者在心肌肥大的发生、发展过程中发挥重要作用，细胞质内持续增加的Ca^{2+}可通过活化神经钙调磷酸酶（calcineurin），进而将包括活化T细胞核因子（NF-AT）等在内的许多底物去磷酸化，最终导致心肌肥大。该通路与其他信号通路（如MAPK、PKC、Ca^{2+}/钙调蛋白依赖性激酶等）存在串流。

五、细胞信号转导异常与炎症

细胞信号转导系统与炎症启动、放大及反应过程密切相关，尤其是在炎症反应的调节中具有十分重要的作用。不论是促炎信号转导或抑炎信号转导异常所引起的过度炎症反应，均可导致血管内皮细胞和组织细胞损伤，从而引起如类风湿性关节炎、急性呼吸窘迫综合征等炎症性疾病。

（一）与炎性细胞激活和放大有关的信号转导通路

参与炎症反应细胞（包括单核巨噬细胞、中性粒细胞、嗜酸性粒细胞、血小板和内皮细胞等）的激活是炎症反应启动的重要特征。能够激活炎性细胞的各种物质（如病原微生物及其代谢产物、补体、免疫复合物、创伤和坏死组织等）可通过不同受体启动细胞内信号转导通路，从而引发炎症。

1. 脂多糖受体介导的信号转导通路　　脂多糖（lipopolysaccharide，LPS）是细菌内毒素的主要毒性成分，其受体是由Toll样受体4（Toll-like receptor 4，TLR4）、CD_{14}和MD-2组成的复合体。LPS首先与细胞膜上的CD_{14}结合，然后通过TLR4胞内区的连接蛋白（如MyD_{88}）与其辅助因子MD-2的结合，激活IL-1受体连接蛋白激酶（IL-1 receptor associated kinase，IRAK）启动炎性细胞内的多条信号转导通路。

（1）激活核因子κB　　核因子κB（nuclear factor kappa B，NF-κB）是参与免疫和炎症反应的重要转录因子。该因子可被多种细胞外信号（如LPS、IL-1、TNF-α等）所激活。正常时NF-κB以无活性的二聚体与其抑制性蛋白IκB结合存在于细胞质中。细胞外受体通过接头蛋白激活诱导NF-κB激酶（NF-κB inducing kinase，NIK），NIK属丝蛋白/苏蛋白激酶，可磷酸化IκB激酶（IKK或IκK）并使其激活，IKK可使IκB磷酸化，从而引起IκB与NF-κB解离，然后NF-κB进入核内调节多种基因，包括多种细胞因子（如IL-2、IL-6、IL-8、IFN-β、GM-CSF等）、趋化因子、某些黏附分子、诱生性NO合酶等的表达，参与炎症反应。

（2）激活多种磷脂酶信号转导通路　　包括磷脂酶C-蛋白激酶C（PLC-PKC）信号通

路、钙信号通路，还可激活磷脂酶A_2（PLA_2），促进脂类介质的生物合成。

（3）激活丝裂原活化蛋白激酶家族成员　　LPS和促炎因子与受体结合后，可激活MAPK家族的JNK和p38，它们又可磷酸化并激活一系列转录因子，如c-jun、ATF-2、ELK-1和MEF2等，上述转录因子可进一步调节能与LPS反应的细胞因子的表达。

综上可见，LPS能启动炎性细胞内多条信号转导通路，激活多种转录因子（如NF-κB），增进促炎细胞因子（如IL-1β和TNF-α等）、趋化因子、脂质介质和活性氧等生物活性物质的合成与释放。上述因子与相应受体结合后，引起炎性细胞的进一步激活和炎症反应的扩大，从而导致炎症的级联反应（inflammatory cascade）。

2. TNF-α和IL-1受体介导的信号转导通路　　TNF-α和IL-1主要由活化单核巨噬细胞和中性粒细胞等产生，是体内最重要的促炎细胞因子。TNF-α有两种受体，即1型和2型（$TNFR_1$和$TNFR_2$）。其中$TNFR_1$可被TNF-α诱导形成三聚体，其激活后可作为凋亡蛋白酶家族的成员，引起细胞凋亡；$TNFR_1$和IL-1受体（IL-1R）还可通过接头蛋白，如肿瘤坏死因子受体（TNFR）结合因子2（$TRAF_2$）或结合因子6（$TRAF_6$）激活NIK-IKK-NF-κB通路和MAPK家族信号转导通路等，使单核巨噬细胞分泌细胞因子（如TNF-α、IL-1、IL-6、IL-8等），产生细胞因子级联反应（cytokine cascade）。上述促炎细胞因子可进一步激活白细胞和内皮细胞等，使其表达黏附分子，并可增强中性粒细胞的吞噬活性，释放蛋白水解酶及氧自由基，从而使炎症反应进一步扩大。

（二）与炎症反应有关的黏附分子及其信号转导通路

正常情况下，无论是血管内皮细胞或白细胞，均只表达极少量的能与白细胞或血管内皮细胞特异结合的黏附分子。炎症时，在细胞因子、趋化因子等作用下，白细胞和内皮细胞均被活化，其表达的黏附分子明显增加，活化白细胞表达黏附分子整合素$β_1$（VLA-4）和$β_2$（Mac-1、LFA-1）亚家族及L-选择素；而激活的血管内皮细胞则依次表达作为整合素配体的黏附分子，如血管内皮细胞间黏附分子-1（vascular intercellular adhesion molecule-1，VCAM-1）、细胞间黏附分子-1（intercellular adhesion molecule-1，ICAM-1）和E-选择素等。有研究表明，内皮细胞被激活后2h，其表面ICAM-1表达增加30倍，E-选择素表达增加100倍。在上述黏附分子作用下，血液中白细胞经过血管内滚动（rolling）→与血管内皮细胞黏附→伸出伪足→穿出血管等一系列过程进入炎症病灶。在此过程中，激活的白细胞释放弹性蛋白酶和胶原酶，作用于血管基底膜，以便白细胞的穿透。另外，穿出血管的白细胞表达整合素，后者与ECM结合，进而激活白细胞内多条信号转导通路，如通过增加细胞内Ca^{2+}浓度，活化多种蛋白激酶（如PTK、PKC、ERK、JNK等），激活小G蛋白Rho和PI-3K等，整合素与其配体结合产生的细胞信号转导，可使细胞骨架重构，有利于白细胞的变形及其移动，从而促使白细胞穿出血管进入炎症病灶。

（三）参与炎症调控的细胞因子及其信号转导

炎症反应可造成组织细胞的广泛性损伤，从而引起炎症性疾病。因此，为了减轻或防止过度炎症反应对机体造成的损伤，机体内存在多种极其复杂的抗炎机制。

1. 抗炎因子　　炎性细胞既能产生致炎性炎症介质，同时也能生成具有抗炎作用的生物活性因子，如IL-4、IL-10等。其中IL-10又称为细胞因子合成抑制因子，其对多种细胞因子的生物合成有抑制作用。部分炎性细胞还可表达膜联蛋白-1，后者通过与磷脂底物的结合而抑制PLA_2的生物活性，进而使脂类介质如PG、TXA_2、LT和PLA等的合成减少。

2. 可溶性受体　　体内许多细胞因子如TNF-α、IL-1和IL-6等都含有可溶性受体，后者与其相应配体结合，虽不能介导信号转导，但可发挥细胞因子拮抗剂的作用。IL-1R还有内源性拮抗剂（IL-1 receptor antagonist，IL-1ra），也被称为IL-1γ。虽然IL-1γ和IL-1α及IL-1β同源（通常简称为IL-1），但它们由不同基因所编码。IL-1ra与IL-1R特异性结合，尽管不能启动细胞的信号转导通路，但可起封闭受体的作用。正常动物血液中有低活性的IL-1ra，当某些因素如LPS刺激机体后，血液中的IL-1ra活性明显提高。上述受体拮抗物可通过弱化促炎细胞因子的生物学功能，从而保护组织细胞免受由炎症过度而引起的损伤。

3. 激素的作用　　体内某些激素如糖皮质激素（glucocorticoid，GC）通过与其相应受体结合发挥强大的抗炎作用。糖皮质激素受体（glucocorticoid receptor，GR）属于核受体家族成员，当其与GC结合后，能诱导膜联蛋白-1和IL-1R拮抗剂等抗炎物质的表达，并在转录水平上通过与NF-κB和AP-1的相互作用抑制多种炎症介质、细胞因子、趋化因子等生物合成，从而发挥抗炎作用。

总之，炎症反应是多因素和多种细胞参与的极其复杂的病理生理过程，因此炎症的调控也是十分复杂的，细胞信号转导系统在炎症调控中起着十分重要的作用，其主要目的是将炎症控制在一定的范围之内，以防止过度炎症反应对组织细胞的损伤。

第四节　细胞信号转导调控与疾病防治

细胞信号转导异常是多种疾病发生和发展的重要环节，有学者提出，以信号转导蛋白为靶分子，可试用信号转导治疗（signal transduction therapy）方法对疾病进行防治。

目前研究较多的是抑制酪氨酸蛋白激酶介导的细胞信号转导途径。有85%与肿瘤相关的原癌基因和癌基因产物是TPK，且肿瘤时TPK活性常常升高，故以TPK为靶分子可阻断细胞增殖。目前主要研究成果有：①采用单克隆抗体阻断配体与受体TPK结合，结果抗EGF受体胞外区单克隆抗体能有效抑制人鳞状细胞癌在裸鼠体内的生长和转移，延长裸鼠生存期。②抑制TPK催化活性，信号转导的研究为药物干预开创了新领域，设计特异性抑制TPK活性和细胞生长的药物，不但是开发抗肿瘤药物的重要方向，而且在球囊引起的血管损伤大鼠或猪，局部应用选择性或非选择性TPK抑制剂，能有效阻止血管平滑肌增殖和迁移，减轻或防止再狭窄发生。Ras是介导TPK信号转导途径的关键分子，抑制Ras向膜转移可阻断其激活，或应用无活性突变的Ras阻断Ras信号转导过程，是正在探索的肿瘤治疗方法。此外，还有一些针对细胞周期调控、转录因子和核受体环节干扰信号转导途径的措施正在研究中。

糖皮质激素作为免疫抑制剂，被广泛用于治疗由免疫和炎症反应引起的相关疾病，其能抑制多种炎症基因表达，减轻和控制炎症反应。糖皮质激素的作用机制可能与抑制调节炎症介质和细胞因子基因表达的NF-κB活化有关。糖皮质激素与胞质内受体结合后，激活受体进入核内与NF-κB直接偶联，阻止NF-κB与炎症介质或细胞因子基因结合，抑制其产生。活化糖皮质激素受体，还可增强IκB基因转录，上调IκB水平，增强对NF-κB的抑制作用。

小　结

　　细胞通过位于细胞膜或细胞内的受体，感受细胞外信息的刺激，经细胞内信号转导系统转换从而影响细胞生物功能的过程叫细胞信号转导、细胞信号转导系统或细胞信号系统。当体内外致病因素作用使细胞信号转导途径的任何一个或几个环节发生改变时，都将导致细胞的代谢、功能及生长异常。细胞信号转导的主要途径有：G蛋白介导的信号转导途径、酪氨酸蛋白激酶介导的信号转导途径、鸟苷酸环化酶信号转导途径和核受体信号转导途径。上述细胞信号转导途径的异常往往引起相应疾病或病理生理过程，如肿瘤、心血管疾病、遗传性和自身免疫性受体病及炎症等。掌握细胞信号转导异常与疾病的关系，对阐明某些疾病的发生机制，特别是疾病的防治具有重要意义。

思　考　题

1. 名词解释：细胞信号转导；受体病；核受体；激素抵抗综合征；肾性尿崩症。
2. 按照细胞生物学效应可将细胞信号分为哪几种类型？
3. 试述G蛋白介导的细胞信号转导途径。
4. 试述家族性高胆固醇血症发生的机制。
5. 试举例说明细胞信号转导异常在肿瘤发生中的作用。

（高雪丽）

第六章　自由基与疾病

组织细胞的损伤是各种病理生理过程和疾病的本质性变化，疾病常是一定的损伤结果，因而学习和阐明损伤的机制是病理生理学的一项基本理论内容。近年来，在这方面，分子生物学和病理生理学的最大进展是自由基（free radical，FR）损伤学说。该学说认为，FR是各种组织细胞损伤的最后共同的分子途径，组织细胞在代谢过程中连续不断地产生FR，越来越多的研究证明，FR参与许多病理过程，如它在缺血、乏氧，化学性与辐射性损伤、衰老、炎症与免疫性损伤，以及白细胞对细菌、肿瘤的杀伤等过程中均发挥了重要的生物学功能，因而是一个重要的具有普遍意义的分子。

第一节　自由基概述

一、自由基的发现及发展

1900年，密歇根大学Comberg发现的三苯甲基自由基是历史上首次被发现及证实的自由基，并指出"有机自由基"（organic free radical）这一概念。此后，大量关于自由基的医学和生命科学研究迅速开展起来。20世纪50年代，Harman提出了"自由基学说"，并于1956年发现自由基与放射线诱导突变和诱发肿瘤的发病机制有关。1968年，McCord和Fridovich报道了超氧化物歧化酶（superoxide dismutase，SOD）在抗氧化方面的生物学作用，自此开创了自由基生物学的新篇章。近年来，研究自由基的技术不断成熟，推动了医学、生物学的迅速发展，形成了一个以化学、物理学和生物医学相结合的蓬勃发展的新领域，即自由基生物医学领域。

二、自由基的概念

FR是普遍存在于生物体内，具有未配对电子的分子、原子、原子团或离子，又称游离基，它们是机体正常代谢的产物，不断产生也不断被消除，其化学性质非常活泼，在体内有很强的氧化反应能力，可对机体造成损伤，也能作为第二信使参与细胞信号转导。从生物学角度讲，FR通常指活性氧代谢物。活性氧（reactive oxygen species，ROS）是指由氧形成，并在分子的组成上含有氧的一类化学性质非常活泼的物质的总称，包括氧自由基（oxygen free radical，OFR）和非自由基的含氧物如单线态氧（$^1O_2$）、过氧化氢（H_2O_2）、脂氢过氧化物（LOOH）和臭氧（O_3）等活泼氧。ROS中有一些是FR，在这些FR中，若不配对的电子位于氧，则成为OFR；ROS中另一些则是非FR的含氧物，非FR的ROS的特点是可以在FR反应中产生，同时还可以直接或间接地触发FR反应。从化学活性来说，OFR与ROS同义，但有例外，如基态氧虽是双FR，但其化学性质并不是很活泼，不属于ROS；激发态的分子氧$^1O_2$虽不是FR，但其活性要比双FR基态氧，以及一些氧处于激发态的含氧有机物如激发态羰基化合物和二氧乙烷及臭氧等具有生物学意义的ROS强。

三、自由基的表示方法

FR的表示方法是在未配对的原子符号上角注一个小圆点"·"。例如，氯自由基为 $Cl^·$，甲基自由基为 $CH_3^·$，氢自由基为 $H^·$，氢过氧基为 $HO_2^·$，脂过氧基为 $LOO^·$，烷过氧自由基为 $ROO^·$，羟自由基为 $OH^·$ 或 $^·OH$（贡献不配对电子的原子，前者是H，后者是O），超氧阴离子自由基为 $O_2^{\bar{}}$ 等。

四、自由基的种类

1. 按化学性质分　　按化学性质，自由基可分为氧自由基和脂自由基。氧自由基包括 $O_2^{\bar{}}$ 和 $OH^·$——由 O_2 诱发。脂自由基包括脂自由基（$L^·$）、脂氧自由基（$LO^·$）、脂过氧自由基（$LOO^·$）——由氧自由基与多不饱和脂肪酸作用而生成的中间代谢产物。

2. 按活性氧性质分　　按活性氧性质，自由基可分为：①氧自由基；②过氧化物，如过氧化氢（H_2O_2）、烷氢过氧化物（$ROOH$）；③激发态氧，如 $^1O_2$（单线态氧）。

五、自由基的特性

1）化学性质活泼，不稳定，多为代谢中间产物。

2）正常机体自由基浓度很低，为 $10^{-9} \sim 10^{-4}$ mol/L；寿命很短，平均寿命为 10^{-3}s，故较难测定。

3）FR带有不配对电子，带有负电荷的电子自旋运动时必会产生磁场，具有磁矩（未配对电子自旋时产生的自旋磁矩），因此可利用电子自旋共振仪或磁共振仪进行测定。

4）FR反应一旦启动，即成连锁反应，包括引发、增殖和终止3个阶段。在反应体系中加入少量引发剂（如 Fe^{2+}、Mn^{2+}）即可启动整个反应过程；同样，加入少量清除剂，则可抑制整个反应过程。

第二节　自由基的产生及清除

一、生物体内自由基的产生

在化学反应中，通过均裂和电子转移的方式产生FR。

1）均裂：均裂（homolytic bond clearage）是指在某种特定条件下共价键断裂后，原先共有的电子分别属于两个原子或原子基团形成含有不配对电子的自由基。例如，水在电离辐射下分解，产生氢自由基（$H^·$）及羟自由基（$OH^·$），即 $HO：H \rightarrow H^· + OH^·$。由此可见，FR与离子不同，离子处于荷电状态，为解离时原先共有的电子为单方所有而形成的正、负离子；而FR是均裂的产物，是具有奇数的价电子。共价键发生均裂需要能量，能提供能量（热能、电离辐射）的因素就可促进共价键的均裂。

2）电子转移：电子转移是指带有成对电子或者在两条平行轨道上各带有1个不成对电子的分子在反应中取得1个电子或失去1个电子，就可以成为带有1个不成对电子的FR。电子俘获就是其中之一，即不通过金属离子的氧化还原反应，从其他来源俘获1个电子，从而使非FR成为FR。例如，CCl_4 俘获1个电子，可产生 $CCl_3^·$ 与 Cl^-。

生物体内多种物质均可产生FR，其中研究最多、作用最广泛、与机体的病理生理过程最密切的是氧所产生的FR，即OFR，包括O_2^-与$OH^·$及其活性衍生物如H_2O_2、$^1O_2$、$RO^·$、$ROO^·$和ROOH。在生理条件下，氧通常通过细胞色素氧化酶系统接受4个电子还原成水：

$$O_2+4e \mid 4H^+ \longrightarrow 2H_2O$$

但在生命化学中，氧分子的还原并不是一步到位的，常常会出现单电子或双电子还原，从而生成O_2^-（单电子还原）、H_2O_2（双电子还原）、$OH^·$（三电子还原）及H_2O（四电子还原）等，这些氧源性活性基团，通过FR链反应又生成其他FR。氧分子进行单电子还原反应生成OFR或活性氧的过程如下：

$$O_2 \xrightarrow{e} O_2^- \xrightarrow{e+2H^+} H_2O_2 \xrightarrow{e+H^+} OH^· \xrightarrow{e+H^+} H_2O$$
$$\downarrow$$
$$H_2O$$

即

$$O_2+4e+4H^+ \longrightarrow 2H_2O$$

此过程中生成了O_2^-、H_2O_2和$OH^·$等OFR，但生成的OFR可被机体内的防御系统及时清除，而不致造成组织损伤。生物体内的FR主要是在一些非酶促反应和酶促反应中产生的。

（一）非酶促反应

非酶促反应主要有以下几个方面：还原型生物分子的自氧化（autoxidation）可产生O_2^-；Fenton型Haber-Weiss反应可产生氧化活性更强的$OH^·$；脂质连锁反应（chain reaction）可产生$R^·$、$RO^·$、$ROO^·$及ROOH，这些产物可进一步引发、传播脂质过氧化反应，以连锁反应方式产生新的OFR，直至被体内的抗氧化体系所阻断；某些羟化的化学药物和带有醌型的抗肿瘤药物在体内代谢过程中产生$OH^·$；电离辐射（如X射线或γ射线、紫外线）可使生物机体产生$OH^·$；体内某些光敏剂（如视黄醛、核黄素等）在光敏反应中产生O_2^-、$^1O_2$及$HO^·$。以上反应均不依赖氧化酶、还原酶及转移酶等酶的作用，即非酶促反应。这些由电离辐射、环境污染（大气、水、重金属离子）及食品污染、化学因素、药物（抗肿瘤药物、抗生素、解热镇痛药等）及各种应激、感染等外来因素引发共价键断裂而生成的FR称为外源性FR。

（二）酶促反应

酶促反应是指呼吸链氧化磷酸化及微粒体细胞色素P_{450}系统等在其反应过程中产生的自由基，主要有次黄嘌呤/黄嘌呤氧化酶系统（HX/XO system）。XO广泛存在于机体细胞中，在它催化次黄嘌呤（或黄嘌呤）转化为尿酸的过程中，则有O_2^-和H_2O_2产生，两者在Fe^{2+}存在的条件下，可进一步转变为$OH^·$。另外，醛氧化酶、NADPH（NADH）氧化酶、线粒体呼吸链有关酶、微粒体电子传递系统有关酶、髓过氧化物酶（myeloperoxidase，MPO）等在催化相应的代谢过程中，均有OFR的产生。其中，线粒体是体内OFR重要来源之一，在生理条件下，生物体内96%～99%的氧分子经线粒体细胞色素氧化酶催化四价电子还原为水，仅1%～4%的氧由于"单价泄漏"（univalent leak）而生成O_2^-和H_2O_2。在病理情况下，HX/XO系统产生的OFR在组织器官缺血或缺氧兼再灌注损伤中被认为起主导作用。这些在新陈代谢过程中由体内生化反应所产生的FR也称为内源性FR。

二、生物体内自由基的清除

在正常情况下，机体内自由基的形成量极少，加之寿命较短，故不会对机体构成危害。即使有所增加，因机体具有自由基清除系统，因此也不会对机体造成损害，这是生物进化中形成的损伤与抗损伤的反应。自由基清除系统包含两大类：大分子的酶促自由基清除系统和小分子的抗氧化剂自由基清除系统。

（一）大分子的酶促自由基清除系统

参与该系统的酶主要包括超氧化物歧化酶（superoxide dismutase，SOD）、过氧化氢酶（catalase，CAT）、谷胱甘肽还原酶（glutathione reductase，GSH-R或GR）、谷胱甘肽过氧化物酶（glutathione peroxidase，GSH-Px）、谷氧还蛋白（glutaredoxin，Grx）和谷胱甘肽转硫酶（glutathione sulfurtransferase，GSH-ST）、葡萄糖-6-磷酸脱氢酶（glucose-6-phosphate dehydrogenase，G-6-PD）、抗坏血酸过氧化物酶（ascorbate peroxidase，APX）和脱氢抗坏血酸还原酶（dehydroascorbate reductase，DHAR）等。下面主要介绍4种常见的清除系统。

1）SOD：属金属蛋白，在胞质和线粒体中含量丰富，能歧化O_2^-形成H_2O_2，后者又通过CAT和GSH-Px转化为H_2O而得以清除（scavenging）。

2）CAT：主要存在于细胞的过氧化氢体内，可清除H_2O_2，以防止$OH\cdot$的生成。

$$2H_2O_2 \xrightarrow{CAT} 2H_2O + O_2$$

3）GSH：是氧自由基的清除剂，在该系统的清除过程中，GR和G-6-PD通过分别催化GSH和NADPH的再生，得以维持体内OFR的清除能力（图6-1）。

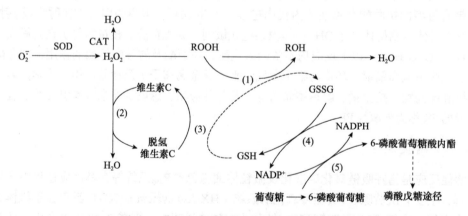

图 6-1　酶促自由基清除系统运行机制示意图
（1）GSH-Px；（2）APX；（3）DHAR；（4）GR；（5）G-6-PD

4）Grx系统：是酶促自由基清除系统中的重要成员，它由Grx、GSH、GR和NADPH共同构成，对与GSH相连的二硫化物具有高度特异性，依赖于GSH的巯基——二硫化物转换反应发挥作用，对维持细胞内蛋白质巯基的稳态，保持细胞内酶或蛋白质的生物学活性具有重要作用。Grx的抗氧化作用可分为单巯基反应机制（图6-2A）和双巯基反应机制（图6-2B）。

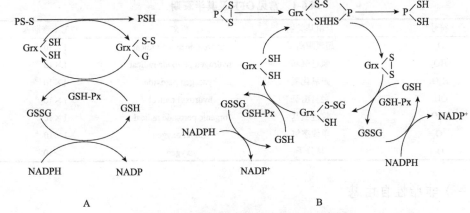

图 6-2　单巯基及双巯基反应机制示意图

A. 单巯基反应；B. 双巯基反应

（二）小分子的抗氧化剂自由基清除系统

参与该系统的小分子抗氧化剂主要包括维生素 E（存在于单位膜，猝灭 $^1O_2$，清除 $ROO^·$）、高浓度的维生素 C（清除 H_2O_2、$R^·$ 和 $OH^·$）、含巯基化合物（如 GSH、半胱氨酸等，清除 H_2O_2、$R^·$ 和 $OH^·$）、尿酸（清除 HOCl、$OH^·$ 和 $^1O_2$）等。此外，具有巯基（—SH）或醇/酚羟基类化合物，如 GSH、硫氧还蛋白（thioredoxin，Trx）、辅酶 Q_{10}、α-硫辛酸、半胱氨酸、二硫苏糖醇、茶多酚等，均可作为小分子的抗氧化剂，如图 6-3 所示。

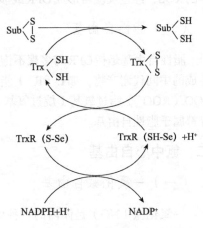

图 6-3　硫氧还蛋白系统抗氧化过程

Sub. 底物；Se. 硒

第三节　生物体内几种重要的自由基

早在 20 世纪 50 年代，就通过对大量动物、植物的组织和器官做电子顺磁共振（electron paramagnetic resonance，EPR）波谱检测，证明了 FR 普遍存在于生物体内，并发现 FR 的浓度与某些生物的代谢活跃程度紧密相关，为长期以来关于 FR 是许多代谢过程中的中间产物的观点提供了实验证据。生物体内的 FR 按其化学结构可分为氧中心自由基（简称氧自由基，OFR），氮（或碳、硫）中心自由基和半醌类自由基 3 种类型。其中以 OFR 对机体的危害最大。

一、氧自由基

生物体中生成最多，与机体的生理、病理过程关系最密切的 FR 是以氧为中心的 OFR。常见 OFR 及其半衰期见表 6-1。OFR 属于活性氧的范畴，可分为以下两种类型。

表6-1　常见OFR及其半衰期

符号	自由基类别	英文	37℃半衰期 /s
$O_2^{\bar{\cdot}}$	超氧阴离子	superoxide anion radical	1×10^{-6}
$HO_2^{\cdot}$	氢过氧基	hydrogen peroxide radical	1×10^{-6}
H_2O_2	过氧化氢	hydrogen peroxide	1×10^{-3}
$OH^{\cdot}$	羟自由基	hydroxyl radical	1×10^{-4}
$ROO^{\cdot}$	烷过氧基	organic peroxide radical	1×10^{-2}
$^1O_2$	单线态氧	singlet oxygen	1×10^{-6}
O_2	氧分子	oxygen	$>10^2$

（一）非脂性自由基

非脂性自由基包括$O_2^{\bar{\cdot}}$、$OH^{\cdot}$等，H_2O_2和$^1O_2$虽不是自由基，但它们是一种氧化作用很强的ROS，经过反应可形成OFR或涉及FR反应，故常常把它们列入非脂性自由基讨论。

（二）脂性自由基

脂性自由基是指OFR与多聚不饱和脂肪酸（polyunsaturated fatty acid，PUFA）作用后生成的中间代谢产物，如$L^{\cdot}$（$R^{\cdot}$）脂自由基（烷自由基）、$LO^{\cdot}$（$RO^{\cdot}$）脂氧基（烷氧基）、$LOO^{\cdot}$（$ROO^{\cdot}$）脂过氧基（烷过氧基）和LOOH（ROOH）脂氢过氧化物（烷氢过氧化物）等都属于脂性自由基。

二、氮中心自由基

（一）一氧化氮自由基

一氧化氮（NO）是体内的一种信号分子，具有广泛的生理功能，同时也是一个FR，生成过量时会造成组织的损伤。NO有一个未配对电子（$:\dot{N}\dot{O}:$），实质上是一种气体FR，因而具有广泛而活跃的生物性质。在体内，NO由一氧化氮合酶（NOS）催化L-精氨酸和O_2生成，NADPH提供电子：

$$L\text{-精氨酸} + O_2 \xrightarrow{\text{NOS}} L\text{-瓜氨酸} + NO$$
$$NADPH \longrightarrow NADP^+$$

体内的NOS有3种同工酶亚型：两种为结构型或原生型NOS（cNOS），主要存在于内皮细胞和神经元［分别为ecNOS（或NOS-Ⅲ型）和ncNOS（或NOS-Ⅰ型）］中，另一种为诱导型NOS［iNOS（或NOS-Ⅱ型）］。一般认为cNOS催化生成的NO主要参与生理过程，而iNOS仅在病理情况下表达并催化L-精氨酸生成NO。

（二）过氧亚硝基阴离子

过氧亚硝基阴离子（peroxynitrite，$ONOO^-$）是NO的衍生物，其反应过程如下：

$$NO + O_2^{\bar{\cdot}} \longrightarrow ONOO^- + H^+$$
$$\Updownarrow$$
$$ONOOH \longrightarrow NO_2^{\cdot} + OH^{\cdot} \longrightarrow NO_3^- + H^+$$

$ONOO^-$是一个比NO更强的线粒体呼吸抑制剂。在生理pH条件下，$ONOO^-$易于质子化而生成不稳定的氢过氧化亚硝酸（ONOOH），进一步转变成二氧化氮自由基（$NO_2^{\cdot}$）、羟自由基（$OH^{\cdot}$）和（亚）硝酸盐（NO_2^-/NO_3^-）。ONOOH是强氧化剂，它的特殊效应在氧化铁/硫中心的蛋白质巯基，能引起血管松弛并增加平滑肌cGMP的浓度，这种作用比NO强50～100倍。NO与O_2^-反应生成的$ONOO^-$，在调节NO和O_2^-两者的浓度和生物学效应中发挥着关键作用。

三、半醌类自由基

生物体内的半醌类自由基（semiquinone radical）通常指黄素类蛋白（FAD、FMN）和泛醌（辅酶Q）的单电子还原或氧化形式。这两类化合物在电子传递链中起着特殊的作用，因供氢体（如NADH）每次供两个电子，而细胞色素每次只传递一个电子，两者之间必须由黄素类蛋白（FAD、FMN）和辅酶Q相关联，因为它们既可以半醌类自由基的形式传递单电子，又可以氢醌型或醌型传递两个电子，从而在供氢体和细胞色素之间形成有效的桥联。半醌类自由基是线粒体中执行重要生理功能的一类自由基。

第四节　自由基损伤与疾病

研究证明，体内FR及ROS增多主要出现在缺血、乏氧、缺血-再灌注损伤、辐射损伤、异物刺激及强应激、感染、炎症过程及退行性变等情况。动物实验及临床与医学基础研究证明，许多疾病和病理过程的发生、发展，都与FR和ROS的产生密切相关。例如，动脉粥样硬化、心肌梗死、心脑血管疾病、中枢神经系统功能障碍、肾炎、肝炎（包括药物性肝炎）、关节炎、肌萎缩、急性呼吸窘迫综合征、肝的化学毒性反应、衰老、损伤、休克、氧中毒、感染、炎症、肿瘤及变态反应等病理过程，都与FR产生的直接或间接损伤有关，均涉及FR及ROS的基本理论问题。在生理情况下，FR与ROS有促进和加速机体衰老的作用。FR可造成生物膜的脂质过氧化损伤；可导致DNA和RNA交联或氧化；可引起蛋白质、酶、氨基酸的氧化破坏、聚合交联和肽链断裂等变化，也可使蛋白质与脂质结合形成聚合物；可引起关节滑液高分子黏多糖氧化降解，从而导致上述疾病和病理过程的发生。其对机体损伤作用的具体机制主要有下述几个方面（图6-4）。

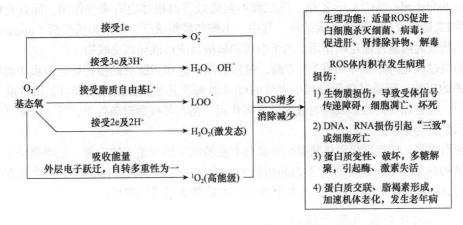

图 6-4　ROS 的生成及其对机体双重作用示意图

一、自由基的损伤机制

FR对机体的损害归根结底是对FR敏感的生物成分的氧化损伤，主要包括脂质过氧化作用、损伤蛋白质和核酸等生物分子。

（一）OFR对脂类的损伤

生物体内的细胞质膜、细胞器膜和核膜等生物膜由液态的脂质双层与蛋白质镶嵌组成，均富含多不饱和脂肪酸（PUFA），特别是不饱和脂肪酸存在一种自我催化的链式自我氧化反应（autoxidation，自氧化），并可产生大量的FR，这就是所谓的脂质过氧化。整个反应可分为启动（initiation）、扩增（propagation）和终止（termination）3个阶段。在启动阶段，不饱和脂肪酸邻近双键α碳原子上的氢原子首先受到OFR中具有较高氧化活性的 $OH^·$、$^1O_2$ 与 $HO_2^·$ 的攻击，发生氢抽提反应，生成 $L^·$；在扩增阶段，$L^·$ 自发地与氧反应生成 $LOO^·$，后者再与邻近的其他不饱和脂肪酸反应，生成LOOH及新的 $L^·$，生成的LOOH可在烷式氧基的不同键上发生均裂，而产生另外的FR碎片（如 $R^·$、$RO^·$、$ROO^·$），这些FR碎片又可引发许多新的FR，如此不断循环连锁反应，产生许多新的OFR。例如：

$$L\text{-}H+OH^·\longrightarrow L^·+H_2O$$
$$L^·+O_2\longrightarrow LOO^·$$
$$LOO^·+L\text{-}H\longrightarrow LOOH+L^·$$

若这些脂质FR不被机体的防御系统（GSH-Px、维生素E等）所清除（终止），即可使机体内许多PUFA分子发生过氧化，从而造成生物膜的损伤。由于脂类FR寿命较长，呈脂溶性，使其比 O_2^- 和 $OH^·$ 更易达到蛋白质、酶或核酸的处于疏水环境的活性部位，因此脂类FR比 O_2^- 和 $OH^·$ 具有更大的毒性。过渡金属离子（Fe^{2+}、Fe^{3+}、Cu^{2+}）在脂质过氧化反应中具有促进作用。例如：

$$LOOH+Fe^{2+}\longrightarrow LO^·+OH+Fe^{3+}$$
$$LOOH+Fe^{3+}\longrightarrow LOO^·+H^++Fe^{2+}$$
$$\overline{2LOOH\longrightarrow LO^·+LOO^·+H_2O}$$

脂质过氧化终末产物，包括脂质过氧化物（lipid peroxide，LPO）、丙二醛（malondialdehyde，MDA）、乙烷、戊烷和4-羟烯烃等对机体也有毒性作用，而且它们也可引发FR链式反应，产生放大效应。其中，不饱和醛很活跃，可作为诱变剂（mutagen），可灭活酶或起内源性固定剂作用，与蛋白质和核酸反应形成异源交联物。

脂质过氧化的主要作用有3个方面，包括脂质不饱和脂肪酸的损伤导致的膜功能障碍和膜酶的损伤、脂质过氧化过程中生成的OFR对酶及其他成分的损伤和可扩散性醛的毒性效应，三者以协同的形式同时或相继发挥作用，但在某些病理条件下，某一因素可能较其他因素更为重要。

细胞质膜、细胞器膜和核膜等生物膜具有独特的结构和重要的功能。生物膜位于相应组织结构的最外侧，加之富含不饱和脂肪酸，故极易受到OFR等损伤因子的攻击发生损害，进而出现功能障碍。因此，生物膜损伤与疾病的关系极其密切。

（二）OFR对蛋白质的损伤

蛋白质种类多，且广泛分布于细胞内外，故极易受到OFR攻击，其中酶和受体受到损伤后，可将ROS损伤效应扩大。OFR如（$OH^{\cdot}$、ROOH）可直接损伤氨基酸与蛋白质分子，又可通过脂质过氧化产物间接地使蛋白质受到损害，可引起蛋白质的交联、聚合和肽链的断裂，也可使蛋白质与脂质结合形成聚合物，从而使蛋白质功能丧失。蛋白质分子对OFR损伤的敏感性与其氨基酸组成及这些氨基酸在维持蛋白质结构和功能方面的地位及重要性、损伤的蛋白质是否能及时修复、蛋白质在细胞内的位置，以及OFR的种类及性质有关。实验表明，OFR可按以下三种方式作用于蛋白质：①OFR修饰蛋白质残基，引起蛋白质分子构象改变，肽链断裂，使蛋白质分子发生聚合或交联。②OFR增强蛋白质对水解酶的敏感性。③OFR使变性蛋白质发生集聚。

FR对酶的作用比较复杂，除可引起交联、聚合外，还可以作用于酶分子的活性中心，或修饰其氨基酸，或与其中金属离子反应，从而影响酶的活性。

另外，OFR引发的脂质过氧化代谢产物对蛋白质也有损伤作用。例如，OFR介导的脂质过氧化终末产物MDA对蛋白质分子有较强的毒性，它通过与蛋白质的游离氨基形成席夫碱（Schiff base），使蛋白质分子之间发生交联，致使蛋白质失去活性。

（三）OFR对核酸的损伤

OFR对核酸的损伤主要表现在以下几个方面：①OFR（主要是$OH^{\cdot}$）直接攻击核DNA或通过脂质过氧化介导而引起DNA损伤。②OFR可与碱基发生加成反应，而造成对碱基的修饰，从而引起基因突变。③从核酸戊糖中夺取氢原子而引起DNA链的断裂，可使DNA蛋白质交联和形成DNA蛋白质分子复合物，发生基因碱基替代及修复错误，导致"三致"（致畸、致突变、致癌）及蛋白质的合成障碍。另外，FR还可引起染色体的畸变和断裂。

线粒体DNA（mitochondrial DNA，mtDNA）在组成、结构及代谢等方面不同于核DNA，有其自身特点：①mtDNA呈双链环状，独立存在于细胞核外，每个细胞含数百个线粒体，每个线粒体含2~10个基因组DNA。②mtDNA中没有内含子，无修复系统，任何基因突变几乎均可影响其功能。③mtDNA是裸露的，外面无组蛋白保护，而组蛋白可显著减少OFR介导的脂质过氧化产物对DNA的损伤。④mtDNA复制、转录、翻译过程所需的多肽均由核DNA编码。加之线粒体是细胞内产生OFR的主要场所，因此，mtDNA较核DNA更易受OFR损伤而引起突变，其突变率是核DNA的10~100倍。mtDNA的突变使线粒体氧化磷酸化功能障碍加重，产生更多的OFR，从而形成恶性循环。

（四）OFR对其他生物分子的损伤

OFR除了对脂质、蛋白质和核酸的损伤，还能以透明质酸、蛋白多糖、糖蛋白等碳水化合物作为靶分子，使之损伤而引发某些疾病。

二、一氧化氮的损伤机制

（一）NO-cGMP信号转导系统

NO-cGMP信号转导系统广泛存在于体内，NO作为鸟苷酸环化酶（GC）的内源性活化因子，可促进Mg^{2+}和GTP生成cGMP，cGMP是该信号转导系统的中心环节，作用于cGMP门控离子通道、cGMP调节磷酸二酯酶（PDE），cGMP依赖蛋白激酶（GPK）等效应靶分子，发挥一系列生理功能。在某些病理过程如内毒素（ET）性休克中，常伴有NOcGMP通路失调。

（二）作用于巯基

NO作用于巯基使与能量代谢或抗氧化有关的酶失活，要产生此反应需高浓度NO长时间作用，因而可能由iNOS介导。

（1）促进ADP-核糖基化 NO可促进ADP-核糖基转到接受分子上（这个过程称为ADP-核糖基化），并与蛋白质氨基酸共价结合，从而影响蛋白质的修饰过程。例如，当霍乱毒素ADP-核糖基化GTP结合蛋白时，正常情况下ADP-核糖基是通过酶附着于靶蛋白上，然而当NO扩散进入细胞，它能引起自动ADP-核糖基化，而NO引起酶活性部位巯基（—SH）S-亚硝基化是发生ADP-核糖基化的前提，由于这一特点，NO引起的蛋白质ADP-核糖基化主要局限于甘油醛-3-磷酸脱氢酶（GAPDH）。

（2）共价修饰蛋白质巯基 NO诱导的蛋白质修饰尚有两种方式：①S-亚硝基，主要由亚硝鎓离子（NO^+）引起。②氧化性修饰（巯基氧化），可能由NO相关物质过氧化亚硝酸阴离子（$ONOO^-$）引起。NO在有氧的情况下，可与自由巯基结合，形成S-亚硝酸巯基复合物，从而修饰蛋白质的活性，使与能量代谢和抗氧化有关的酶失活。例如，NO与细胞内谷胱甘肽上的巯基结合，生成S-亚硝酸巯基复合物，降低细胞内的谷胱甘肽水平，消耗了细胞内抗氧化物质，从而增加了细胞对OFR损伤的易感性。在血浆中主要是与白蛋白上的巯基结合而形成S-亚硝酸白蛋白。NO在血浆中存在的时间很短（半衰期<15s），即被氧化为NO_2^-/NO_3^-而失活。S-亚硝酸巯基复合物保留了NO的生物特性，但半衰期却明显延长（半衰期>2h），从而延长了NO的作用时间。

（三）作用于金属

NO可作用于铁-硫基团，除可与血红素（Heme）中的亚铁离子结合，通过NO-cGMP信号转导系统发挥生物学效应外，还可与非Heme铁-硫酶中的铁结合，干扰能量代谢和DNA合成。例如，NO与线粒体和细胞质中的含［4Fe-4S］的顺乌头酸酶（aconitase）中铁硫基上的铁离子结合，以及呼吸链中复合物Ⅰ、Ⅱ中的铁离子结合，均可抑制线粒体呼吸及能量代谢，影响氧化磷酸化过程，最终抑制ATP的生成。此外，NO还可作用于锌-硫基团。锌是继铁之后第二位在高等动物体内广泛分布的金属，在蛋白质中，锌常与半胱氨酸中的硫离子和（或）组胺咪唑基中氮原子复合形成所谓的"锌指"区。这是蛋白质拥有特异DNA结合特性所必需的。NO供体S-亚硝酸半胱氨酸或NO气体使金属硫蛋白（metallothionein）的半胱氨酸巯基亚硝基化，并随后形成二硫键，使Zn^{2+}/C^{2+}释放，从而破坏金属硫因的锌-硫基团。

（四）与O_2^-反应

NO与O_2^-反应，生成过氧化亚硝酸阴离子（$ONOO^-$）、二氧化氮自由基（$NO_2^·$）、羟自由基（$OH^·$）和（亚）硝酸盐（NO_2^-/NO_3^-）。$ONOO^-$本身具有细胞毒性和强的氧化性质，一旦脂质化即迅速分解成高反应性$OH^·$和$NO_2^·$。NO与O_2^-的反应产物可产生广泛的细胞毒性，造成组织损伤、细胞坏死，成为多系统器官功能衰竭（multiple system organ failure，MSOF）的病理学基础。NO与O_2^-的反应过程如下：

$$NO + O_2^{\cdot -} \longrightarrow ONOO^-$$
$$ONOO^- + H^+ \longrightarrow ONOOH$$
$$ONOOH \begin{array}{l} \longrightarrow NO_2^\cdot + OH^\cdot \\ \longrightarrow NO_3^- + H^+ \end{array}$$

由于 $ONOOH \longrightarrow NO_3^- + H^+$ 反应比 $ONOOH \longrightarrow NO_2^\cdot + OH^\cdot$ 反应速度慢得多，故反应体系中将有大量的 $OH^\cdot$ 存在。$OH^\cdot$ 是 OFR 中最具有损伤性的 FR，可导致多种类型的细胞损害，包括脂质过氧化作用，蛋白质和酶的修饰、交联、聚合和断裂等。此外，$ONOO^-$ 对细胞也具有强大的细胞毒性作用。它可使细胞脂质过氧化，还能使含巯基的酶或蛋白质氧化，破坏酶的活性。在 pH7.4 时，它与巯基的反应比 H_2O_2 高 1000 倍。$ONOO^-$ 在碱性环境中稳定，但在酸性环境中与 H^+ 反应生成 ONOOH。$ONOO^-$ 还与过渡金属元素反应，形成具有强大反应性的硝基化因子，从而加重 $ONOO^-$ 对细胞的攻击。

（五）SOD 的酪氨酸硝基化

NO 本身的毒性并不十分强，但可与 $O_2^{\cdot -}$ 反应生成 $ONOO^-$，而 $ONOO^-$ 可使 SOD 的酪氨酸硝基化，从而易使缺血后细胞溃变，使高剂量的 SOD 丧失保护作用。

（六）直接损伤 DNA

NO 除可抑制 DNA 合成外，还可通过以下机制损伤 DNA：①DNA 碱基脱氨基。②DNA 氧化。③亚硝胺生成增加而成为 DNA 烷化因子。④抑制 DNA 损伤的修复。

三、自由基损伤与常见疾病

（一）自由基与炎症

FR 在炎症发展过程中起着重要作用。炎症时，ROS 的主要来源是吞噬细胞，它们被激活后通过大量摄取和消耗氧，产生 ROS。吞噬细胞被激活后所摄取的氧经 NADPH 氧化酶和 NADH 氧化酶等的作用生成 $O_2^{\cdot -}$，$O_2^{\cdot -}$ 能自动歧化或在 SOD 的作用下生成非自由基的 H_2O_2，后者能与 $O_2^{\cdot -}$ 相互反应或与含铁的分子反应 [芬顿反应（Fenton reaction）] 生成具有更高活性的 $OH^\cdot$。$OH^\cdot$ 又能与膜磷脂中的不饱和脂肪酸反应生成 LPO，并进一步形成多种 FR。

吞噬细胞在生成 ROS 的同时，伴随着氧消耗量的骤然增加，因此将这一过程称为呼吸爆发（respiratory burst）或氧爆发（oxygen burst）。呼吸爆发的特征是通过磷酸己糖（hexosemonophophate，HMP）支路使葡萄糖分解代谢猛烈增高，产生大量的 ROS 和氧代谢产物等细胞毒性物质，使细胞膜脂质过氧化，造成细菌膜损伤，这是吞噬细胞主要杀菌途径之一。而中性粒细胞通过将胞质因子转位到位于质膜和颗粒膜上的细胞色素 b 分子中，装配成有活性的 NADPH 氧化酶复合物；装配好的 NADPH 复合物以经磷酸己糖支路生成的 NADPH 作为电子供体，将 O_2 还原成 $O_2^{\cdot -}$，$O_2^{\cdot -}$ 发生歧化反应生成 H_2O_2，$O_2^{\cdot -}$ 和 H_2O_2 反应又生成 $OH^\cdot$。细胞内的颗粒与吞噬小泡融合形成吞噬溶酶体，通过脱颗粒作用释放颗粒中的颗粒酶和髓过氧化物酶以消化和杀灭病菌。

在炎症过程中，巨噬细胞和中性粒细胞产生 FR 的作用表现在以下两个方面：一方面，起杀灭病原微生物的作用；另一方面，当 FR 产生过多时可损伤周围正常组织细胞和结缔组织，还可使组织中α-蛋白酶抑制剂失活，从而不能抑制中性粒细胞释放多种蛋白酶，如胶原酶、弹性蛋白酶等，这些酶可使组织或基膜降解，从而加剧或延长炎症反应。

（二）自由基与肝疾病

尽管肝具有丰富的酶性抗氧化作用，但它也是一个具有活性微粒体和线粒体系统，在正常代谢过程中能产生OFR的器官。当FR产生和消除能力的平衡被打破时，肝组织同样也可发生损伤。在各种肝疾病中均存在着FR引发的损伤。在乙醇诱导的肝损伤中，促进线粒体和微粒体P450系统FR生成的$NADH/NAD^+$值及铁离子螯合作用的改变，都证实了氧化应激的存在，并且在乙醇诱发的肝疾病中，发现有线粒体功能障碍和形态异常。中性粒细胞乙醇和乙醛代谢产物及LPO本身诱导的化学吸引剂作用也有助于FR的形成。铜、铁贮存疾病与肝细胞和线粒体氧化损伤有密切联系，常伴有肝细胞细胞器的脂质过氧化作用。一些胆汁阻塞性肝病，可使促氧化剂化合物滞留在肝细胞中（如疏水胆汁酸），这些可能是线粒体毒素，可引起线粒体肿胀，抑制呼吸链正常呼吸和电子传递。胆汁酸的毒性主要表现为ATP耗竭、胞质Ca^{2+}增多、蛋白酶激活和细胞坏死，而体外抗氧化剂则能保护肝细胞免受疏水胆汁酸的毒性。肝毒性OFR和次氯酸FR的形成，以及组织抗蛋白酶的灭活，使得白细胞源性蛋白酶对细胞膜进一步损伤，表明了中性粒细胞源性FR在炎症性和免疫性肝病中的作用。在其他一些肝病中（如急性肝炎、慢性肝炎、脂肪肝等），也可见肝细胞脂质过氧化损伤和机体内血清（浆）中过氧化脂质含量升高。

（三）自由基与肿瘤

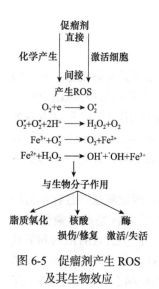

图6-5　促瘤剂产生ROS
及其生物效应

有些肿瘤与FR的作用有关，其产生机制是由于FR使细胞DNA受损，改变了基因的调控机制；FR损害细胞膜或寡糖链，抑制腺苷酸环化酶，使细胞内cAMP与cGMP的浓度比例改变，导致细胞丧失正常的接触抑制功能。FR可破坏淋巴细胞膜的寡糖链（抗原受体成分），引起细胞免疫功能下降，不能有效地杀死突变的细胞。此外，FR主要是ROS在促瘤过程中起重要作用。许多促瘤剂都能通过直接或间接的方式产生ROS，通过对生物大分子的作用，起促瘤效应（图6-5）。

在肿瘤形成过程中，$ONOO^-$引起膜脂质过氧化，呈现细胞毒性。它的分解产物$OH^·$和$NO_2^·$比NO更活泼，毒性更大。$OH^·$可氧化DNA，造成键断裂、交叉联结和碱基修饰等几种类型DNA损伤，8-羟基鸟嘌呤增多是DNA碱基被氧化引起DNA损伤的特点。同时，NO也可直接氧化成NO_2导致DNA损伤。

（四）自由基与克山病

克山病的发生可能是由于发生地区水中缺硒（Se）少铜（Cu），摄入机体内的Se和Cu的量减少，引起体内抗氧化系统中含Se的GSH-Px和含Cu的SOD活性下降，不能正常地清除体内所产生的FR及其ROS，使体内的FR和ROS过多积存，从而造成心肌的过氧化损伤。

小　结

　　本章主要介绍了FR的概念、种类和在机体内的生物学功能、致病机制及与某些疾病的关系。FR是一类化学性质非常活泼的物质，也是机体正常的代谢产物，参与机体许多生理和病理过程，根据FR化学结构的不同，分别对其不同类型FR及其损伤机制进行了概括。此外，适当联系和阐述了FR在炎症、损伤、肿瘤及克山病等临床相关疾病发生中的作用。

思　考　题

1. 简述自由基的概念、类型及损伤机制。
2. 简述自由基清除系统的意义。
3. 联系某些疾病，阐明FR在疾病发生中的作用。

（高　洪）

第七章　应激与疾病

在畜牧生产实践或日常生活中经常会遇到这样的情况：长途运输的健康牛会突然发病；饱餐后的体壮肉鸡会在几秒内向前奔跑、卧地而死；育肥猪在运到屠宰场的途中会猝死或出现肌肉的异常变化，如肌肉呈苍白、水样或暗红色，而不能上市；健康活泼的幼犬被送到新主人家的几天内会出现胃肠道不适或呼吸道疾病，严重者机体抵抗力下降时会发生传染性疾病如犬瘟热或病毒性胃肠炎，甚至会危及生命；气候突然变冷时，由于没有及时关闭门窗或通风孔而使蛋鸡或肉鸡全群发生呼吸道疾病。在日常生活中，也会遇到类似的情况：长期处于紧张状态下的人会发生胃肠道不适或胃溃疡，还可能会大病一场；当亲历地震、洪灾、海啸、战争、空难等超乎寻常的灾难性生活事件及个人遭遇严重的突然侵害或目睹他人惨死等时，如未及时进行心理疏导、环境调整或药物治疗，有可能会长期笼罩在其阴影中，影响身心健康。上述种种情况都与应激（stress）有关。

第一节　应激与应激原的概念

一、应激的概念

应激是指动物机体受到各种因素的强烈刺激或长期作用时所出现的以交感神经过度兴奋和垂体-肾上腺皮质功能异常增强为主要特点的一系列神经内分泌反应，并由此而出现的各种功能和代谢改变，以提高机体的适应能力和维持内环境的相对稳定。过去曾把各种伤害性刺激引起的一系列非特异性反应称为应激或应激反应（stress response）。任何躯体的（physical）或心理的（psychologic）刺激只要达到一定程度，除了可引起特异性变化，还可引起一组与刺激因素的性质无直接关系的全身性非特异性反应。例如，环境温度过低会引起动物寒战、组织冻伤，烫伤、手术引起组织创伤，强烈的心理刺激会引起恐惧感等，均为原发刺激因素的直接效应，还会出现一些神经内分泌反应，以及细胞、体液中某些蛋白质成分的改变和一系列功能代谢的变化。

"stress"一词的词义为压力、紧迫或心理、生理、情绪上的紧张，指的是可以破坏机体内环境稳定的各种刺激。应激这一概念由加拿大神经内分泌学家Selye在20世纪30年代提出。他发现当动物受到一定强度刺激时会出现一系列非特异性病变，并将此称为全身适应综合征（general adaptation syndrome），同时还指出了肾上腺皮质在这一变化中的主导作用。在此之前，Cannon提出了紧急学说（emergency theory）。50年代时，我国有关学者将"stress"这一概念译为"紧急状态"，60年代后将"stress"统一译为"应激"。

机体受到突然刺激发生的应激称为急性应激；而长期持续性的紧张状态则引起慢性应激。从应激的结果来看，机体适应了外界刺激，并维持了机体的生理平衡，称为生理性应激（physiologic stress）或自然应激（natural stress）；而由于应激导致机体出现一系列变化，甚至发生疾病，则称为病理性应激（pathologic stress），病理性应激又常称为应激综合征（stress syndrome）、应激性疾病（stress disease），或称全身适应综合征或适应性疾病

（adaptation disease）。

应激是一种全身性的适应性反应，是一种普遍存在的现象，为一切生物的生存和发展所必需，在生理学和病理学中都有非常重要的意义。应激反应可使机体处于警觉状态，有利于增强机体的对抗（fight）或逃避（flight）能力，有利于在变动的环境中维持机体的自稳态并增强机体的适应能力。它既可以对机体有利，也可以对机体有害。因此，根据应激对动物体的利害关系，可以将应激分为良性应激（eustress）和劣性应激（malignant stress）。良性应激显然对机体有利，刺激的强度不强且作用时间不久。因此，动物体可以通过调整自身而适应新的环境。劣性应激是由于刺激强度过强或作用时间过久，除了引起适应代偿和防御作用，还会引起一些病理变化。例如，创伤、烧伤、严重感染性疾病等的发生、发展过程中，都有应激的参与，当引起病理变化时便是劣性应激。

二、应激原的概念

引起应激反应的所有刺激因素统称为应激原（stressor），简称激原。任何刺激只要达到了一定强度，都可成为应激原。

应激原可大概分为外部因素（external factor）、内在因素（internal factor）和心理因素（psychologic factor）三大类，如环境突然变化、捕捉、长途运输、过冷、过热、密度过大、混群、缺氧、营养缺乏、缺水、断料、断电、改变饲喂方式、更换饲料、惊吓、气候突变、高产过劳、创伤、蛋用鸡断喙、疼痛、中毒、孤独、突发事件等。

应激原还可分为非损伤性和损伤性两大类。非损伤性应激原，如恐惧、剧痛、过热、过冷、长途运输、高密度饲养等；损伤性应激原，如烧伤、创伤、感染、中毒等，一般都伴有组织细胞的损伤和炎症反应。任何应激原所引起的应激，其生理反应和变化都几乎相同，因此，应激的一个重要特征是其非特异性（nonspecific）。就应激的本质而言，它是一个生理反应。

第二节 应激时动物机体的全身与细胞反应

应激是一种非特异的反应，涉及的面很广，人类对它的认识也经历了一个漫长的过程。从分子到整体的不同层面都可出现应激性反应，如全身反应和细胞反应。各类应激原作用于机体，除引起各种特异反应和病变及共同的神经内分泌变化外，还可引起基因表达的改变及应激蛋白的合成等。随着科学技术的不断发展，对应激反应的研究目前已形成了3个独立的研究领域，即神经内分泌反应的研究、急性期蛋白的研究和基因表达的研究。

一、应激时机体的全身反应

（一）应激时机体神经内分泌的变化

当机体受到强烈刺激时，应激的基本反应为一系列的神经内分泌改变。最主要的神经内分泌改变为交感-肾上腺髓质系统（sympathetico-adrenomedullary system）和下丘脑-垂体-肾上腺皮质系统（hypothalamus-pituitary-adrenal cortex system，HPA）的强烈兴奋。多数应激反应的生理生化变化与外部表现都与这两个系统的强烈兴奋有关。

1. 交感-肾上腺髓质系统　　应激时，血浆肾上腺素、去甲肾上腺素和多巴胺的浓度迅速增高。至于这些激素的浓度何时恢复正常，则对于不同的应激，其情况也各不相同。例如，运动员在比赛结束后一个多小时，其血浆儿茶酚胺已恢复正常。但大面积烧伤后半个多月，患者尿液中儿茶酚胺的排出量仍达正常人的7～8倍。

应激时，交感-肾上腺髓质反应既有防御意义，又有对机体不利的方面。防御意义主要表现在以下5个方面。①心率加快、心肌收缩力加强、外周总阻力增加：有利于提高心脏每搏和每分钟输出量，提高血压。②血液重新分布：交感-肾上腺髓质系统兴奋时，皮肤、腹腔内脏的血管收缩，脑血管口径无明显变化，冠状血管反而扩张，骨骼肌的血管也扩张（参阅第十四章休克），从而保证了心、脑和骨骼肌的血液供应，这对于调节和维持各器官的功能，保证骨骼肌在应付紧急情况时的加强活动，有很重要的意义。③支气管舒张：有利于改善肺泡通气，向血液提供更多的氧。④促进糖原分解，升高血糖；促进脂肪分解，使血浆中游离脂肪酸增加，从而保证了应激时机体对能量需求的增加。⑤儿茶酚胺对许多激素如促肾上腺皮质激素（adrenocorticotropic hormone，ACTH）、胰高血糖素、胃泌素、生长素、甲状腺素、甲状旁腺素、降钙素、促红细胞生成素和肾素的分泌有促进作用。儿茶酚胺分泌增多是引起应激时多种激素变化的重要原因。

对机体不利的方面主要表现在：①外周小血管收缩，微循环灌流量少，导致组织缺血。②儿茶酚胺促使血小板聚集，小血管内的血小板聚集可引起组织缺血。③过多的能量消耗。④增加心肌的耗氧量。

应激一般主要引起交感神经的兴奋，但有时也可引起副交感神经兴奋占优势。例如，突然的情绪刺激，有时可引起人的心率减慢和血压下降。

2. 下丘脑-垂体-肾上腺皮质系统　　发生应激的动物，其糖皮质激素（glucocorticoid，GC）分泌增多。血浆GC（皮质素、皮质醇、皮质酮）浓度明显升高，其反应速度快、变化幅度大，可以作为判定应激状态的一个指标。例如，Aperle将试验猪置于35℃、65%相对湿度环境中，用独轮车进行运输，结果其血浆皮质醇含量明显迅速上升。我国学者也发表了用噪声刺激鸡群，引起鸡外周血皮质酮升高的报道。医学临床研究表明，外科手术的应激可使皮质醇的日分泌量超过100mg，达到正常分泌量的3～5倍。术后，皮质醇通常于24h内恢复至正常水平。若应激原持续存在，则血浆皮质醇浓度持续升高。例如，大面积烧伤患者的血浆皮质醇可维持在高水平，长达2～3个月。

GC分泌增多对机体抵抗有害刺激起着极为重要的作用。动物试验表明，切除双侧肾上腺后，极小的有害刺激即可导致动物死亡，动物几乎不能适应任何应激环境。若仅去除肾上腺髓质而保留肾上腺皮质，则动物可以存活较长时间。然而糖皮质激素提高机体抵抗力的机制尚不完全清楚，目前认为与以下几方面因素有关：①GC升高是应激时血糖增加的重要机制。GC有促进蛋白质分解和糖异生的作用；对儿茶酚胺、生长激素及胰高血糖素的代谢功能起到允许作用，即这些激素要引起脂肪动员增加、糖原分解等代谢效应，必须要有足够量的糖皮质激素存在。因此，应激时如果糖皮质激素分泌不足，就容易出现低血糖。②维持循环系统对儿茶酚胺的正常反应性。试验证明，去肾上腺大鼠应激时容易发生循环衰竭而死亡。观察去肾上腺大鼠微循环，发现其血管张力降低，即使局部添加去甲肾上腺素也无缩血管反应，从而证明在缺少糖皮质激素的情况下，血管对去甲肾上腺素的反应性降低。③稳定溶酶体膜。药理浓度的糖皮质激素具有稳定溶酶体膜，防止或减少溶酶体酶外漏的作用。研究表明，应激时糖皮质激素浓度升高，同样有此作用。④抑制化学介质的生成、释放和激活。生理浓度的糖皮质激素对许多化学介质的生成、释放和激活具有抑制作用，如抑制磷脂酶A_2的活性，可以减少花生四烯酸的释放及前列腺素（PG）、白三烯（LT）、凝血噁烷（TX）的生成，对炎症、休克、创伤等病理过程有一定的防御意义。

但慢性应激时，GC的持续增加也会对机体产生一系列不利影响：①GC浓度持续升高对免疫、炎症反应有显著的抑制效应。慢性应激时胸腺、淋巴结缩小，多种细胞因子、炎症介质的生成受抑制，机体的免疫力下降，易发生感染。②慢性应激还导致动物生长发育的迟缓。生长激素（growth hormone，GH）在急性应激时升高，但在慢性应激时受抑制，受抑制是由CRH引起的。GC升高还使靶细胞对胰岛素样生长因子1［insulin like growth factor-1，ICF-1，又称生长介素（somatomedin）］产生抵抗，引起生长发育的迟缓，且常常合并一些行为上的异常，如抑郁、异食癖等。③GC的持续升高可造成性腺轴的抑制，GC对下丘脑腺垂体的促性腺激素释放激素（gonadotropin-releasing hormone，GnRH）、黄体生成素（luteinizing hormone，LH）的分泌有抑制效应，并使性腺对这些激素产生抵抗，引起人或动物的性功能减退、月经失调等。④GC的持续升高可对甲状腺轴（thyroid axis）产生抑制。GC可抑制促甲状腺激素释放激素（thyrotropin-releasing hormone，TRH）、促甲状腺激素（thyroid stimulating hormone，TSH）的分泌，并阻碍甲状腺素T_4在外周组织转化为活性更高的三碘甲状原氨酸T_3。此外，GC的持续升高还产生一系列代谢改变，如血脂升高、血糖升高，并出现胰岛素抵抗等。

促肾上腺皮质激素释放激素（corticotropin releasing hormone，CRH）在发生应激时的一个重要功能是调控情绪行为反应。在大鼠脑室内直接注入CRH可引起剂量依赖的情绪行为反应。目前认为，CRH适量增多可促进适应，使机体兴奋或有愉快感；但CRH的大量增加，特别是慢性应激时CRH持续增加则造成适应机制的障碍，出现焦虑、抑郁、食欲和性欲减退等，这是重症慢性病（人或动物）几乎都会出现的共同表现。

通常GC必须和靶细胞的GC受体（GCR）结合后才能引起各种效应，因此，GC的作用不仅取决于血浆中该激素的浓度，还与靶细胞上GCR的数量和亲和力有关。应激时（如烧伤）外周血淋巴细胞GCR的数量和亲和力都明显降低，而且降低程度与病变存在时间及严重程度有一定的线性关系。这似乎可以说明，此时的淋巴细胞对GC的反应性逐渐降低，最后可能失去GC的效应。有人提出，可以把这种现象认作靶细胞水平的肾上腺皮质功能衰竭。

3. 其他　应激可引起广泛的神经内分泌改变，内分泌的其他变化见表7-1。

表7-1　应激时内分泌的其他变化

名称	分泌部位	变化
β-内啡肽（β-endorphin）	腺垂体	升高
抗利尿激素（antidiuretic hormone，ADH）	下丘脑	升高
促性腺激素释放激素（GnRH）	下丘脑	降低
生长激素（GH）	腺垂体	急性应激时升高，慢性应激时降低
催乳素（prolactin）	腺垂体	升高
促甲状腺激素释放激素（TRH）	下丘脑	降低
促甲状腺素（TSH）	腺垂体	降低

续表

名称	分泌部位	变化
甲状腺素 T_3、T_4	甲状腺	降低
黄体生成素（luteinizing hormone，LH）	腺垂体	降低
促卵泡激素（follicle-stimulating hormone，FSH）	腺垂体	降低
胰高血糖素（glucagon）	胰岛 α 细胞	升高
胰岛素（insulin）	胰岛 β 细胞	降低

资料来源：赵德明，2021

（二）应激时动物机体功能代谢的变化

1. 物质代谢　　应激反应时，表现为代谢率升高，血糖、血液中游离脂肪酸含量升高，以及负氮平衡等。

（1）代谢率升高　　严重应激初期，代谢率出现一时性降低后上升。代谢率升高主要与儿茶酚胺释放增加有关。研究表明，猪发生应激时，肌糖原迅速分解以供能量需要，结果由于无氧酵解产生大量乳酸，可使体温升高到42～45℃。

（2）血糖升高　　应激时胰岛素相对不足及儿茶酚胺分泌增加，导致糖原分解加强，加之蛋白质分解和糖异生增强，最终使血糖浓度升高。严重时引起应激性高血糖和糖尿。

（3）游离脂肪酸增加　　应激时机体消耗的能量75%～95%来自脂肪的氧化。由于大量脂肪动员，血中游离脂肪酸和酮体都有不同程度的升高。

（4）负氮平衡　　应激时蛋白质分解加强，血中氨基酸（主要是丙氨酸）浓度增加，尿氮排出量增多，呈现负氮平衡。

以上物质代谢变化可以为机体应付"紧急情况"提供足够的能量。但如果持续过久，则机体常由于营养物质消耗过多而出现消瘦、贫血、免疫力降低、创面不易愈合等现象。

2. 中枢神经系统　　中枢神经系统（CNS）是应激反应的调控中心，在应激反应中具有调控整合作用。丧失意识的动物在遭受躯体创伤时，不会出现正常动物应激时的多数神经内分泌的改变；昏迷患者对大多数应激原包括许多躯体损伤的刺激也不出现应激反应。

CNS部位包括边缘系统的皮层、杏仁体、海马、下丘脑、脑桥的蓝斑等结构。在应激时，CNS部位可出现活跃的神经传导、神经递质和神经内分泌的变化，并出现相应的功能改变。研究表明，HPA轴的适度兴奋有助于维持良好的认知学习能力和良好的情绪，但兴奋过度或不足都可引起CNS的功能障碍，出现抑郁、厌食，甚至产生自杀倾向等。应激时，CNS的多巴胺能、5-羟色胺（5-TH）能、γ-氨基丁酸（GABA）能及阿片肽能神经元等都有相应的变化，并参与应激时神经反应的发生。

3. 免疫系统　　目前认为，免疫系统（immune system）是应激系统的重要组成部分。应激时神经内分泌的变化对免疫系统有重要的调控作用，同时免疫系统也对神经内分泌系统有反向的调节和影响。在免疫细胞上发现了参与应激反应的大部分内分泌激素及神经递质的受体。表7-2概括了应激反应主要的神经内分泌因子对免疫的调控效应。

表7-2　神经内分泌因子对免疫的调控效应

神经内分泌因子	具体效应
糖皮质激素（GC）	抗体、细胞因子生成及NK细胞活性
儿茶酚胺（catecholamine）	淋巴细胞增殖
β-内啡肽（β-endorphin）	抗体生成，巨噬细胞、T细胞活性
加压素（vasopressin）	T细胞增殖
促肾上腺皮质激素（ACTH）	抗体、细胞因子生成及NK细胞、巨噬细胞活性
生长激素（GH）	抗体生成，巨噬细胞激活
雄激素（androgen）	淋巴细胞转化
雌激素（estrogen）	淋巴细胞转化
促肾上腺皮质激素释放激素（CRH）	细胞因子生成

资料来源：赵德明，2021

应激对免疫系统的影响备受重视。动物实验及人体观察证实，应激对免疫的影响主要是抑制性。持续应激通常会造成免疫功能的抑制，甚至功能障碍，诱发自身免疫性疾病。但是，对应激的可控制或预见性能有效地改善或不出现应激反应。短期应激刺激呈现免疫抑制，而较长期应激则常引起免疫增强。如以声音为应激条件时，小鼠NK细胞活性、淋巴细胞对植物凝集素（PHA）等的增殖反应即是如此。温和急性的应激训练，可提高淋巴细胞转化水平。

4. 心血管系统　　应激时由于交感神经兴奋，儿茶酚胺分泌增加，从而引起心跳加快，心肌收缩力加强，外周小血管收缩；醛固酮和抗利尿激素分泌增多，因此具有维持血压和循环血量，保证心、脑的血液供应等代偿适应意义。然而应激也常引起动物心律失常及心肌损伤，被称为应激性心脏病。其发生机制与过度持续性的交感神经兴奋和心肌内儿茶酚胺含量升高有关。

5. 消化系统　　应激常由于交感神经兴奋，引起胃肠分泌及蠕动紊乱，从而导致消化吸收功能障碍。更为突出的特征性变化，则是胃黏膜的出血、水肿、糜烂和溃疡形成。这类病变是应激引起的非特异性损伤，常称为应激性胃黏膜病变或应激性溃疡。目前认为应激性溃疡的发生机制与胃黏膜缺血、屏障功能破坏及内源性前列腺素E生成减少等综合作用有关。

6. 血液系统　　急性应激时，外周血中白细胞数量可能增多、核左移，血小板数量增多、黏附力增强，纤维蛋白原浓度升高，凝血因子V和Ⅷ、血浆纤溶酶原、抗凝血酶Ⅲ等的浓度也升高。血液表现出非特异性抗感染和凝血能力增强，红细胞沉降率增快，血液黏度升高。骨髓检查可见髓系和巨核细胞系增生。这些变化具有抗感染、抗损伤、抗出血的有利方面，也有促进血栓、弥散性血管内凝血发生的不利方面。慢性应激时，常出现低色素性贫血，血清铁降低，类似于缺铁性贫血；但不同的是骨髓中的铁（含铁血黄素）含量正常或增高，补铁治疗无效。红细胞寿命常缩短至80d左右，其机制可能与单核巨噬细胞系统对红细胞的破坏加速有关。

7. 泌尿生殖系统　　应激时，泌尿功能的主要变化是尿少、尿比重升高、水和钠排出减少。其机制为：①应激时交感神经兴奋，肾素-血管紧张素系统增强，肾入球小动脉明显收缩，肾血流量减少，肾小球滤过率减少。②应激时醛固酮分泌增多，肾小管钠、水重吸收增加，钠、水排出减少，尿钠浓度降低。③应激时抗利尿激素分泌增加，从而使肾远曲小管和集合管对水的通透性增高，水的重吸收增加，故尿量少而比重升高。

肾泌尿功能变化的防御意义在于减少水钠的排出，有利于维持循环血量。但肾缺血所致的肾泌尿功能障碍，可导致内环境的紊乱。

应激对生殖功能常产生不利的影响。在应激（特别是人的精神心理应激）时，下丘脑分泌的促性腺激素释放激素（GnRH）降低，或者分泌的规律性被扰乱，人在过度工作压力、惊吓、过度悲伤等心理刺激后出现月经紊乱，哺乳期乳汁明显减少或泌乳停止等。

在畜牧生产实践中，应激时家畜的繁殖力下降和产乳量降低，热应激可导致卵细胞异常。曾有一农场的奶牛群仅仅由于更换新的挤奶棚，陌生的环境成为应激原，竟然使其产乳量下降了15%。

二、应激时机体的细胞反应

多种应激原，特别是非损伤性应激原，可使细胞出现一系列细胞内信号转导和相关基因的激活，表达一些具保护作用的相关蛋白质，如热激蛋白、急性期反应蛋白、某些酶或细胞因子等，成为机体在细胞、蛋白质、基因水平的应激反应表现。

（一）热激蛋白

热激蛋白（heat-shock protein，HSP）是指热应激（或其他应激）时细胞新合成或合成增加的一组蛋白质，主要在细胞内发挥功能，属非分泌型蛋白质。1962年，Ritossa发现将果蝇的饲养温度提高5℃（从25℃上移到30℃），30min后，在2号染色体左臂出现了3个膨突，提示某些基因的转录活性增强，他称此为热激反应。后来的许多研究不仅证明了这一结论，而且发现许多刺激因子（如缺氧、中毒、创伤、感染、化学因子刺激、饥饿等）可引起多种动物的热激反应，并表达产生一组正常时没有的蛋白质。由于最早发现于热激反应中，故称之为热激蛋白。但目前认为更确切地应称之为应激蛋白（stress protein）。现已发现热激蛋白是一个大家族，而且大多数是细胞的结构蛋白，只是受应激刺激而生成或生成增加。热激反应也是机体对不利环境或各种有害刺激的一种非特异性反应。

1. 热激蛋白的基本组成 热激蛋白是一组十分保守的蛋白质。各种生物体的同类型热激蛋白的基因序列有高度的同源性，提示热激蛋白对于维持细胞的生命十分重要。目前主要根据相对分子质量的大小对热激蛋白进行分类，如HSP90（相对分子质量90 000）、HSP70和HSP60等。

2. 热激蛋白的基本功能 热激蛋白在细胞内含量相当高，据估计细胞总蛋白的5%为HSP，热激蛋白的功能涉及细胞的结构维持、更新、修复和免疫等，但其基本功能为帮助新生蛋白质的正确折叠、移位、维持，以及受损蛋白质的修复、移除、降解，被形象地称为"分子伴侣"（molecular chaperone）。

正常时这些热激蛋白与热激转录因子（heat shock transcription factor，HSF）相结合。多种应激原（如热、炎症、感染等）引起蛋白质结构损伤，暴露出与热激蛋白的结合部位，促使热激蛋白与受损蛋白结合而释放出游离的HSF。游离HSF聚合成三聚体，向核内移位并与热激基因上游的启动序列相结合，从而启动热激蛋白的转录，使热激蛋白合成增多。增多的热激蛋白可在蛋白质水平起防御、保护作用。已有的证据表明，热激蛋白可增强机体对多种应激原的耐受能力。例如，热激蛋白合成的增加可使机体对热、内毒素、病毒感染、心肌缺血等多种应激原的抵抗能力增强。

（二）急性期反应蛋白

感染、炎症等组织损伤性应激原可诱发机体出现快速启动的防御性非特异反应，如体温升高，血糖升高，外周血白细胞数增多、核左移，血浆中某些蛋白质浓度升高等。这种反应称为急性期反应，这些改变了的蛋白质称为急性期反应蛋白（acute phase protein, AP）。

AP主要由肝细胞合成，单核巨噬细胞、成纤维细胞可产生少量急性期反应蛋白。正常时血液中AP含量很少，但在炎症、感染、发热时明显增加（表7-3）。少数蛋白在急性期反应时减少，被称为负性急性期反应蛋白，如白蛋白、前白蛋白、运铁蛋白（transferrin）等。

表7-3 急性期反应蛋白的基本构成

成分	分子质量 /kDa	正常血浆浓度 / (mg/ml)	炎症急性期增加情况
C 反应蛋白（C-reactive protein）	105	＜8.00	＞1000 倍
血清淀粉样蛋白 A（serum amyloid protein A）	160	＜10.00	＞1000 倍
α_1- 酸性糖蛋白（α_1- acidoglycoprotein）	40	0.60～1.20	2～3 倍
α_1- 抗糜蛋白酶（α_1-antichymotrypsin）	68	0.30～0.60	2～3 倍
结合珠蛋白（haptoglobin）	100	0.50～2.00	2～3 倍
纤维蛋白原（fibrinogen）	340	2.00～4.00	2～3 倍
铜蓝蛋白（ceruloplasmin）	151	0.20～0.60	50%
补体 C_3（complement C_3）	180	0.75～0.65	50%

资料来源：赵德明，2021

AP的种类很多，其功能也相当广泛，具有抑制蛋白酶、清除异物和坏死组织、抗感染和损伤，以及结合、运输的作用。但总体来看，它是一种启动迅速的机体防御机制。机体对感染、组织损伤的反应可大致分为：急性反应时相，急性期反应蛋白浓度的迅速升高为其特征之一；迟缓相或免疫时相，其重要特征为免疫球蛋白的大量生成。两个时相的总和构成了机体对外界刺激的保护系统。急性期反应蛋白中的蛋白酶抑制剂可避免蛋白酶对组织的过度损伤，如 α_1- 蛋白酶抑制剂、α_1-抗糜蛋白酶等。在严重创伤或感染引起的损伤性应激过程中，各种蛋白水解酶如组织蛋白酶、胶原酶、弹性蛋白酶、激肽原酶、纤溶酶等都可能显著增加。如果各种蛋白水解酶的增加量失控，可分解机体的各种蛋白质而造成严重影响。因此，蛋白酶抑制物对调控蛋白酶的活性、维持机体内环境的稳定具有重要意义。

C反应蛋白清除异物和坏死组织的作用最明显。它和磷酸胆碱有很强的亲和力。磷酸胆碱广泛分布于哺乳动物的细胞膜及细菌、真菌、寄生虫等的膜性结构中。因此，C反应蛋白很容易和细菌的胞壁及磷脂、被暴露的细胞碎片结合。C反应蛋白又可在无抗体作用的条件下，激活补体经典途径，促进大、小吞噬细胞的吞噬功能，从而使与C反应蛋白结合的异物迅速被激活的补体溶解或在补体帮助下被吞噬。此外，C反应蛋白可抑制血小板的磷脂酶，减少其炎症介质的释放。在各种炎症、感染、组织损伤等疾病中都可见C反应蛋白的迅速升高，且其升高程度常与炎症、组织损伤的程度呈正相关，因此临床上常用C反应蛋白作为炎症类疾病活动性的指标。

C反应蛋白、补体成分的增多可加强机体的抗感染能力；凝血蛋白类的增加可增强机体的抗出血能力；铜蓝蛋白具有抗氧化损伤的能力等。

结合珠蛋白、铜蓝蛋白、血红素结合蛋白等可与相应的物质结合，避免过多的游离Cu^{2+}、血红素等对机体的危害，并可调节它们的体内代谢过程和生理功能。

第三节　常见应激性疾病与应激相关疾病

应激虽然是适应性反应，但应激时激素分泌过多、激素分泌不足或激素之间的平衡失调都可导致疾病的发生，如消化性溃疡等；或者应激在许多疾病的发生（冷应激诱发呼吸道疾病）、发展（加重病情）过程中起着重要的作用。有人曾估计，50%～70%的就诊患者所患的疾病可以被应激诱发，或被应激恶化。应激在兽医临床上同样也占有重要的位置，在绝大多数病例中都能找到应激因素的存在。高密度饲养和追求高效益、高生产性能也使得畜禽发生应激综合征的报道日趋增多，给畜牧业造成了很大的经济损失。因此，应激与疾病的关系越来越受到医学界和兽医界的关注。

各种致病因子，除引起某些特定疾病外，还可引起机体的非特异性全身反应。而这些应激反应既可以是保护性的，也可能造成损伤。任何疾病中都或多或少含有应激的成分。撤销或清除了应激原以后，机体会很快趋于平静而恢复自稳态。但如果是劣性应激，动物体则出现内环境紊乱或发生疾病。

发生应激时，机体的各个组织器官会出现不同程度的变化，性别之间也有差异。笔者对40只Wistar大鼠进行饥饿刺激和低温、束缚应激来观察雌、雄大鼠各组织器官的大体病理变化和病理组织学变化，并按病变程度分别打分。试验结果表明：饥饿和低温应激对大鼠各组织器官的影响存在着雌雄差异；应激雌性大白鼠的消化系统、呼吸系统和泌尿系统的病变（黏膜充血、出血、坏死及溃疡形成）程度高于应激雄性大白鼠，而运动系统、神经系统、内分泌系统和血液循环系统则无显著差异。应激对雌、雄大鼠的胆汁分泌都有明显抑制现象；另外，雄性大鼠的生殖器官有明显的皱缩现象，雌性大白鼠的子宫和卵巢体积明显增大。

应激性疾病的概念目前尚不明确，只是习惯上将应激起主要作用的疾病称为应激性疾病或应激综合征，如应激性溃疡（stress ulcer）、猝死综合征（sudden death syndrome，SDS）和恶性高温综合征（malignant hyperthermia syndrome）。还有一些疾病如牛的运输热、支气管哮喘等，应激在疾病的发生、发展中只是一个重要的原因或诱因，因此称为应激相关疾病（stress related disease）。

一、应激性溃疡

应激性溃疡又称急性胃黏膜病变（acute gastric mucosal lesion）、急性出血性胃炎（acute hemorrhagic gastritis），是指机体在应激状态下胃和十二指肠出现急性糜烂与溃疡。

（一）原因

很多病因可引起应激性溃疡，归纳起来主要有以下几方面。

1. 强烈的精神刺激　　强烈的精神刺激如过度悲伤、恐惧、绑缚、转群等可引起应激性溃疡发生。临床上，环境突然变化和小动物着凉（冷应激）引起的胃出血或胃溃疡非常多见。动物试验结果也证实了这一点，当把大鼠绑缚后放置在不同温度条件下，如4℃冰箱2～3h、冬季室外20～30min、−20℃冰柜10min，均可引起胃溃疡或胃出血，而且温度越低，病变越明显。

2. 颅脑疾病　　颅脑疾病可引起应激性溃疡。1932年，国外学者Cushing报道了颅脑肿瘤患者发生胃溃疡合并出血、穿孔，因此对颅脑外伤、脑肿瘤或颅内神经外科手术后发生的应激性溃疡称为Cushing溃疡。

3. 严重疾病　　一些严重疾病可导致应激性溃疡。例如，呼吸衰竭、肝功能衰竭、肾功能衰竭、严重感染、低血容量性休克、重度营养不良等均可引起应激性溃疡。

4. 损伤胃黏膜的药物　　损伤胃黏膜的药物可引起应激性溃疡。这些药物主要有水杨酸类、肾上腺皮质激素、非甾体抗炎药。

5. 严重烧伤　　严重烧伤可引起应激性溃疡。1842年，国外学者Curling首先报告了大面积烧伤患者出现胃和十二指肠溃疡出血，故对这种严重烧伤引起的急性应激性溃疡又称为Curling溃疡。

（二）发生机制

近年来的医学研究表明，各种应激因素作用于中枢神经和胃肠道，通过神经、内分泌系统与消化系统相互作用，产生胃黏膜病变，主要表现为胃黏膜保护因子和攻击因子的平衡失调，包括胃黏膜屏障被破坏和胃酸分泌增加，从而导致应激性溃疡的形成。

1. 胃黏膜屏障被破坏　　胃黏膜屏障被破坏是形成应激性溃疡的一个重要机制。导致胃黏膜屏障破坏的因素主要有以下几方面。

（1）胃黏膜血流改变（缺血）　　应激状态时，交感-肾上腺髓质系统兴奋，儿茶酚胺分泌增加，外周血管收缩，其中腹腔小血管的收缩尤其明显，胃黏膜血管痉挛，并可使黏膜下层动静脉短路，流经黏膜表面的血液减少。胃黏膜持续性的缺血、缺氧，致使黏膜上皮坏死、脱落，毛细血管通透性升高，而引起出血。黏膜的损害程度与缺血程度密切相关。

（2）黏液与碳酸氢盐减少　　胃黏膜-碳酸氢盐屏障又称胃黏膜氢离子屏障。应激状态时，由于交感神经兴奋，胃运动减弱，幽门功能紊乱，胆汁反流入胃，直接破坏胃黏膜上皮细胞对H^+的屏障作用。胆盐有抑制碳酸氢盐分泌作用，并能溶解胃黏液，还间接抑制黏液合成。黏液与碳酸氢盐减少与以下因素有关：①胃黏膜缺血。胃黏膜缺血可使胃黏膜上皮分泌HCO_3^-的作用降低，从而使屏障破坏。②酸中毒。应激时机体糖、脂肪、蛋白质的分解代谢增强，酸性代谢产物在体内蓄积，常引起酸中毒。血浆HCO_3^-含量降低，胃黏膜分泌HCO_3^-也减少。③糖皮质激素分泌增多。糖皮质激素使胃黏膜对损伤因子的抵抗力降低，可能与其抑制胃黏膜上皮细胞更新有关。④胆汁逆流。胆汁酸盐可以破坏生物膜大分子疏水基团之间的作用。胆汁酸盐由于应激时胃肠运动紊乱而进入胃内，从而直接破坏胃黏膜上皮细胞对H^+的屏障功能。

（3）前列腺素水平降低　　胃黏膜上皮不断合成和分泌释放的前列腺素，具有强力保护上皮细胞的作用。前列腺素对胃黏膜有保护作用，可刺激表层细胞腺苷环化酶受体而使环磷酸腺苷（cAMP）升高，促进胃黏液和碳酸氢盐的分泌，还能增加胃黏膜血流量，抑制胃酸分泌及促进上皮细胞更新。应激状态时前列腺素水平下降，结果导致胃黏膜损伤明显加重。

（4）超氧离子的作用　　应激状态时机体可产生大量超氧离子，它可使细胞的完整性受到破坏，核酸合成减少，上皮细胞更新速率减慢，某些巯基的活性减低，而损伤了胃黏膜。

（5）胃黏膜上皮细胞更新速度减慢　　应激因素可通过多种途径使胃黏膜上皮细胞增生减慢，削弱黏膜的屏障作用，可能与糖皮质激素分泌增多有关。有人报道，糖皮质激素可以抑制黏膜上皮分泌保护性黏液，从而破坏胃黏膜-碳酸氢盐屏障。

2. 胃酸分泌增加　　应激状态时胃酸分泌增加。动物试验和临床观察均证实颅脑损伤和烧伤后胃液中氢离子浓度明显增加，应用抗酸剂及抑酸剂可预防和治疗应激性溃疡。胃酸增加可与神经中枢和下视丘损伤引起的神经内分泌失调、血清胃泌素增高、颅内高压刺激迷走神经兴奋通过壁细胞和G细胞释放胃泌素产生大量胃酸有关。

3. β- 内啡肽　　应激时血浆β-内啡肽显著增多。一些研究提示，β-内啡肽可能作为一种"损害因子"而引起应激性溃疡。如果事先给予阿片受体拮抗药纳洛酮，就可以预防大鼠发生应激性溃疡。

二、全身适应综合征

全身适应综合征（general adaptation syndrome，GAS）是由Selye于1941年提出的。Selye起初认为应激就是GAS，是机体自稳态受威胁、扰乱（threatened homeostasis）后出现的一系列生理和行为的适应性反应（adaptation response），并预言存在"适应性疾病"（adaptation disease）。当应激原持续作用于机体时，GAS表现为动态的过程，并可最终导致疾病甚至死亡。因此，GAS是"非特异的应激反应所导致的各种各样的机体损害和疾病"的总称。Selye将其分为警觉期（alarm stage）、抵抗期（resistance stage）、衰竭期（exhaustion stage）三期。

（一）警觉期

警觉期，也称动员期，在应激作用后迅速出现，为机体保护防御机制的快速动员期；又分为休克期和抗休克期。休克期意味着机体突然受到应激原的作用，来不及适应而呈现的损伤性反应，表现为神经抑制、血压及体温下降、肌肉紧张性下降、血糖降低、白细胞减少、血凝加速、胃肠黏膜溃疡等。机体很快动员全身适应能力而进入抗休克期，表现为交感神经兴奋、垂体-肾上腺皮质功能增强、中性粒细胞增多、体温升高等。此期以交感-肾上腺髓质系统的兴奋为主，并伴有肾上腺皮质激素的增多。警觉反应使机体处于最佳动员状态，有利于机体增强抵抗力或逃避损伤，但持续时间较短。

（二）抵抗期

抵抗期是抗休克期的延续，机体对应激原已获得最大适应，对其抵抗力增强而进入抵抗或适应阶段。此时，以交感-肾上腺髓质兴奋为主的一些警告反应将逐步消退，而表现出以肾上腺皮质激素分泌增多为主的适应性反应。机体的代谢率升高，炎症、免疫反应减弱，胸腺、淋巴组织缩小，机体表现出适应、抵抗能力的增强（交叉抵抗力）。但同时防御贮备能力的消耗，可能对其他应激原的非特异抵抗力下降（反交叉致敏）。通过一系列的适应防御反应，警觉期中所出现的病变减轻或消失，动物趋于正常。如果应激原持续作用时间过长，则可由此期进一步发展为衰竭期。

（三）衰竭期

导致动物死亡持续强烈的有害刺激将耗竭机体的抵抗能力，再次出现与警觉期相似的各种病变，肾上腺皮质激素持续升高，但糖皮质激素受体的数量和亲和力下降，机体内环境明显失衡。应激反应的病变陆续显现，与应激相关的疾病、器官功能的衰退甚至休克、死亡都可出现。

上述三期并不一定都依次出现，只要能及时撤除应激原，多数应激只引起第一、二期变化，只有少数严重的应激反应进入第三期。但若应激原持续作用于机体，则后期的损伤和疾病迟早会出现，甚至导致死亡。

三、应激性心脏病

情绪性应激，如突然的噩耗、惊吓、激怒等可以引起心律失常，严重者应激时交感-肾上腺髓质的强烈兴奋可使心室纤颤的阈值降低，在冠状动脉和心肌已有损伤的基础上，强烈的精神应激有时可诱发心室纤颤，导致猝死。Lown通过动物试验证实了情绪应激可以引起心律失常。情绪性应激还能引起心肌坏死，这在大鼠、猪、狒狒都有报道，称为应激性心脏病（stress cardiopathy）。例如，有人给23头猪注射肌肉松弛剂，使其在不能跑的条件下，每隔3~4min电刺激一次。经24~48h有13头猪死亡，23头猪全部出现急性心肌病变。心电图表现为心律失常，T波倒置。病理组织学观察可见心肌断裂和心肌坏死；透射电镜下可见肌节过度收缩，出现"收缩带"。这些被认为是应激性心脏病的主要特征。

上述变化主要是交感神经兴奋，儿茶酚胺分泌增多引起的，其根据有：①刺激动物大脑皮层的许多区域及皮层下结构特别是额叶-脑干通路，可以引起心房或（和）心室的期外收缩，缺血的心脏更为敏感。刺激中枢神经引起心律失常需通过交感神经。②应激时血浆儿茶酚胺浓度升高，心肌内肾上腺素的含量也增多。在慢性应激时，心肌内肾上腺素的含量持续升高。③给动物注射去甲肾上腺素或肾上腺素都可引起心律失常和心肌损害。

交感神经兴奋和心肌内儿茶酚胺的浓度在一定的适当范围内，可以使心跳加快，心收缩力加强，冠状血流量增加，这是机体的代偿适应性反应。但过度的、持续性的交感神经兴奋和心肌内儿茶酚胺含量过高，可引起心律失常和心肌坏死。除此之外，副交感神经也与之有一定的关系，但报道结果尚不一致。

四、猪应激综合征

猪应激综合征（porcine stress syndrome，PSS）于1953年首次被报道，原指猪在应激时产生的恶性高热、体温骤升和肌肉僵直的状态，后又发现背肌坏死和PSE（pale, soft, exudative）肉等应激性病理改变。近年来，随着研究的不断深入，发现PSS与人的恶性高温综合征（malignant hyperthermia syndrome，MHS）有类似的发病环节和临床表现。MHS的典型特征是肌肉过度收缩导致的体温升高和代谢性酸中毒及由此产生的一系列综合征：肌肉痉挛收缩导致产热急剧增加，体温迅速升高。同时激活磷酸化酶使糖酵解过程加剧，产生大量的乳酸和二氧化碳，出现酸中毒、低氧血症、高血钾、心律失常、血清肌酸磷酸激酶增高、肌红蛋白尿等。严重者可出现脑水肿、弥散性血管内凝血（DIC）、肾及心脏功能衰竭。PSE肉的外观是肌肉变性（肌肉苍白），组织脆弱、致密性下降（松软），由细胞内酶类和电解质渗入血浆，蛋白质失去对肌肉中水分的吸附力（汁液渗出）所致。

目前多数报道的所谓猪应激综合征都以其肌肉病变综合征为主，主要有猪恶性高温综合征、PSE肉、黑干肉、猪急性浆液性坏死性肌炎（腿肌坏死）等。

（一）猪恶性高温综合征

猪恶性高温综合征（malignant hyperthermia syndrome，MHS），又称猪应激综合征，是猪在自然应激因子如运输、交配、分娩、高温、运动、争斗等作用下发生的一种综合征。其表现为进行性呼吸困难、高热、心跳亢进、肌肉收缩、死后迅速僵直，结果是产生PSE肉等劣质肉，给世界各地养猪生产、猪肉加工和销售造成了巨大的经济损失。

德国报道兰德瑞斯猪发生本综合征时，以背最长肌急性坏死为特征。病程持续2周后，肿胀、疼痛消退，但背肌萎缩并产生明显的脊柱嵴。几个月以后，可能出现一定程度的再生。病程较久的猪背最长肌萎缩、瘢痕化。这类肉一般被废弃。

用麻醉剂氟烷（halothane）试验来检验猪对应激的敏感性，即鉴别猪对应激的敏感性。凡氟烷试验阳性反应的猪称为应激易感猪，阴性反应的猪称为应激抵抗猪。

骨骼肌收缩是典型的Ca^{2+}信号转导过程，而MHS发病的中心环节是肌肉过度收缩。因此，可以认为MHS很可能与Ca^{2+}信号转导异常有关。

（二）PSE肉

PSE（pale，soft，exudative）肉也称水猪肉（watery pork），主要发生于屠宰前长途运输、饥饿、电棒驱赶或拥挤等情况下；也可发生于恶性高温综合征时。应激反应强烈的猪均表现惊恐，呼吸困难，肌肉、尾巴颤抖，心悸亢进，体温升高等症状，死亡15～30min后，其肌肉即出现灰白色（pale）、柔软（soft）和水分渗出（exudative）等病变。据此特征，丹麦将其称为水猪肉，法国将其称为退色肌肉或白肌病。我国沪浙一带也有发生，称为白肌肉，也有人称之为运输性肌变性。PSE肉经煮熟加工后，损耗大，肉味不佳，多数只能废弃。据报道，美国肉联厂每年因PSE肉损失达3亿美元。其他国家也有遭受不同程度损失的报道。

PSE肉的好发部位是背最长肌、半腱肌、半膜肌、眼肌，其次是腰肌、股肌和臀肌等。猪肉色泽灰白，质地松软，缺乏弹性，切面多汁。病理组织学观察可见肌纤维变粗，横纹消失，肌纤维分离，甚至坏死。组织间隙淋巴细胞、浆细胞、单核细胞和嗜酸性粒细胞浸润。

本病变的发生可能与应激导致的肌糖原大量分解、肌肉温度升高、乳酸堆积、pH下降有关。当肌肉pH下降至5.5时,肌动蛋白和肌球蛋白凝集收缩呈颗粒状,肌肉系水性下降,加之高温使肌膜结构破坏,细胞内水分容易流出。高温和pH下降,又可使胶原膨胀,组织脆弱。因此,PSE肉呈现松软,无弹性,多水。由于肌红蛋白凝集变性,肌肉色泽变浅,肉质不鲜,营养价值降低。

(三)DFD肉

黑干(dark,firm,dry,DFD)肉又称暗猪肉(dark pork),宰后肌肉以猪肉色泽深暗、质地粗硬、切面干燥为特征。DFD肉最早发现于牛(发生率最高),羊、猪较少发生。发生该病变的动物,多数在宰前有过强度较小而时间较长的应激反应。这类猪的肌糖原消耗较多,贮备水平非常低,产生的乳酸较少。而且多被呼吸性碱中毒产生的碱所中和,故出现DFD肉变化。这种肉保水能力较强,切割时不见汁液渗出。近年来有许多国家报道DFD肉的发生率有逐年增加的趋势,有些国家竟高达30%以上,给肉品生产带来了巨大损失,应引起重视。

宰后24h的DFD肉颜色变深红色,pH保持在6.4以上。DFD肉的系水性强,煮熟后损耗小(正常肉煮熟损耗为20%～25%,DFD肉为10%),肉香味不浓,适口性差。

(四)猪急性浆液性坏死性肌炎

猪急性浆液性坏死性肌炎(acute serous necrotizing myositis)又称为腿肌坏死(leg's muscle necrosis),肌肉病变特点与PSE肉外观相似,色泽苍白,切面多水,但质度较硬,病理组织学观察可见急性浆液性坏死性肌炎,肌肉呈坏死、自溶及炎症变化。屠宰45min后,病变部肌肉pH可高达7.0～7.7甚至以上。主要见于长途运输后的屠宰猪,病变主要发生于半腱肌和半膜肌。

五、猝死综合征

猝死综合征(sudden death syndrome,SDS)一般发生于预防接种、畜群迁移、公畜配种、合栏过程中的咬斗、驱赶、捕捉、产仔、惊吓拥挤、抢食等情况下,动物发生突然死亡。有些动物在死前可见尾巴快速震颤,体温升高,全身僵硬,张口呼吸,白毛猪可见皮肤红斑。一般病程只有4～6min。死亡的动物尸僵完全,尸体腐败迅速,剖检可见内脏充血,心包液增加,肺充血、水肿甚至出血,有的还可见臀中肌、股二头肌、背最长肌呈苍白色油灰状。商品代肉鸡也易发猝死综合征。肉鸡的猝死综合征在规模化饲养的肉鸡场较为多见。发病鸡群的死亡率为2%～5%。惊吓、噪声、饲喂活动和气候突变等应激因素均可使死亡率增加。

本病的发生可能与交感-肾上腺髓质系统高度兴奋,使心律严重失常并迅速引起心肌缺血而导致突发性心力衰竭有关。

六、其他应激相关疾病

(一)运输病

运输病(transport disease)由Glassor于1910年首次报道,因此又称猪Glassor病。其

是指猪只经过长途运输后，暴发因猪嗜血杆菌和副溶血性嗜血杆菌感染引起的多发性浆膜炎及肺炎。一般运输达3～7d时，出现中度发热，食欲不振，倦怠。重症者死亡，轻者在停运或改善饲养条件后可逐渐自愈。

剖检主要以全身性浆膜炎为特征，其中以心包炎及胸膜肺炎的发病率最高。病理组织学观察可见肺间质增宽、水肿、炎性细胞浸润及纤维素渗出，支气管黏膜上皮变性、脱落，周围有炎性细胞浸润及出血。

（二）运输热

动物的各种应激综合征几乎都与长途运输有关。运输热（shipping fever）是指动物在运输过程中发生的以高热、大叶性肺炎为主的综合征。血清学检查可见一些指标发生变化，提示存在应激反应及细胞损伤变化，如血清抗坏血酸含量降低，而血清谷草转氨酶（GOT）、谷丙转氨酶（GPT）、磷酸肌酸激酶（CPK）、乳酸脱氢酶（LDH）等酶的活性升高。这可能是长途运输中的劣性应激导致的多种细菌和病毒的混合感染。

（三）猪胃食道区溃疡病

猪胃食道区溃疡病（esophagogastric ulceration of swine）在屠宰场发生率高达25%。有该病的猪一般无明显临床症状，常在因急性胃出血死亡之后才被发现。除饲料粗糙外，目前认为噪声、过多的骚扰、圈舍拥挤等应激因素，是造成猪发生胃食道区溃疡病的重要原因。

（四）猪咬尾综合征

高密度饲养或饲料、饮水不足等不良条件的长期持续作用，常常可以诱发猪咬尾综合征（bite tail syndrome of swine）。发病猪具有对外界刺激反应敏感、防卫性表现强、精神紧张、食欲不振等特征。该综合征的发生机制尚不清楚，可能与长期应激引起的微量元素代谢紊乱有关。

（五）马的应激性疾病

马的应激性疾病包括马疝痛性疾病、X结肠炎、急性出血性盲结肠炎、急性腹泻等胃肠道疾病。人们普遍认为其与应激有关，因为这些疾病虽然也能找到某些致病因素，但须有应激原存在（如天气变化、水及饲料供应不足或饲料变化、运输等）才能被激发，因此也属应激性疾病。

（六）鸡的应激性疾病

应激因素对鸡的健康和生产指标都有重要的影响，特别是在规模化、集约化和高密度饲养的情况下。实践证明，鸡在应激状态下，其生产力（产蛋率、蛋的质量、受精率、增重等）及健康状况会明显降低，鸡的免疫生物学指数显著下降，许多疾病随之发生。例如，应激因素如气候突变没有及时关闭门窗或通风孔而全群发生呼吸道疾病、湿度过高或过低、温度过高或过低、转群、断喙等均是鸡大肠杆菌病、慢性呼吸道病、沙门菌病、传染性法氏囊病、传染性支气管炎、新城疫等疾病发生的诱因。

（七）犬的应激性疾病

近些年来，养犬数量猛增，交易量大，越来越多的犬变成了宠物。内外环境的明显改变，也导致了许多疾病的发生。消化道菌群失调和胃黏膜损伤是较为常见的病变。同时，由于饲养环境突变、突然更换饲料或饲喂方法、市场交易、转圈混群、家中新引进犬、暴饮暴食、着凉、惊吓等应激因素会使免疫力下降而导致一些严重传染病（如犬细小病毒病、犬瘟热等）或内科病（肺炎、胃溃疡、自咬症等）的发生。临床上及时合理的防治措施可以收到良好的效果。

第四节　应激的生物学意义

应激是各种刺激引起的一种非特异性反应，是一种适应性反应，普遍存在于生物界。良性应激或生理性应激是动物生存的重要组成部分，是一种促进的、激动的因素。生理性应激时物质代谢和各器官功能发生改变，特别是增加了能量的供给，保证了心、脑和骨骼肌的血液供应等，对于进行"斗争（对抗）"和"脱险（逃避）"，都有极为重要的意义。因此，有人把这种反应称为"斗争-脱险反应"（fight-flight reaction）。正因为有了这些应激，动物体才能适应不断变化的内外环境，维持新的平衡或自稳态。

劣性应激或病理性应激出现在许多疾病或病理过程中。这时的应激是应激原的作用过于强烈和（或）过于持久所引起的。应激时的一系列非特异性变化，虽然也有前述的防御和适应的作用，但由于这些变化过于剧烈和（或）持久，故可导致功能代谢的障碍和组织的损害，严重时甚至可以导致死亡。

在畜牧生产实践中或兽医临床实践中，可以采取一些防治措施来减少应激给动物造成的影响。①避免过于强烈的或过于持久的应激原作用于动物体。例如，避免受到惊吓刺激或过度而持久的恐惧，避免经常变动饲养管理方式，避免各种意外的躯体性严重伤害等。②及时、正确地处理伴有病理性应激的疾病或病理过程如烧伤、创伤、感染、休克等，以尽量防止或减轻对动物体的不利影响。③采取一些针对应激本身所造成损害的措施。例如，在严重创伤后应给予不经胃肠道的营养补充和抗应激的药物如应激灵、速补14、赐益等，以弥补应激时因高代谢率和蛋白质分解加强所造成的机体的消耗。④急性肾上腺皮质功能不全（如肾上腺出血、坏死）或慢性肾上腺皮质功能不全的患病动物，受到应激原刺激时，不能产生应激；或者由于应激时肾上腺糖皮质激素受体明显减少，病情危急，应及时大量补充肾上腺糖皮质激素。

对于遭受创伤后应激障碍（posttraumatic stress disorde，PTSD）的人来讲，除了药物治疗，还有心理治疗和环境治疗。其实动物也需要环境治疗和心理治疗，有条件的可以尝试，还需要更多的重视和投入，这对防治疾病和疾病的预后有重要作用。

在畜牧业生产实践中，加强饲养管理、减少应激尤其是驱避劣性应激已不再是泛泛之谈。通过改善饲养模式、调整饲养管理措施将应激强度降低，即可以达到减少损失、增加效益的目的。

小　结

当动物机体受到各种因素的强烈刺激或长期作用时会出现一系列神经内分泌反应，并由此而引起各种功能和代谢的改变，以提高机体的适应能力和维持内环境的相对稳定，称为应激或应激反应。任何刺激达到一定强度时即成为应激原，包括外部因素、内在因素和心理因素三大类。应激是一种全身性的适应性反应，在生理学和病理学中都非常重要。应激反应可使机体处于警觉状态，有利于增强机体的对抗或逃避（脱险）能力，有利于在变动的环境中维持机体的自稳态并增强机体的适应能力。它既可以对机体有利（良性应激），也可以对机体有害（劣性应激）。劣性应激引起的疾病称为应激性疾病或应激综合征（应激起主要作用），如应激性溃疡、猝死综合征和恶性高温综合征。其还可引起一些应激相关疾病（应激在疾病的发生、发展中只是一个重要的原因和诱因）的发生，如牛的运输热，鸡的一些传染病，人的溃疡性结肠炎，犬的消化道菌群失调、抑郁症、支气管哮喘等。

正确认识应激时机体所出现的一系列变化、充分了解应激性疾病的发生原因及发生机制、恰当地运用应激的生物学效应，就能采取合理的防治措施，动物体才能适应不断变化的内外环境，维持新的平衡或自稳态，减少疾病的发生，为养殖业创造更高的效益。

思　考　题

1. 简述应激和应激原的概念。找出日常生活中和畜牧业生产实践中的应激原，并试分为损伤性和非损伤性两大类。
2. 应激时，机体的全身反应和细胞反应如何？发生机制是什么？
3. 动物常见的应激性疾病有哪些？应激性溃疡的发生机制是什么？
4. 应激有何生物学意义？生产实践中如何减少应激以提高动物的抵抗力？
5. 发生应激或应激性疾病时，采取什么措施进行治疗？

（李富桂）

第八章　水与电解质代谢障碍

水与电解质代谢平衡在兽医临床上具有十分重要的意义，纠正水和电解质代谢障碍的输液疗法是兽医临床上经常使用和极为重要的治疗手段。在正常情况下，动物机体内的水与电解质代谢维持着相对平衡，这种平衡主要通过神经和体液的调节作用来维持。水是动物机体重要的构成成分，在体内含量最多，而且是新陈代谢过程中不可或缺的物质。体内的水与溶解在其中的溶质共称为体液。体液中的溶质包括电解质和非电解质两大类。非电解质在体液中不解离，包括蛋白质、尿素、葡萄糖、氧和有机酸等；各种盐在体液中解离为带电荷的离子，称为电解质，体内的主要电解质有 Na^+、K^+、Ca^{2+}、Mg^{2+}、Cl^-、HCO_3^-、HPO_4^{2-} 等。所有细胞的正常活动依赖于体液组成相对恒定，这意味着体内体液的总量及在动物机体各部分的分布正常。疾病（如呕吐、腹泻）和外界环境的剧烈变化常会引起水和电解质代谢障碍，从而导致体液的容量、分布、电解质浓度和渗透压的变化。这些紊乱得不到及时纠正，常会引起严重后果，甚至危及动物生命。本章将对临床上常见的动物脱水，水中毒，盐中毒，水肿及钾、镁、钙、磷代谢障碍发生的原因和机制，对动物机体的病理生理影响及相应的防治原则进行详细论述，为兽医临床针对性治疗水、电解质的代谢障碍提供了科学的理论依据。

第一节　水与电解质的分布和调节

一、水与电解质的含量和分布

体液的含量因动物品种、年龄、性别和体型而稍有差异。一般来说，体液总量约占体重的60%，其中40%为细胞内液（intracellular fluid，ICF），细胞外液（extracellular fluid，ECF）约占20%。细胞外液又分成血浆和组织间液（包括淋巴液）两个主要部分，前者约占细胞外液的1/3，后者约占细胞外液的2/3。体内一些特殊的分泌液，如胃肠道消化液、脑脊液、关节囊液等，是细胞消耗能量完成一定的化学反应分泌出来的，称为透细胞液或跨细胞液（transcellular fluid）。由于这部分液体分布于一些腔隙如胃肠道、颅腔、关节囊、胸膜腔、腹膜腔中，又称为第三间隙液，虽然它仅占细胞外液的极小一部分（占体重的1%～2%），但这一部分体液大量丢失也会引起细胞外液容量减少，如腹泻、胸腹腔积液等。此外，存在于结缔组织、软骨和骨质中的水也属于细胞外液，但它们与细胞内液的交换十分缓慢，称为慢交换液，在生理情况下其变化不大，不容易引起水与电解质代谢障碍。

细胞外液中主要的阳离子是 Na^+，主要的阴离子是 Cl^- 和 HCO_3^-；而在细胞内液中主要的阳离子是 K^+，主要的阴离子是 HPO_4^{2-}。细胞膜两侧 K^+ 和 Na^+ 浓度的悬殊差异依靠细胞膜上 Na^+，K^+-ATP酶的作用得以保持，使细胞膜两侧维持电荷浓度。不同部位体液中电解质的分布和浓度稍有差异，正常情况下，所含阴、阳离子数的总和是相等的，并保持电中性。绝大多数电解质在体液中呈游离状态，均处于动态平衡，保持相对稳定（表8-1）。

表 8-1　部分家养动物血清中钠、钾、镁、钙和无机磷酸盐含量（mmol/L）的正常参考值

动物	钠	钾	镁	钙	无机磷酸盐
马	132.00～136.00	2.40～2.70	0.90～1.15	2.80～3.40	1.00～1.81
牛	132.00～152.00	3.90～5.80	0.49～1.44	2.43～3.10	1.81～2.10
绵羊	146.00±4.90	3.90～5.40	0.31～0.90	2.88～3.20	2.62～2.36
山羊	142.00～155.00	3.50～6.70	0.74～1.63	2.23～2.93	4.62±0.25
猪	110.00～154.00	3.50～5.50	0.49～1.52	1.78～2.90	1.71～3.10
犬	141.10～152.30	4.37～5.65	0.74～0.99	2.25～2.83	0.84～2.00
猫	147.00～156.00	4.00～4.50	0.82～1.23	1.55～2.55	1.45～2.62

资料来源：Mitruka and Rawnsley, 1981；王小龙，1995

二、水与电解质平衡的调节

正常情况下，机体能根据水与电解质平衡的状况，灵敏地调节水的摄入和排出，以及电解质的排出量。水与电解质的平衡是通过神经-内分泌系统的调节而实现的，而这种调节又主要是通过改变肾对水和电解质的影响而完成的。

（一）渴觉的调节作用

渴觉中枢位于下丘脑视前区，此外，第三脑室前壁的穹窿下器（subfornical organ，SFO）和终板血管器（organum vasculosum of the lamina terminalis，OVLT）等结构与渴觉关系密切。以下因素可刺激渴觉中枢。

1. 血浆渗透压升高　　血浆渗透压升高是刺激渴觉中枢兴奋最主要的因素。细胞外液渗透压升高之所以能刺激渴觉，与细胞（特别是渴觉中枢神经细胞）内水含量减少、细胞直接脱水有关。此外，当脑脊液中 Na^+ 浓度升高时，可刺激终板血管器钠感受器，将冲动传递到相应中枢而引起口渴。

2. 血容量减少　　低血容量、低血压可刺激渴觉。其机制主要是通过容量感受器和压力感受器的作用，经舌咽和迷走神经传入中枢而产生渴觉。一般认为，当血容量降低15%时才能刺激渴觉中枢，其敏感程度远不如渗透压升高的刺激。

3. 血管紧张素Ⅱ水平升高　　血管紧张素Ⅱ与口渴关系也十分密切。血管紧张素Ⅱ诱发饮水的机制是穹窿下器内有血管紧张素Ⅱ受体样结构，当血管紧张素Ⅱ与其结合时刺激渴觉中枢。

（二）抗利尿激素

抗利尿激素（antidiuretic hormone，ADH）是下丘脑视上核和室旁核的神经元分泌，并在神经垂体贮存的激素。ADH能提高肾远曲小管和集合管对水的通透性，从而使水分的重吸收增加。刺激ADH合成及分泌的因素主要有以下两方面。

1. 血浆晶体渗透压升高　　当机体失去大量水分而使血浆晶体渗透压升高时，便可刺激下丘脑视上核或其周围区的渗透压感受器而使ADH释放增多。血浆渗透压因肾重吸收水分增多而有所回降。大量饮水时的情况正好相反，由于ADH释放减少，肾排水增多，血浆渗透压得以回升。

2. 血容量变化　　血容量的变化在许多病理情况下对促进ADH分泌起很大的作用。血容量相对不足时刺激容量感受器和压力感受器的作用减弱，降低迷走神经对视上核的抑制作用，从而促使其分泌。相反，血容量过多时，可刺激左心房和胸腔内大静脉的容量感受器，反射性地引起ADH释放减少，结果引起尿量增多而使血量回降。

此外，剧痛、血管紧张素Ⅱ增多可使ADH释放增多；动脉血压升高可通过刺激颈动脉窦压力感受器而反射性地抑制ADH的释放。

（三）醛固酮

醛固酮（aldosterone）是肾上腺皮质球状带分泌的盐皮质激素。醛固酮的主要作用是促进肾远曲小管和集合管对Na^+的主动重吸收，同时通过Na^+-K^+和Na^+-H^+交换而促进K^+和H^+的排出，所以说醛固酮有排钾、排氢、保钠的作用。随着Na^+主动重吸收的增加，Cl^-和水的重吸收也增多，可见醛固酮也有保水作用。调节醛固酮分泌的因素主要有两个。

1. 肾素-血管紧张素系统　　有效循环血量减少、交感神经兴奋和儿茶酚胺增多等因素，均可刺激肾入球小动脉球旁细胞分泌肾素，进而促使血管紧张素Ⅱ产生，后者再作用于肾上腺皮质，促进醛固酮的生物合成。

2. 血钾和血钠　　血钾浓度升高和血钠降低，均可刺激醛固酮分泌。另外，血钠浓度降低也可激活肾素-血管紧张素系统，促进醛固酮分泌。

此外，近球细胞处的小动脉管由交感神经末梢支配，肾交感神经兴奋时可使肾素的释放量增加。肾上腺素和去甲肾上腺素也可直接刺激近球细胞，使肾素释放增加。

（四）心房利钠肽

心房利钠肽（atrial natriuretic polypeptide，ANP）合成并贮存于心房心肌细胞中，对调节肾及心血管内环境稳定起着重要作用，它主要的生物学特性是具有强烈而短暂的利尿、排钠及松弛血管平滑肌的作用。已经证明，一些动物的动脉、肾、肾上腺皮质球状带等有ANP的特异受体，ANP通过这些受体作用于细胞膜上的鸟苷酸环化酶，以细胞内的环鸟苷酸（cGMP）作为第二信使而发挥其效应。ANP对水、电解质代谢有如下的重要影响：①强大的利钠、利尿作用。其机制在于抑制肾髓质集合管对Na^+的重吸收。ANP也可能通过改变肾内血流分布、增加肾小球滤过率而发挥利钠、利尿的作用。②拮抗肾素-醛固酮系统的作用。试验证明，ANP能抑制体外培养的肾上腺皮质球状带细胞合成和分泌醛固酮；体内试验表明，ANP能使血浆肾素活性下降，有人认为ANP可能直接抑制近球细胞分泌肾素。③ANP能显著减轻失水或失血后血浆中ADH水平增高的程度。

（五）肾素-血管紧张素系统

血管紧张素Ⅱ除与刺激口渴、促进ADH及醛固酮分泌有关外，还可通过以下作用影响水与钠代谢：①血管紧张素Ⅱ与肾小球系膜细胞的血管紧张素Ⅱ受体结合，使系膜细胞收缩，以致肾小球滤过减少。②近曲小管管腔膜有丰富的血管紧张素Ⅱ受体，当血管紧张素Ⅱ与其结合后，可刺激Na^+-H^+交换及HCO_3^-重新收。③由于对出球小动脉的选择性收缩作用，肾小球滤过分数增加，促进Na^+的重吸收。④血管紧张素Ⅱ对肾交感神经的直接作用，使Na^+重吸收增加。

（六）甲状旁腺激素

甲状旁腺激素（parathyroid hormone，PTH）是由甲状旁腺主细胞所分泌的一种多肽激素。它能促进肾远曲小管对 Ca^{2+} 的重吸收，抑制近曲小管对磷的重吸收，抑制近曲小管对 Na^+、K^+ 及 HCO_3^- 的重吸收。PTH 还能促进肾小管对 Mg^{2+} 的重吸收。PTH 的分泌主要受血浆 Ca^{2+} 浓度的调节，Ca^{2+} 浓度下降可使 PTH 分泌增加，反之则 PTH 的分泌减少。此外，降钙素、低血镁、肾上腺素、去甲肾上腺素、皮质醇等也能刺激 PTH 分泌，而 1,25-二羟维生素 D_3 [1,25-$(OH)_2D_3$] 对 PTH 分泌有抑制作用。

（七）降钙素

降钙素（calcitonin，CT）是由甲状腺的 C 细胞和甲状旁腺分泌的一种多肽。它抑制肾小管对钙、磷的重吸收，也减少对 Na^+、K^+ 和 Mg^{2+} 的重吸收；降钙素能抑制破骨细胞活性，从而抑制骨盐溶解，减少骨组织释放钙和磷。降钙素的主要作用可能不是调节血钙、血磷水平，而是起保护骨组织的作用。降钙素的分泌主要受血钙和血磷水平的调节，高血钙、高血磷能刺激降钙素的分泌；反之，则抑制其分泌。

（八）交感神经

肾传出神经中有交感神经纤维，当血容量减少，使交感神经兴奋和儿茶酚胺分泌增多时，不仅可通过改变肾血管阻力而影响肾血流动力学，激活肾素-血管紧张素-醛固酮系统，以致影响钠的排泄，还可直接影响肾小管上皮细胞对 Na^+ 的直接吸收。这主要是通过兴奋 β-肾上腺素能受体所致。此外，有资料表明，当细胞外液容量增加时，血浆中出现一种抑制肾小管重吸收钠从而导致尿钠排出增多的物质，称为利钠激素（natriuretic hormone，NH）或第三因子。利钠激素具有抑制 Na^+，K^+-ATP 酶系统的作用，由于抑制肾 Na^+，K^+-ATP 酶活性而影响钠的重吸收，导致尿 Na^+ 排出增多。但这方面还有许多问题尚待阐明。

在上述水与钠代谢调节的神经体液机制中，渴觉中枢、ADH 及肾浓缩稀释功能主要调节水代谢，进而保持细胞外液的渗透压平衡。醛固酮、血管紧张素 II、交感神经、肾小管周围物理因素及肾内血流重新分布等，主要调节电解质代谢。在许多病理情况下，动物机体对水与钠的代谢调节，往往不能截然分开。例如，渗透压升高时，饮水和 ADH 分泌增加，使渗透压降低而趋于正常，同时细胞外液容量也随之增多。然而，血浆渗透压的恢复并不完全等于血容量的恢复，这是因为两者还会受到细胞内、外水分转移的影响。

第二节　水与钠代谢障碍

水与钠代谢障碍是临床上最常见的水、电解质代谢紊乱，常导致体液容量和渗透压的改变。水、钠代谢紊乱常同时或先后发生，关系密切，通常一起讨论。常见的水、钠代谢障碍有脱水、水中毒、盐中毒和水肿。

一、脱水

各种原因引起体液容量的明显减少称为脱水（dehydration）。在动物机体丧失水分的同时，电解质特别是钠离子也发生不同程度的丧失，引起血浆渗透压的不同变化。通常根据细胞外液渗透压的不同，将脱水分为高渗性脱水、低渗性脱水和等渗性脱水3种类型。这3种类型脱水在一定条件下可互相转变。例如，当动物发生等渗性脱水时，如果动物大量饮水，则可转变为低渗性脱水；当动物发生等渗性脱水时，水不断通过动物的皮肤和肺蒸发，也可转为高渗性脱水。

（一）高渗性脱水

以失水为主，失水大于失钠的脱水称为高渗性脱水（hypertonic dehydration），血清 Na^+ 浓度大于150mmol/L，血浆渗透压大于310mmol/L。细胞外液量和细胞内液量均减少，又称低容量性高钠血症（hypovolemic hypernatremia）。该型脱水的特点是失水大于失钠，故细胞外液渗透压和血钠浓度均升高。

1. 原因　　高渗性脱水主要由饮水不足和低渗性体液丢失过多所致。

（1）饮水不足　　动物因吞咽困难（如咽喉、食管疾病）不能饮水或得不到饮水（水源断绝），使机体缺水，可引起高渗性脱水。

（2）低渗性体液丢失过多　　水的丢失方式有胃肠道丢失（如呕吐、腹泻、胃扩张、肠梗阻等），皮肤和肺丢失（炎热的气候、发热、过度通气等），经肾丢失（ADH分泌障碍、静注高渗葡萄糖液）等。

2. 对机体的主要影响　　发生高渗性脱水时，机体发生适应性的代偿反应，来恢复细胞内外的等渗状态。代偿主要包括以下两个方面。

（1）口渴和ADH分泌增加　　细胞外液容量的减少和渗透压增高，刺激丘脑下部的渗透压感受器和渴觉中枢，引起动物口渴；ADH释放增多，从而使肾重吸收水增多，尿量减少而比重增高。

（2）细胞内液向细胞外转移　　由于细胞外液渗透压增高，细胞内液中的水向细胞外转移。细胞外液得到部分恢复，但同时引起细胞脱水，导致细胞功能代谢障碍，尤以脑细胞脱水的临床症状最为明显，可引起嗜睡、昏迷等一系列中枢神经系统功能障碍，甚至导致动物死亡。

经上述调节，可使血浆渗透压有所下降，循环血量有所恢复。但如果病因未除，脱水过程继续发展，机体进入失代偿阶段，则可造成较大的影响。

（1）脱水热　　脱水过多过久，细胞外液容量持续减少，从各种腺体（如唾液腺）、皮肤、呼吸器官蒸发的水分相应减少，机体散热困难，热量在体内蓄积引起体温升高，即发生脱水热。

（2）酸中毒和自体中毒　　细胞脱水导致细胞内酸性代谢产物蓄积而发生酸中毒；在严重脱水时，机体大量的有毒代谢产物不能迅速排出体外而发生自体中毒。

3. 治疗原则　　除补充水分以外，还应补充一定数量的钠（因还有钠的丢失），否则有可能使高渗性脱水转为低渗性脱水。另外，还需适当补钾（细胞脱水时，伴有钾的外移和丢失）。

（二）低渗性脱水

失钠大于失水的脱水称为低渗性脱水（hypotonic dehydration），血清 Na^+ 浓度小于

135mmol/L，血浆渗透压小于290mmol/L，伴有细胞外液量的减少，也称低容量性低钠血症（hypovolemic hyponatremia）。该型脱水的特点是失钠大于失水，故细胞外液容量和渗透压都降低。

1. 原因

（1）体液丧失后补液不合理　　低渗性脱水大多发生于体液大量丧失后补液不当的情况。例如，大量失血、出汗、呕吐和腹泻后只补充水分而未补充氯化钠，可引起低渗性脱水。

（2）大量的钠离子随尿丢失　　长期使用利尿剂，抑制肾小管对钠的重吸收，导致大量钠自尿丢失；肾上腺皮质功能低下时，由于醛固酮分泌不足，肾小管对钠的重吸收减少；慢性间质性肾炎时，由于肾髓质的破坏不能维持正常的渗透压梯度和髓袢升支功能受损等，钠随尿排出增加。

2. 对机体的主要影响　　细胞外液容量和渗透压均降低是低渗性脱水的特点，此时机体也出现一系列适应性的代偿反应，以保存钠离子，恢复和维持血浆渗透压。

（1）体液重新分布　　细胞外液低渗时，水分由细胞外液向渗透压相对较高的细胞内液转移。其结果是，虽然细胞内外液之间的渗透压可获得新的平衡，但这又致使原已减少的细胞外液进一步下降。由于组织间液的组织液渗透压低于血浆，故前者减少更加明显。

（2）ADH分泌的变化　　低渗性脱水早期，由于低渗，ADH分泌被抑制，肾排水增多，有利于细胞外液渗透压的升高。

（3）醛固酮分泌增多　　由于血容量降低，肾素-血管紧张素-醛固酮系统被激活，以及血钠浓度降低直接刺激肾上腺皮质球状带，使醛固酮分泌增加，肾小管Na^+重吸收增多，以利于细胞外液渗透压和容量的恢复。

通过上述代偿反应后，血浆渗透压有所恢复。若病因未除，脱水过程进一步发展，常可引起一些严重的后果。

（1）细胞水肿　　细胞间液的Na^+不断进入血浆会引起渗透压降低，细胞间液的水分可通过细胞膜转移到细胞内，引起细胞水肿，尤其是神经细胞水肿会引起神经症状的发生。

（2）低血容量性休克　　严重而持续的低渗性脱水，导致有效循环血量减少，动脉压下降，重要器官的微循环灌流不足，易发生低血容量性休克。

（3）自体中毒　　严重而持续的低渗性脱水，导致肾血液灌流不足，致使肾小球滤过率降低、尿量锐减，加之细胞水肿，物质代谢障碍引起各种有害产物在体内蓄积，可导致自体中毒的发生。

3. 治疗原则　　除防治原发病外，通常给予生理盐水即可，如缺钠严重则应补充高渗盐水，忌补葡萄糖溶液，否则会加重病情，甚至产生水中毒。

（三）等渗性脱水

水钠成比例丢失，血容量减少，但血清Na^+浓度和血浆渗透压仍在正常范围。这种类型的脱水称为等渗性脱水（isotonic dehydration），又称低容量血症（hypovolemia）。该型脱水的特点是失钠与失水相当，故细胞外液容量降低，渗透压基本不变。

1. 原因　　此型脱水由大量等渗性体液丧失所致。例如，大面积烧伤时，血浆成分从创面渗出；肠梗阻、肠炎所致的腹泻可引起等渗性肠液的丢失；大量胸水和腹水的形成也可导致等渗性体液丢失。

2. 对机体的主要影响

1）等渗性脱水时主要丢失细胞外液，血浆容量及组织间液量均减少，但细胞内液量变化不大。细胞外液的大量丢失造成细胞外液容量缩减，血液浓缩；与此同时，机体借助调节系统使ADH和醛固酮分泌增强，肾对钠和水的重吸收作用增强，可使细胞外液容量得到部分补充。动物尿量减少，尿内Na^+、Cl^-减少。若细胞外液容量明显减少，则可发生血压下降、休克甚至肾功能衰竭等。

2）等渗性脱水的初期如果处理不及时，动物则可通过皮肤蒸发和呼吸等途径不断丧失水分而转变为高渗性脱水，故机体出现与高渗性脱水相似的变化。

3）如果对等渗性脱水的动物治疗不当，如只补水分而不补钠盐，又可转变为低渗性脱水，甚至发生水中毒。

3. 治疗原则　　除防治原发病外，宜输入低渗电解质溶液或葡萄糖溶液加等量的生理盐水。

二、水中毒

低渗性体液在细胞间隙积聚过多，导致稀释性低钠血症，出现脑水肿，并由此产生一系列症状，这个病理过程称为水中毒（water intoxication）。血钠浓度降低，血清Na^+浓度小于135mmol/L，血浆渗透压小于290mmol/L，但体钠总量正常或增多，故又称为高容量性低钠血症（hypervolemic hyponatremia）。其特点是细胞外液容量增多，细胞外液处于低渗环境。

（一）原因

引起水中毒的主要原因是机体水排出障碍、水重吸收过多及不适当的补水过多等。水中毒发生的主导环节是细胞间液容量扩大和渗透压降低。

1. ADH分泌过多　　肾远曲小管和集合管重吸收水增加，肾对水的排出急剧减少，可引起水中毒。ADH分泌过多可见于：①各种原因所致的应激，如手术、创伤、剧烈疼痛及强烈的环境因素干扰等，引起交感神经兴奋而副交感神经受抑制，从而解除了副交感神经对ADH分泌的抑制，导致ADH分泌增多；②某些药物，如异丙肾上腺素、吗啡、丙磺酰胺、长春新碱及多黏菌素等能够促进ADH释放或使其作用增强；③在有效循环血容量减少（如休克）时，从左心房传至下丘脑抑制ADH释放的迷走神经冲动减少，故ADH分泌增多；④肾上腺皮质功能低下时，由于肾上腺皮质激素分泌减少，对下丘脑分泌ADH的抑制作用减弱，因而ADH分泌增多；⑤某些恶性肿瘤（肺燕麦细胞癌、胰腺癌及淋巴肉瘤等）、中枢神经系统疾病（脑脓肿、脑肿瘤、硬脑膜下出血、蛛网膜下腔出血、脑血管血栓形成、病毒性或细菌性脑炎、细菌性脑膜炎）、肺疾病（肺结核、肺脓肿、病毒性及细菌性肺炎）过程中，ADH分泌异常增多。

2. 肾排水功能不足　　肾排水功能不足见于急慢性肾功能不全少尿期和严重心力衰竭或肝硬化等，由于肾排水功能急剧降低或有效循环血量和肾血流量减少，肾排水量明显减少，若增加水负荷易引起中毒。

3. 细胞内水肿　　低渗性脱水后期，由于细胞外液向细胞内转移，可造成细胞内水肿，如此时输入大量水分就可引起水中毒。

（二）对机体的主要影响

发生水中毒时，细胞外液因水过多而被稀释，故血钠浓度降低，渗透压下降，加之肾不能将过多的水分及时排出，水分向渗透压相对高的细胞内转移而引起细胞水肿。其结果是细胞内、外液容量均增多而渗透压均降低。由于细胞内液的容量大于细胞外液的容量，因此潴留的水分大部分积聚在细胞内，组织间隙中水潴留不明显，故临床上水肿的症状常常不明显。

急性水中毒时，由于脑神经细胞水肿和颅内压增高，故脑症状出现最早而且突出，可发生各种神经精神症状，如定向失常、嗜睡等；严重者可因发生脑疝而致呼吸心搏骤停。轻度或慢性水中毒，发病缓慢，表现为嗜睡、呕吐及肌肉痉挛等症状。

（三）治疗原则

防治原发病。发生水中毒时应促进体内水分的排出，减轻脑细胞水肿，对急性重症水中毒，应立即静脉内输入强利尿剂，迅速缓解体液的低渗状态。

三、盐中毒

盐中毒（salt intoxication）又称高容量性高钠血症（hypervolemic hypernatremia），其特点是血容量和血钠均升高。

（一）原因

1. 盐摄入过多　　各种动物都可因食盐摄入过多、饮水不足而发生盐中毒。猪对食盐最敏感，常因食入含盐量较高的泔水而突发神经症状。另外，在治疗低渗性脱水或等渗性脱水的动物时，没有严格控制高渗溶液的输入，如始发原因是肾本身疾病将难以及时调整过来，也有可能导致盐中毒。

2. 原发性钠潴留　　动物若发生原发性醛固酮增多症时，由于醛固酮持续地超常分泌，导致肾远曲小管对Na^+、水的重吸收增加，常引起钠总量和血钠含量的增加，同时伴有细胞外液量的增加。

（二）对机体的主要影响

Na^+浓度升高和体液容量紊乱是两个相互协同的因素。血钠升高，细胞外液高渗，水分自细胞内向细胞外转移，导致细胞脱水；此外，Na^+是脑内葡萄糖无氧酵解的强抑制物，导致大脑灰质缺氧，神经细胞因之发生层状坏死，引起中枢神经系统的功能障碍，动物在临床上表现为特征性间隔性惊厥发作。

四、水肿

过多的液体在细胞内、组织间隙或体腔中积聚的病理生理过程称为水肿（edema）。正常时浆膜腔内有少量的液体，当浆膜腔内液体积聚过多时称为积水（hydrops），如心包积水、胸腔积水、腹腔积水、脑室积水、阴囊积水等。积水是水肿的一种特殊表现形式。水肿是等渗液的积聚，一般不伴有细胞水肿。低渗液体积聚时，水分转入细胞内引起细胞水肿，也称为细胞水化。水肿不是一种独立的疾病，而是在许多疾病中都可出现的一种重要的病理生理过程。但有些疾病以水肿为主要表现，如仔猪水肿病。

根据水肿波及的范围，可把水肿分为全身性水肿（anasarca）和局部性水肿（local edema）。根据发生部位，可把水肿分为脑水肿、肺水肿、声门水肿、皮下水肿等。根据发生的原因，可把水肿分为肾性水肿、肝性水肿、心性水肿、营养不良性水肿、淋巴性水肿、炎性水肿等。根据水肿发生的程度，可把水肿分为隐性水肿和显性水肿；隐性水肿除体重有所增加外，临床表现不明显；显性水肿临床表现明显，如局部肿胀、体积增大、质量增加、紧张度增加、弹性降低、局部温度降低、颜色变淡等。

水肿液来自血浆，除蛋白质外，其余成分与血浆基本相同，其蛋白质的含量主要取决于毛细血管的通透性和淋巴回流状况。当毛细血管通透性升高（如炎症），淋巴回流受阻时，水肿液中蛋白质含量增多，密度增加。通常将蛋白质含量高，密度在1.012kg/L以上的水肿液称为渗出液（exudate）；而将蛋白质含量低，密度在1.012kg/L以下的水肿液称为漏出液（transudate）。

（一）水肿发生的机制

不同类型的水肿发生的原因和机制不尽相同，但都具有一些共同的发生环节，其主要发生机制是血管内外液体交换失衡导致的组织间液生成增多，以及体内外液体交换的失衡导致水、钠在体内潴留。

1. 血管内外液体交换失衡导致组织间液生成增多　　正常动物组织液的生成和回流之间保持着动态平衡，即在毛细血管动脉端不断有组织液生成，而在静脉端又不断回流，其中部分则进入毛细淋巴管，经淋巴循环后再汇入血液循环。这种动态取决于有效流体静压、有效胶体渗透压和淋巴回流等因素。促使血管内液向外滤出的力量是平均有效流体静压，毛细血管的平均血压为2.33kPa，组织间隙的流体静压为−0.87kPa，两者之差即平均有效流体静压，约为3.2kPa。促使液体回流至毛细血管内的力量是有效胶体渗透压。血浆胶体渗透压为3.72kPa，组织间液的胶体渗透压为0.67kPa，两者之差即有效胶体渗透压，约为3.05kPa。有效流体静压减去有效胶体渗透压的差值，是实际滤过压，约为0.15kPa，可见正常的组织液的生成略大于回流。在正常状态下，生成的组织液有部分采用淋巴回流的方式进行回收。淋巴回流的特点是具有较大的代偿能力，如当组织间隙的流体静压为−0.87kPa时，淋巴回流为每100g组织0.1ml/h，当组织间隙流体静压增加至0kPa时，则淋巴回流可增加10～50倍。此外，淋巴管壁的通透性较高，蛋白质等大分子物质易于通过。因此，淋巴回流不仅可以把生成的组织液送回循环系统内，也可以把毛细血管漏出的蛋白质、细胞代谢产物等回收入体循环内。导致组织间液生成增多的原因如下。

（1）毛细血管流体静压增高　　毛细血管流体静压增高可导致有效流体静压增高，因而使平均实际滤过压增大，组织液生成增多。当后者超过淋巴回流的代偿能力时，便可引起水肿发生。全身或局部的静脉压升高，是有效流体静压增高的主要原因。前者常见于心功能不全，后者常见于静脉受压、门静脉高压、静脉受阻等。此外，动脉充血也可引起毛细血管流体静压增高，成为炎性水肿的因素之一。

（2）有效胶体渗透压降低　　血浆胶体渗透压主要取决于血浆蛋白尤其是白蛋白的浓度。当血浆白蛋白含量减少时，血浆胶体渗透压下降，导致有效胶体渗透压下降，从而使平均实际滤过压增大，组织液的生成增加。当超过淋巴回流的代偿能力时即可导致水肿的发生。引起血浆白蛋白含量下降的原因是：①蛋白质丢失，见于肾病综合征时大量蛋白质从尿中丢失；②蛋白质合成障碍，见于肝实质严重损害（如肝硬化或严重营养不良）；③蛋白质摄入不足或分解代谢增强，见于胃肠道消化吸收障碍、禁食或营养缺乏、慢性消耗性疾病（如慢性感染、恶性肿瘤等）；④稀释性低蛋白血症，见于大量水、钠潴留或输入过多非胶体溶液稀释血浆，使蛋白质浓度相对降低。

　　（3）微血管壁通透性增加　　正常毛细血管壁只容许微量小分子血浆蛋白滤出，而微血管的其他部位几乎完全不容许蛋白质透过，因而，毛细血管内外胶体渗透压梯度很大。但当微血管壁通透性增高时，血浆蛋白从毛细血管和微静脉壁滤出，于是毛细血管静脉端和微静脉内的胶体渗透压下降，而组织间液的胶体渗透压上升，最终导致有效胶体渗透压明显下降，促使溶质及水分滤出。此时，如果淋巴回流不足以将蛋白质等溶质及其水分输送回血液循环时，即可导致水肿的发生。

　　引起微血管壁通透性增高的原因很多，见于各种炎症，如感染、创伤、烧伤、化学损伤或昆虫咬伤及某些变态反应（荨麻疹、药物过敏等）。缺氧或酸中毒也能使血管壁通透性增高。此类水肿液的特点是蛋白质含量较高，可达30～60g/L。

　　（4）淋巴回流受阻　　正常的淋巴回流不仅能把组织液及其所含蛋白质回收到血液循环，而且在组织液生成增多时，还能代偿回流，因而具有重要的抗水肿作用。但是在某些病理条件下，当淋巴干道被堵塞，使淋巴回流受阻或不能代偿地加强回流时，含蛋白质的水肿液就可在组织间隙中积聚，从而形成淋巴性水肿（lymph edema）。常见的原因有以下3种。①淋巴管阻塞：如丝虫病时淋巴管被成虫阻塞，恶性肿瘤细胞等阻塞淋巴管，或肿瘤、瘢痕组织压迫淋巴管，手术截断淋巴管干道等。②淋巴管痉挛：淋巴管发生痉挛性收缩，可使淋巴回流受阻。③淋巴泵失去功能：在慢性水肿时，由于长期淋巴回流增多，淋巴管被动扩张，管内瓣膜关闭失灵，降低了淋巴泵在促使淋巴回流中的作用。此类水肿液的特点是蛋白质含量较高，可达40～50g/L。

　　2. 体内外液体交换的失衡导致水、钠潴留　　正常机体的钠和水的摄入量与排出量处于动态平衡状态，以保持体液总量和组织间液总量的相对恒定。这种平衡的维持是通过神经-体液调节来实现的，其中肾的作用尤为重要。肾通过肾小球的滤过和肾小管的重吸收作用维持水、钠的平衡（称为肾小球-肾小管平衡或球-管平衡）。一旦球-管平衡失调，可导致水、钠潴留，成为水肿发生的基础。球-管失衡通常表现为：肾小球滤过率下降而肾小管重吸收钠、水正常；肾小球滤过率正常而肾小管重吸收钠、水增加；肾小球滤过率下降而肾小管重吸收钠、水增加。

　　（1）肾小球滤过率下降　　在不伴有肾小管重吸收相应减少时，肾小球滤过钠、水减少，即可导致钠、水潴留。肾小球滤过率常取决于滤过膜的通透性和总面积、有效滤过压及肾血流量，当上述因素中的一个或几个发生障碍时，便可导致肾小球滤过率下降。①肾小球滤过膜通透性降低或滤过总面积减少：广泛的肾小球病变，如急性肾小球肾炎时，炎性渗出物和内皮细胞的肿胀可导致肾小球滤过率明显下降；慢性肾小球肾炎肾单位严重破坏时，肾小球滤过面积明显减少等也会导致肾小球滤过率明显下降。②肾血流量下降：有效循环血量减少时，如心力衰竭、失血、休克等，可使肾血流量减少。另外，有效循环血量减少还可反射性地引起交感-肾上腺髓质系统和肾素-血管紧张素系统的兴奋，使入球小动脉收缩，肾血流量进一步减少，肾小球滤过率下降。③肾小球有效滤过压降低：构成有效滤过压的3种力量［有效滤过压＝肾小球毛细血管血压－（血浆胶体渗透压＋肾小球囊内压）］中，任何一种力量的改变，都将影响肾小球的滤过。例如，当全身动脉血压显著降低时，肾小球毛细血管血压明显降低，使有效滤过压降低；当肾盂或输尿管结石，以及肾外肿物压迫引起尿路不畅、尿液蓄积时，肾小球囊内压升高，使有效滤过压下降。肾小球有效滤过压降低可导致肾小球滤过减少。

（2）肾小管的重吸收增多　通常情况下，从肾小球滤过的钠、水绝大部分被肾小管重吸收，只有极少部分作为终尿成分被排出。因此，对钠、水潴留来说，肾小管的重吸收功能增强比肾小球滤过功能降低更为重要。这是钠、水潴留引起全身性水肿的重要发病环节。导致肾小管重吸收钠、水增多的因素有以下3类。①肾小球滤过分数（filtration fraction，FF）增加：滤过分数＝肾小球滤过率/肾血浆流量，正常时约有20%的肾血浆流量经肾小球滤过。当充血性心力衰竭或肾病综合征时，肾血流量随有效循环血量的减少而下降。此时，由于出球小动脉收缩比入球小动脉收缩更为明显，肾小球滤过率下降的程度小于肾血浆流量下降的程度，肾小球滤过率相对增多，滤过分数增加。同时由于血流量减少，流体静压下降，近曲小管重吸收钠、水增加。②肾血流重新分布：动物的肾单位有皮质肾单位和近髓肾单位两种。皮质肾单位因髓袢短，不能进入髓质高渗区，对钠、水重吸收较少；近髓肾单位髓袢长，其肾小管深入髓质高渗区，对钠、水重吸收较多。正常时，肾血流大部分通过皮质肾单位，只有小部分通过近髓肾单位。在某些病理情况下，可发生肾血流重新分布的现象，通过皮质肾单位的血流明显减少，而较多的血流转入近髓肾单位，导致钠、水重吸收增加。③激素：醛固酮、ADH具有促进肾远曲小管和集合管重吸收钠、水的重要生理功能。在某些病理情况下，由于醛固酮和ADH的分泌增多可引起钠、水潴留。心房利钠肽（ANP）具有利尿、利钠的作用。当有效循环血量减少，血压下降时，ANP分泌减少，促使近曲小管对钠、水的重吸收。

以上是水肿发生机制的基本因素，在各种不同类型水肿的发生、发展过程中，通常是几种因素先后或同时发挥作用，在每一种特定的水肿发生过程中，各种因素所起作用的大小也各不相同。

（二）常见水肿及其发生机制

1. 心性水肿　心性水肿（cardiac edema）的发生与心力衰竭发生部位有关，左心衰竭主要引起肺水肿；右心衰竭主要引起全身性水肿。引起心性水肿的因素很多，但最重要的原因是心肌收缩力减弱导致的心输出量减少这一始动因素所导致的钠、水潴留和毛细血管有效流体静压的增高。

（1）水、钠潴留　心力衰竭时，心输出量下降导致有效循环血量减少，因而造成明显的肾血流减少，引起肾小球的滤过滤下降；有效循环血量减少，导致醛固酮、ADH分泌增多而心房利钠肽分泌减少，肾远曲小管和集合管对水、钠的重吸收增多。球-管平衡失调造成水、钠在体内潴留。

（2）毛细血管流体静压增高　心输出量减少导致的有效循环血量减少可通过颈动脉窦压力感受器反射性地引起交感-肾上腺髓质系统兴奋，从而使静脉壁紧张度增加和小静脉收缩，导致外周静脉阻力升高，体循环静脉压增高，以致毛细血管有效流体静压增高，促使组织液生成增多。此外，钠、水潴留使血容量增加，在心输出量减少的情况下，大量淤滞在静脉系统和微循环中的血液也可导致流体静压的升高。

（3）其他　　右心功能不全可引起胃肠道、肝、脾等腹腔器官发生淤血和水肿，造成营养物质吸收障碍，白蛋白合成减少，导致血浆胶体渗透压降低；静脉回流障碍引起静脉压升高，妨碍淋巴回流。这些因素也能促进水肿的形成。

2. 肾性水肿　　肾性水肿（renal edema）是指由肾原发性疾病引起的全身性水肿，以机体疏松部位表现较明显。其发生的机制如下。

（1）血浆胶体渗透压降低　　发生肾小球肾炎、肾病综合征、肾功能不全等肾疾病时，常因大量蛋白质从病变的肾小球滤出，而肾小管又不能全部重吸收，从而出现蛋白尿，大量的蛋白质经肾丢失，造成低蛋白血症，导致血浆胶体渗透压下降。

（2）肾排水、排钠减少　　肾疾病时，肾小球的滤过率降低，但肾小管仍以正常的速度重吸收水和钠，引起水、钠潴留。

3. 肝性水肿　　肝性水肿（hepatic edema）是指肝功能不全引起的全身性水肿，常表现为腹水生成增多。其发生机制如下。

（1）肝静脉回流受阻　　正常时，肝的1/3血流来自肝动脉，2/3血流则来自门静脉。当肝硬化等发生时，由于肝内结缔组织增生和假小叶形成，肝内血管特别是肝静脉的分支被挤压，从而发生偏位、扭曲、闭塞或消失而造成肝静脉回流受阻，肝血窦内压升高，使过多的液体滤出。当超过淋巴回流时，便经肝表面和肝门进入腹腔而形成腹水。

（2）门静脉高压　　门静脉高压时，肠系膜区毛细血管流体静压增高，尤其是肝硬化时血浆胶体渗透压降低，使平均实际滤过压明显升高，组织液生成明显增加。当超过淋巴回流的代偿能力时，便导致肠壁水肿并形成腹水。

（3）钠、水潴留　　肝功能不全时，对ADH、醛固酮等激素的灭活作用减弱，致使远曲小管和集合管对水、钠的重吸收增多。腹水一旦出现，血容量即减少，又可抑制心房利钠肽的分泌、促使ADH和醛固酮分泌增多，结果进一步导致水、钠潴留，加剧肝性水肿。

4. 肺水肿　　肺泡腔及肺泡间隔内蓄积多量体液时称为肺水肿（pulmonary edema）。其发生机制如下。

（1）肺毛细血管流体静压增高　　左心衰竭或二尖瓣狭窄可引起肺静脉回流受阻，肺毛细血管流体静压升高，若伴有淋巴回流障碍或生成的水肿液超过淋巴回流的代偿限度时，易发生肺水肿。

（2）肺泡壁毛细血管和肺泡上皮损伤　　通过气道或血液循环而来的物理、化学或生物学损伤因素直接或间接地损伤了血管内皮或肺泡上皮的正常结构，使其通透性增高，导致血液的液体成分甚至蛋白质渗入肺泡间隔或肺泡内。

5. 脑水肿　　脑组织的液体含量增多所引起的脑容积增大，称为脑水肿（cerebral edema）。脑水肿可由多种疾病引起，临床上除原发性疾病的临床表现外，脑水肿还出现颅内压增高综合征的表现。脑水肿可分为3类，即血管源性脑水肿、细胞中毒性脑水肿及间质性脑水肿。其发病原因和机制如下。

（1）血管源性脑水肿　　血管源性脑水肿是脑水肿中最常见的一种类型，其主要发病机制是脑毛细血管通透性增高。毛细血管通透性增高的机制尚不清楚。正常的血-脑屏障只容许一些小分子物质通过，这是因为脑内毛细血管的通透性很低，因此，脑组织间液几乎不含蛋白质。血管源性脑水肿时组织间液中含蛋白质较多，表明毛细血管壁通透性增加，由于脑白质的细胞间隙比灰质的细胞间隙大，因此脑水肿主要发生在白质。此类脑水肿多见于脑外伤、脑肿瘤、脑梗死、脑出血等脑部疾病。

（2）细胞中毒性脑水肿　　脑细胞内水分增多而致肿胀，称为细胞中毒性脑水肿。此类脑水肿常见原因包括以下几种。

1）急性脑缺氧：心脏停搏、窒息等引起脑细胞缺血、缺氧，自由基对线粒体膜的结构和功能的损伤，或在某些毒性物质的作用下脑组织ATP生成减少，细脑膜Na^+、K^+-ATP酶功能障碍，不能将Na^+从细胞内泵出，因而细胞内渗透压急速升高，细胞外液进入细胞内，引起脑细胞水肿。

2）急性稀释性低钠血症：如ADH分泌过多、急性低渗性脱水、输液不当所致的水中毒，引起了急性稀释性低钠血症，使细胞外水分转入细胞内，造成细胞中毒性脑水肿。细胞中毒性脑水肿的特点是：所有脑细胞成分如神经细胞、神经胶质细胞及脑毛细血管内皮细胞内液体增多，而细胞外液量减少，水肿部位的毛细血管壁通透性也不增高，这种脑水肿可波及脑灰质和白质。

（3）间质性脑水肿　　脑脊液在脑室中积聚并经脑室壁溢入周围白质，引起间质性脑水肿，因此，间质性脑水肿液来自脑脊液。当脑脊液生成和回流的通路受阻（如导水管被肿瘤或炎症增生所堵塞）时，它就在脑室中积聚，使室内压力高，以致脑室管膜通透性增高甚至破裂，而溢入附近间质，引起间质性脑水肿。间质性脑水肿的特点是：脑室内积液及脑室周围白质中的液体量增多。

6. 炎性水肿　　炎性水肿（inflammatory edema）是炎症尤其是急性炎症时重要的局部症状之一。其发生的主要机制如下。

（1）毛细血管流体静压增高　　炎症伴有的血液循环障碍过程是毛细血管流体静压增高的主要原因。

（2）微血管壁通透性增高　　微血管壁通透性增高的主要原因是炎症介质的作用。某些炎症介质可导致内皮细胞收缩，炎性细胞溶酶体释放的溶解酶可破坏血管基底膜。

（3）组织胶体渗透压增高　　一方面，微血管壁通透性增加使大分子蛋白质滤出，组织液蛋白质含量增加；另一方面，炎症局部组织分解代谢增强，也使局部组织的代谢产物增加，组织的胶体渗透压增高，使有效胶体渗透压下降，有利于局部液体的积聚。

7. 恶病质水肿　　恶病质水肿（cachectic edema）常见于慢性饥饿、慢性传染病、寄生虫病等慢性消耗性疾病，由于蛋白质消耗过多，血浆蛋白质含量明显减少，引起血浆胶体渗透压降低而发生水肿。有毒代谢产物蓄积损伤毛细血管壁，在水肿发生过程中也起到了一定的作用。

8. 淤血性水肿　　淤血性水肿（stagnant edema）的发生与淤血的范围一致，发生的程度和淤血的程度呈正相关。其主要由静脉回流受阻导致毛细血管流体静压升高所引起。此外，淤血导致机体局部组织缺氧、代谢产物堆积和酸中毒，可引起毛细血管通透性升高及细胞间质胶体渗透压和晶体渗透压升高，也促进了水肿的进一步发展。

9. 营养性水肿　　营养性水肿（nutritional edema）是指由营养不足引起的全身性水肿，也称营养不良性水肿，可分为原发性和继发性两类。前者主要见于各种原因所致的饲料缺乏，后者则常见于动物因患病，饲料摄入不足、消化吸收障碍、排泄或丢失过多等情况。本型水肿的分布从组织疏松处开始，然后扩展至全身皮下，以低垂部位最为显著，四肢下部水肿明显。

（三）水肿的表现

1. 皮下水肿　　皮下水肿是全身或躯体局部水肿的重要体征。皮下组织结构疏松，是水肿液容易聚集之处。当皮下组织有过多体液积聚时，皮肤肿胀，皱纹变浅，平滑而松软。如手指按压后留下凹陷，表明有显性水肿（frank edema）。实际上，在显性水肿出现之前，组织液就已增多，但不易觉察，称为隐性水肿（recessive edema）。这主要是因为分布在组织间隙中的胶体网状物对液体有强大的吸附能力和膨胀性。只有当液体的积聚超过胶体网状物的吸附能力时，才形成游离水肿液。当液体积聚到一定量时，用手指按压时游离的液体向周围散开，形成凹陷，数秒后凹陷自然平复。

2. 全身性水肿　　全身性水肿由于发病原因和发病机制的不同，其水肿液分布的部位、出现的早晚、显露的程度也各有特点。例如，肾性水肿首先出现在面部，尤其以眼睑最为明显；右心衰竭所致全身性水肿，则首先发生于四肢的下部；肝性水肿则以腹水最为显著。这些分布的特点与下列因素有关。

（1）组织结构特点　　组织结构的致密度和伸展性，影响着水肿液的积聚和水肿出现的早晚。例如，眼睑皮下组织较为疏松，皮肤伸展性大，容易容纳水肿液，出现较早；而组织致密度大、伸展性小的手指和足趾掌侧不易容纳水肿液，故水肿也不易显露和被发现。

（2）重力效应　　毛细血管流体静压受重力影响，距心脏水平面向下垂直距离越远的部位，外周静脉压和毛细血管流体静压越高。因此，右心衰竭时体静脉回流障碍，首先表现为下垂部位的静脉压增高与水肿。

（3）局部血液动力因素　　当某一特定的原因造成某一局部或器官的毛细血管流体静压明显升高，超过了重力效应的作用时，水肿液即可在该部位或器官积聚，水肿可比低垂部位出现得更早且显著，如肝性腹水的形成就是这个原因。

（四）水肿的结局及对动物机体的影响

水肿是一种可逆的病理生理过程。原因去除后，在心血管系统功能改善的条件下，水肿液可被吸收，水肿组织的形态结构和功能障碍也可恢复。但长期水肿的部位，可因长期缺氧、结缔组织增生而发生硬化，此时即使去除病因也难以完全消除病变。水肿对动物机体的影响主要表现在以下几方面。

1. 器官功能障碍　　水肿可引起严重的器官功能障碍。例如，肺水肿可导致通气和换气障碍；脑水肿可导致神经细胞功能障碍。

2. 组织营养障碍　　由于水肿液的存在，氧和营养物质从毛细血管到达组织细胞的距离增加，可引起组织细胞营养不良。水肿组织缺血、缺氧、物质代谢发生障碍，对感染的抵抗力降低，易发生感染。

3. 再生能力减弱　　水肿组织血液循环障碍可引起组织细胞再生能力减弱，水肿部位的外伤或溃疡往往不易愈合。

（五）防治原则

1. 防治原发病　　重视原发病的防治，如对心力衰竭、肾病综合征、肝硬化和丝虫病的预防和治疗。

2. 对症处理　　对于全身性水肿，选用适当的利尿剂，必要时限制钠、水的摄入，以减轻和消除水肿。对于局部性水肿，皮下水肿常通过引流和改变体位，缓解水肿；脑水肿时，常用强效利尿剂和糖皮质激素以降低微血管壁通透性，稳定细胞膜；急性肺水肿时，除利尿之外，尚需氧疗及使用扩血管药物以改善肺循环。

3. 防止并发症　　在治疗时注意维持水、电解质和酸碱的平衡，尤其是在处理大量胸（腹）水的过程中。

第三节　钾代谢障碍

一、低钾血症

低钾血症（hypokalemia）是指动物血清钾浓度低于正常范围。缺钾（potassium deletion）是指由于细胞内钾的缺失，体内钾的总量减少。二者是不同的概念，低钾血症和缺钾可同时发生，也可分别发生。

（一）病因及发生机制

1. 钾摄入不足　　动物饲料中一般不会缺钾，但当动物出现吞咽困难、长期饥饿、消化吸收障碍等情况时，可引起缺钾。

2. 钾丢失过多　　这是造成动物机体缺钾和低钾血症的主要病因。

（1）经消化道丢失　　消化液中所含钾浓度均高于或接近血钾浓度，当发生严重的呕吐、腹泻、真胃阻塞和高位肠梗阻等丢失大量消化液时，可发生缺钾。此外，除随着消化液丢失钾外，还由于醛固酮的分泌和碱中毒，钾自肾排出。

（2）经肾丢失　　肾是排钾的主要器官，经肾失钾是钾丢失最重要的原因。主要见于：①长期大量应用利尿剂，一方面，抑制了肾髓袢升支粗段及远曲管起始部对Cl^-、Na^+的重吸收，到达远曲管内的原尿量和Na^+增加，使远端流速增加和Na^+-K^+交换加强而失K^+。另一方面，利尿剂使血容量减少引起继发性醛固酮增多，促进远曲管排K^+。②肾疾病如急性肾衰和肾盂肾炎，可使肾小管排K^+增多。③低镁血症常可引起低钾血症，这与低镁时Na^+，K^+-ATP酶的功能障碍有关，因Mg^{2+}是该酶的激活剂。

（3）经汗液丢失　　汗液中的钾含量为$5\sim10mmol/L$。一些汗腺发达的动物在高温环境中，可因大量出汗丢失较多的钾，若没有及时补充，可导致低钾血症。

3. 钾在细胞内外分布异常　　钾向细胞内转移，可导致低钾血症，但体内钾总量并不减少。

（1）碱中毒　　碱中毒时细胞外液H^+浓度降低，细胞内液H^+外移进行补充，同时细胞外液K^+转入细胞内以维持电荷平衡，同时肾小管上皮细胞致使H^+-Na^+交换减弱，而K^+-Na^+交换增强，尿K^+排出增多。

（2）细胞内合成代谢增强　　细胞内糖原和蛋白质合成加强时，钾从细胞外转移到细胞内，可引起低钾血症。

（3）某些毒物　　如棉酚、钡中毒，可特异性地阻断钾离子通道，使钾由细胞内向外流动受阻。

4. 错误的治疗　　纠正脱水或酸中毒时，由于细胞外液中 K^+ 又返回细胞内，可明显地出现低血钾，如不注意补钾，也可发生低钾血症。

（二）病理生理变化

低钾血症时，机体功能代谢变化因个体不同有很大的差异，其临床症状取决于失钾的速度和血钾降低的程度。一般来说，失钾快且血钾浓度低，对动物机体的影响严重，慢性失钾时机体的症状不明显。

1. 对神经、肌肉的影响　　神经、肌肉等可兴奋细胞的兴奋性，是由静息电位和阈电位之间的差值决定的，差值越大，引起兴奋性所需的强度就越大，其兴奋性就越低。反之，差值越小，引起兴奋性所需的强度就越小，其兴奋性就越高。静息电位除与细胞内外钾的绝对浓度有关外，更取决于细胞内外钾离子浓度的比值。钾离子浓度差越大，比值越大，静息电位就越大。因此，在低钾血症，尤其是急性低钾血症时，细胞外钾离子浓度急剧降低，细胞内外钾离子浓度差和比值显著增加，导致静息电位和阈电位之差变大，可兴奋细胞的兴奋性降低，即发生了超极化阻滞（hyperpolarized block）。不同细胞超极化阻滞的表现不同。

（1）对中枢神经系统的影响　　动物表现为精神萎靡，反应迟钝、定向力减弱，嗜睡，甚至昏迷。

（2）对肌肉的影响　　低钾血症常引起动物肌肉无力，甚至麻痹；消化道平滑肌兴奋性降低，收缩力减弱，引起动物食欲不振、消化不良、便秘，严重的发生麻痹性肠梗阻。

（3）对心脏的影响　　低钾血症对心肌细胞的自律性、传导性、兴奋性和收缩性都有影响，可引起动物以心率加快、节律不整为主要特征的心律不齐。

2. 对肾的影响　　慢性缺钾伴有低钾血症时，常发生尿浓缩功能障碍而出现多尿和尿比重下降。其发生机制可能是，慢性低钾时，因集合管和远曲小管上皮细胞受损，对ADH反应性降低和髓袢升支受损，对 Na^+ 和 Cl^- 的重吸收减少，尿浓缩功能障碍。

此外，缺钾和低钾血症容易诱发代谢性碱中毒，同时发生反常性酸性尿。其发生的机制是：低钾时，细胞内 K^+ 外移，细胞外 H^+ 内移，引起代谢性碱中毒；同时肾小管上皮细胞 K^+-Na^+ 交换减少，H^+-Na^+ 交换增多，尿排 K^+ 较少、排 H^+ 增多，故呈现酸性尿。

（三）防治原则

1. 防治原发病　　去除失钾的原因，恢复肾功能。

2. 补钾　　如失钾不严重，最好采用口服补钾，急重症或不能口服者可采用静脉滴注。输钾速度宜慢，浓度不要太高。

3. 纠正水和其他电解质代谢紊乱　　引起低钾血症的原因往往同时引起水和其他电解质代谢紊乱，应及时检查，一并纠正。

二、高钾血症

动物血清钾浓度高于正常范围称为高钾血症（hyperkalemia）。诊断时应该注意排除假性高钾血症（pseudohyperkalemia），这是因为如果血标本处理不当，大量的血液细胞成分被破坏，可使细胞内的钾大量释放入血清，虽然血标本钾浓度增高，但是受测动物血钾实际浓度并不高。

（一）病因及发生机制

正常动物肾排钾无困难，故通常不会发生高钾血症。当有肾功能障碍钾排出受阻、细胞内钾外移和输钾过多等情况时，有可能引起血钾升高。

1. 摄入过多　如输入含钾溶液太快、太多，输入贮存过久的血液或大量使用青霉素钾盐等，可引起血钾过高。

2. 肾排钾障碍　肾排钾减少是高钾血症的主要原因。①在急性肾功能不全的少尿期和无尿期或慢性肾功能不全的后期，因肾小球滤过减少或肾小管排钾功能障碍而导致血钾增高。②肾上腺皮质功能减退，糖皮质激素分泌减少或某些药物和疾病及其继发性糖皮质激素分泌不足，使肾远曲小管保钠排钾功能减退，导致钾滞留。

3. 细胞内钾外移　大量溶血和组织坏死，如严重创伤、烧伤、挤压综合征、溶血反应时，导致钾从细胞内大量释出，超过肾的代偿能力，血钾浓度升高。组织缺氧时，使ATP生成减少，细胞膜Na^+、K^+-ATP酶功能障碍，不但细胞外的钾不能泵入细胞内，而且细胞内的钾大量外流，引起高钾血症。酸中毒时，一方面，细胞外的H^+进入细胞内，使细胞内的Na^+和K^+外移；另一方面，肾小管上皮细胞H^+-Na^+交换加强，K^+-Na^+交换减少，K^+排出，从而导致高钾血症。

（二）病理生理变化

1. 对骨骼肌的影响　轻度高钾血症（血清钾浓度高于正常值2.0mmol/L以内），细胞外液K^+浓度的升高，使细胞内外K^+浓度差减小，膜电位降低，相当于部分去极化，因而兴奋所需的阈刺激减小，肌肉的兴奋性增强，临床上可出现肌肉轻度震颤。重度高钾血症（血清钾浓度高于正常值2.0mmol/L以上），骨骼肌膜电位过小，等于或低于阈电位，快钠离子通道失活，难以形成动作电位，肌肉细胞不容易兴奋，临床上可出现四肢软弱无力、腱反射消失，甚至出现麻痹。肌肉症状首先出现于四肢，然后向躯干发展。

2. 对心脏的影响　高血钾时心肌的自律性、兴奋性、传导性和收缩性降低，导致心率变慢、心脏传导延缓或失常，心肌收缩力减弱。

3. 对酸碱平衡的影响　高钾血症可引起代谢性酸中毒，并出现反常性的碱性尿。其发生的机制为：①高钾血症时，细胞外液K^+移入细胞内，细胞内的H^+移向细胞外。②肾小管上皮细胞K^+-Na^+交换增多，H^+-Na^+交换减少，故此排出碱性尿。

（三）防治原则

1. 防治原发病　去除引起高钾血症的原因。

2. 使细胞外钾转入细胞内　应用葡萄糖和胰岛素大剂量静脉输入促糖原合成，或输入碳酸氢钠提高血液pH的方法，促使K^+向细胞内转移，从而降低血钾浓度。

3. 解除高钾对心肌的有害作用　可注射钙剂和高渗钠盐，增加血钙以对抗高钾的作用，促进心肌的收缩功能。升高血钠浓度以增强动作电位，增进心脏的传导。

4. 纠正其他电解质代谢紊乱　高钾血症时很可能伴有高镁血症，因此应及时检查，以防止多电解质紊乱同时出现。

第四节　镁代谢障碍

一、低镁血症

血清中的镁低于正常范围称为低镁血症（hypomagnesemia）。

（一）病因及发生机制

1. 摄入不足　　动物长期营养不良或慢性消化功能障碍，镁吸收不足，可导致此症。此外，由于有些地方土壤缺镁，植物相应缺镁，动物采食后，也可发生低镁血症。

2. 排出过多　　肾是体内排镁的主要器官。在肾发生肾小管损伤时，对镁的重吸收功能发生障碍而排镁过多；应用利尿药，可使肾排镁增多；高钙血症时，钙和镁在肾小管中被重吸收时有相互竞争作用，对镁的重吸收减少，随尿液排镁增多；氨基糖苷类抗生素能引起可逆性肾损伤，导致高尿镁和低血镁；醛固酮增多或糖尿病渗透性利尿及酮症酸中毒时，均能使肾小管吸收镁减少，导致肾排镁增多。此外，发生高钙血症时，钙和镁在肾小管中被重吸收时相互竞争，高钙血症可使镁在肾小管的重吸收减少。

3. 细胞外镁转入细胞内　　细胞外镁进入细胞内，可引起转移性低镁血症。常见骨骼修复过程中，镁可沉积于骨质中；碱中毒时，镁可进入细胞内。

（二）病理生理变化

1. 对神经、肌肉的影响　　低镁血症使神经、肌肉的兴奋性升高，出现四肢肌肉震颤、强直、抽搐等症状。其机制主要有：①Mg^{2+}与Ca^{2+}具有竞争性进入突触前膜的作用，低镁血症时，Ca^{2+}大量流入突触前神经末梢，导致乙酰胆碱大量释放，提高了神经、肌肉的兴奋性。②镁具有稳定神经轴突的功能，低镁血症时轴突兴奋性的阈值下降并提高神经传导的速度，兴奋性增高。③镁影响肌细胞的钙运转，低镁血症时肌质网周围的Mg^{2+}浓度降低，肌细胞内激发更多的Ca^{2+}从肌质网中释放，提高了肌肉的收缩性。

2. 心律失常　　低镁血症时易发生心律失常，主要表现为心律不齐、心房纤颤。其主要原因有：①镁对心肌快反应自律细胞的缓慢而恒定的Na^+内流的阻断作用减弱，Na^+内流相对加速，自动去极化加快，自律性增高，故易发生心律失常；②低镁使Na^+-K^+泵的活性下降，心肌细胞内缺K^+，继而引起心肌缺钾性心律失常；③低镁血症时，心肌细胞的膜电位（E_m）负值减小，心肌兴奋性增高。

3. 低镁可以引起低钾血症和低钙血症　　低镁血症常可引起低钾血症，这与低镁时肾保钾功能减退有关，原因是肾小管髓袢升支对钾的重吸收有赖于上皮细胞中的Na^+，K^+-ATP酶，此酶需要Mg^{2+}激活。中重度低镁可以引起低钙血症，原因是血钙的回升必须由腺苷酸环化酶介导，此酶需要Mg^{2+}激活，低镁使此酶不易激活。

（三）防治原则

除积极清除低镁发生的原因外，应视缺镁的程度对动物选择不同的补镁途径和剂量。

二、高镁血症

血清镁浓度高于正常范围称为高镁血症（hypermagnesemia）。

（一）病因及发生机制

1. 肾排镁减少 常见于急性或慢性肾功能衰竭伴有少尿或无尿时，肾小球滤过功能降低可使尿镁排出减少；发生甲状腺功能减退病时，甲状腺素对肾小管重吸收镁的抑制作用减弱可导致排镁减少。

2. 细胞内镁外逸 发生严重的糖尿病、酮病、烧伤、创伤等，可使细胞内镁释放到细胞外，引起高镁血症；发生酸中毒时，细胞内镁转移到细胞外，可发生高镁血症。

3. 过量应用镁制剂 多见于静脉补镁过多、过快，特别是肾功能受损的动物更易发生。口服泻药（硫酸镁）或用含镁药物灌肠，可引起高镁血症。

（二）病理生理变化

1. 神经、肌肉兴奋性降低 镁过多可使神经肌肉接头处释放乙酰胆碱减少，抑制神经肌肉接头处的兴奋传递，高浓度镁有箭毒样作用，故可发生显著的肌无力甚至弛缓性麻痹，若累及呼吸肌可导致死亡。

2. 心动过缓 高浓度的镁能抑制房室和心室内传导并降低心肌兴奋性，故可引起传导阻滞和心动过缓。

3. 平滑肌抑制 镁对平滑肌也有抑制作用。高镁血症时，血管平滑肌扩张可导致外周血管阻力降低和动脉血压下降；内脏平滑肌受抑制可引起嗳气、呕吐、便秘、尿潴留等。

4. 中枢神经系统抑制 镁能抑制中枢神经系统的突触传递，抑制中枢神经系统的功能活动。因此，高镁血症也可以引起深腱反射减弱或消失，还可引起动物发生嗜睡或昏迷。

（三）防治原则

积极防治原发病，注意改善肾功能，适当地利尿以促进肾排镁。若动物病情紧急，可静脉注射葡萄糖酸钙，因为钙、镁有拮抗作用。因高镁常伴高钾，应及时检查血钾以期发现高血钾并积极治疗。

第五节　钙、磷代谢障碍

钙和磷是动物体重要的元素成分，其含量仅次于碳、氢、氧、氮。成年动物不断摄入和排出钙、磷，二者处于动态平衡并保持体内钙、磷含量恒定，而幼龄动物因生长需要，钙、磷的摄入量大于排出量，二者处于正平衡。骨和牙齿是机体的钙、磷库，所含钙、磷比稳定。钙和磷在体内关系密切，二者之一含量显著变化时，另一个也随之改变。

一、低钙血症

血清蛋白浓度正常时，血钙浓度低于正常值，称为低钙血症（hypocalcemia）。酸中毒或低蛋白血症时蛋白结合钙浓度降低，而碱中毒或高蛋白血症时蛋白结合钙浓度增高，血清游离钙浓度仍可正常。

（一）病因及发生机制

低钙血症常由肠道吸收不良，维生素D代谢障碍，甲状旁腺功能减退及肾功能衰竭等所致。

1. 维生素D代谢障碍　　由于维生素D不足，肠吸收钙减少，尿丢失钙增加，导致低钙血症及钙缺乏。主要见于：①饲料中钙的绝对含量不足，摄入减少；或动物处于生长、发育、妊娠、泌乳、产卵时期，由于需要量增加而摄入量相对不足。②肠道吸收障碍，动物慢性腹泻、腹泻使维生素D吸收障碍；或饲料含拮抗钙的其他成分，使钙难以溶解或形成不溶性钙盐、不溶性的磷酸盐复合物等，影响钙的吸收。③维生素D羟化障碍或维生素D由于使用药物而分解加速。

2. 甲状旁腺功能减退　　此症可分为原发性和继发性两种。前者可能与自身免疫有关，体内有PTH抗体，原因不明，或先天性甲状旁腺发育不全或不发育；后者多见于恶性肿瘤侵及甲状旁腺时使甲状旁腺同时受损等。PTH的不足使骨钙动员受阻，尿钙丢失增加。

3. 肾功能衰竭　　慢性肾功能衰竭常发生低钙血症，其主要机制有：①高血磷，因肾小球滤过率降低，磷酸盐排出减少，血磷升高，导致血钙降低；②维生素D羟化障碍，钙吸收减少；③骨对抗PTH，骨钙动员减少。

此外，急性胰腺炎时因其释放的脂肪酸与钙结合形成钙皂，可引起血钙暂时性降低；氟中毒时，大量氟与钙结合形成不易溶解的氟化钙，也可引发血钙下降。

（二）病理生理变化

慢性、轻中度的低钙血症症状不明显，但血浆离子钙严重而迅速地降低可引起明显的症状。

1. 神经、肌肉兴奋性增高　　Ca^{2+}可降低神经、肌肉兴奋性，低钙血症时，神经、肌肉兴奋性增高，动物出现抽搐、肠痉挛、喉鸣、惊厥等症状。

2. 骨质钙化障碍　　低血钙伴钙缺乏时，可引起骨质钙化障碍，幼年动物多表现为佝偻病；成年动物则表现为骨质软化、纤维性骨炎和骨质疏松等。

3. 心肌特性改变　　由于细胞外液Ca^{2+}浓度降低，对Na^+内流的膜屏障作用减弱，心肌的兴奋性、传导性升高。同时膜内外钙浓度差减小，Ca^{2+}内流减慢，从而使动作电位平台期延长，不应期相应延长，心肌的收缩性减弱。

4. 其他　　幼年动物缺钙时，免疫功能降低，易感染真菌或反复发生细菌感染。长期慢性缺钙动物易皮肤干燥、鳞屑增多、毛发脱落。

（三）防治原则

积极防治原发病，注意补充钙剂和使用维生素D_3，及时纠正缺镁及降低血磷。

二、高钙血症

血清蛋白浓度正常时，血钙浓度高于正常值，称为高钙血症（hypercalcemia）。

（一）病因及发生机制

1. 原发性甲状旁腺功能亢进　　为高血钙的主要原因。常见于甲状旁腺腺瘤、增生或甲状旁腺癌。由于PTH的异常增多，血钙升高。

2. 恶性肿瘤　　如乳腺癌、骨肿瘤、卵巢癌、骨髓瘤、淋巴急性白血病等，引起高血钙的发生率仅次于原发性甲状旁腺功能亢进。这些恶性肿瘤导致血钙升高的原因有：①骨转移性肿瘤，引起骨质破坏，骨钙释放，血钙升高；②非骨转移性肿瘤可释放PTH相关蛋白（PTH-related protein），具有PTH活性，引起血钙升高。

3. 肠吸收钙增多　　见于维生素D中毒，过量的维生素D一方面使肠吸收钙增加，另一方面使骨组织破骨活跃，骨钙外流，导致血钙增高。

此外，甲状腺功能亢进、肾上腺皮质功能减退等常可引起血钙升高。

（二）病理生理变化

1. 神经、肌肉兴奋性降低　　Ca^{2+}与其他几种阳离子的平衡控制着神经、肌肉的应激性。高钙血症时，神经、肌肉兴奋性下降，动物常表现淡漠、膜反射减弱或消失。

2. 心肌特性改变　　高血钙时，心肌兴奋性、传导性均降低，表现为心动过缓，心肌快反应细胞动作电位平台期缩短，易导致心律不齐，严重高血钙时可发生致命性心律失常或心搏骤停。

3. 肾损害　　肾对高钙血症十分敏感，高钙血症主要损害肾小管，包括肾小管的水肿、坏死、肾小管基底膜钙化等。主要表现为尿浓缩功能障碍而发生的多尿、烦渴、脱水、呕吐及血液浓缩所致的高钠血症。长时间高血钙可导致肾钙化、肾结石等，甚至逐步发展到肾功能不全和肾衰竭。

4. 其他　　血钙升高可形成多处异位钙化，如血管壁的钙化、关节周围的钙化、软骨钙化、结膜和鼓膜钙化等。这些钙化灶可引起相应的器官功能损害。

（三）防治原则

轻度无明显临床症状者可不予治疗，控制钙和维生素D摄入亦可。有明显症状者应予及时治疗。

1）及时有效治疗，控制原发病。

2）支持疗法：最重要的支持疗法为大量输液，以纠正脱水，促进钙排泄。

3）降钙治疗：酌情选用利尿剂、糖皮质激素、降钙素等多种药物降低血钙。

三、低磷血症

血清磷浓度低于正常值，称为低磷血症（hypophosphatemia）。由于血清磷浓度波动较大，故其并不是一个能够灵敏而特异反映机体磷平衡的指标。

（一）病因及发生机制

1. 摄入不足　　饲料中含磷足够，因摄入减少而导致低磷血症甚为少见。但长期腹泻、持续呕吐或过量使用拮抗磷的药物可导致磷摄入减少。

2. 丢失过多　　PTH分泌增加导致大量无机磷从肾排出；维生素D缺乏使肠道磷吸收减少而肾排磷增加。

3. 磷向细胞内转移　　低磷血症最常见的原因，与6-磷酸葡萄糖、1,3-二磷酸甘油酸及ATP等高能磷酸化合物的形成有关。

（二）病理生理变化

低磷血症一般无特异的症状，因此常易被忽略。

1. 生化异常　　主要表现为ATP生成不足和红细胞中2,3-二磷酸甘油酸减少，因为ATP和2,3-磷酸甘油酸的生成均需要足够的无机磷。在急性轻、中度低磷血症时，由于细胞内通常有丰富的磷储备，可不出现任何症状，但当长期严重的磷缺乏时，则可出现明显的生成不足。

2. 神经、肌肉障碍　　动物发生急性低磷血症时，容易出现采食不振和共济失调等症状；严重的低磷血症可出现抽搐和昏迷。

3. 骨骼损害　　慢性低磷血症时，动物的骨骼损伤主要表现为佝偻、骨质软化病和病理性骨折。

4. 血细胞损害　　重度低磷血症时可出现血细胞损害。红细胞ATP生成不足，红细胞膜脆性增加，寿命缩短；白细胞ATP减少，其吞噬、趋化和抗菌能力降低；血小板因ATP减少，其功能降低、数量减少，引起机体出血倾向。

（三）防治原则

由于其无特异性表现，容易被忽略，明确诊断后适当补磷常可奏效。

四、高磷血症

血清磷浓度高于正常值，称为高磷血症（hyperphosphatemia）。

（一）病因及发生机制

1. 肾功能衰竭　　急、慢性肾衰竭是高磷血症最常见的原因。此时肠道吸收的磷超过肾排出磷的能力，导致血清磷升高。

2. 吸收过多　　维生素D过量或中毒可使血磷升高，因为维生素D促进小肠的磷吸收和肾小管对磷的重吸收。

3. 磷进入细胞外液增多　　呼吸性酸中毒、乳酸中毒、各种药物导致的细胞损伤及溶血等，磷从细胞内大量释出而造成高磷血症，尤其在肾功能不全、磷排泄障碍时更易发生。

（二）病理生理变化

1. 低血钙和异位钙化　　磷与钙的结合为常数，当血磷升高时，血钙常降低，出现低钙血症的各种临床表现；若血钙、血磷均升高时，容易引起异位钙化，异位钙化的组织出现相应损害。

2. 维生素D代谢障碍和肾性骨营养不良　　高磷血症抑制肾近曲小管的1α-羟化酶，使维生素D代谢障碍；同时抑制骨的重吸收，而重吸收是骨重建的必需步骤，因此，在肾性骨营养不良症的发生过程中，高磷血症也是一个重要的发病因素。

（三）防治原则

防治原发病，利用钙、磷的搭配作用，适当提高血钙的含量，降低肠吸收磷的量。

小　结

水与电解质在机体内保持着动态平衡，水与电解质代谢的调节机制，以及各种类型的水与电解质代谢障碍如脱水、水中毒、盐中毒、水肿及钾、镁、钙、磷代谢障碍发生的原因和机制是本章的难点，也是掌握其他内容的理论基础。在各种类型的水与电解质代谢障碍的过程中对动物机体导致的病理生理改变是本章的重点，为兽医临床上针对性防治相应疾病过程提供了临床依据。各种类型的水与电解质代谢障碍的防治原则，作为临床课的重要基础，是本章主要内容的延伸。

思 考 题

1. 动物机体是如何调节水与电解质保持平衡的？
2. 动物发生严重腹泻性疾病时，试分析该动物可发生哪些水与电解质代谢紊乱。
3. 简述动物心性水肿发生的机制及其对机体的影响。
4. 哪些情况可引起微血管通透性增加？微血管通透性增加为何可导致水肿的发生？
5. 为什么动物严重呕吐易发生低钾血症？试述其发生机制。
6. 过量使用含镁缓泻剂对动物有哪些影响？
7. 钙、磷代谢障碍对动物机体具有重要的影响，在养殖过程中如何避免钙、磷代谢障碍的出现？

（宁章勇）

第九章 酸碱平衡紊乱

在化学反应中凡能释放H^+的化学物质均称为酸，如HCl、H_2SO_4、H_2CO_3、H_3PO_4、NH_4^+、CH_3COOH等；反之，在化学反应中凡能接受H^+的化学物质则称为碱，如OH^-、SO_4^{2-}、NH_3、$H_2PO_4^-$、HCO_3^-、CH_3COO^-等。动物在生命活动过程中，机体不断生成或者摄取一定数量的酸性或碱性物质，但是机体依靠血液缓冲系统、肺和肾的调节及组织细胞的调节，使体内环境总是处于相对稳定的状态（pH7.40左右）的过程称为酸碱平衡（acid-base balance）。酸碱平衡对保证机体生命活动的正常进行至关重要。动物正常的代谢和生理功能必须在适宜的体液环境中才能进行，正常机体体液酸碱度在范围很窄的弱碱性环境内变动，通常情况下，正常人动脉血pH为7.40±0.5左右，而动物由于种类不同，上下波动稍微大一些，但基本都是以7.40为中心上下浮动。一旦动物机体酸碱负荷过度或调节机制障碍，则会导致体液酸碱度稳定性破坏，这种稳定性破坏称为酸碱平衡紊乱（acid-base disturbance），即所谓的酸中毒或碱中毒。临床上高钙日粮导致鸡发生的"腹泻"，就是鸡采食高钙日粮发生代谢性碱中毒后机体代偿性地排碱引起的。

本章从发病原因、发病机制、机体的代偿调节等方面对血浆各种类型酸碱平衡紊乱进行叙述，为临床的防治提供理论基础。

第一节 酸碱平衡的调节

一、体内酸、碱的来源

（一）酸的来源

酸性物质主要是通过体内代谢产生的，有时候也来源于食物。动物在新陈代谢过程中，机体不断产生酸性物质，其中产生最多的是碳酸，它是体内糖、脂肪、蛋白质氧化分解代谢中最终产物CO_2与H_2O结合生成的产物。一部分H_2CO_3可分解形成CO_2气体从肺排出体外，一部分H_2CO_3解离后生成HCO_3^-和H^+，HCO_3^-与Na^+或K^+结合生成碱性物质$NaHCO_3$或$KHCO_3$在体内储存。

$$CO_2 + H_2O \Longleftrightarrow H_2CO_3 \Longleftrightarrow H^+ + HCO_3^-$$
$$HCO_3^- + Na^+（K^+）\Longleftrightarrow NaHCO_3（KHCO_3）$$

由于碳酸可分解形成CO_2气体从肺排出体外，所以碳酸又称为挥发酸（volatile acid）。而蛋白质分解代谢过程中产生的氨基酸、硫酸、磷酸、尿酸；糖氧化分解代谢过程中产生的三羧酸，糖无氧酵解产生的甘油酸、丙酮酸、乳酸；脂肪分解代谢中产生的脂肪酸、β-羟丁酸、乙酰乙酸等，这类酸性物质不能转变为气体由肺呼出，而只能通过肾由尿排出，所以称为非挥发酸（unvolatile acid），又称固定酸。

体内的酸除生成的之外，动物有时还会摄入一些酸性食物或服用酸性药物如氯化铵、水杨酸等而成为酸性物质的另一来源。

（二）碱的来源

体内碱性物质主要来自食物，特别是蔬菜、瓜果中所含的有机酸盐，如柠檬酸盐、苹果酸盐和草酸盐，均可与H^+起反应，分别转化为柠檬酸、苹果酸和草酸。碱性物质还可以来源于医源性动物口服$NaHCO_3$［别名酸式碳酸钠、小苏打、重碳酸钠（sodium bicarbonate）］，静脉输注$NaHCO_3$等。此外，体内代谢过程中也可产生碱性物质。例如，氨基酸脱氨基所产生的碱性物质——氨（NH_3），由于在肝经鸟氨酸循环生成尿素，故血中含量甚微，对体液酸碱度的影响不大。H_2CO_3解离后生成的HCO_3^-，与Na^+或K^+结合生成碱性物质$NaHCO_3$或$KHCO_3$在体内作为碱储。

二、机体对酸碱平衡的调节

正常机体虽然不断生成和摄取酸性或碱性物质，但血液pH却不发生明显变化，而是处于相对平衡状态，这是由于机体内存在精细的酸碱平衡调节机制，从而对酸碱负荷有很大的缓冲能力和有效的调节功能，保持了体液中酸碱的稳态。例如，人体每日代谢所产生的非挥发酸可达$50 \sim 100$mmol，CO_2可达400L。这些酸性物质必须及时处理，否则血浆pH不能保持正常。这需要依靠机体一整套调节机构密切协同来完成。机体内酸碱平衡调节体系主要包括血液、肺和肾及组织细胞等缓冲和调节系统。

（一）血液中化学缓冲物质的调节

血液中由弱酸和相应的弱酸盐组成的化学缓冲物质对广泛分布于血浆和红细胞内，这些缓冲对共同构成了血液的缓冲系统。它是机体第一道酸碱缓冲体系，反应迅速，一旦有酸性或碱性物质入血，立即与其发生反应。碳酸氢盐缓冲系统（HCO_3^-/H_2CO_3）、磷酸盐缓冲系统（$HPO_4^{2-}/H_2PO_4^-$）、血浆蛋白缓冲系统（Pr^-/HPr，Pr为血浆蛋白质）、血红蛋白缓冲系统（Hb^-/HHb，Hb为血红蛋白）和氧合血红蛋白缓冲系统（$HbO_2^-/HHbO_2$，HbO_2为氧合血红蛋白）等共同构成了血液缓冲系统。这些缓冲系统能有效地将进入血液中的强酸转化为弱酸，强碱转化为弱碱，最大限度地降低强酸、强碱对机体造成的危害，以维持体液pH的相对稳定。它们具有很强且很迅速的缓冲酸碱度的能力。例如，我们将10mmol的HCl加入1000ml中性蒸馏水中，其pH可从7降至2，但将同量酸加到1000ml血浆中，其pH的变化幅度却很小。

其中碳酸氢盐缓冲系统由$NaHCO_3$和H_2CO_3构成，是血液中最大的缓冲对，HCO_3^-/H_2CO_3值是血浆pH的主要决定因素，在维持血液pH上起着重要作用。其优点是：缓冲能力强，能缓冲所有固定酸，是细胞外液含量最高的缓冲系统，含量占血液缓冲总量的1/2以上；为开放性缓冲系统，通过呼吸调节，使碳酸能和体液中溶解的CO_2之间维持动态平衡，而且缓冲潜力大，能通过肺和肾对H_2CO_3和HCO_3^-的调节，使缓冲物质易于补充和排出。其不足之处在于碳酸氢盐缓冲系统不能缓冲挥发酸，只能缓冲固定酸。下面以碳酸氢盐缓冲系统为例说明缓冲系统的调节作用。

当酸性物质（如强酸盐酸）进入机体后，首先与细胞外液缓冲系统中的碱发生反应，生成盐类和碳酸，将强酸转变为弱酸，碳酸分解成二氧化碳和水，二氧化碳通过呼吸由肺排出体外，而使血液pH不会发生明显改变。

$$HCl + NaHCO_3 \Longrightarrow H_2CO_3 + NaCl$$

$$H_2CO_3 \rightleftharpoons CO_2\uparrow + H_2O$$

当碱性物质（如强碱氢氧化钠）进入机体后，首先与细胞外液缓冲系统中的酸发生反应，生成水和碳酸氢钠，将强碱转变为弱碱，弱碱可经肾排出。

$$NaOH + H_2CO_3 \rightleftharpoons NaHCO_3 + H_2O$$

磷酸盐缓冲系统由 $HPO_4^{2-}/H_2PO_4^-$ 构成，细胞内、外液中都存在，但主要在细胞内液中发挥缓冲作用。

血浆蛋白缓冲系统由 Pr^-/HPr 构成，存在于血浆及细胞内，只有当其他缓冲系统都被调动后，才会显示其缓冲作用。

血红蛋白和氧合血红蛋白缓冲系统分别由 Hb^-/HHb 和 $HbO_2^-/HHbO_2$ 构成，主要缓冲挥发酸。

总之，体内固定酸和碱能被所有的缓冲系统所缓冲，其中碳酸氢盐缓冲系统最为重要，而挥发酸主要靠碳酸氢盐缓冲系统缓冲。

（二）肺的调节

肺的调节发生迅速，一般 $10\sim30min$ 即可将轻度的平衡紊乱恢复正常。肺可通过改变呼吸运动的频率和幅度从而改变 CO_2 的排出量来调节血浆碳酸浓度，使血浆中 HCO_3^- 与 H_2CO_3 的比值接近正常，以保持pH相对恒定。肺泡通气量主要受呼吸中枢控制，呼吸中枢接受来自中枢化学感受器和外周化学感受器的刺激。由于呼吸中枢化学感受器对 CO_2 分压（$PaCO_2$）变动非常敏感，当动脉血 $PaCO_2$ 升高引起脑脊液和脑间质液的pH下降，使 H^+ 浓度增加时，刺激位于延髓腹外侧浅表部位对 H^+ 敏感的呼吸中枢化学感受器，反射性地引起呼吸中枢兴奋，呼吸加深加快，CO_2 排出增多，每排出一个 CO_2 分子，也就等于清除了一个 H^+，使血浆 H_2CO_3 浓度降低。

$$H^+ + HCO_3^- \rightleftharpoons H_2CO_3$$
$$H_2CO_3 \rightleftharpoons H_2O + CO_2\uparrow（呼出）$$

但值得注意的是，如果动脉血 $PaCO_2$ 过高则引起呼吸中枢抑制。而当动脉血 $PaCO_2$ 降低或血浆pH升高时，呼吸变浅变慢，CO_2 排出减少，使血浆中 H_2CO_3 浓度升高。通过呼吸调节，维持血浆 HCO_3^-/H_2CO_3 值正常。例如，人 $PaCO_2$ 的正常值为40mmHg（5.32kPa），若增加到60mmHg（8kPa）时，肺通气量可增加10倍，结果导致 CO_2 排出量显著增加，从而使血浆中 H_2CO_3 浓度和 $PaCO_2$ 降低。但如果 $PaCO_2$ 进一步增加超过80mmHg（10.7kPa）时，呼吸中枢反而受到抑制，产生所谓的"CO_2 麻醉"，肺的调节机制失效。

（三）肾的调节

血液缓冲系统和肺对酸碱平衡的调节作用发生较快（几秒钟至几分钟），而肾的调节作用发生较慢（需数小时甚至几天以上），但持续时间很长。由于机体在代谢过程中产生的酸性物质远远多于碱性物质，因此肾主要通过排酸或保碱的作用来维持 HCO_3^- 浓度，调节pH使之相对恒定。其主要作用机制如下。

1. 近端肾小管泌 H^+ 和对 $NaHCO_3$ 的重吸收　　近端肾小管细胞在主动泌 H^+ 时，从管腔中重吸收 Na^+，同时伴有 HCO_3^- 重吸收增多。由于近端肾小管刷状缘富含碳酸酐酶（CA），酸中毒时碳酸酐酶活性增高，近端肾小管细胞泌 H^+ 及保碱的作用加强，肾小球滤液中90%的HCO_3^-在近端肾小管被重吸收。细胞内H^+经管腔膜Na^+-H^+载体与滤液中Na^+交换，Na^+再经基侧膜转运入血，在Na^+，K^+-ATP酶催化下，管腔内Na^+弥散进入肾小管上皮细胞，并促进H^+的分泌。肾小管分泌的H^+和肾小球滤过的HCO_3^-结合成H_2CO_3，H_2CO_3在CA的作用下分解成CO_2和H_2O，CO_2弥散进入肾小管细胞内进入血液循环，H_2O随尿排出。

2. 远端肾小管及集合管泌H^+和对$NaHCO_3$的重吸收 远端肾小管和集合管也可借助于H^+-ATP酶的作用向管腔分泌H^+，同时在基侧膜以Cl^--HCO_3^-交换的方式重吸收HCO_3^-，H^+与管腔滤液中的碱性HPO_4^{2-}结合形成可滴定酸$H_2PO_4^-$，使尿液酸化，但这种缓冲是有限的。

3. NH_4^+的排泄 NH_4^+主要由近端肾小管上皮细胞中谷氨酰胺酶分解产生，谷氨酰胺酶分解后产生NH_3和α-酮戊二酸，酸中毒越严重，pH越低，谷氨酰胺酶的活性也越高，产生的NH_3和α-酮戊二酸也越多。α-酮戊二酸在代谢过程中消耗2个H^+而生成2个HCO_3^-，而NH_3与细胞内碳酸解离的H^+结合成NH_4^+，通过NH_4^+-Na^+交换进入管腔，由尿排出，而Na^+与HCO_3^-同向转运进入血液循环。严重的酸中毒时，当远端肾小管和集合管分泌的H^+被磷酸盐缓冲后，使尿液的pH下降到4.8左右时，磷酸盐缓冲系统已失去缓冲能力，此时不仅近端肾小管泌NH_3增加，远端肾小管和集合管也可泌NH_3，共同中和尿液中H^+，结合生成NH_4^+从尿中排出。因此，泌氨是肾小管排酸保碱的主要方式。人体每天由代谢所产生的非挥发酸总量为50～100mmol，其中一半以上（1/2～2/3）是以此种形式排出的。当人体发生严重的代谢性酸中毒时，肾排氨可由正常的30～40mmol/d增加到300mmol/d。

$$NH_3 + H^+ =\!=\!= NH_4^+（由尿排出）$$

因此，肾是通过肾小管泌H^+和重吸收HCO_3^-来调节机体酸碱平衡的。如果体内H^+含量过高，肾小管上皮细胞在不断分泌H^+的同时，将肾小球滤过的$NaHCO_3$重吸收入血，防止细胞外液$NaHCO_3$的丢失。如仍不足以维持细胞外液$NaHCO_3$浓度，则通过磷酸盐的酸化和NH_4^+生成新的$NaHCO_3$以补充机体的消耗，从而维持血液HCO_3^-的相对恒定。如果体内HCO_3^-含量过高，肾可减少$NaHCO_3$的生成和重吸收，使血浆$NaHCO_3$浓度降低。

（四）组织细胞的调节

组织细胞主要是通过细胞内、外离子交换实现对酸碱平衡的调节作用的，缓冲作用相对较慢，一般需2～4h才能完成，大概1/2的量进入细胞内。所以尽管细胞内液量是细胞外液量的2倍，但二者化学缓冲总能力却大致相等，可见细胞内液中缓冲物质的浓度是低于细胞内液的。因此在纠正酸碱平衡紊乱时应考虑离子转移这一变化。计算输液量时要将这一变化估计在内。组织细胞内液是酸碱平衡的缓冲池，红细胞、肌细胞和骨组织均能发挥调节作用。以红细胞为例，当细胞外液H^+浓度升高时，H^+弥散入红细胞内，为维持细胞内外电荷平衡，等量的K^+就要从红细胞内移至细胞外，进入红细胞中的H^+可被细胞内血红蛋白、氧合血红蛋白缓冲系统所中和；当细胞外液H^+浓度降低时，上述过程则相反，红细胞内H^+移至细胞外，而细胞外等量的K^+弥散入红细胞内。所以酸中毒时，往往可伴有血钾升高，碱中毒时可伴有血钾降低。Cl^-是可以自由交换的阴离子，Cl^--HCO_3^-的交换对调节碱中毒非常重要，当HCO_3^-升高时，它的排出只能由Cl^--HCO_3^-交换来完成。

此外，在持续较久的代谢性酸中毒时，骨盐中$Ca_3(PO_4)_2$的溶解度增加，并进入血浆，参与对H^+的缓冲过程。在此反应中，每分子的磷酸钙可缓冲4分子H^+。

$$Ca_3(PO_4)_2 + 4H^+ \longrightarrow 3Ca^{2+} + 2H_2PO_4^-$$

机体通过上述4个方面的调节共同维持体内的酸碱平衡，使体液的pH始终维持在一个狭窄的弱碱环境内。血液缓冲系统是酸碱第一道缓冲体系，反应最为迅速，一旦有酸性或碱性物质入血，血液中缓冲物质就立即与其反应，将强酸或强碱转变成弱酸或弱碱，使体液的pH保持相对稳定，由于系统中缓冲物质被消耗，储量有限，因此缓冲作用不持久；肺通过改变肺泡通气来控制血浆H_2CO_3浓度的高低，它的调节作用也很迅速，从酸性、碱性物质进入机体几分钟后就开始发挥作用，30min时达最高峰，效能大，但只对碳酸有调节作用；组织细胞通过细胞内外离子的转移来维持酸碱平衡，其缓冲作用强于细胞外液，但需要3～4h后才发挥调节作用，而且可引起血钾浓度的升高或降低导致高血钾或低血钾；肾的调节作用发挥得最迟，常在酸碱平衡紊乱发生后12～24h才发挥作用，3～5d才能达到最大调节限度，但对于固定酸的排出和$NaHCO_3$的保留有重要作用，而且效率高，作用持久。

第二节 单纯型酸碱平衡紊乱

尽管机体通过各种缓冲和调节系统对体内酸性或碱性物质进行调节，在一定条件下将体液的pH稳定在一个正常的范围内，但是一旦机体酸碱负荷过度或调节机制障碍就会导致体液酸碱度稳定性破坏，从而发生酸碱平衡紊乱，即所谓的酸中毒或碱中毒。人正常动脉血pH为7.35～7.45，平均值是7.40。静脉血的pH比动脉血低0.02～0.10。动物由于品种不同，不同动物动脉血pH有一定的差异（表9-1）。有的略高于7.45，有的略低于7.35，但平均值是7.40左右。因此，根据血液pH的高低将酸碱平衡紊乱分为两大类：pH低于正常值下限的称为酸中毒，pH高于正常值上限的称为碱中毒。由于H_2CO_3含量主要受呼吸性因素的影响，因此由H_2CO_3浓度原发性升高或降低引起的酸碱平衡紊乱，分别称为呼吸性酸中毒或呼吸性碱中毒。而HCO_3^-含量主要受代谢性因素的影响，因此由HCO_3^-浓度原发性降低或升高引起的酸碱平衡紊乱，分别称为代谢性酸中毒或代谢性碱中毒；在单纯型酸中毒或碱中毒时，虽然体内酸性或碱性物质的含量已经发生改变，但在机体的调节作用下，血液pH仍然处在正常范围之内，则称为代偿性酸中毒或代偿性碱中毒；如果通过机体调节，但血液pH仍然低于或高于正常范围的下限或上限，则分别称为失代偿性酸中毒或失代偿性碱中毒。另外，临床上酸碱平衡紊乱很复杂，同一患畜不但可以发生一种酸碱平衡紊乱，还可以同时或者先后发生两种或两种以上的酸碱平衡紊乱，如果是单一的紊乱，则称为单纯型酸碱平衡紊乱（simple acid-base disturbance），如果是两种或两种以上的酸碱平衡紊乱同时存在，则称为混合型酸碱平衡紊乱（mixed acid-base disturbance）。

表9-1 不同动物血浆pH、$PaCO_2$和CO_2结合力（CO_2CP）的正常参考值

动物	血浆 pH	$PaCO_2$/kPa	CO_2CP/（mmol/L）
牛	7.38±0.05	6.38±0.64	31.00±3.00
绵羊	7.48±0.06	5.05±1.13	28.20±5.00
山羊	7.41±0.09	6.65±1.25	25.20±2.28
马	7.42±0.03	6.25±1.13	28.00±4.00
猪	7.40±0.08	5.72±0.74	30.20±2.50

续表

动物	血浆 pH	$PaCO_2$/kPa	CO_2CP/（mmol/L）
猴	7.40 ± 0.06	5.58 ± 0.64	29.30 ± 3.80
犬	7.42 ± 0.04	5.05 ± 0.73	21.40 ± 3.90
猫	7.43 ± 0.03	4.79 ± 0.61	20.40 ± 3.50
鸡	7.52 ± 0.04	3.45 ± 0.60	23.00 ± 2.50
家兔	7.32 ± 0.09	5.32 ± 1.53	22.80 ± 8.60
豚鼠	7.35 ± 0.09	5.32 ± 1.30	22.00 ± 6.60
大鼠	7.35 ± 0.09	5.59 ± 0.76	24.00 ± 4.70
地鼠	7.39 ± 0.08	7.85 ± 0.06	37.30 ± 2.50
小鼠	7.40 ± 0.06	5.32 ± 0.72	22.50 ± 4.50

资料来源：佘锐萍，2007

一、反映血液酸碱平衡常用的指标及其意义

（一）pH 和 H^+ 浓度

pH 和 H^+ 浓度是表示酸碱度的常用指标，由于血液中 H^+ 浓度很低，直接用摩尔浓度（mol/L）很不方便，因此广泛使用 H^+ 浓度——［H^+］的负对数，即 pH 来表示。pH 是表示溶液中酸碱度的简明指标。由于血浆碳酸氢盐缓冲对在维持血液 pH 上起着重要作用，因此根据标准亨德森-哈塞尔巴尔赫方程（Henderson-Hasselbalch equation）：

$$pH = pK_a + \lg\frac{［缓冲碱］}{［缓冲酸］}$$

以血浆中碳酸氢盐缓冲体系为例，此方程可写成

$$pH = pK_a + \lg\frac{［HCO_3^-］}{［H_2CO_3］}$$

式中，pK_a 代表碳酸一级解离常数的负对数，在38℃时为6.1。从以上公式可得出 pH 或 H^+ 主要取决于 HCO_3^- 与 H_2CO_3 的比值。正常动物动脉血浆的［HCO_3^-］为 24mmol/L，［H_2CO_3］为 1.2mmol/L，这些数据代入上式，则得

$$pH = 6.1 + \lg\frac{24}{1.2} = 6.1 + \lg\frac{20}{1} = 6.1 + 1.30 = 7.40$$

因此，正常动脉血浆 pH 为 7.40 左右。

（二）CO_2 分压

CO_2 分压（$PaCO_2$）是血浆中呈物理溶解状态的 CO_2 分子产生的张力。由于 CO_2 通过呼吸膜弥散快，动脉血 CO_2 分压相当于肺泡气体中 $PaCO_2$，因此通过测定 $PaCO_2$ 可了解肺泡通气量的情况，即 $PaCO_2$ 与肺泡通气量成反比，通气过度，$PaCO_2$ 降低；通气不足，$PaCO_2$ 升高。人的 $PaCO_2$ 正常值为 4.39～6.25kPa（33～46mmHg），平均值为 5.32kPa（40mmHg）。如果 $PaCO_2$＞6.25kPa（46mmHg），表示肺通气不足，有 CO_2 潴留，见于呼吸性酸中毒或代偿后代谢性碱中毒；而 $PaCO_2$＜4.39kPa（33mmHg），则表示肺通气过度，

CO_2排出过多，见于呼吸性碱中毒或代偿后代谢性酸中毒。所以$PaCO_2$是反映呼吸性酸碱平衡紊乱的重要指标。不同动物之间有一定差别（表9-1）。其中CO_2CP表示CO_2结合力：25℃，$PaCO_2$ 5.3kPa，每升血浆中以HCO_3^-形式存在的二氧化碳的量，表示血浆碱储备量，CO_2CP反映机体代谢性酸碱平衡失调程度，人的参考值为22～30mmol/L。

（三）标准碳酸氢盐和实际碳酸氢盐

标准碳酸氢盐（standard bicarbonate，SB）是指全血在标准状态下，即$PaCO_2$为5.32kPa（40mmHg）、温度38℃、血红蛋白氧饱和度为100%测得的血浆中HCO_3^-的量，其正常值是22～27mmol/L，平均值为24mmol/L。代谢性酸中毒时SB降低，代谢性碱中毒时SB升高。

实际碳酸氢盐（actual bicarbonate，AB）是指在隔绝空气的条件下，在实际$PaCO_2$、实际体温和血氧饱和度条件下测得的血浆HCO_3^-浓度。正常时AB与SB相等。两者数值均高，表明代谢性碱中毒；两者数值均低，表明代谢性酸中毒；若SB正常，AB<SB，则表明CO_2排出过多，见于呼吸性碱中毒；反之，AB>SB时，表明有CO_2滞留，可见于呼吸性酸中毒。

（四）缓冲碱

缓冲碱（buffer base，BB）是血液中一切具有缓冲作用的负离子碱的总和。其包括血浆和红细胞中的HCO_3^-、Hb^-、HbO_2^-、Pr^-和HPO_4^{2-}，通常以氧饱和的全血在标准状态下测定的值为标准，正常值为45～52mmol/L（平均值为48mmol/L）。代谢性酸中毒时BB减少，而代谢性碱中毒时BB升高。

（五）碱剩余

碱剩余（base excess，BE）是指标准条件下，即全血在$PaCO_2$为5.32kPa（40mmHg），温度为38℃，血红蛋白氧饱和度为100%的情况下，滴定1L全血标本至pH7.40时所需的酸或碱的量（mmol/L）。若使血液pH达7.40使用的是酸滴定，则表示被测血液中碱过多，BE用正值表示，常见于代谢性碱中毒；如需用的是碱滴定，说明被测血液的碱不足，BE用负值来表示，常见于代谢性酸中毒。人的全血BE正常值为（0±3.0）mmol/L。BE也可由全血BB和BB正常值（NBB）算出：

$$BE=BB-NBB=BB-48$$

（六）阴离子间隙

阴离子间隙（anion gap，AG）是指血浆中未测定的阴离子（undetermined anion，UA）与未测定的阳离子（undetermined cation，UC）的差值，即$AG=UA-UC$。血浆中未测定的阳离子通常指K^+、Ca^{2+}、Mg^{2+}。血浆中未测定的阴离子通常指Pr^-、HPO_4^{2-}、SO_4^{2-}和有机酸阴离子。临床实际测定时，限于条件及需要，一般仅测定阳离子中的Na^+，阴离子中的Cl^-和HCO_3^-。因血浆中的阴、阳离子总当量数完全相等，因此AG可用血浆中常规可测定的阳离子（Na^+）与常规可测定的阴离子（HCO_3^-和Cl^-）的差算出，即

$$Na^+ + UC = (HCO_3^- + Cl^-) + UA$$
$$AG = UA - UC = Na^+ - (HCO_3^- + Cl^-) = 140 - (24 + 104) = 12mmol/L$$

AG在（12±2）mmol/L波动。

AG＞16mmol/L，可作为判断是否有AG增高代谢性酸中毒的界限，常见于固定酸增多的情况：如乳酸堆积、酮体过多及水杨酸中毒、磷酸盐潴留等。另外，如脱水、使用大量含钠盐的药物，AG也增高，但此时与代谢性酸中毒无关。低蛋白血症可导致AG降低。

二、代谢性酸中毒

代谢性酸中毒（metabolic acidosis）是指以血浆HCO_3^-原发性减少、pH趋向或低于正常范围下限为特征的病理生理过程。它是临床上最常见的一种酸碱平衡紊乱。

（一）原因和机制

1. 体内酸性物质增多

（1）酸性物质生成过多　　在许多疾病或病理过程中，当缺氧、发热、血液循环障碍、病原微生物作用或饥饿引起机体物质代谢紊乱时，糖、脂肪、蛋白质分解代谢加强，使体内乳酸、丙酮酸、酮体、氨基酸等酸性代谢产物增多，可引起代谢性酸中毒。例如，当马发生马麻痹性肌红蛋白尿病时，糖代谢紊乱，肌乳酸大量生成，血液中乳酸含量可由正常的90～120mg/L增至1800～1820mg/L。在马急性出血性盲肠结肠炎、马便秘、疝痛等疾病中，由于严重脱水、血液黏稠、循环障碍、缺血缺氧的影响，血液中乳酸含量升高。肺水肿、低氧血症、严重贫血、休克、心脏骤停、心力衰竭及严重的肝疾患等均可引起乳酸性酸中毒；反刍动物发生酮血病时，体内酮体（乙酰乙酸、β-羟丁酸、丙酮）生成过多，可引起酮血症性酸中毒。例如，牛、羊日粮中糖和生糖物质不足，可致脂肪代谢紊乱，产生大量酮体在体内蓄积；猪日粮中精料过多，同时缺乏块根类饲料，也易发生酮病。此外，糖尿病、严重饥饿和酒精中毒等可引起酮血症性酸中毒。

（2）酸性物质摄入过多　　在临床治疗中给动物服用大量氯化铵、稀盐酸、水杨酸盐等药物，在体内易解离出盐酸。

（3）酸性物质排出障碍　　主要是由肾小管的泌H^+减少，在体内蓄积，同时HCO_3^-重吸收减少造成的。急性或慢性肾功能不全时，由于肾小球滤过率降低，硫酸、磷酸等酸性物质蓄积，由于肾小管的泌H^+和NH_3功能降低，H^+排泌减少，在体内蓄积，同时$NaHCO_3$重吸收减少，导致血浆HCO_3^-浓度进行性下降；肾小管性酸中毒时，肾小管泌H^+功能障碍或缺陷，导致H^+在体内积聚，HCO_3^-重吸收减少，大量HCO_3^-随尿排出，尿液呈碱性，临床上可引起"反常性碱性尿"；大量使用碳酸酐酶抑制剂如乙酰唑胺可抑制肾小管上皮细胞内碳酸酐酶活性，使H_2CO_3生成减少，泌H^+和重吸收HCO_3^-减少，大量HCO_3^-随尿排出，尿液呈碱性。兽医临床上长期大量使用磺胺类药物使酸性物质排出障碍，从而引起畜禽发生肾代谢性酸中毒。

（4）高血钾　　高钾血症可引起代谢性酸中毒。各种原因引起细胞外液K^+增多时，K^+与细胞内H^+交换，引起细胞外H^+增加，导致代谢性酸中毒。由于H^+从细胞内逸出，细胞内H^+下降，故细胞内呈碱中毒。

此外，快速输入大量无HCO_3^-的液体或生理盐水，使血液中HCO_3^-稀释，导致稀释性代谢性酸中毒。

2. 体内碱性物质丧失过多

（1）HCO_3^-随碱性肠液丢失　　动物发生剧烈腹泻、肠道瘘管或肠道引流等均可引起HCO_3^-大量丢失。例如，马骡急性盲肠结肠炎、疝痛，猪传染性胃肠炎、流行性腹泻，动物轮状病毒感染、沙门氏菌性肠炎、弯杆菌性肠炎，牛卡他性胃肠炎、大肠埃希菌性肠炎、副结核性肠炎、病毒性腹泻等疾病中，大量碱性肠液排出体外，导致血浆内碱性物质大量丧失，酸性物质相对增多。

（2）HCO_3^-随尿丢失　　正常动物原尿中含有的HCO_3^-等碱性物质，通过肾小管上皮细胞排酸保碱作用而回收。当发生肾小管性肾病或其他原因引起肾上腺皮质功能低下时，由于醛固酮分泌减少，肾小管对Na^+的重吸收减少，致使HCO_3^-从尿中丢失；此外，当近曲小管上皮细胞刷状缘上的碳酸酐酶活性受到抑制时（如使用抑制剂乙酰唑胺），H_2CO_3生成减少，肾小管泌H^+和重吸收HCO_3^-减少，大量HCO_3^-随尿排出。

（3）HCO_3^-随血浆丢失　　大面积烧伤时，血浆内大量$NaHCO_3$由烧伤创面渗出流失，引起代谢性酸中毒。

（二）机体的代偿调节

机体的缓冲系统是维持酸碱平衡的重要机制，也是发生酸碱平衡紊乱后机体进行代偿调节的重要环节。代谢性酸中毒时，机体的代偿调节主要有如下表现。

1. 血液的缓冲调节　　发生代谢性酸中毒时，细胞外液增多的H^+可迅速被血浆缓冲体系中的HCO_3^-及其他缓冲碱所中和。例如

$$H^+ + HCO_3^- \longrightarrow H_2CO_3 \longrightarrow H_2O + CO_2 \uparrow$$
$$H^+ + HPO_4^{2-} \longrightarrow H_2PO_4^-$$
$$H^+ + Pr^- \longrightarrow HPr$$
$$H^+ + Hb^- \longrightarrow HHb$$
$$H^+ + HbO_2^- \longrightarrow HHbO_2$$

反应中生成的CO_2由肺排出，血浆中H^+通过各种缓冲碱中和而减少，从而维持血浆中HCO_3^-/H_2CO_3的值稳定。

2. 肺的代偿调节　　血液H^+浓度增加、pH降低，可通过刺激主动脉体和颈动脉体化学感受器，反射性地引起呼吸中枢兴奋，增加呼吸的深度和频率，提高肺的通气量，CO_2呼出增多。例如，代谢性酸中毒当pH由7.4降到7.0时，肺泡通气量可由正常的4L/min增加到30L/min以上，呼吸加深加快是代谢性酸中毒的主要临床表现。通过肺代偿调节，使血液中H_2CO_3浓度降低，维持HCO_3^-/H_2CO_3的值接近正常，使血液pH趋向正常。呼吸的代偿反应是非常迅速的，一般在酸中毒10min后就出现呼吸增强，30min后即达代偿，12～24h达到代偿高峰。

3. 肾的代偿调节　　除由肾排酸保碱障碍引起的代谢性酸中毒以外，在其他原因导致的代谢性酸中毒中，肾都发挥了重要的代偿调节作用。代谢性酸中毒时，肾小管上皮细胞内碳酸酐酶和谷氨酰胺酶的活性升高，使肾小管上皮细胞泌H^+、NH_4^+增多，相应地引起HCO_3^-重吸收入血也增多，以此来补充碱储。由于尿中固定酸和NH_4^+排出增加，大量的H^+随尿排出，因此尿液呈酸性。此外，由于肾小管上皮细胞排H^+增多，因而K^+排出减少，故可能引起高血钾。虽然肾在代谢性酸中毒时发挥重要的代偿调节作用，但是肾的代

偿作用较慢，一般要3～5d才能达高峰，并且代偿的容量不大，而且在肾功能障碍引起的代谢性酸中毒时，肾几乎不能发挥代偿作用。

4. 组织细胞的代偿调节　代谢性酸中毒时，细胞外液中过多的H^+可通过细胞膜进入细胞内，其中主要是红细胞。H^+被细胞内缓冲体系中的磷酸盐、血红蛋白等所中和。

$$H^+ + HOP_4^{2-} \longrightarrow H_2PO_4^-$$

$$H^+ + Hb^- \longrightarrow HHb$$

约有60%的H^+在细胞内被缓冲。在H^+进入细胞内时，导致K^+从细胞内外移，引起血钾浓度升高，故酸中毒时细胞内外离子交换易引起高血钾。

经过上述代偿调节，可使血浆HCO_3^-含量上升，或H_2CO_3含量下降。如能使HCO_3^-/H_2CO_3的值恢复20/1，血浆pH维持在正常范围内，称为代偿性代谢性酸中毒（compensated metabolic acidosis）。如果体内固定酸不断增加，碱储被不断消耗，经过代偿后HCO_3^-/H_2CO_3的值仍小于20/1，pH低于正常范围的下限，则称为失代偿性代谢性酸中毒（decompensated metabolic acidosis）。

代谢性酸中毒的血气分析参数如下：由于HCO_3^-降低，AB、SB、BB值均降低，$PaCO_2$继发性下降，AB＜SB。

（三）对机体的影响

1. 对中枢神经系统的影响　代谢性酸中毒时引起中枢神经系统的代谢和功能障碍，患畜主要表现为意识障碍、反应迟钝、嗜睡甚至昏迷，严重时可因呼吸中枢和心血管运动中枢麻痹而死亡，其发生机制如下。

1）酸中毒时由于pH降低，脑组织内谷氨酸脱羧酶活性增强，结果γ-氨基丁酸生成增多，γ-氨基丁酸可抑制中枢神经系统的功能。

2）酸中毒时引起生物氧化酶类的活性降低，氧化磷酸化过程减弱，致使ATP生成减少，因而脑组织能量供应不足，结果造成中枢神经系统的代谢和功能障碍。

2. 对心血管系统的影响　严重的代谢性酸中毒导致心肌收缩力降低、心律失常，血压下降甚至发生低血容量性休克。

1）心肌收缩力降低：酸中毒时因H^+增多，可竞争性抑制Ca^{2+}与心肌肌钙蛋白亚单位结合，影响Ca^{2+}内流及心肌细胞肌质网释放Ca^{2+}，从而抑制心肌的兴奋-收缩偶联，使心肌收缩力降低，心输出量减少。

2）心律失常：代谢性酸中毒时常引起高血钾，重度高血钾导致严重的传导阻滞和心室纤维性颤动，心肌兴奋性降低甚至消失，可造成致死性心律失常，甚至心脏骤停。

3）血压下降：H^+增多时，可降低心肌和外周血管对儿茶酚胺的反应性，可使小动脉、微动脉、后微动脉、毛细血管前括约肌对儿茶酚胺的敏感性降低，而微静脉、小静脉仍保持对儿茶酚胺的反应性。因此形成毛细血管的"前门开放，后门关闭"的现象，血容量不断扩大，回心血量显著减少，从而导致血压下降，严重时可引起低血容量性休克。

3. 对骨骼系统的影响　慢性肾功能不全引起慢性酸中毒时，由于不断从骨骼中释放钙盐进入血浆，参与对H^+的缓冲，因此这不仅影响机体骨骼的生长和发育，还可以引起纤维性骨炎和肾性佝偻病，以及成年家畜的骨软化症。

（四）治疗原则

1. 治疗原发病　　找到发病原因、治疗原发病是治疗代谢性酸中毒的基本原则和主要措施。同时纠正水与电解质紊乱。例如，严重腹泻造成的酸中毒时，由于细胞内K^+外流，往往掩盖了低血钾，补碱纠正酸中毒后，K^+又返回细胞内，可明显地出现低血钾。酸中毒时，在酸性条件下，结合钙离解为Ca^{2+}和血浆蛋白，使游离钙增多，而酸中毒纠正后，由于Ca^{2+}与血浆蛋白在碱性条件下可生成结合钙，游离钙明显减少，因此低血钙动物会出现四肢抽搐现象。

2. 应用碱性药物　　代谢性酸中毒时首选的碱性药物是碳酸氢钠，轻者可口服，重者应静脉输入，但补碱量宜小不宜大。此外，乳酸钠等也是常用来治疗代谢性酸中毒的药物，通过肝可转化为HCO_3^-，但肝功能不良或乳酸中毒时不宜使用。三羟甲基氨基甲烷不仅可缓冲挥发酸，而且在中和H_2CO_3后可产生HCO_3^-。因此，此药既可以治疗呼吸性酸中毒，又可以治疗代谢性酸中毒。但三羟甲基氨基甲烷对呼吸中枢有抑制作用，因此治疗时要注意输入的速度。

三、呼吸性酸中毒

呼吸性酸中毒（respiratory acidosis）是指以血浆H_2CO_3原发性增多，$PaCO_2$增高，pH趋向或低于正常范围下限为特征的病理过程。

（一）原因和机制

1. 二氧化碳排出障碍

（1）呼吸中枢抑制　　颅脑损伤、脑炎、脑膜脑炎、脑脊髓炎等疾病过程，如猪或马流行性乙型脑炎，鸡脑脊髓炎，猪、绵羊、兔李氏杆菌病，均可损伤或抑制呼吸中枢。另外，还有医源性的，如全身麻醉用药量过大，或使用呼吸中枢抑制性药物（吗啡、巴比妥类），也可抑制呼吸中枢造成通气不足或呼吸停止，使CO_2在体内滞留引起呼吸性酸中毒。

（2）呼吸肌麻痹　　急性脑脊髓灰质炎、重症肌无力、有机磷中毒、脊髓前位损伤、肋间神经损伤、脑脊髓炎、低血钾、重度高血钾等疾病和病理过程，可引起呼吸肌随意运动的减弱或丧失，导致CO_2排出困难。

（3）呼吸道堵塞　　喉头痉挛和水肿、溺水、异物堵塞气管或食道异物的严重阻塞压迫气管时，可引起通气障碍，CO_2排出受阻，造成急性呼吸性酸中毒。例如，黏膜型禽痘、鸡传染性喉气管炎、急性猪肺疫引起的喉头水肿、新生仔畜窒息等疾病都伴有呼吸道狭窄或阻塞，造成CO_2在体内潴留。喉头水肿、溺水常造成急性呼吸性酸中毒，而慢性阻塞性肺部疾患会造成慢性呼吸性酸中毒。

（4）胸廓和肺部疾病　　胸部创伤、严重气胸、胸腔积液、胸膜炎、肋骨骨折及严重胸廓畸形时，可引起肺扩张与回缩发生障碍；大面积或多发性肺炎、肺水肿、肺气肿、肺脓肿、肺肉变时，如牛传染性胸膜肺炎、猪肺疫、肺结核、肺肿瘤，由于肺呼吸面积减少或换气过程发生障碍，CO_2在体内蓄积，造成呼吸性酸中毒。

2. 二氧化碳吸入过多　　饲养密度过大、圈舍过小、通风不良，特别在我国北方冬季密闭的鸡舍或猪舍内，为了防寒保温，通风不良，可造成圈舍内空气中CO_2过多，导致动物持续性吸入过多 CO_2；此外，救治犬等宠物时，人工呼吸器使用不当而使 CO_2 排出困难，从而使血浆 H_2CO_3 含量升高。

（二）机体的代偿调节

呼吸性酸中毒发生的最主要环节是肺通气功能障碍或者吸入气体中二氧化碳浓度过高，所以肺难发挥代偿作用，而碳酸氢盐缓冲系统不能缓冲挥发酸，因此呼吸性酸中毒主要靠血液中非碳酸氢盐缓冲系统、组织细胞的代偿调节和肾的代偿调节。

1. 血液的缓冲调节 呼吸性酸中毒时血浆中 H_2CO_3 含量升高，由于碳酸氢盐缓冲系统不能缓冲挥发酸，因此 H_2CO_3 解离产生的 H^+ 主要由血浆蛋白缓冲对和磷酸盐缓冲对进行中和：

$$H^+ + NaPr \longrightarrow HPr + Na^+$$

$$H^+ + Na_2HPO_4 \longrightarrow NaH_2PO_4 + Na^+$$

上述反应中生成的 Na^+ 与血浆内 HCO_3^- 形成 $NaHCO_3$，补充碱储，从而调整 $NaHCO_3/H_2CO_3$ 的值。但由于血浆中蛋白质盐和磷酸盐含量较低，因此对 H_2CO_3 的缓冲能力也较低。

2. 组织细胞的代偿调节 细胞外液 H^+ 浓度升高，可向细胞内渗透，而 K^+ 移至细胞外，以保持细胞膜两侧正电荷平衡。同时，CO_2 弥散入红细胞内增多，在红细胞内碳酸酐酶的作用下，与 H_2O 生成 H_2CO_3，H_2CO_3 解离形成 HCO_3^- 和 H^+，H^+ 与 Hb^- 和 HbO_2^- 结合，分别生成 HHb 和 $HHbO_2$，HCO_3^- 则与血浆中 Cl^- 交换，即 HCO_3^- 由红细胞内弥散到细胞外，血浆内等量 Cl^- 进入红细胞，结果导致血浆 HCO_3^- 增多，而血浆 Cl^- 减少，从而引起低血氯。细胞内外离子交换和细胞内缓冲作用是急性呼吸性酸中毒时主要的代偿方式。

3. 肾的代偿调节 肾的代偿调节较慢，在 $PaCO_2$ 和 H^+ 浓度升高持续 24h 以上时，可激活肾小管上皮细胞内碳酸酐酶和线粒体中谷氨酰胺酶活性，促使肾小管上皮排泌 H^+ 和泌 NH_3 及对 HCO_3^- 的重吸收增加。但这种作用的充分发挥常需 3～5d 才能完成，因此急性呼吸性酸中毒来不及代偿，而慢性呼吸性酸中毒时肾可以进行代偿。

通过上述代偿反应，H_2CO_3 含量有所降低，而血浆 HCO_3^- 含量升高，如果 HCO_3^-/H_2CO_3 的值恢复至 20/1，pH 仍保持在正常范围内，称为代偿性呼吸性酸中毒（compensated respiratory acidosis）。如果 CO_2 在体内大量滞留，超过了机体的代偿能力，导致 HCO_3^-/H_2CO_3 的值小于 20/1，则 pH 低于正常范围下限，称为失代偿性呼吸性酸中毒（decompensated respiratory acidosis）。急性呼吸性酸中毒时主要靠离子交换和缓冲，而离子交换和缓冲又十分有限，所以往往呈失代偿状态。

呼吸性酸中毒血气分析的参数变化如下：$PaCO_2$ 增高，pH 降低。通过肾等代偿后，代谢性指标继发性升高，AB、SB、BB 值均升高，AB>SB，BE 正值加大。

（三）对机体的影响

呼吸性酸中毒时，对机体的影响基本上与代谢性酸中毒相似，也可引起心律失常、心肌收缩力减弱，外周血管扩张、血钾升高等。不同点是 $PaCO_2$ 升高可引起一系列血管运动和神经精神方面的障碍。

1. 直接舒张血管的作用 高浓度的 CO_2 能直接引起脑血管扩张，使脑血流增加、颅内压增高，因此常引起持续性头痛，尤其是早晨和晚上更为严重。

2. 对中枢神经系统功能的影响   如果酸中毒持续较久，或严重失代偿性急性呼吸性酸中毒时可发生"二氧化碳麻醉"，可出现精神错乱、震颤、嗜睡，甚至昏迷，临床上称为肺性脑病（pulmonary encephalopathy）。

（四）治疗原则

1. 治疗原发病   找出病因，去除病因，排除引起呼吸障碍的原因，如果呼吸道梗阻必须使之通畅或解痉，必要时可使用呼吸中枢兴奋药或人工呼吸器。

2. 改善通气   改善通气功能，使$PaCO_2$逐步下降，但避免过度人工通气，否则会造成呼吸性碱中毒。慢性呼吸性酸中毒时，由于肾排酸保碱的代偿作用，HCO_3^-含量增高，应该慎用碱性药物，特别是通气尚未改善前，错误地使用碱性药物，则可能引起代谢性碱中毒，加重呼吸性酸中毒病情，使高碳酸血症更加严重。此外，呼吸性酸中毒引起的脑功能紊乱比代谢性酸中毒时更为严重，可因呼吸中枢和心血管运动中枢麻痹而使动物发生死亡。

四、代谢性碱中毒

代谢性碱中毒（metabolic alkalosis）是指以血浆HCO_3^-原发性增多、pH趋向或者高于正常范围的上限为特征的病理生理过程。在兽医临床上较少见。

（一）原因和机制

1. 体内酸性物质丢失过多

（1）经肾丢失   任何原因造成机体醛固酮分泌过多时（如肾上腺皮质增生或肿瘤），都可能刺激肾集合管，促进H^+排泌，同时也可以通过肾小管的保Na^+排K^+而促进H^+排泄增多，结果导致碱中毒，由于血K^+丢失，因此形成低钾性碱中毒。另外，机体使用噻嗪类利尿剂或速尿等髓袢利尿剂时，可抑制肾髓袢升支对Cl^-的主动重吸收，使Na^+的被动重吸收减少，促进远端小管和集合管细胞泌H^+和K^+增加，以加强对Na^+的重吸收，H^+经尿液大量丢失，而Cl^-以氯化铵形式随尿排出，大量HCO_3^-被重吸收，结果导致低氯性碱中毒。

（2）经胃液丢失   常见于剧烈呕吐。犬、猪等动物因患胃炎或其他疾病出现严重呕吐时，可导致胃液中的盐酸大量丢失。当乳牛发生真胃变位、真胃积食等疾病时常引起幽门阻塞，导致大量盐酸在真胃内积聚。此时肠液中的HCO_3^-不能被来自胃液中的H^+中和而被大量吸收入血，从而使血浆中HCO_3^-含量增多。胃液丢失所引起的代谢性碱中毒的机制有：胃液中H^+丢失，使来自胃壁、肠液和胰腺的HCO_3^-得不到H^+中和而被吸收入血，导致血浆HCO_3^-含量增多；由呕吐引起胃液中K^+和Cl^-的丢失，K^+和Cl^-的丢失可分别引起低钾性碱中毒和低氯性碱中毒。

2. 体内碱性物质摄入过多或者排除障碍

（1）碱性物质摄入过多   摄入碱性饲料（如尿素）、乳酸钠、乙酸钠过多，或矫正代谢性酸中毒或消化道溃疡时滴注或服用过多的$NaHCO_3$，以及在人医给患者输入含柠檬酸盐抗凝的库存血时，这些有机酸盐在体内氧化可产生$NaHCO_3$，易导致血浆内NH_3或$NaHCO_3$浓度升高。尿素常作为牛饲料的氮源，当尿素喂饲量过大或喂饲方法不当引起牛发生尿素中毒时，就是因为尿素在瘤胃内很快溶解并被脲酶分解为NH_3和CO_2，大量的NH_3吸收入血，故尿素中毒实际为NH_3中毒。此外，禽舍长期不清理粪便，粪、尿、垫料及饲料残渣腐败分解后产生大量的氨气等有害气体在舍内大量蓄积，极易发生氨中毒。

（2）体内碱性物质排除障碍 当动物发生严重的肝功能不全时，肝细胞内的鸟氨酸循环不能正常进行，使氨基酸氧化脱氨中产生的大量 NH_3 不能生成尿素而在血中蓄积而引起体内碱性物质增多。

3. 缺氯 Cl^- 是可以自由交换的阴离子，Cl^- 与 HCO_3^- 的交换对调节碱中毒非常重要，在剧烈呕吐胃酸丢失的同时也伴有 Cl^- 的丢失，长期服用呋塞米等利尿剂，可抑制肾小管对 Cl^- 重吸收减少而排出增多，为保持电荷平衡，肾小管重吸收 HCO_3^- 增加，因此血浆 HCO_3^- 增多，而血氯减少，从而引起低血氯性碱中毒。

4. 缺钾 当动物发生严重的呕吐或其他原因引起血钾浓度降低时，肾远曲小管上皮细胞泌 K^+ 减少，泌 H^+ 增多，引起 HCO_3^- 重吸收入血增多，细胞外液 H^+ 浓度降低。此外，细胞外液 K^+ 减少，可导致细胞内 K^+ 与细胞外 H^+、Na^+ 交换，细胞外液 H^+ 和 Na^+ 进入细胞内，从而引起低血钾性碱中毒。

（二）机体的代偿调节

1. 血液的缓冲调节 代谢性碱中毒时，体内 H^+ 减少而碱性物质增多，血浆中多种缓冲对都可与之发生反应。例如

$$NaHCO_3 + HPr \longrightarrow NaPr + H_2CO_3$$

$$NaHCO_3 + NaH_2PO_4 \longrightarrow Na_2HPO_4 + H_2CO_3$$

这样血浆中 H_2CO_3 含量增加，$NaHCO_3$ 含量减少，可在一定限度内调整 $NaHCO_3/H_2CO_3$ 的值。

2. 肺的代偿调节 代谢性碱中毒时，由于血浆 H^+ 浓度降低，对呼吸中枢产生抑制作用，呼吸运动变浅变慢，肺泡通气量降低，CO_2 排出减少，使血浆 $PaCO_2$ 或 H_2CO_3 含量继发性升高，以调整和维持 HCO_3^-/H_2CO_3 的值。呼吸的代偿反应较快，往往数分钟即可出现，在 12～24h 达最大效应。

3. 肾的代偿调节 肾的代偿作用发挥得较晚，血浆 H^+ 减少和 pH 升高使肾小管上皮的碳酸酐酶和谷氨酰胺酶活性受到抑制，故泌 H^+ 和 NH_4^+ 减少，HCO_3^- 重吸收减少，使血浆 HCO_3^- 浓度有所下降，由于泌 H^+ 和 NH_4^+ 减少，HCO_3^- 排出增多，HCO_3^-/H_2CO_3 的值有所下降。在代谢性碱中毒时，往往需要 3～5d，肾才能最大限度地排出 HCO_3^-，所以急性代谢性碱中毒时肾的代偿作用较小。

4. 组织细胞的代偿调节 细胞外液 H^+ 浓度降低，引起细胞内的 H^+ 与细胞外的 K^+ 进行跨膜交换，细胞内 H^+ 逸出，而细胞外液 K^+ 进入细胞内，从而导致低钾血症。

另外，在缺钾、缺氯及醛固酮分泌增多所致的代谢性碱中毒时，因肾泌 H^+ 增多，患畜排酸性尿，称为"反常性酸性尿"。

通过上述代偿反应，如果 HCO_3^-/H_2CO_3 的值恢复到 20/1，血浆 pH 在正常范围内，称为代偿性代谢性碱中毒（compensated metabolic alkalosis）。如果代偿后 HCO_3^-/H_2CO_3 的值仍大于 20/1，血浆 pH 高于正常范围的上限，则称为失代偿性代谢性碱中毒（decompensated metabolic alkalosis）。

代谢性碱中毒的血气分析参数变化规律如下：pH 升高，AB、SB 及 BB 均升高，AB ＞ SB，BE 正值加大。由于呼吸抑制，通气量下降，使 $PaCO_2$ 继发性升高。

（三）对机体的影响

轻度代谢性碱中毒引起患畜肌无力、肌痉挛，由低钾血症可引起多尿、口渴等。严重的代谢性碱中毒则可出现许多功能代谢改变。

1. 中枢神经系统功能的改变 动物发生碱中毒，特别是失代偿性碱中毒时，由于血浆 pH 升高，脑组织中 γ-氨基丁酸转氨酶的活性增高，而谷氨酸脱羧酶活性降低，γ-氨基丁酸分解代谢加强而生成减少，因此对中枢神经系统的抑制性作用减弱，患畜躁动、兴奋不安。由于脑脊液 H^+ 浓度降低，呼吸中枢抑制，患畜呼吸变浅变慢。碱中毒时，由于红细胞内 H^+ 浓度代偿性下降，故血红蛋白与 O_2 的亲和力增高，血红蛋白不易将结合的 O_2 释出，而导致组织供氧不足。由于脑组织对缺氧特别敏感，因此可出现神经症状，严重时发生昏迷。

2. 神经、肌肉功能的改变 当血浆 pH 升高时，血浆内结合钙增多，而游离钙减少，引起神经、肌肉组织的兴奋性升高，患畜出现肢体抽搐，甚至发生痉挛。若患畜伴有明显的低钾血症以致引起肌肉无力或麻痹时，则可暂不出现抽搐，但一旦低钾症状纠正后，抽搐症状即可发生。

3. 低钾血症 碱中毒往往伴有低钾血症。这是碱中毒时，细胞外 H^+ 浓度降低，细胞内 H^+ 与细胞外 K^+ 交换造成的；同时，由于肾小管上皮细胞在 H^+ 减少时，H^+-Na^+ 交换减弱而 K^+-Na^+ 交换增强，使 K^+ 大量从尿中丢失，导致低钾血症。低钾血症可导致骨骼肌兴奋性降低，甚至发生麻痹。而心肌兴奋性升高，传导性降低，严重时可引起心律失常。

（四）治疗原则

纠正代谢性碱中毒的根本原则是治疗原发病，促进血浆中过多的 HCO_3^- 从尿中排出。轻度的代谢性碱中毒去除病因后可自行恢复。中度代谢性碱中毒可输注生理盐水，以提高血 Cl^- 浓度，并促进 HCO_3^- 排出。严重代谢性碱中毒可直接静脉缓注 0.1mol/L 盐酸或口服氯化铵。缺氯或缺钾时应补充 KCl，对游离钙减少的患畜要补充 $CaCl_2$。

五、呼吸性碱中毒

呼吸性碱中毒（respiratory alkalosis）是指以血浆 H_2CO_3 浓度原发性减少，$PaCO_2$ 降低，pH 趋向或者高于正常范围的上限为特征的病理生理过程。

（一）原因和机制

呼吸性碱中毒的发生主要是由机体通气过度造成的，包括中枢神经系统和肺的疾患、药物因素、环境因素等。

1. 中枢神经系统的疾患 脑炎、脑血管障碍、脑外伤、脑肿瘤及革兰氏阴性杆菌败血症等均可刺激呼吸中枢引起呼吸中枢兴奋性升高，机体呼吸加深加快，导致肺泡通气量过大，CO_2 排出过多，使血浆 H_2CO_3 含量明显降低。

2. 药物引起 一些药物如水杨酸、铵盐类药物可直接兴奋呼吸中枢，导致换气过度，呼出大量 CO_2，从而使血浆 H_2CO_3 含量减少。

3. 低氧血症和肺疾患 初到高山、高原地区，由于外环境大气氧分压降低，吸入气体中氧分压过低及某些患有心肺、胸廓病变的患畜，因机体缺氧而刺激呼吸中枢，引起呼吸中枢兴奋，呼吸加深加快，CO_2排出增多。

4. 机体代谢亢进 外环境温度过高，如日射病、热射病及机体发热时，由于物质代谢亢进，产酸增多，加之高温血液的直接作用，可引起呼吸中枢的兴奋性升高，通气过度，CO_2排出过多引起呼吸性碱中毒。

5. 人工呼吸机使用不当 过度地使用人工呼吸机常由于通气量过大而出现呼吸性碱中毒。

（二）机体的代偿调节

1. 血液的缓冲调节 呼吸性碱中毒时血浆H_2CO_3含量下降，$NaHCO_3$浓度相对升高，$NaHCO_3$解离成Na^+和HCO_3^-，HCO_3^-与血浆HPr中解离释放出来的H^+及细胞内释放出来的H^+结合形成H_2CO_3，可使血浆内H_2CO_3的含量有所回升，$NaHCO_3$含量有所下降，即

$$NaHCO_3 \longrightarrow Na^+ + HCO_3^-$$
$$HCO_3^- + H^+ \longrightarrow H_2CO_3$$

2. 肺的代偿调节 呼吸性碱中毒时，由于CO_2排出过多，血浆CO_2分压降低，可抑制呼吸中枢，使呼吸变浅变慢，从而减少CO_2排出，CO_2与H_2O结合生成H_2CO_3，使血浆H_2CO_3含量有所回升。

3. 肾的代偿调节 肾的代偿调节通常只对慢性呼吸性碱中毒有意义。当发生慢性呼吸性碱中毒时，$PaCO_2$的降低使肾小管上皮细胞代偿性泌H^+和NH_3减少，而随尿液排出增多，肾小管液内HCO_3^-重吸收也随之减少，即HCO_3^-随尿排出增多，因此血浆中HCO_3^-代偿性降低，由于肾的代偿调节和细胞内缓冲，平均$PaCO_2$每降低10mmHg（1.3kPa），血浆HCO_3^-浓度下降5mmol/L，从而有效地避免了细胞外液pH发生大幅度变化。因为肾的代偿调节是缓慢的过程，需几天时间才能达到代偿高峰，急性的呼吸性碱中毒时肾来不及进行代偿。

4. 组织细胞的代偿调节 呼吸性碱中毒时，血浆H_2CO_3迅速减少，$PaCO_2$下降，HCO_3^-相对升高，此时细胞内缓冲物（如HHb、$HHbO_2$、细胞内蛋白质和磷酸盐等）及细胞代谢产生的乳酸解离出H^+与细胞外的Na^+和K^+交换，逸出至细胞外，并与HCO_3^-结合，因而血浆HCO_3^-浓度下降，H_2CO_3浓度有所回升，同时血浆中HCO_3^-又可转移进入红细胞，红细胞内Cl^-和CO_2逸出，促使血浆HCO_3^-降低而H_2CO_3升高。由于细胞外液中K^+进入细胞内，红细胞内Cl^-逸出细胞外，结果在血浆HCO_3^-下降的同时导致血钾降低，血氯升高。

经上述代偿后，如果HCO_3^-/H_2CO_3的值恢复到20/1，血浆pH在正常范围内，称为代偿性呼吸性碱中毒（compensated respiratory alkalosis）。如经过代偿，HCO_3^-/H_2CO_3的值仍大于20/1，血浆pH高于正常范围上限，则称为失代偿性呼吸性碱中毒（decompensated respiratory alkalosis）。

呼吸性碱中毒的血气分析参数变化如下：$PaCO_2$降低，pH升高，AB<SB，代偿后，代谢性指标继发性降低，AB、SB及BB均降低，BE负值加大。

（三）对机体的影响

呼吸性碱中毒比代谢性碱中毒更易出现头痛、眩晕，四肢及口鼻感觉异常，意识障碍

及抽搐等。由于pH升高，血浆中游离Ca^{2+}减少引起低血Ca^{2+}，从而引起患畜抽搐。由于碱中毒不仅能对脑功能造成损伤，而且低碳酸血症可引起脑血管收缩，使脑血流量减少，导致机体发生头痛、眩晕等神经系统功能障碍。据报道，$PaCO_2$下降2.6kPa（20mmHg），脑血流量可减少35%～40%。此外，呼吸性碱中毒时由于血清钾降低，心肌兴奋性升高，传导性降低，严重时引起心律失常。低血钾也可导致骨骼肌兴奋性降低，甚至发生麻痹。

（四）治疗原则

首先应去除引起通气过度的原因，治疗原发病。对急性呼吸性碱中毒可用塑料袋套于患畜的口鼻上使其反复吸回呼出的CO_2以维持血浆H_2CO_3浓度，有条件的可以吸入含5%CO_2的混合气体。对因缺钾引起心律失常、四肢麻痹的患畜应适当补钾，对四肢抽搐缺钙的患畜可静脉注射葡萄糖酸钙进行治疗。

六、单纯型酸碱平衡紊乱的判定

单纯型酸碱平衡紊乱主要靠血气分析诊断（表9-2）。

表9-2　单纯型酸碱平衡紊乱的判定

原发环节	pH	判定类型	原发环节	pH	判定类型
HCO_3^-↓	↓	代谢性酸中毒	$PaCO_2$↑	↓	呼吸性酸中毒
HCO_3^-↑	↑	代谢性碱中毒	$PaCO_2$↓	↑	呼吸性碱中毒

根据pH或H^+的变化，可判断是酸中毒还是碱中毒：凡pH低于正常值下限的则为酸中毒；而pH高于正常值上限的则为碱中毒。根据病史和原发性平衡紊乱可判断为代谢性还是呼吸性平衡紊乱。

七、单纯型酸碱平衡紊乱血气分析参数变化规律

单纯型酸碱平衡紊乱血气分析参数变化规律如表9-3所示。

表9-3　单纯型酸碱平衡紊乱血气分析参数变化规律

血气分析参数	代谢性酸中毒	呼吸性酸中毒	代谢性碱中毒	呼吸性碱中毒
pH	↓	↓	↑	↑
$PaCO_2$	↓（继发性）	↑	↑（继发性）	↓
AB	↓	↑	↑	↓（继发性）
SB	↓	↑	↑	↓（继发性）
BB	↓	↑	↑	↓（继发性）
BE		↑（+）	↑（+）	↑（-）
AB<SB	√			√
AB>SB		√	√	

注："↑"表示升高；"↓"表示降低；"+"表示BE正值增大；"-"表示BE负值增大。SB. 标准碳酸氢盐；AB. 实际碳酸氢盐；BB. 缓冲碱；BE. 碱剩余

第三节　混合型酸碱平衡紊乱

在疾病中，酸碱平衡紊乱的发展变化是很复杂的，酸中毒可演变为碱中毒，碱中毒也可演变为酸中毒。例如，代谢性酸中毒可因呼吸持续加快加深而转变为呼吸性碱中毒；猪、狗呕吐引起的代谢性碱中毒也可因饥饿、脱水而发展为酸中毒。在临床疾病中，在同一个体上两种或两种以上的酸碱平衡紊乱可同时并存或相继发生，称为混合型酸碱平衡紊乱（mixed acid-base disturbance）。通常将两种酸中毒或两种碱中毒合并存在，使pH向同一方向移动的情况称为酸碱一致型平衡紊乱。如果是一种酸中毒与一种碱中毒合并存在，使pH向相反方向移动时，称为混合型酸碱平衡紊乱。

一、酸碱一致型

酸碱一致型是指酸中毒、碱中毒不交叉发生。例如，呼吸性酸中毒合并代谢性酸中毒，呼吸性碱中毒合并代谢性碱中毒。

（一）呼吸性酸中毒合并代谢性酸中毒

这种类型最为多见，如脑炎、延脑损伤、延期麻醉、心跳和呼吸骤停、慢性阻塞性疾病合并心力衰竭或休克等病例，常由严重的通气障碍引起CO_2在体内滞留，导致呼吸性酸中毒。同时又因持续缺氧，大量酸性代谢产物在体内蓄积而发生代谢性酸中毒。在这种情况下，由于严重的通气障碍，HCO_3^-减少但不能通过呼吸代偿，而$PaCO_2$增高时，肾也不能代偿，两者不能相互代偿，呈严重失代偿状态，pH显著降低，并形成恶性循环，因此预后不良。由于细胞外液H^+浓度升高，可向细胞内渗透，而细胞内K^+移至细胞外，以保持细胞膜两侧正电荷平衡，因此血浆K^+浓度升高。重症高血钾可引起心肌收缩力减弱、心肌自律性和传导性降低，心律失常，甚至引起心脏骤停。

血气指标：SB、AB及BB均降低，AB>SB，AG增大。

（二）呼吸性碱中毒合并代谢性碱中毒

这种情况主要见于带有呕吐的热性传染病。例如，犬瘟热时，病犬高热稽留，并伴有剧烈呕吐。高热引起呼吸加深加快，通气过度导致呼吸性碱中毒，同时又因为剧烈呕吐，大量酸性胃液丢失而引起代谢性碱中毒。此外，败血症、严重创伤和肝功能衰竭的患畜分别由于细菌毒素、疼痛和高血氨等因素刺激呼吸中枢而出现通气过度，从而引起呼吸性碱中毒，以及伴有呕吐或者加上利尿剂应用不当而造成代谢性碱中毒。因二者均向碱性方面发展，$PaCO_2$降低，血浆HCO_3^-浓度升高，两者之间看不到相互代偿的关系，呈严重失代偿状态，pH明显升高，因此预后较差。由于细胞外液H^+浓度低，因此细胞内H^+移至细胞外，而细胞外K^+渗透到细胞内，故血浆K^+浓度降低。低血钾可导致动物精神萎靡，心率加快、节律不整，肌肉无力，甚至麻痹；消化道平滑肌兴奋性降低，收缩力减弱，引起动物食欲不振、消化不良、便秘，严重的发生麻痹性肠梗阻。

血气指标：SB、AB、BB均升高，AB<SB，$PaCO_2$降低。

二、酸碱混合型

酸碱混合型是指酸中毒、碱中毒交叉发生。例如，代谢性酸中毒合并代谢性碱中毒，代谢性酸中毒合并呼吸性碱中毒，呼吸性酸中毒合并代谢性碱中毒。

（一）代谢性酸中毒合并代谢性碱中毒

这种情况可见于发生尿毒症或糖尿病并伴发严重呕吐的动物，尿毒症或糖尿病可引起代谢性酸中毒，而呕吐导致胃酸大量丢失而引起代谢性碱中毒。因二者pH向相反方向发展，因此血浆pH改变不明显，有时可在正常范围内。

（二）代谢性酸中毒合并呼吸性碱中毒

这种情况见于严重的心肺疾病、肾功能衰竭并伴有高热或机械通气过度的动物，可在代谢性酸中毒的基础上因过度通气而合并发生呼吸性碱中毒。此外，水杨酸、酮体、乳酸等有机酸生成增多会引起动物发生代谢性酸中毒后，由于水杨酸盐刺激呼吸中枢引起过度通气继而发生呼吸性碱中毒。此时pH可在正常范围，也可能升高或降低。HCO_3^-和$PaCO_2$均降低。

（三）呼吸性酸中毒合并代谢性碱中毒

这种情况较少见，主要见于慢性阻塞性肺疾患的患畜发生慢性呼吸性酸中毒时，又因为剧烈呕吐排出大量酸性胃液而引发代谢性碱中毒，或因为防治心力衰竭而应用大量排钾利尿剂时，因Cl^-和K^+的丢失而发生代谢性碱中毒。血浆pH可在正常范围内，也可升高或降低，$PaCO_2$和血浆HCO_3^-浓度均升高，AB、SB、BB均升高，BE正值加大。

三、混合型酸碱平衡紊乱的判定

混合型酸碱平衡紊乱比较复杂，根据机体代偿调节的方向性和代偿预计值及代偿限度，可以做出混合型酸碱平衡紊乱的判定。

（一）代偿调节的方向性

1. $PaCO_2$与HCO_3^-变化方向相反者为酸碱一致型混合型酸碱平衡紊乱　　酸碱一致型混合型酸碱平衡紊乱，除pH发生显著变化外，$PaCO_2$与HCO_3^-的变化方向一定是相反的。例如，心跳呼吸骤停时，呼吸停止使$PaCO_2$急剧升高，引起呼吸性酸中毒，而代谢紊乱引起的乳酸堆积，使HCO_3^-明显减少，引起代谢性酸中毒。

2. $PaCO_2$与HCO_3^-变化方向一致者为酸碱混合型酸碱平衡紊乱　　一种酸中毒合并一种碱中毒的混合型酸碱平衡紊乱，$PaCO_2$与HCO_3^-的变化方向是一致的。例如，由肺通气功能障碍引起呼吸性酸中毒时，$PaCO_2$原发性升高，通过肾的调节，HCO_3^-代偿性升高，此时，如使用大量排钾利尿剂或出现呕吐，都可引起Cl^-和K^+的丧失而发生代谢性碱中毒，此时血浆HCO_3^-也有原发性升高。患者$PaCO_2$与HCO_3^-浓度均明显升高，而pH无显著变化。此时，单靠pH、病史及$PaCO_2$与HCO_3^-的变化方向已难以区别患者是单纯型酸碱平衡紊乱，还是酸碱混合型酸碱平衡紊乱，需要从代偿预计值和代偿限度来进一步分析判断。

（二）代偿预计值和代偿限度

代偿公式也是简便有效地区别单纯型与混合型酸碱平衡紊乱的手段。单纯型酸碱平衡紊乱时，机体的代偿变化应在一个适宜的范围内，如超过代偿范围即混合型酸碱平衡紊乱。

根据单纯型酸碱平衡紊乱的代偿公式可以有效地区别单纯型与混合型酸碱平衡紊乱，见表9-4。

表9-4 常用单纯型酸碱平衡紊乱的预计代偿公式

原发失衡	原发性变化	继发性代偿	预计代偿公式	代偿时限
代谢性酸中毒	$[HCO_3^-]\downarrow$	$PaCO_2\downarrow$	$PaCO_2=1.5\times[HCO_3^-]+8\pm2$	12～24h
			$\Delta PaCO_2=1.2\Delta[HCO_3^-]\pm2$	
代谢性碱中毒	$[HCO_3^-]\uparrow$	$PaCO_2\uparrow$	$\Delta PaCO_2=0.7\Delta[HCO_3^-]\pm5$	12～24h
呼吸性酸中毒	$[HCO_3^-]\uparrow$	$PaCO_2\uparrow$		
急性			$\Delta[HCO_3^-]=0.1\Delta PaCO_2\pm1.5$	几分钟
慢性			$\Delta[HCO_3^-]=0.35\Delta PaCO_2\pm3$	3～5d
呼吸性碱中毒	$[HCO_3^-]\downarrow$	$PaCO_2\downarrow$		
急性			$\Delta[HCO_3^-]=0.2\Delta PaCO_2\pm2.5$	几分钟
慢性			$\Delta[HCO_3^-]=0.5\Delta PaCO_2\pm2.5$	3～5d

资料来源：金惠铭和王建枝，2008
注：①有 Δ 为变化值，无 Δ 表示绝对值；②代偿时限是指体内达到最大代偿反应所需的时间

（三）以AG值判断代谢性酸中毒的类型及混合型酸碱平衡紊乱

AG值是区分代谢性酸中毒类型的标志，也是判断单纯型或混合型酸碱平衡紊乱的重要指标。在病情较为复杂的患畜，计算AG值能将潜在的代谢性酸中毒显露出来。例如，某肺心病、呼吸衰竭合并肺性脑病患者，用利尿剂、激素等治疗，血气及电解质检查为：pH 7.43，$PaCO_2$ 61mmHg（8.1kPa），$[Na^+]$ 140mmol/L，$[K^+]$ 3.5mmol/L，$[HCO_3^-]$ 38mmol/L，$[Cl^-]$ 74mmol/L。该患者$PaCO_2$原发性增高，为慢性呼吸性酸中毒，计算$[HCO_3^-]$代偿预计值应为（31.4±3）mmol/L，实测值为38mmol/L，表示有代谢性碱中毒存在。计算AG值，AG=140－38－74=28，明显升高，说明患畜还有代谢性酸中毒存在。

小 结

本章从定义、发病原因、发生机制、机体的代偿调节、对机体的影响及如何进行判断等方面对机体血浆酸碱平衡紊乱进行了叙述。要了解和掌握各类酸碱平衡紊乱的始发环节及机体的各种代偿调节途径，根据血气分析参数变化并结合临床实际，做出正确的诊断和治疗。在酸碱平衡紊乱中代谢性酸中毒在临床上最常见，要熟悉掌握其发病原因、发生机制及机体的代偿调节。另外，在疾病中酸碱中毒的发展变化是很复杂的，机体可能发生的是一种酸中毒或碱中毒，也可能是两种或两种以上的酸碱平衡紊乱合并发生，既可能是单纯型的酸中毒或碱中毒，也可能是酸碱混合型的。另外，根据不同的发病时间，酸碱中毒

之间还可能发生相互转变。例如，由缺氧、发热等原因引起体内酸性物质过多而导致代谢性酸中毒时，可因为pH降低、H^+增多刺激呼吸中枢兴奋，呼吸持续加深加快，因通气过度，CO_2排出过多而转变为呼吸性碱中毒；动物剧烈呕吐因为丢失大量胃酸而引起代谢性碱中毒时，也可因饥饿、脱水、酸性产物在体内蓄积而发展为代谢性酸中毒。因此，在兽医临床疾病诊断和治疗中，要不断总结经验，不仅需要配合血气分析检验，还需要明确掌握患病动物的病情及病史做好分析，这样才能有助于进一步提高诊断准确率和有效性。

思 考 题

1. 动物机体为什么会发生酸碱平衡紊乱？机体内酸性、碱性物质的来源有哪些？

2. 机体对酸碱平衡紊乱有哪些代偿机制？每个方面的代偿能力、代偿速度和适应范围是什么？

3. 为什么代谢性酸中毒是机体最常见、最多发的一种酸碱平衡紊乱？

4. 反映机体酸碱平衡状况的指标有哪些？正常值是多少？有何意义？

5. 如何进行酸碱平衡紊乱的判断？

（吴长德）

第十章　缺　氧

家畜在其生长、发育、繁殖和使役等各种生命活动过程中，都需要能量，能量来源于动物组织细胞内进行的生物氧化，而氧气是参与生物氧化必不可少的物质，但氧气在体内的储量极少，必须依靠外界环境氧的供应和通过呼吸、血液、血液循环不断地完成氧的摄取和运输，以保证组织细胞内生物氧化的需要。因此，生命的存在必须依赖于氧气，一旦缺乏氧气，生命即很快结束。

家畜临诊上缺氧极为常见，如动物一氧化碳中毒、动物食用未煮熟或发酵的烂白菜中毒就是机体血红蛋白数量减少或性质改变，以致血液携带氧的能力降低或血红蛋白结合的氧不易释出所引起的组织缺氧。还有其他一些血液循环系统、呼吸系统的疾病及某些化学物质的中毒都可引起缺氧，它是家畜死亡的直接原因之一。

第一节　缺氧概述

一、正常家畜氧的摄取、运输和利用

正常情况下，氧的获得和利用是一个复杂的过程，包括外呼吸、气体运输及内呼吸。外呼吸是指机体通过肺的通气功能不断将大气中的氧吸入肺泡；气体运输是指肺泡中的氧弥散入血与血液中的血红蛋白结合并随血液循环运送到全身各个组织器官的细胞；内呼吸是指到达组织的氧进入细胞被线粒体利用产生能量，完成生物氧化过程。因此，体内供氧的多少取决于4个方面：一是氧的供应，即机体所处环境中大气氧分压和氧含量的高低；二是氧的摄取，即肺的通气和换气（气体弥散）；三是氧的运输，即进入血液中的氧分子与血红蛋白结合，经血液循环输送到各个器官和组织，并通过细胞内的载氧蛋白储存和输送；四是组织、细胞对氧的利用。其中任一环节发生障碍，都会引起缺氧，导致机体功能、代谢和形态结构的改变。

二、缺氧的概念

缺氧（hypoxia）是指组织（细胞）氧供应不足或用氧障碍，从而引起细胞代谢、功能以致形态结构发生异常变化的病理生理过程。

缺氧不是一种单独的疾病，而是多种疾病的一种共同的病理生理过程。机体在缺氧时会发生一系列的变化（包括功能、代谢及形态结构的变化），有的变化对机体有利，如呼吸加强和红细胞生成加速等；有的则有害于机体，如缺氧引起细胞功能障碍或死亡。

三、常用血氧指标及意义

缺氧的本质是组织（细胞）氧供应不足或用氧障碍而引起的代谢、功能，甚至形态结构的异常改变。临床上可依据血氧指标的变化判断组织氧的供应和利用状况。

组织氧的供应不仅与血液中氧的含量有关，而且与组织的血流量有关。组织的供氧＝

动脉血氧含量×组织血流量；组织的耗氧量＝（动脉血氧含量—静脉血氧含量）×组织血流量。因此血氧指标是反映组织氧气供应和消耗的重要指标。

常用的血氧指标有以下5种。

（一）血氧分压

血氧分压（partial pressure of oxygen，PO_2）为溶解于血液中的氧所产生的张力。在海平面静息状态下，正常人动脉血氧分压（PaO_2）约为13.3kPa，取决于吸入气体的氧分压和肺的呼吸功能，随着海拔的升高，大气压下降，动脉血氧分压也相应下降，氧的供应相应减少。静脉血氧分压（PvO_2）正常时约为5.32kPa，若PaO_2正常，PvO_2则主要取决于组织摄氧和利用氧的能力，它可反映内呼吸状况。

（二）血氧容量

血氧容量（oxygen binding capacity，CO_2max）是指100ml血液中血红蛋白（hemoglobin，Hb）完全氧合所能携带的最大氧量。每克Hb结合氧的最大量是1.34ml，正常人100ml血液Hb为15g，氧容量应为1.34ml/g×15g/dl，正常时约为20ml/dl。其大小取决于血液中的血红蛋白的质（与O_2结合能力）和血红蛋白的量，血氧容量大小反映了血液携带氧的能力。

各种家畜的血红蛋白量差别很大（牛为8.0～15.0g；马为11.0～19.0g；猪为10.0～16.0g；绵羊为9.0～15.0g），如以12g计算，则100ml血液约可结合16ml氧。

（三）血氧含量

氧在血液中的运输有物理溶解和与血红蛋白（Hb）化学结合两种方式。与血红蛋白结合是氧运输的主要形式。

血氧含量（oxygen content，CO_2）是指100ml血液实际带氧量，包括血红蛋白实际结合的氧和极小量溶解于血浆的氧（通常仅0.3ml/dl），故血氧含量主要指血液中血红蛋白结合的氧，人的动脉血氧含量（CaO_2）为19ml/dl，静脉血氧含量（CvO_2）为14ml/dl。血氧含量取决于血氧分压和血氧容量（血红蛋白的质和量）。

（四）血氧饱和度

血氧饱和度（oxygen saturation，SO_2）是指血红蛋白与氧结合的百分数：

$$SO_2＝（血氧含量—溶解氧量）/血氧容量×100\%$$

正常动脉血氧饱和度（SaO_2）为95%～97%；静脉血氧饱和度（SvO_2）约为75%。

血氧饱和度主要取决于血氧分压，两者的关系可用氧合血红蛋白解离曲线［oxyhemoglobin dissociation curve，简称氧解离曲线（oxygen dissociation curve）］表示（图10-1）。曲线较陡峭部分相当于氧与Hb解离并向组织释放的值，平坦段代表Hb在肺部与氧结合的值，它保证当肺泡气体PO_2在一定范围内降低时不致发生明显的低氧血症。当红细胞内温度下降、H^+降低、2,3-二磷酸甘油酸（2,3-diphosphoglyceric acid，2,3-DPG）浓度降低、CO_2浓度下降时，都可使氧与Hb的亲和力增强，在相同氧分压下血氧饱和度升高，氧解离曲线左移，降低了向组织供氧的能力，但有利于Hb在肺部结合氧；相反，氧与Hb的亲和力减弱，氧解离曲线右移，有利于Hb向组织释放更多的氧，但也影响Hb在肺部结合氧。

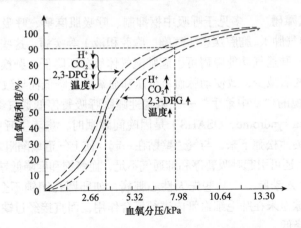

图 10-1 氧合血红蛋白解离曲线及其影响因素

由于氧合血红蛋白解离曲线的特性，肺泡气体PO_2为13.566kPa时，Hb几乎完全为氧饱和，所以在高压环境（如潜水）时，尽管肺泡气体PO_2可高达66.5kPa，但Hb已不能结合更多的氧，物理性溶解氧也仅增加到1.5ml/100ml，动脉血氧含量变化很小。另外，进入高原低氧环境，当肺泡气体PO_2下降但不低于7.98kPa时，Hb的氧饱和度接近于90%，每100ml血液仅比在海平面时少携带2ml的氧，组织的PO_2仍能保持在1.995～6.65kPa。Hb的这种特性，在一定程度上保护了组织，使其免受高压氧的毒性和缺氧的损害。

（五）动静脉血氧差

动静脉血氧差是指动脉血氧含量和静脉血氧含量的差值，即100ml血液从动脉流到静脉血氧含量降低了多少，也就是说组织细胞利用了多少。由于各组织器官耗氧量不同，动静脉血氧差不尽一致。一般组织为19ml/dl-14ml/dl＝5ml/dl，即通常100ml血液流经组织时约有5ml氧被利用。当血红蛋白含量减少，血红蛋白与氧的亲和力异常增强，组织氧化代谢减弱或动-静脉分流时，动静脉血氧差变小；反之则增大。

第二节 缺氧的原因、类型与发生机制

根据缺氧的原因和血氧变化特点，可以将缺氧分为以下4种类型。

一、低张性缺氧

低张性缺氧（hypotonic hypoxia）是指动脉血氧分压下降，导致动脉血氧含量减少，组织供氧不足而引起的缺氧，又称低张性低氧血症（hypotonic hypoxemia）或乏氧性缺氧（hypoxic hypoxia）。

（一）原因与机制

1. 大气中氧分压降低 多见于海拔3000m以上的高山或高空，也可发生于拥挤或通风不良的畜舍，由于空气中氧分压低，氧含量少，肺泡气体的氧分压降低，因而流过肺泡的动脉血氧分压与氧含量也相应降低，呈现低氧血症。

2. 通气或换气障碍　　多见于呼吸中枢抑制、呼吸肌麻痹、呼吸道阻塞、肺部疾患（肺炎、肺水肿及肺气肿）、胸腔疾患（气胸、胸腔积液）等疾病，这些疾病都可引起肺通气和换气功能障碍，肺通气功能障碍可引起肺泡气体氧分压降低；肺换气功能障碍使流经肺泡扩散到血液中的氧减少，致使动脉血氧分压和血氧含量降低而导致缺氧。

近年来颇受重视的"梦中杀手"——阻塞性睡眠呼吸暂停低通气综合征（obstructive sleep apnea-hypopnea syndrome，OSAHS）是因晚间睡眠时，患者上呼吸道，即由舌底到喉咙一段的肌肉，突然松弛下来，与气道壁贴在一起，使上气道塌陷阻塞，不能输送空气。患者除鼾声大作外，还可引起呼吸暂停和肺通气不足，血氧饱和度降低导致机体缺氧。

3. 静脉血分流入动脉　　某些先天性心脏病，如卵圆孔闭锁不全、室间隔缺损等，由于右心的部分静脉血未在肺毛细血管内进行氧合作用，而直接经过缺损处流入左心，故左心动脉血氧分压降低。

（二）血氧变化特点

低张性缺氧时，血氧分压、血氧饱和度、血氧含量和动静脉血氧差降低，血氧容量正常。如果由于慢性缺氧，单位容积血液内红细胞数和血红蛋白量增多，则血氧容量增加。

低张性缺氧时，PaO_2降低，血氧含量减少，使同量血液弥散供组织利用的氧减少，故动静脉血氧差一般减小。如慢性缺氧使组织利用氧的能力代偿性增强，则动静脉血氧差也可无明显变化。

氧从血液向组织弥散的动力是二者之间的氧分压差，正常PaO_2约为13.3kPa，细胞内的氧分压为0.798～5.32kPa，若PaO_2过低，则使氧的弥散速度减慢，最终导致组织缺氧。根据氧合血红蛋白解离曲线的特点，即氧分压在7.98kPa以上时，氧合血红蛋白解离曲线近似水平线，在7.98kPa以下曲线斜率较大，所以PaO_2降至7.98kPa以下才会使SO_2及CaO_2显著减少，可能引起组织缺氧。

正常情况下，毛细血管中脱氧血红蛋白的平均浓度为2.6g/dl。低张性缺氧时，动脉血和静脉血中氧合血红蛋白含量降低，脱氧血红蛋白增多。当毛细血管血液中脱氧血红蛋白的平均浓度超过5g/dl时，皮肤和黏膜呈青紫色，称为发绀（cyanosis）。

发绀是缺氧的表现，但缺氧患者因缺氧类型不同不一定都表现发绀现象，如大多数血液性缺氧患者可无发绀；有发绀的患者也可以无缺氧，如红细胞增多症。

二、血液性缺氧

由于血红蛋白数量减少或性质改变，血液携带氧的能力降低或血红蛋白结合的氧不易释出所引起的组织缺氧称为血液性缺氧（hemic hypoxia）。此时血氧分压和血氧饱和度正常，故又称为等张性缺氧（isotonic hypoxia）。

（一）原因与机制

1. 贫血（anemia）　　各种原因引起的贫血，单位容积血液内红细胞数和血红蛋白量减少，虽然PaO_2和血氧饱和度正常，但血氧容量降低，血氧含量随之减少，又称为贫血性缺氧（anemic hypoxia）。

虽然由血红蛋白携带的氧减少，但由于单位容积的红细胞数减少，血液黏度降低，血流加快，运输氧的能力提高（单位时间内血液给组织运输的氧量以血细胞压积为30%时最高），一般当贫血使血细胞压积低于20%时，才会引起组织对氧供给不足。

2. 一氧化碳中毒 正常情况下，红细胞崩解时亚铁血红素的吡咯环裂解可产生少量一氧化碳（carbon monoxide，CO），可与血红蛋白结合成为碳氧血红蛋白（carboxyhemoglobin，HbCO）。CO与血红蛋白结合的速率虽仅为O_2与血红蛋白结合速率的1/10，但HbCO的解离速度却为氧合血红蛋白（oxyhemoglobin，HbO_2）的1/2100，因而CO与血红蛋白的亲和力是O_2的210倍，Hb与CO一旦结合后就不易与O_2结合。

此外，CO还能抑制红细胞内糖酵解，使2,3-DPG生成减少，氧解离曲线左移，HbO_2中的氧不易释出；一个血红蛋白分子虽然可同时与CO和O_2结合，但这种血红蛋白所携带的O_2也很难释放，因为CO与血红蛋白分子中某个血红素结合后，将使其余3个血红素对氧的亲和力增大，血红蛋白中已结合的氧释放减少。

因此，CO中毒既妨碍血红蛋白与O_2的结合，又妨碍O_2的释放，从而造成组织严重缺氧。当吸入含0.5%CO的气体时，血中HbCO仅在20～30min就可高达70%，中毒者将死于心脏和呼吸衰竭。

一氧化碳中毒的患畜可视黏膜呈现樱桃红色，因为碳氧血红蛋白（HbCO）颜色呈现樱桃红色，故一氧化碳中毒的患畜皮肤黏膜呈现樱桃红色，但缺氧严重时由于皮肤血管收缩，皮肤、黏膜可呈苍白色。

3. 高铁血红蛋白血症（methemoglobinemia） 生理情况下，血液中不断形成极少量的高铁血红蛋白，又不断地被血液中的还原剂如NADH、抗坏血酸、还原型谷胱甘肽（reduced glutathione）等还原为二价铁的血红蛋白，使正常血液中高铁血红蛋白含量仅占血红蛋白的1.7%以下。

某些化学物质如亚硝酸盐、过氯酸盐、磺胺等氧化剂中毒时，血红蛋白的二价铁，在上述氧化剂的作用下可氧化成三价铁，形成高铁血红蛋白（methemoglobin，$HbFe^{3+}OH$），也称变性血红蛋白或羟化血红蛋白。高铁血红蛋白的三价铁因与羟基牢固结合而丧失携带氧的能力，加上血红蛋白分子的4个二价铁中有一部分氧化为三价铁后还能使剩余的Fe^{2+}与氧的亲和力增高，导致氧解离曲线左移，使组织缺氧。

临床上，高铁血红蛋白血症较常见于猪食用未煮熟的烂白菜，经肠道细菌作用（反刍动物在瘤胃）将硝酸盐还原为亚硝酸盐，吸收入血可使大量血红蛋白氧化成高铁血红蛋白，从而导致高铁血红蛋白血症。

各种家畜对亚硝酸盐中毒的敏感性不同，最敏感的是猪，其次是为牛、绵羊和马。亚硝酸盐中毒的动物主要表现为流涎、腹痛、腹泻、呕吐、呼吸困难和肌肉震颤，皮肤及可视黏膜呈棕褐色（咖啡色），因为高铁血红蛋白呈棕褐色（咖啡色）。

4. 血红蛋白与氧的亲和力异常增强 如输入大量库存血液，由于库存血液中红细胞2,3-DPG含量低，可使氧解离曲线左移，使血红蛋白与氧的亲和力增强，血红蛋白携带的氧不易释出，从而使组织缺氧。

（二）血氧变化特点

血液性缺氧患畜由于外呼吸功能正常，故PaO_2及血氧饱和度正常，但因血红蛋白数量减少或性质改变，动脉血氧容量和动脉血氧含量一般减小。

　　贫血患畜尽管PaO_2正常，但由于动脉血氧含量降低，随着氧向组织中释出，毛细血管内平均氧分压降低较快，低于正常数值，不能继续维持毛细血管血液和组织细胞氧分压梯度，弥散到组织细胞的氧减少，故使组织缺氧，动静脉血氧差低于正常。

　　一氧化碳中毒和高铁血红蛋白血症时，组织缺氧主要是由于血红蛋白与氧的亲和力增加，结合的氧不易释放，动静脉血氧差也低于正常。

三、循环性缺氧

　　循环性缺氧（circulatory hypoxia）是指组织血流量减少使组织供氧不足，又称低动力性缺氧（hypokinetic hypoxia）。

　　循环性缺氧还可分为缺血性缺氧（ischemic hypoxia）和淤血性缺氧（congestive hypoxia）。前者是由于动脉压降低或动脉阻塞，毛细血管床血液灌注量减少；后者则由于静脉压升高，血液回流受阻，导致毛细血管床淤血。

（一）原因与机制

　　循环性缺氧时血流量减少可为全身性的，也可为局部的。

　　1. 全身性循环障碍　　见于休克和心力衰竭。休克病畜心输出量的减少比心力衰竭者更严重，全身循环性缺氧也更严重，病畜可因心、脑、肾等重要器官严重缺氧而发生多器官功能衰竭而死亡。

　　2. 局部性循环障碍　　见于栓塞，血管病变如肺动脉栓塞、动脉粥样硬化等。局部血液循环障碍的后果主要取决于发生部位，心肌梗死、脑梗死、急性肺动脉栓塞是常见的致死原因。

（二）血氧变化特点

　　单纯性循环性缺氧时，PaO_2、动脉血氧容量、血氧含量和血氧饱和度均正常。全身性循环障碍累及肺，如左心衰竭引起肺水肿或休克引起急性呼吸窘迫综合征时，可因肺泡气体与血液交换障碍而合并呼吸性（低张性）缺氧，此时患者PaO_2、动脉血氧含量和血氧饱和度可降低。

　　由于缺血或淤血，血流缓慢使血液流经毛细血管的时间延长，细胞从单位容量血液中摄取的氧量增多，静脉血氧含量降低，致使动静脉血氧差大于正常。但由于供应组织的血液总量降低，弥散到组织细胞的总氧量减少，不能满足细胞的需要而发生缺氧，进一步导致代谢产物不能及时排出，从而损害细胞的正常功能。

　　在缺血性缺氧的患畜，因供应组织的血量不足，皮肤表现为苍白。在淤血性缺氧的患畜，血液淤滞在毛细血管床，并积聚了更多的脱氧血红蛋白，可出现发绀现象。

四、组织性缺氧

　　组织性缺氧（histogenous hypoxia）是指组织细胞的生物氧化过程发生障碍，不能有效地利用氧而导致的组织细胞缺氧，又称氧化障碍性缺氧（dysoxidative hypoxia）。

（一）原因与机制

　　1. 抑制细胞氧化磷酸化　　细胞色素分子中的铁通过可逆性氧化-还原反应进行电子

传递，是氧化-磷酸化的关键步骤。各种氰化物如HCN、KCN、NaCN和NH$_4$CN等可经消化道、呼吸道或皮肤进入患畜体内，迅速与氧化型细胞色素氧化酶的三价铁结合成氰化高铁细胞色素氧化酶，阻碍其还原为二价铁的还原型细胞色素氧化酶，使呼吸链的电子传递无法进行，组织利用氧障碍。此外，硫化物、砷化物和甲醇也能抑制细胞色素氧化酶而影响氧化-磷酸化过程；鱼藤酮和巴比妥等可抑制电子从NADH向CoQ传递；抗霉菌素A和苯乙双胍等可抑制电子从细胞色素b向细胞色素c的传递，均可阻断呼吸链，引起中毒性缺氧。

2. 线粒体损伤　　细菌毒素、钙超载、大剂量放射线照射和高压氧通过氧自由基生成过多等均可抑制线粒体呼吸功能甚至导致线粒体结构损伤，引起细胞生物氧化障碍。

3. 呼吸酶合成障碍　　维生素B$_1$是丙酮酸脱氢酶的辅酶成分，脚气病患者可因丙酮酸氧化脱羧障碍，影响细胞有氧氧化过程。维生素PP是辅酶Ⅰ和辅酶Ⅱ的组成成分，核黄素是黄酶的辅酶，均参与氧化还原反应。这些维生素严重缺乏，也可导致细胞利用氧障碍。

（二）血氧变化特点

组织性缺氧时，PaO$_2$、动脉血氧含量和血氧饱和度一般均正常。由于细胞生物氧化过程受损，不能充分利用氧，故静脉血氧分压和血氧含量均高于正常，动静脉血氧差减小。由于组织利用氧障碍，毛细血管中氧合血红蛋白的量高于正常，患者皮肤、黏膜常呈鲜红色或玫瑰红色。

各型缺氧血氧变化特点见表10-1。

表10-1　各型缺氧血氧变化特点

缺氧类型	动脉血氧分压	血氧容量	动脉血氧含量	动脉血氧饱和度	动静脉血氧差
低张性缺氧	↓	N 或 ↑	↓	↓	↓ 或 N
血液性缺氧	N	↓ 或 N	↓	N	↓
循环性缺氧	N	N	N	N	↑
组织性缺氧	N	N	N	N	↓

注："↓"表示降低；"↑"表示升高；"N"表示正常

第三节　缺氧对机体的影响

缺氧对动物机体的影响，取决于缺氧发生的程度、速度、持续时间和机体的功能代谢状态。轻度缺氧主要引起机体的代偿反应，重度缺氧而机体代偿不全时，则出现代谢功能障碍，甚至引起局部组织、细胞坏死或机体死亡。机体在急性缺氧时往往来不及充分发挥代偿作用，以损伤表现为主；而慢性缺氧时，机体的代偿反应和缺氧的损伤作用并存。各型缺氧引起的变化既有相似之处又各具特点，以下主要以低张性缺氧为例，介绍缺氧时机体功能与代谢的变化。

一、呼吸系统的变化

（一）代偿性变化

1. 低张性缺氧时呼吸系统的代偿性反应主要体现在胸廓呼吸运动增强，肺通气量增

加　　PaO$_2$在7.98~13.3kPa时，肺通气量几乎没有变化；低于7.98kPa时可刺激颈动脉体和主动脉体的外周化学感受器，反射性地引起呼吸加深、加快，胸廓呼吸运动增强，从而使肺泡通气量增加，肺泡气体氧分压升高，PaO$_2$可得以回升。胸内负压增大，还可促进静脉回流，增加心输出量和肺血流量，有利于血液摄取和运输更多的氧。肺通气量增加是对急性缺氧最重要的代偿性反应，此反应的强弱存在显著的个体差异，代偿良好者肺通气增加较多，PaO$_2$比代偿不良者高。

2. 低张性缺氧所引起的肺通气变化与缺氧持续的时间有关

1）急性缺氧早期肺通气增加较少，持续一段时间后肺通气量明显增加。例如，刚到达4000m高原时，缺氧使肺通气量即刻增加，约比居住在海平面者高65%；数日后，肺通气量可增至海平面的5~7倍；可能因为缺氧早期肺通气量增加使CO$_2$排出过多，引起低碳酸血症和呼吸性碱中毒，对呼吸中枢有抑制作用，限制了肺通气量的明显增加。2~3d后，由于脑脊液中HCO$_3^-$逐渐通过血-脑屏障进入血液，并经肾代偿性排出，脑组织pH逐渐恢复正常，消除了pH升高对呼吸中枢的抑制作用，此时缺氧对呼吸的兴奋作用充分显现，肺通气量明显增加。

2）长期缺氧使肺通气反应减弱，是一种慢性适应过程，有一定的代偿意义。例如，久居高原后，肺通气量逐渐回降至仅比海平面者高15%左右。久居高原使肺通气量回降，可能与长期的低张性缺氧，致使外周化学感受器对缺氧的敏感性降低，肺通气反应减弱有关。因为肺通气每增加1L，呼吸肌耗氧增加0.5ml，长期呼吸运动增强使呼吸肌耗氧量增加而加剧机体氧的供求矛盾，对机体不利。

血液性缺氧和组织性缺氧的患畜因PaO$_2$正常，故呼吸系统的代偿不明显，循环性缺氧若累及肺循环发生肺淤血、水肿时，可出现呼吸加快的代偿反应。

（二）损伤性变化

1. 急性低张性缺氧，可发生肺水肿　　见于人或家畜进入海拔4000m以上的高原后1~4d内，出现呼吸困难、胸闷、咳嗽、可视黏膜发绀、血性泡沫痰，甚至神志不清。一般把该病称为高原肺水肿，因高原肺水肿的动物模型难以复制成功，其发病机制至今尚不清楚。

2. 中枢性呼吸衰竭　　PaO$_2$过低可直接抑制呼吸中枢。当PaO$_2$<3.99kPa时，缺氧对呼吸中枢的直接抑制作用超过PaO$_2$降低对外周化学感受器的兴奋作用，发生中枢性呼吸衰竭。表现为呼吸抑制，呼吸节律和频率不规则，肺通气量减少。临床上常见以下3种呼吸方式：①浅而慢的呼吸和呼吸加强与减弱、减慢交替出现，称为周期性呼吸（periodic breathing）；②呼吸逐渐增强、增快再逐渐减弱、减慢与呼吸暂停交替出现，称为陈-施呼吸（Cheyne-Stokes respiration）；③在一次或多次强呼吸后，继以长时间呼吸停止，之后再次出现数次强的呼吸，这种出现间停的呼吸称为比奥呼吸（Biot breathing）。

二、循环系统的变化

（一）代偿性变化

低张性缺氧引起的循环系统的代偿性反应主要表现为心输出量增加、肺血管收缩、血流重新分布和毛细血管增生。

1. 心输出量增加　　心输出量增加的机制是：①PaO_2降低引起胸廓运动增强，可刺激肺的牵张感受器，反射性地兴奋交感神经，导致心率加快；②PaO_2降低引起交感神经兴奋，儿茶酚胺释放增多，作用于心肌细胞β-肾上腺素能受体，使心肌收缩性增强；③低张性缺氧时，胸廓呼吸运动及心脏活动增强，可导致静脉回流量增加和心输出量增多。

低张性缺氧时心输出量增加，虽然单位容积的血氧含量可能不增加，但供应组织细胞的血量增多，可提高组织的供氧量，对急性缺氧有一定的代偿意义。

2. 肺血管收缩　　肺循环的主要功能是使血液充分氧合，肺血管对缺氧的反应与体循环血管相反。当某部分肺泡气体氧分压降低时，可引起该部位肺小动脉收缩，称为缺氧性肺血管收缩，是肺循环独有的生理现象。急性缺氧引起肺血管收缩，使缺氧肺泡的血流量减少，血流转向通气充分的肺泡，是维持通气和血流比相适应的代偿性保护机制。

缺氧引起肺血管收缩的机制较为复杂，主要涉及下列3个方面。①缺氧直接对血管平滑肌作用：不同的血管对缺氧的反应不相同，这与血管平滑肌细胞的钾通道分布有关。血管平滑肌细胞上有电压依赖性钾通道（K_v）、Ca^{2+}激活性钾通道（K_{Ca}）和ATP敏感性钾通道（K_{ATP}）3种类型，其中K_v是决定肺动脉平滑肌细胞静息膜电位的主要钾通道。缺氧可经多种途径使K_v开放减少，K^+外流减少，膜电位降低，细胞膜去极化，从而激活电压依赖性钙通道开放，Ca^{2+}内流增加，引起肺血管平滑肌收缩；胞质游离钙增加致K_{Ca}开放；ATP减少使K_{ATP}开放，后两者均可增加外向钾电流，引起细胞膜超极化，致平滑肌松弛和血管舒张。肺小动脉平滑肌细胞以含K^+为主的多，对缺氧呈收缩反应；心、脑血管平滑肌细胞以含K_{Ca}和K_{ATP}为主，对缺氧呈舒张反应。②体液因素作用：缺氧时肺血管内皮细胞、肺泡巨噬细胞、肥大细胞等合成和释放多种血管活性物质，其中包括血管紧张素Ⅱ（angiotensinⅡ，AngⅡ）、内皮素（endothelin，ET）和血栓素A_2（thromboxane A_2，TXA_2）等缩血管物质，以及一氧化氮（nitricoxide，NO）和前列环素（prostacyclin）[也称前列腺素I_2（PGI_2）]等扩血管物质。在肺血管收缩反应中，缩血管物质生成与释放增加，起介导作用；扩血管物质的生成释放也可增加，起调节作用。两者力量的对比决定肺血管收缩反应的强度。缺氧时以缩血管物质增多占优势，使肺小动脉收缩。③交感神经作用：肺血管α-受体密度较高，交感神经兴奋时可直接作用于肺血管α-受体，引起肺小动脉收缩。

3. 血流重新分布　　缺氧时，一方面，交感神经兴奋引起血管收缩；另一方面，组织因缺氧产生的乳酸、腺苷、前列环素等代谢产物则使缺氧组织的血管扩张。这两种作用的平衡关系决定该器官的血管收缩或扩张，以及血流量减少或增多。缺氧时心和脑供血量增多，而皮肤、内脏、骨骼肌和肾的组织血流量减少，这种血流分布的改变对于保证生命重要器官氧的供应有利。

血流重新分布的机制是：①心和脑组织缺氧时生成大量乳酸、腺苷和前列环素等扩血管物质，从而增加了心、脑主要生命器官的供血、供氧；②缺氧引起心、脑血管平滑肌细胞膜的K_{Ca}和K_{ATP}开放，钾外向电流增加，细胞膜超极化，进入细胞内的Ca^{2+}减少，血管平滑肌松弛，血管扩张；③不同器官的血管对儿茶酚胺的反应性不同，皮肤、内脏、骨骼肌和肾的血管α-受体密度高，对儿茶酚胺的敏感性较高，收缩明显，供血量减少。

4. 毛细血管增生　　长期缺氧时，细胞内缺氧诱导因子-1（hypoxia inducible factor-1，HIF-1）的生成增多，诱导血管内皮生长因子（vascular endothelial growth factor，VEGF）等基因高表达，促使缺氧组织内毛细血管增生，密度增加，尤其是脑、心和骨骼肌的毛细血管增生明显。毛细血管的密度增加可缩短血氧弥散至细胞的距离，有利于增加对组织的供氧量。

（二）损伤性变化

严重的全身性缺氧时，心脏可受累，如高原性心脏病、肺源性心脏病、贫血性心脏病等，甚至发生心力衰竭。

1. 肺动脉高压　慢性缺氧引起的肺血管收缩对机体是有害的，它可使肺小动脉长期处于收缩状态，导致肺循环阻力增加，形成肺动脉高压。长期缺氧还可引起肺血管中膜平滑肌和成纤维细胞的肥大与增生，血管壁中胶原和弹性纤维沉积，使血管壁增厚变硬，形成持续的肺动脉高压，久之导致右心肥大甚至右心衰竭。

2. 心肌舒缩功能降低　严重缺氧可损伤心肌的收缩和舒张功能，甚至发生心肌变性、坏死。因同时存在肺动脉高压，患者往往首先表现为右心衰竭，严重时出现全心衰竭。

缺氧时心肌舒缩功能障碍的发生机制是：①缺氧使心肌ATP生成减少，能量供应不足；②ATP不足引起心肌细胞膜和肌质网钙转运功能障碍，心肌钙运转和分布异常；③慢性缺氧时，红细胞代偿性增多，血液黏滞度增高，心肌射血阻力增大；④严重的心肌缺氧可导致心肌收缩蛋白的破坏，心肌痉挛收缩或断裂，使心肌舒缩功能降低。

3. 心律失常　严重缺氧可引起窦性心动过缓、期前收缩，甚至发生致死性的心室纤颤。心动过缓可能是严重的PaO_2下降刺激颈动脉体化学感受器，反射性地兴奋迷走神经所引起的。期前收缩和室颤的发生与缺氧部位的心肌细胞内外离子分布异常有关，缺氧一方面可使心肌细胞膜通透性增加，细胞内K^+顺浓度差流出细胞，使细胞外K^+浓度升高，细胞内K^+减少。另一方面，缺氧时ATP生成减少，使钠泵功能障碍，细胞内Na^+增多；细胞内K^+减少和Na^+增加使静息膜电位降低、心肌兴奋性及自律性增高、传导性降低，易发生易位心律和传导阻滞。

4. 回心血量减少　缺氧时细胞生成大量乳酸和腺苷等扩血管物质，可直接舒张外周血管，使外周血管床扩大，大量血液淤积在外周血管。严重缺氧可直接抑制呼吸中枢，胸廓运动减弱，回心血量减少。回心血量减少进一步降低心输出量，使组织的供血供氧量进一步减少。

三、血液系统的变化

（一）代偿性变化

血液系统对缺氧的代偿性反应是通过骨髓造血功能增强来增加红细胞数量，以及氧合血红蛋白解离曲线右移以提高红细胞向组织释放氧的能力来实现的。

1. 红细胞和血红蛋白增多　久居高原者红细胞和血红蛋白数量明显高于平原地区的居民，慢性缺氧时红细胞增多主要是由于肾生成和释放促红细胞生成素（erythropoietin，EPO）增多，骨髓造血增强。EPO是分子质量为34kDa的糖蛋白，能促进干细胞分化为原红细胞，并促进其分化、增殖和成熟，加速血红蛋白合成，使骨髓中的网织红细胞和红细胞释放入血。红细胞增加可提高血氧容量和动脉血氧含量，提高血液的携氧能力，增加组织供氧。当血浆中EPO升高到一定水平时，红细胞增多使缺氧缓解，肾EPO的产生因而减少，通过这种反馈机制控制血浆EPO的含量。

2. 氧合血红蛋白解离曲线右移 缺氧时，红细胞内2,3-DPG增加，导致氧合血红蛋白解离曲线右移，血红蛋白与氧的亲和力降低，红细胞向组织释放氧的能力增强。

2,3-DPG是红细胞内糖酵解过程的中间产物，是一个负电性很高的分子，可结合于血红蛋白分子4个亚基的中心孔穴内，其主要功能是调节血红蛋白的运氧功能。缺氧时红细胞中2,3-DPG增多，主要是因为：①生成增多。缺氧时氧合血红蛋白减少，脱氧血红蛋白[deoxygenated hemoglobin，也称还原血红蛋白（reduced hemoglobin，HHb）]增多。前者中央孔穴小，不能结合2,3-DPG；而后者的中央孔穴较大，可结合2,3-DPG。当脱氧血红蛋白增多时，红细胞内游离的2,3-DPG减少，使2,3-DPG对磷酸果糖激酶及二磷酸甘油酸变位酶的抑制作用减弱，糖酵解作用增强，2,3-DPG生成增多。此外，缺氧时出现的代偿性肺过度通气可致呼吸性碱中毒，使pH升高从而激活磷酸果糖激酶，使糖酵解增强，2,3-DPG合成增加。②分解减少：pH升高还可抑制2,3-DPG磷酸酶（2,3-DPG phosphatase，2,3-DPGP）的活性，使2,3-DPG的分解减少。

脱氧血红蛋白在结合2,3-DPG后分子构型稳定，不易与氧结合。另外，2,3-DPG是一种不能透出红细胞膜的有机酸，增多时可使红细胞内pH降低，使血红蛋白与氧的亲和力降低，表现为氧解离曲线右移，红细胞可向组织释放更多的氧。

在体循环，当氧分压在10.64kPa以上时，因处于氧解离曲线的平坦部分，血红蛋白与氧的亲和力降低有利于毛细血管网中的血液向组织供氧，具有代偿意义；但当氧分压降至7.98kPa以下，尤其是在肺循环动脉一侧氧分压不足5.32kPa时，处于氧解离曲线陡直部分，血红蛋白与氧的亲和力降低，可使肺毛细血管血液结合的氧明显减少，不利于氧的携带，失去代偿作用。

（二）损伤性变化

血液中红细胞过度增加，会引起血液黏滞度增高，容易发生弥散性血管内凝血（disseminated intravascular coagulation，DIC），使血流阻力增大，心脏的后负荷增高，这是缺氧时发生心力衰竭的重要原因之一。在吸入气氧分压明显降低的情况下，红细胞内过多的2,3-DPG将妨碍血红蛋白与氧结合，使动脉血氧含量过低，供应组织的氧严重不足。

四、中枢神经系统的变化

缺氧直接损害中枢神经系统的功能。在机体所有器官中，脑重仅为体重的2%左右，但脑耗氧最多，脑耗氧量约为总耗氧量的23%。脑血流量约占心输出量的15%。脑所需能量主要是来自葡萄糖的有氧氧化，而脑内葡萄糖和氧的贮备很少，所以脑对缺血、缺氧十分敏感，对缺氧的耐受性很差。

急性缺氧的患畜可出现烦躁及运动不协调，严重者可出现惊厥和昏迷。慢性缺氧时家畜可出现嗜睡及精神沉郁等临床表现。

缺氧引起中枢神经系统功能障碍的机制较复杂，主要与脑水肿和脑细胞受损有关。脑水肿的发生机制是：①缺氧会直接使脑血管扩张，增加脑血流量和脑毛细血管内压，组织液生成增多；②缺氧致代谢性酸中毒，可增加毛细血管管壁通透性，导致间质性脑水肿；③缺氧致ATP生成减少，细胞膜钠泵功能障碍，细胞内钠、水潴留；④脑充血和脑水肿使颅内压增高，颅内压高又可压迫脑血管加重脑缺血和脑缺氧，形成恶性循环，产生一系列的神经症状。

五、细胞的变化

细胞的变化是缺氧时机体功能、代谢变化的分子基础。细胞对缺氧的反应包括代偿性反应和损伤性反应，其结果取决于细胞对缺氧的敏感程度、缺氧的持续时间和缺氧的严重程度等。

（一）代偿性变化

在供氧不足的情况下，细胞可通过增强无氧酵解过程和提高利用氧的能力来维持生命活动所需的能量。

1. 糖酵解增强　　细胞内80%～90%的氧在线粒体内用于氧化磷酸化生成ATP。缺氧时，ATP生成减少，ATP/ADP值降低，可激活磷酸果糖激酶。磷酸果糖激酶是糖酵解的限速酶，其活性增加使糖酵解增强，在一定程度上可补偿能量生成的不足。

2. 细胞利用氧的能力增强　　慢性缺氧时，细胞内线粒体的数目和膜的表面积均增加，呼吸链中的酶如琥珀酸脱氢酶、细胞色素氧化酶含量增多、活性增高，使细胞利用氧的能力增强。另外，肾小管间质细胞缺氧时会产生促红细胞生成素，使骨髓造血功能增强，红细胞生成增多。

3. 肌红蛋白增加　　肌红蛋白（myoglobin，MGB）是最早在肌肉组织中发现的载氧蛋白，肌红蛋白一方面具有储氧的功能，另一方面可直接介导氧向线粒体的传递，慢性缺氧可使肌肉细胞中肌红蛋白含量增多，可以增加机体氧的储存。

4. 低代谢状态　　缺氧可使细胞的耗能过程减弱，如糖、蛋白质合成减少，离子泵功能抑制等，使细胞处于低代谢状态，减少能量的消耗，有利于细胞在缺氧时的生存。

（二）损伤性变化

缺氧时细胞损伤主要为细胞膜、线粒体及溶酶体的损伤。

1. 细胞膜的损伤　　细胞膜一般是细胞缺氧最早发生损伤的部位，缺氧时细胞膜对离子的通透性增加，引起细胞膜电位下降。

1）钠离子内流：缺氧时ATP生成减少，使钠泵功能障碍，细胞内Na^+增多，促进细胞内钠、水潴留，致细胞水肿，血管内皮细胞肿胀可堵塞微血管，加重组织缺氧。

2）钾离子外流：细胞膜通透性增加，细胞内K^+顺浓度差流出细胞，使细胞外K^+浓度升高。细胞内K^+缺乏，影响合成代谢和酶的生成，将进一步影响ATP的生成和离子泵的功能。

3）钙离子内流：因细胞膜通透性增加，细胞外Ca^{2+}顺浓度差进入细胞内，同时缺氧时ATP生成减少会影响Ca^{2+}的外流，均造成细胞内Ca^{2+}浓度升高。Ca^{2+}增加一方面可激活磷脂酶促进膜磷脂降解，进一步损伤细胞膜和细胞器膜，另一方面可激活Ca^{2+}依赖性的核酸内切酶，引起DNA片段化，还可激活多种凋亡相关激酶，并促进氧自由基生成，协同自由基诱导细胞凋亡。

2. 线粒体的损伤　　严重缺氧时，首先影响线粒体外的氧利用，使神经介质的生成和生物转化过程受抑制。当线粒体部位的PaO_2降低到临界点0.133kPa以下时，可抑制线粒体内脱氢酶的功能，ATP生成进一步减少。

严重缺氧时，线粒体除功能障碍，还可见结构损伤，表现为线粒体肿胀、嵴断裂崩解、钙盐沉积、外膜破裂和基质外溢。

3. 溶酶体的损伤　　缺氧时糖酵解增强使乳酸生成增多，脂肪氧化不全使酮体增多，导致酸中毒，酸中毒和钙超载可激活磷脂酶，分解膜磷脂，使溶酶体膜的稳定性降低、通透性升高，严重时溶酶体肿胀、破裂，溶酶体内蛋白水解酶逸出，进而导致细胞及其周围组织的溶解、坏死，溶酶体酶进入血液循环可破坏多种组织，造成广泛的细胞损伤。

第四节　影响机体对缺氧耐受性的因素

机体对缺氧的耐受能力除与缺氧的程度、持续时间、劳动强度、营养状况等有关外，还受年龄、种属、机体或组织功能代谢状态的影响。

一、缺氧的程度、速度、持续时间及机体的营养状况

机体对急性、重度缺氧的耐受性较差；对慢性、轻度缺氧的耐受性较高；缺氧持续时间越长，机体的耐受性越差；机体的营养状况差，对氧的耐受性低。

二、年龄和种属

机体对缺氧的耐受性与年龄有很大关系。初生或生后20d的动物对缺氧的耐受性高。临床上，胎儿降生过程中对缺氧的耐受性也较高。这可能与体内糖酵解过程较强和心肌内糖原含量较多有关。老年家畜对缺氧的耐受性低，可能与老年家畜的肺泡通气量及气体弥散量减少、使动脉氧分压降低，血管阻力大、血流缓慢、单位时间内组织摄氧量少，以及细胞某些呼吸酶活性降低等因素有关。

动物种属不同，对缺氧的耐受性也有一定的差异，通常动物进化程度越高，中枢神经系统越发达，对缺氧的耐受性越低。

三、机体或组织的功能代谢状态

研究表明，机体中不同的器官、组织、组织中不同的细胞对于氧的利用和消耗量是不一样的，对缺氧的耐受性也有很大差异，中枢神经系统对缺氧的耐受性最差，其他组织耐受缺氧的次序是：心肌10～20min，骨骼肌2～4h，骨和结缔组织可耐缺氧10h以上而不出现明显损伤。

体温降低、神经系统的抑制因能降低机体耗氧率而使机体对缺氧的耐受性升高，故低温麻醉可用于心脏外科手术，以延长手术所必需的阻断血流的时间。而基础代谢高者，如发热或甲状腺功能亢进患者，由于耗氧多，对缺氧的耐受性较低；寒冷、体力活动、兴奋等可增加机体耗氧量，也使其对缺氧的耐受性降低。

四、机体的代偿能力

机体通过呼吸、循环和血液系统的代偿性反应增加组织的供氧。通过组织、细胞的代偿性反应可提高利用氧的能力。这些代偿性反应存在着显著的个体差异，因而每个个体对

缺氧的耐受性明显不同。有心、肺疾病及血液病患畜对缺氧的耐受性低，应该指出的是，机体的代偿能力是可以通过锻炼提高的。

第五节 氧 中 毒

氧虽为生命活动所必需，但0.5个大气压以上的氧却对细胞有毒性作用，可引起氧中毒（oxygen intoxication）。氧对动物和人的毒害作用在潜水、氧气治疗及宇宙飞船中的供氧设备等方面都引起了人们的兴趣。人或动物如暴露在纯氧中（压强101.325kPa）6h即会出现胸痛、咳嗽、咽喉痛；延长暴露时间会引起肺泡上皮细胞水肿，随之发生坏死，由无弹性的结缔组织所取代，这种损伤不会被修复。

一、氧中毒发生的原因及机制

氧中毒的发生主要取决于氧分压而不是氧浓度。氧分压过高时，即使吸入氧浓度正常也可能氧中毒。当吸入气的氧分压过高时，因肺泡气体及动脉血的氧分压随之增高，血液与组织细胞之间的氧分压差增大，氧的弥散加速，组织细胞因获得过多氧而中毒。

吸入气的氧分压（PiO_2）与氧浓度（FiO_2）的关系为

$$PiO_2 = (PB - 6.27) \times FiO_2$$

式中，PB为吸入气压强（kPa），6.27kPa为水蒸气压。

例如，潜水员在深50m的海水下作业（PB约为606.48kPa）时，虽然吸入气的氧浓度正常（FiO_2：0.21），氧分压（PiO_2）却高达126.09kPa，从而可导致氧中毒；相反，宇航员在1/3大气压环境中工作，即使吸入纯氧（FiO_2：1），PiO_2也仅27.40kPa，不易出现氧中毒。

但有研究表明对于刚出生的新生儿或幼畜，由于早产或低体重进行高浓度氧治疗时，会发生氧中毒，导致眼睛失明。

一般认为氧中毒时细胞受损的机制与活性氧（reactive oxygen species，ROS）的毒性作用有关。活性氧是指氧的某些代谢产物和一些反应的含氧产物。主要有超氧阴离子（O_2^-和O^-）、氢过氧基（HO_2和·OH）、过氧化氢（H_2O_2）、烷氧基（RO·）和烷过氧基（ROO·）、次氯酸（HClO）等。ROS的毒性作用主要是ROS介导的脂质过氧化损伤能导致细胞膜完整性的丧失和细胞功能损伤，ROS介导的蛋白质过氧化作用能导致细胞自身蛋白质和酶的损伤。

二、氧中毒对机体的影响

氧中毒造成的影响是全身性的，会对动物机体全身产生功能性或器质性的损害。由于各器官的敏感程度不同，通常只突出表现在肺及其他表面黏膜、毛细血管；氧中毒常会引起急性中枢神经系统的损伤，使人或动物出现痉挛症状，氧中毒的临床症状是：面色苍白，出冷汗，头晕、恶心，甚至抽搐；脚痛，咳嗽，呼吸急促。有些患者出现细胞溶血。孕妇发生氧中毒，会使未成熟婴儿出生后视力下降。妊娠动物暴露在高压氧下可以增加胎儿畸形的发生率。根据临床表现的不同，可以将人氧中毒分为三型：肺型、脑型、眼型。

1. 肺型氧中毒（pulmonary oxygen intoxication） 肺是氧中毒最易受累的器官，高氧主要损伤肺表面活性物质和支气管黏膜。该型氧中毒发生于吸入约一个大气压的氧8h

以后，出现胸骨后疼痛、咳嗽、呼吸困难、肺活量减少、PaO_2 下降。肺部呈炎性病变，有炎性细胞浸润、充血、水肿、出血和肺不张。氧疗的患者如发生氧中毒，可使 PaO_2 下降，加重缺氧，故氧疗时应控制吸入氧的浓度和时间。

2. 脑型氧中毒（cerebral oxygen intoxication）　由吸入2～3个大气压或以上的氧引起，患者主要有视觉和听觉障碍、恶心、抽搐、晕厥等神经系统功能异常的临床表现，应区分脑型氧中毒与由缺氧引起的缺氧性脑病。前者患者先抽搐后昏迷，后者则先昏迷后抽搐。对氧中毒者应控制吸氧，但对缺氧性脑病者则应加强氧疗。

3. 眼型氧中毒（ocular oxygen intoxication）　从20世纪60年代起，有一些研究证明，高浓度氧和高压氧可以引起眼型氧中毒。主要见于早产儿进行了高压氧和高浓度氧治疗后，由于眼晶体后纤维组织形成（Terry's syndrome，特里综合征）而突然失明。因此，应对早产儿严格控制吸氧，尽量短期使用，不使用高浓度氧。对所有低体重早产儿需给氧者，应在出生后12h内补充维生素E，可减轻本症的严重程度和发病率。

小　结

本章重点是缺氧的概念：组织（细胞）氧供应不足或用氧障碍，从而引起细胞代谢、功能及形态结构发生异常变化的病理生理过程称为缺氧；缺氧的4种类型，即低张性缺氧、血液性缺氧、循环性缺氧、组织性缺氧的原因及发生机制，各型缺氧的血氧变化特点。本章难点为缺氧时呼吸系统、循环系统、血液系统、中枢神经系统、细胞的代偿及损伤性变化。本章需要了解的是影响机体缺氧耐受性的因素及什么是氧中毒。

思 考 题

1. 简述发绀与缺氧的关系。
2. 简述失血性休克患畜缺氧的类型和血氧变化的特点。
3. 低张性缺氧时，呼吸系统的变化有什么特点？该变化与其他几种类型缺氧有什么不同？
4. 缺氧对细胞的损伤有哪些？其机制是什么？
5. 试述氧解离曲线左移对机体缺氧的代偿意义。

（柳建新）

第十一章 发 热

　　哺乳动物能维持相对恒定的体温，其对动物机体内环境稳态的维持和正常生命活动至关重要。动物疾病条件下引起的发热是一种常见的临床症状和体征。

　　发热（fever）不是一种独立的疾病，而是许多疾病，尤其是传染性疾病、寄生虫性疾病和炎症性疾病发生过程中所共有的重要病理过程和最常见的症状之一，也是疾病发生的重要信号。在兽医临床有哪些因素可以引起动物发热，为什么许多不同的疾病都可引起动物机体发热，引起发热的共同信息分子内生致热原（endogenous pyrogen，EP）是怎样产生的，它又是如何作用于体温调节中枢，通过何种方式引起体温调定点上移；在整个发热过程所经历的3个阶段中，患病动物表现哪些不同的临床症状，动物机体的物质代谢和生理功能又发生了哪些改变，不同情况的动物机体发热应如何处理等这些问题是本章重点讨论的内容。本章主要讲述发热的发生原因、发生机制，发热对动物机体功能与代谢的影响及防治发热的病理生理学基础。

第一节 发 热 概 述

　　人类和一些哺乳动物具有完善的体温调节系统以适应正常生命活动的需要。体重45～90kg猪只的正常体温维持在38.8℃左右，一昼夜波动范围不超过1℃。当育肥猪处在严寒或酷热的极端气温时，其体温变化很少超过0.5℃。人体和一些哺乳动物体温存在性别、年龄的差异。例如，断奶仔猪的正常体温为39.3℃，25～45kg育成猪的正常体温为39℃，45～90kg育肥猪的正常体温为38.8℃；妊娠母猪的正常体温为38.6℃，分娩母猪的正常体温为39～40℃，哺乳母猪的正常体温为39.1℃；成年公猪的正常体温为38.6℃。

一、体温调节

　　哺乳动物具有相对恒定的体温，它是高等动物进行新陈代谢和生命活动的必要条件。体温的相对恒定是在体温调节中枢的调控下实现的。目前认为，体温调节的高级中枢位于视前区下丘脑前部（preoptic anterior hypothalamus，POAH），延髓、脊髓等部位对体温信息有一定程度的整合功能，被认为是体温调节的次级中枢。另外，大脑皮层也参与体温的行为性调节。体温的中枢调节主要以"调定点"（setpoint，SP）学说来解释，调定点学说认为哺乳动物体温调节类似于恒温器的调节，在哺乳动物体温调节中枢内有一个调定点，体温调节中枢通过调定点来调控体温。当哺乳动物体温偏离调定点时，可通过温度感受器将偏差的信息输送到体温调节中枢，体温调节中枢通过对效应器（产热和散热）的调控把中心温度维持在与调定点相适应的水平。

二、发热的概念

　　根据体温调节的"调定点"学说，发热是指在致热原（pyrogen）的作用下，体温调节中枢的调定点上移而引起的调节性体温升高超过正常体温0.5℃以上，并伴有动物机体各组织器官功能和代谢的改变。因为发热与动物体内病变有相应的依赖关系，故哺乳动物体温的变化往往与动物体内的疾病发生、发展过程密切相关。因此，了解动物疾病发生、发展过程中发热的特点，对判断患病动物病情、评价疗效及估计预后都有着重要的参考价值。

三、发热与过热的区别

体温升高超过0.5℃不仅见于发热，也见于过热（hyperthermia）和多种生理情况，必须加以区别。病理性体温升高可分为调节性体温升高和非调节性体温升高（被动性体温升高）。发热是指在发热激活物的作用下，体温调节中枢调定点上移而引起的调节性体温升高，并超过正常值0.5℃。发热时，体温调节功能是正常的，由于调定点上移，体温调节在高水平上进行。因此，发热不同于生理性体温升高和非调节性体温升高（过热）。

从本质上讲，发热是体温调节中枢的调定点上移后所出现的体温调节活动。此时体温调节功能是正常的，只是由于调定点上移，动物机体体温调节在高水平上进行的一种主动的调节性体温升高。发热时的体温调节有异于正常的体温调节，发热时体温上升的高度是体温调节中枢正调节和负调节相互作用的结果。

过热明显有别于发热，过热不是调节性反应，而是由于体温调节机制失调或调节障碍（如体温调节中枢受到损伤）、机体的散热功能障碍（如环境温度过高、湿度过大等）、产热器官功能异常，机体不能将体温控制在与调定点相适应的水平而引起的非调节性体温升高，是被动性体温升高。此时，调定点并未发生改变。其可见于：①过度产热，如癫痫大发作剧烈抽搐、甲状腺功能亢进、某些全身性麻醉药物（如氟烷、甲氧氟烷、琥珀酰胆碱等）导致的恶性高热等；②散热障碍，如先天性汗腺缺陷症，环境温度过高妨碍散热（中暑）等；③体温调节中枢功能障碍，丧失调节能力，如下丘脑损伤、出血、炎症等。过热的发生原因、发生机制与发热不同，防治原则也不同（表11-1）。

表11-1 过热和发热的比较

类别	过热	发热
病因	无致热原（体内因素、周围环境温度过高）	有致热原
发生机制	调定点无变化；	调定点上移；
	体温调节障碍或散热、产热障碍；	体温调节无障碍；
	被动性体温升高	调节性体温升高
效应	体温可很高，甚至致命	体温可较高，有热限
防治原则	物理降温	针对致热原治疗

某些生理情况（如应激、妊娠、剧烈运动等）下所出现的体温升高现象，称为生理性体温升高。体温升高的分类见图11-1。

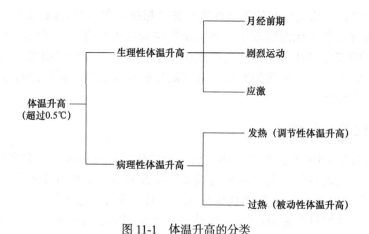

图 11-1　体温升高的分类

第二节　发热的原因和发生机制

一、发热激活物

　　能够引起发热的物质很多，一般将凡能够激活机体产内生致热原细胞并使其产生和释放内生致热原从而引起发热的物质，统称为发热激活物（fever activator）。发热激活物又称EP诱导物。它们可以是来自体外的外致热原（exogenous pyrogen），也可以是某些体内产物。

（一）外致热原（感染性因素）

　　外致热原是指来自体外的某些致热原，主要包括细菌、病毒、真菌、螺旋体、疟原虫等多种病原微生物和寄生虫。临床上多数发热性疾病都是由病原微生物及其产物引起的。

　　1. 细菌及其毒素　　大量临床观察与基础医学研究证实，许多致病细菌可以引起发热，是一种典型的外致热原。多种革兰氏阴性菌（如大肠埃希氏菌、伤寒杆菌、志贺氏菌、脑膜炎球菌等）可以引起发热。这类菌群的致热性除全菌体和胞壁中所含的肽聚糖外，最主要的是其胞壁中所含的脂多糖（lipopolysaccharide，LPS），又称内毒素（endotoxin，ET）。其组成包括O-特异侧链、核心多糖和脂质A三部分，其中脂质A是其致热性和毒性的主要成分。ET是最常见也是最重要的外致热原，其耐热性强（160℃干热2h才能被灭活），分子质量大（为1000～2000kDa），难以通过血-脑屏障，是血液制品和输液过程中主要的污染物，在动物体内、外都可使产内生致热原细胞产生EP。

　　反复注射ET可导致动物产生耐受性，即连续数日注射相同剂量的ET，发热反应逐渐减弱。革兰氏阳性菌（如葡萄球菌、链球菌、肺炎球菌和枯草杆菌等）也可引起发热。这类细菌除全菌体致热外，还与其代谢产物外毒素有很大关系。例如，葡萄球菌释放的可溶性肠毒素，链球菌产生的致热外毒素A、致热外毒素B、致热外毒素C，能激活产内生致热原细胞产生和释放EP，且均有显著的致热性。此外，有些分枝杆菌，如结核杆菌，其全菌体及细胞壁中所含的肽聚糖、多糖和蛋白质也具有致热作用。

　　（1）革兰氏阳性菌　　此类细菌感染是常见的发热原因，主要有葡萄球菌、链球菌、肺炎球菌等。这类细菌全菌体、菌体碎片及释放的外毒素均是重要的致热物质。例如，葡萄球菌释放的可溶性外毒素、A族链球菌产生的致热外毒素等。此外，葡萄球菌及链球菌细胞壁中的肽聚糖（peptidoglycan）也具有致热性。

（2）革兰氏阴性菌　　典型菌群有大肠埃希氏菌、伤寒杆菌、脑膜炎球菌、志贺菌等。这类菌群的致热物质除全菌体和胞壁中所含的肽聚糖外，其胞壁中所含的内毒素是主要的致热成分。ET的主要成分为脂多糖，具有高度水溶性，是效应很强的发热激活物。它位于细胞壁的最外层，附着于肽聚糖。LPS分子包含3个基本亚单位：①O-多糖（或O-特异侧链）；②R-核心（或核心多糖）；③脂质A（lipid A）。脂质A是引起发热的主要成分。

ET是最常见的外致热原，耐热性高（一般需要160℃干热2h才能灭活），是血液制品和输液过程中的主要污染物。ET无论是体内注射或体外与产EP细胞一起培养，都可刺激EP的产生和释放，这可能是其主要的致热方式。ET反复注射可导致动物产生耐受性，即连续数日注射相同剂量的ET，发热反应逐渐减弱。

（3）分枝杆菌　　比较典型的菌群为结核杆菌。其全菌体及细胞壁中所含的肽聚糖、多糖和蛋白质均具有致热作用。结核杆菌病是伴有发热的典型临床疾病。结核杆菌感染动物多数有明显发热和排汗症状。

2. 病毒　　多数病毒可引起发热。常见的有流感病毒、猪瘟病毒、流行性乙型脑炎病毒、马传染性贫血病毒、出血热病毒等。给实验动物静脉注射病毒，在引起动物发热的同时还在外周循环血液中产生EP；将产内生致热原细胞与病毒在体外一起培育也可产生EP。病毒反复注射也可导致实验动物产生耐受性，病毒引起发热的主要物质有全病毒体和其所含的血细胞凝集素。

3. 真菌　　许多真菌感染引起的疾病也常伴有发热症状。例如，球孢子菌和组织胞浆菌引起的感染性发热，白色念珠菌引起的鹅口疮、肺炎等疾病也可出现发热症状。真菌的致热性与其全菌体及菌体内所含的荚膜多糖和蛋白质有关。

4. 螺旋体　　螺旋体感染时也常常出现发热症状，这可能与其所含的溶血素和细胞毒因子等有关。常见的有钩端螺旋体和梅毒螺旋体等。

5. 寄生虫　　某些寄生虫（常见的有疟原虫、旋毛虫、丝虫、血吸虫、肝片吸虫等）侵入动物机体后也可激活机体免疫系统，并引起发热。此外，血液原虫病感染时也出现明显的发热症状。其原因主要是感染红细胞破裂后，释放出裂殖体、原虫代谢产物、红细胞碎片等，被巨噬细胞吞噬后产生EP，引起发热。

（二）体内产物（非感染性因素）

体内产物主要是指动物体内产生的非生物性因子。

1. 抗原抗体复合物　　抗原抗体复合物对产EP细胞有激活作用。用牛血清白蛋白致敏家兔，然后将其血清转移给正常家兔，再用特异性抗原攻击受血动物，可引起后者明显的发热反应。但牛血清白蛋白对正常家兔无致热作用。这表明抗原抗体复合物可能是发热的激活物。

许多自身免疫性疾病都伴有发热症状，如常见的系统性红斑狼疮、急性肾小球肾炎、类风湿关节炎等。试验研究表明，抗原抗体复合物能够激活动物机体产生内生致热原细胞，使其合成并释放EP。例如，将致敏动物的白细胞与抗原抗体复合物体外培育，可使白细胞产生和释放EP。

2. 无菌性炎症　　在大手术、严重的组织挫伤、内出血、心肌梗死等情况下，即使没有感染，也可伴有不同程度的发热和炎症。这种发热主要是组织细胞的坏死崩解使炎灶内白细胞释放EP所致。

3. 恶性肿瘤　　某些恶性肿瘤，如恶性淋巴瘤、肉瘤等常伴有发热。这种发热有些是肿瘤组织坏死产物所造成的无菌性炎症所致；有些是肿瘤引起免疫反应，通过抗原抗体复合物导致EP的产生和释放；有些是肿瘤细胞本身产生和释放EP，如急性淋巴细胞白血病、骨髓单核细胞瘤等。

4. 致热性类固醇　　体内某些类固醇产物也具有致热作用。例如，胆原烷醇酮（etiocholanolone）是睾丸酮和雄甾烯二酮的代谢产物，在肾癌、肝癌引起的发热过程中，血清中此类物质含量升高。将此类物质与外周血白细胞体外培养，可使白细胞产生并释放EP。此外，给实验动物肌肉注射胆原烷醇酮4～8h后，可引起局部组织明显的炎症，并伴有发热症状。

二、内生致热原

发热激活物不能直接作用于体温调节中枢引起动物发热。通常将产内生致热原细胞在发热激活物的作用下产生和释放的能引起体温升高的物质，称为内生致热原。它们作为"信使"携带着发热的信息，经血流将其传递到视前区下丘脑前部的体温调节中枢。

（一）内生致热原的来源及种类

1948年，Beeson等采用排除内毒素污染的技术，从家兔无菌性腹腔渗出液粒性白细胞中提取出一种物质，将其静脉注射给正常家兔后，经过10～15min迅速引起发热反应，1h左右达到高峰，当时称其为白细胞致热原（leukocyte pyrogen，LP）。后来又有人从注射了内毒素、细菌体或病毒的家兔外周血液中提取到了一种与LP性质相同的致热物质，因其来源于体内，故称为内生致热原（EP）。进一步的研究证实，LP与EP是同一种物质。随着研究的深入，现已经发现了多种具有与LP类似作用的内源性致热物质，统称为EP。常见的EP有以下几类。

1. 白细胞介素-1　　早期发现的LP或EP主要是白细胞介素-1（interleukin-1，IL-1）。IL-1是由单核细胞、巨噬细胞、内皮细胞、小胶质细胞、星形胶质细胞、角质细胞及肿瘤细胞等多种细胞在发热激活物的作用下产生的多肽类物质。其分子质量约为17kDa，不耐热，70℃ 30min即可被灭活。能诱导产生IL-1的因素很多，主要是脂多糖、肽聚糖、金黄色葡萄球菌、病毒和免疫复合物等。目前已发现的IL-1包括IL-1α、IL-1β和IL-1ra三种亚型。IL-1α和IL-1β虽然仅有26%的氨基酸序列相同，但都作用于相同的受体，有相同的生物学活性，是重要的EP。IL-1ra的氨基酸序列与IL-1α有18%的同源性，与IL-1β有26%的同源性，是体内IL-1的抑制物。

IL-1受体广泛分布于脑内，在最靠近体温调节中枢的下丘脑外侧密度最大。试验研究表明，IL-1对体温调节中枢的活动有明显的影响，即给实验动物注入IL-1可引起发热，但注入过量的IL-1ra则能阻止发热的产生。有人用微电极法将纯化的IL-1导入大鼠的下丘脑前部，能引起热敏神经元的放电频率下降和冷敏神经元的放电频率升高，这些变化可被解热药水杨酸钠所抑制。给家兔静脉注射IL-1后可引起典型的发热反应，50μg/kg即能引起体温升高0.5℃以上，大剂量静脉注射可引起双相热，多次注射不产生耐受性。由ET引起的发热动物，其外周血液中IL-1含量显著升高。

2. 肿瘤坏死因子　肿瘤坏死因子（tumor necrosis factor，TNF）是由巨噬细胞等分泌的一类多肽生长因子，是重要的EP之一。据报道，多种发热激活物如葡萄球菌、链球菌、内毒素等都可诱导巨噬细胞和淋巴细胞等产生和释放TNF。TNF包括TNF-α和TNF-β两种亚型。TNF-α由157个氨基酸组成，主要由单核巨噬细胞分泌，分子质量为17kDa；TNF-β由171个氨基酸组成，主要由活化的T淋巴细胞分泌，分子质量为25kDa。两者有相似的致热活性。TNF也不耐热，70℃ 30min可被灭活。试验表明，给家兔静脉注射小剂量TNF（50～200ng/kg）仅引起单相热，大剂量（10μg/kg）可引起双相热。向家兔侧脑室注入50ng重组TNF-α可引起明显单相热。TNF在体内和体外均能刺激IL-1的产生。有资料表明，在内毒素血症发生过程中，内毒素可诱生大量的TNF-α，TNF-α与家兔下丘脑组织在体外培养能诱生中枢发热介质。因此认为TNF-α是参与发热机制尤其是内毒素性发热的重要因素。

3. 干扰素　干扰素（interferon，IFN）是由白细胞、T淋巴细胞、成纤维细胞、NK细胞等分泌的一类具有抗病毒、抗肿瘤作用的蛋白质。其分子质量为15～17kDa，不耐热，60℃ 40min可被灭活。根据其氨基酸序列和抗原结构的不同，可分为IFN-α、IFN-β和IFN-γ三种亚型。IFN-β与IFN-α虽然有明显的氨基酸同源性，但IFN-β的致热性却低于IFN-α。IFN-γ与IFN-α有大约17%的同源性，也具有致热性，但作用方式可能不同。因此，与发热关系密切的主要是IFN-α和IFN-γ。特别是当动物受到病毒感染后可明显促进IFN的表达和分泌，IFN可能是病毒性发热的重要EP。纯化和人工重组的IFN在人和动物都具有致热作用，同时伴有脑内PGE含量升高。它所引起的发热反应有明显的剂量依赖性，反复注射可发生耐受性，可被PG合成抑制剂所阻断。

4. 白细胞介素-6　白细胞介素-6（interleukin-6，IL-6）是一种主要由单核巨噬细胞、内皮细胞、成纤维细胞和骨髓基质细胞等分泌的细胞因子。其由184个氨基酸组成，分子质量为26kDa。内毒素、病毒、IL-1、TNF和血小板生长因子等都能诱导其产生和释放。IL-6能引起各种动物的发热反应，但致热作用较IL-1和TNF弱。研究表明，给兔和鼠静脉或脑室内注射IL-6，可引起动物体温明显升高，此时血浆或脑脊液中IL-6的活性均见升高，用布洛芬或吲哚美辛可阻断其作用。

5. 巨噬细胞炎症蛋白-1　巨噬细胞炎症蛋白-1（macrophage inflammatory protein-1，MIP-1）是内毒素作用于巨噬细胞所诱生的肝素结合蛋白质。它包括两种类型，即MIP-1α和MIP-1β，两者同源性很高。试验表明给家兔静脉注射纯化MIP-1，可引起剂量依赖性单相热。

近年的研究表明，白细胞介素-2（interleukin-2，IL-2）也可诱导发热，但发热反应出现晚，推测IL-2可能是通过其他EP间接引起发热，其可能是一个激活物。此外，睫状神经营养因子（ciliary neurotrophic factor，CNTF）、白细胞介素-8（interleukin-8，IL-8）及内皮素（endothelin）等也被认为与发热有一定的关系，但缺乏系统的研究，尚待进一步研究证实。

（二）产内生致热原细胞

在发热激活物作用下，将所有能够产生和释放EP的细胞统称为产内生致热原细胞。

目前已知的产内生致热原细胞主要有以下3类。

1. 单核巨噬细胞 包括血液单核细胞和各种组织巨噬细胞，如肺巨噬细胞（尘细胞）、库普弗细胞、脾巨噬细胞、腹腔巨噬细胞、骨髓巨噬细胞等。这些细胞是产生EP的主要细胞。

2. 肿瘤细胞 包括骨髓单核细胞性肿瘤细胞、白血病细胞、肾癌细胞等。

3. 其他细胞 包括内皮细胞、淋巴细胞、郎格罕巨细胞、神经胶质细胞等。

（三）内生致热原的产生和释放

内生致热原的产生和释放是一个复杂的细胞信息传递和基因表达调控的过程。这一过程包括产EP细胞的激活、EP的产生和释放。

所有能够产生和释放EP的细胞都称为产EP细胞，包括单核细胞、巨噬细胞、内皮细胞、淋巴细胞、星状细胞及肿瘤细胞等。当这些细胞与发热激活物如LPS结合后，即被激活，从而启动EP的合成。经典的产内生致热原细胞活化方式主要包括以下两种。

1. Toll样受体（Toll-like receptor，TLR）介导的细胞活化 首先，LPS与血清中LPS结合蛋白（lipopolysaccharide binding protein，LBP）结合，形成复合物。LBP将LPS转移给可溶性CD14（sCD14），形成LPS-sCD14复合物再作用于上皮细胞和内皮细胞上的受体，使细胞活化。此复合物与单核巨噬细胞表面的高亲和力受体CD14结合，再作用于TLR将信号通过类似IL-1受体活化的信号转导途径，激活核因子（nuclear factor-kappa B，NF-κB），启动IL-1、TNF、IL-6等细胞因子的基因表达、合成内生致热原。EP在细胞内合成后即可释放入血。

2. T细胞受体（T cell receptor，TCR）介导的T淋巴细胞活化途径 主要为革兰氏阳性菌的外毒素如葡萄球菌肠毒素（staphylo entero-toxin，SE）和中毒性休克毒素（toxic shock syndrome toxin，TSST）以超抗原（superantigen，SAg）形式活化细胞，此种方式也可激活淋巴细胞及单核巨噬细胞。SAg与淋巴细胞的T细胞受体结合后导致多种酪氨酸蛋白激酶（protein tyrosine kinase，PTK）的活化，胞内多种酶类及转录因子参与这一过程。

在T淋巴细胞活化过程中，磷脂酶C（phospholipase C，PLC）和鸟苷酸结合蛋白P21ras（Ras）途径具有重要作用。PLC途径：PTK活化使细胞内PLC磷酸化后，分解细胞膜上的磷脂酰肌醇二磷酸（phosphatidylinositol-4,5-bisphosphate，PIP_2）生成三磷酸肌醇（1,4,5-inositol triphosphate，IP_3）和甘油二酯（diacylglycerol，DAG）；IP_3可促使胞外Ca^{2+}内流及肌质网Ca^{2+}释放进而激活活化T细胞核因子（nuclear factor of activated T cell，NFAT）；DAG可激活蛋白激酶C（PKC）进而促使多种核转录因子如NF-κB等活化。

Ras途径：活化的PTK使Ras转化为活性形式后，可经Raf-1激活丝裂原激活蛋白激酶（mitogen-activated protein kinase，MAPK），使Fos和Jun家族转录因子活化。以上这些核转录因子活化入核后即可启动T淋巴细胞活化与增殖，并合成和分泌大量的TNF、IL-1和IFN等。

三、发热时体温调节的机制

（一）体温调节中枢

目前认为体温调节的高级中枢位于视前区下丘脑前部（POAH），该区域含有温度敏感神经元，对来自外周和深部温度信息起整合作用。损伤该区可导致体温调节障碍。将致热原或发热介质微量注射于POAH，可引起明显的发热反应，同时可在该部位检测到显著升高的发热介质。而另外一些部位，如腹中隔（ventral septal area，VSA）、中杏仁核（medial amygdaloid nucleus，MAN）和弓状核则对发热时的体温产生负向调节。因此，目前倾向于认为，发热时的体温调节涉及中枢神经系统的多个部位。因此，提出了发热体温正负调节学说，认为发热体温调节中枢可能由两部分组成：一是以POAH为代表的体温正调节中枢，二是以VSA、MAN为代表的负调节中枢。研究表明，POAH与VSA之间有密切的功能联系。当外周致热信号通过不同方式和途径传入体温调节中枢后，可启动体温正、负调节机制，一方面通过正调节介质使体温上升，另一方面通过负调节介质限制体温过度升高。正、负调节相互作用的结果决定体温调定点上移的水平及发热的幅度和时程。因此，发热体温调节中枢是由正、负调节中枢构成的复杂的功能系统。

（二）EP信号进入体温调节中枢的途径

当外致热原激活产致热原细胞并使其释放EP后，对于血液中的EP如何进入脑内并作用于体温调节中枢引起发热，目前认为主要有以下3种途径。

1. 通过下丘脑终板血管器 终板血管器（organum vasculosum laminae terminalis，OVLT）是位于第三脑室视上隐窝上方，紧邻POAH的体温调节中枢。其是血-脑屏障的薄弱部位，此处的毛细血管属于有孔毛细血管，对大分子物质有较高的通透性，这可能是EP进入脑内作用于体温调节中枢的主要通路。但有人认为，EP也可能并不直接进入脑内，而是被分布在此处的巨噬细胞、神经胶质细胞等膜受体识别并结合，产生新的发热介质，将EP的信息传入POAH。

2. 通过血-脑屏障直接进入中枢 EP虽然是一些难以透过血-脑屏障的大分子，但在血-脑屏障的毛细血管床部位存在着IL-1、IL-6、TNF的可饱和转运机制，推测其可将相应的EP特异性地转运入脑。另外，EP也有可能从脉络丛渗入或易化扩散转运入脑，通过脑脊液分布到POAH的神经元，引起体温调定点上移。

3. 通过迷走神经 研究人员发现，细胞因子IL-1可刺激肝巨噬细胞周围的迷走神经，并将EP信号传入体温中枢引起发热。但若切断迷走神经肝支后，经腹腔注射IL-1或静脉注射LPS，则不再引起发热反应。

（三）发热中枢的调节介质

大量研究表明，EP无论以何种方式入脑，它们只是作为"信使"传递发热信息，仍然不是引起调定点上移的最终物质。EP本身并不能直接引起体温调定点上移，而是通过发热中枢释放的某些介质发挥作用。中枢的发热介质可分为正调节介质和负调节介质两类。

1. 正调节介质

（1）环磷酸腺苷（cAMP） 近年来大量试验证明，cAMP是EP引起发热的主要中枢介质。例如，给兔、猫、大鼠脑内注射二丁酰cAMP，可迅速引起发热。分别给实验动物静脉注射内毒素、病毒、EP或PEG引起的发热，都可发现脑脊液内cAMP含量显著升高，但此时血浆内cAMP水平无变化；在环境高温引起体温升高时，则不伴有脑脊液中cAMP增多。此外，注射茶碱（磷酸二酯酶抑制物）在升高脑内cAMP浓度的同时，还可增强EP

诱导的发热，而注射尼克酸（磷酸二酯酶激活物）则在降低脑内cAMP的同时，也使EP性发热反应减弱。

（2）前列腺素E（prostaglandin E，PGE）　试验证明，PGE是EP引起体温上升的中枢介质。将PGE注射入兔、猫、鼠等动物脑室内可引起明显的发热反应，且体温升高的潜伏期比EP短。在EP引起的发热中，脑脊液内PGE含量明显增加。如果给予PGE合成抑制剂如阿司匹林、布洛芬等，都具有解热作用，同时也可降低脑脊液中PGE的浓度。在体外试验中，ET和EP均能诱导下丘脑组织合成和释放PGE。

但是，近年来国内外也有一些研究资料表明，PGE不是中枢发热介质。例如，PGE特异拮抗物能有效地抑制注入脑室内的PGE引起的体温上升，但不能抑制EP性发热。小剂量水杨酸钠尽管能抑制EP引起的脑脊液PGE含量的增加，但同样也不能抑制EP性发热。

（3）Na^+/Ca^{2+}值　试验表明，给多种动物脑室内灌注Na^+溶液可使体温很快升高，灌注Ca^{2+}则使体温很快下降；脑室内灌注降钙剂乙二醇双2-氨基乙醚四乙酸（EGTA）也可引起体温升高。用标记的Na^+和Ca^{2+}灌流猫的脑室，发现在发热期间Ca^{2+}流向脑脊液，而Na^+则保留在脑组织中，这表明Na^+/Ca^{2+}值改变在发热机制中担负着重要的中介作用。

最近研究表明，Na^+/Ca^{2+}值改变不直接引起调定点上移，而是通过cAMP起作用，这可能是多种致热原引起发热的重要途径。用降钙剂EGTA灌注家兔侧脑室引起发热时，脑脊液中cAMP含量明显增高；预先灌注$CaCl_2$可抑制EGTA的致热作用和脑脊液中cAMP的增高。$CaCl_2$对LP和ET性发热也有类似作用，并且脑脊液中cAMP含量升高被抑制的程度与体温上升被抑制的程度呈明显正相关。

（4）促肾上腺皮质激素释放激素（corticotrophin releasing hormone，CRH）　CRH是由室旁核细胞与杏仁核神经元分泌的一种41肽的神经激素。近年来研究人员发现，CRH是一种重要的中枢发热介质，不仅介导发热反应，还可介导非体温性急性期反应。脑室内注射CRH可引起动物脑温和结肠温度明显升高。在体外细胞培养和动物试验中，IL-1、IL-6等EP物质可刺激下丘脑细胞释放CRH。用CRH受体拮抗剂或单抗预处理可以阻断IL-1β、IL-6等EP的致热性。

（5）一氧化氮（nitric oxide，NO）　NO作为一种新型的神经递质，广泛分布于中枢神经系统。目前的一些研究表明，NO与发热有关，其机制可能主要是通过作用于POAH等中枢部位介导发热使体温上升；抑制发热体温中枢负调节介质的合成与释放。

2. 负调节介质

（1）精氨酸加压素（arginine vasopressin，AVP）　AVP是一种由下丘脑视上核和室旁核神经元分泌的9肽神经垂体激素，是一种重要的中枢体温负调节介质。研究证明，给家兔、鼠、羊、猫等动物脑内或经其他途径注射微量AVP，均具有解热作用。用AVP拮抗剂或受体阻断剂能阻断其解热作用或加强致热原的发热效应。在大鼠，由IL-1引起的发热可被AVP所减弱。但如果在脑内注射AVP拮抗剂则可完全阻断这种解热效应。AVP具有V1和V2两种受体，其解热作用可能通过V1受体起作用。

（2）α-黑素细胞刺激素（α-melanocyte-stimulating hormone，α-MSH）　α-MSH是腺垂体分泌的一种由13个氨基酸组成的小分子多肽。许多研究表明，它具有很强的解热或降温作用。例如，脑室内或静脉注射α-MSH，能减弱LPS、TNF-α、IL-1β、PGE_2等所致的发热。在用α-MSH解热时发现，家兔的耳静脉扩张，皮肤温度升高，说明其解热作用与增强散热有关。在EP性发热时，脑内α-MSH含量增高，说明EP在引起发热的同时，伴随体温负性调节介质合成增加，这可能是热限形成的重要机制。

（3）脂皮质蛋白-1（lipocortin-1）　　又称膜联蛋白A_1（annexin A_1）。脂皮质蛋白-1是一种钙依赖性磷酸脂结合蛋白，主要存在于脑和肺等器官中。试验研究表明，给大鼠脑内注射重组的脂皮质蛋白-1，可抑制由IL-1、IL-6、CRH诱导的发热反应。这表明脂皮质蛋白-1可能是一种发热时体温中枢的负调节介质。此外，另有资料表明，糖皮质激素发挥解热作用依赖于脑内脂皮质蛋白-1的释放，脂皮质蛋白-1发挥解热作用的机制可能与其抑制CRH的作用有关。

（4）白细胞介素-10（interleukin-10，IL-10）　　其分子质量为$35\sim40kDa$，主要由T淋巴细胞产生，也可由单核细胞、角质细胞和活化的B细胞产生。IL-10能够抑制活化的T细胞产生细胞因子，因此曾被称为细胞因子合成抑制因子。IL-10能抑制LPS诱导的各种动物的发热反应，也被认为是发热的外周负调节物质。其主要证据为：给动物脑室或静脉注射IL-10，可明显抑制LPS引起的IL-1β、TNF和IL-6水平升高。这些资料表明，IL-10有可能是一种发热体温调节的负调节介质。

（四）发热机制的基本环节

发热的发生机制比较复杂，目前尚未完全阐明。发热机制的基本环节大致包括信息传递、中枢调节和效应器反应三个基本环节。

1. 信息传递　　产内生致热原细胞在发热激活物作用下被激活，产生和释放EP。EP可作为发热的信息分子，经血流到达视前区下丘脑前部体温调节中枢。

2. 中枢调节　　EP经下丘脑终板血管器或直接通过血-脑屏障进入体温调节中枢，通过发热中枢的正、负调节介质的作用使体温调定点上移。

3. 效应器反应　　体温调定点上移后可引起调温效应器反应。此时，由于体温低于调定点，体温调节中枢发出冲动，一方面，经运动神经引起各组织细胞代谢加强及骨骼肌紧张和寒战，使产热增多；另一方面，经交感神经使皮肤血管收缩而减少散热。通过对产热与散热的效应器调节，使体温上升并维持在与调定点相适应的水平，这是一种调节性体温升高。

第三节　发热的经过和热型

一、发热的经过

根据体温变化的特点，可将发热过程分为体温上升期、高温持续期和体温下降期3个阶段。

（一）体温上升期

体温上升期是发热的初期，又称增热期，是指EP通过发热介质使体温中枢调定点上移后，血液温度低于调定点的温热感受阈值，导致产热增加、散热减少，使体温上升到新的调定点为止的过程。患畜临床表现为皮温降低，畏冷寒战，被毛竖立。皮温降低由皮肤血管收缩，血流量减少所致。畏冷寒战是因为皮温降低，使冷觉感受器兴奋，冲动传到寒战中枢，从而使骨骼肌出现不随意周期性收缩。被毛竖立是由于交感神经兴奋，皮肤竖毛肌收缩。本期的热代谢特点是：体温调定点高于体温，产热大于散热，体温逐渐上升。

（二）高温持续期

高温持续期又称热极期，是指体温上升到新的调定点后，散热与产热在高于正常的水平上保持新的相对平衡，使上升的体温摆动于高于正常的水平上。此时，视前区下丘脑前部体温调节中枢不再发出"冷反应"冲动，皮肤血管由收缩转为舒张，血流量增多，临床上患畜表现为体表血管扩张，皮肤温度增高，眼结膜潮红，呼吸和心跳频率加快。高热期的持续时间不一。例如，马传染性胸膜肺炎可持续6～9d，马流行性感冒的高热期有时仅为数小时。本期的热代谢特点是：体温与体温调定点在高水平上相适应，产热与散热在高水平上保持平衡。

（三）体温下降期

体温下降期是发热的后期，又称退热期，是指激活物、EP及发热介质的消除，体温中枢的调定点又恢复到正常水平的过程。由于血液温度高于下降的体温调定点阈值，POAH的温敏神经元发放频率增加，通过调节作用使交感神经的紧张性活动降低，皮肤血管进一步扩张，散热增强，产热减少，上升的体温开始下降，逐渐恢复到正常调定点相适应的水平。临床上患畜表现体表的血管继续舒张，大量排汗，尿量增多。本期的热代谢特点是：体温调定点回调至正常水平，产热小于散热，体温逐渐下降。

体温下降的速度，因病情不同而异。体温迅速下降称为热骤退。体温缓慢下降称为热减退。体质虚弱的病畜，热骤退常是预后不良的先兆，通常可能由循环衰竭而造成严重后果。

二、热型

将患病动物体温按一定时间记录并绘制成体温动态变化的曲线图，称为热型。根据体温曲线的动态变化特点，临床常见的热型有以下几种。

1. 稽留热　其特点是高热持续数日不退，其昼夜温差不超过1℃。见于传染性胸膜肺炎、急性猪瘟、牛恶性卡他热、犬瘟热等疾病。

2. 弛张热　其特点是体温升高后，其昼夜温差在1℃以上，但体温最低点不低于正常水平。见于支气管肺炎、败血症、化脓性炎症等。

3. 间歇热　其特点是发热期和无热期较有规律地相互交替，间歇时间较短，体温下降时低点可达正常水平或低于正常水平，并呈现每日或隔日重复出现的热型。见于马传染性贫血、焦虫病、锥虫病等。

4. 回归热　其特点与间歇热相似，但无热期和发热期间隔的时间较长，且发热期与无热期的出现时间大致相等。见于亚急性和慢性马传染性贫血等。

5. 消耗热　又称衰竭热。其特点是患畜长期发热，昼夜温差超过4～5℃。见于慢性或严重的消耗性疾病，如重症结核、脓毒症等。

6. 短时热　其特点是发热时间短，通常可持续1～2h或1～2d。见于分娩后、牛轻度消化障碍、鼻疽菌素及结核菌素反应等。

第四节　发热时动物机体代谢与功能的改变

一、物质代谢的改变

发热时由于交感神经系统兴奋，甲状腺素和肾上腺素分泌增加，一方面使糖、脂肪和蛋白质的分解加强，另一方面还可使病畜的食欲减退，营养物质摄取减少，其结果是导致体内营养物质大量消耗和物质代谢紊乱。

（一）糖代谢

发热时由于产热的需要，能量消耗明显增加。主要是糖的分解代谢加强，肝糖原和肌糖原分解增多，可引起血糖升高，糖原贮备减少。特别是在寒战期，糖的消耗更为明显。在某些慢性消耗性疾病时，由于肝糖原的储存已耗尽，可出现血糖降低的情况。此外，因发热时体内氧化过程加强，耗氧量增多，可使氧的供应相对不足，糖酵解过程增强，乳酸生成增多，出现肌肉酸痛症状。

（二）脂肪代谢

发热时由于糖原贮备不足，再加上交感-肾上腺髓质系统兴奋，脂解激素分泌增多，使脂肪分解明显加强。特别是长期反复发热的病畜，脂肪消耗过多而逐渐消瘦。因过多的脂肪分解和氧化不全，血液脂肪酸和酮体大量增加，出现酮血症和酮尿症。

（三）蛋白质代谢

随着糖和脂肪的大量消耗，蛋白质的分解也加强。其结果不但引起血液和尿液中非蛋白氮含量升高，同时因患畜消化功能降低，蛋白质摄入和吸收减少而造成机体负氮平衡。长期反复发热的患畜，组织蛋白大量分解引起肌肉及实质器官萎缩、变性，导致机体衰竭。

（四）维生素代谢

长期发热时，维生素C和B族维生素显著消耗。加之由于食欲减退而摄入不足，常可继发维生素缺乏症。

（五）水与电解质代谢

在体温上升期，由于肾血流量减少，尿量的生成和排出减少，Na^+ 和 Cl^- 的排泄也减少，其结果引起水、钠在体内潴留。在体温下降期，因为尿量增加和汗腺分泌加强，Na^+ 和 Cl^- 的排出又可增加。在高温持续期，皮肤和呼吸道水分蒸发的增加及退热期的大量排汗，可导致机体内水分大量丢失，严重时可引起脱水。

二、生理功能的改变

（一）中枢神经系统功能改变

发热动物可表现出不同程度的中枢神经系统功能改变。一般在体温上升期，由于中枢神经系统兴奋性升高或降低，患畜临床表现兴奋不安或精神沉郁。在高温持续期，由于高温血液及有毒产物的影响，中枢神经系统常常是抑制性占优势，患畜反应迟钝、嗜睡，甚至处于昏迷状态。在体温下降期，副交感神经兴奋性增高。

（二）循环系统功能改变

发热时交感神经兴奋和高温血液刺激心脏窦房结，可使心率加快。一般体温每上升1℃，心率可增加18次/min。在体温上升期和高温持续期，由于心率加快，心肌收缩力加强，血压稍升高。长期发热（尤其是传染病）时，由于代谢产物或毒素等对心脏的作用，心肌易变性，加之心率过快，心脏负担加重，常可导致心力衰竭。在体温下降期，因副交感神经兴奋，心率减慢，外周血管扩张，血压稍降低。在高热骤退时，可因血压下降过快、过低而发生休克。

（三）呼吸功能改变

发热时由于高温血液和酸性代谢产物刺激呼吸中枢，可使呼吸加深加快。深而快的呼吸在增加散热的同时，因通气过度，CO_2排出过多，$PaCO_2$下降，可能发生呼吸性碱中毒。持续的体温过高可使大脑皮层和呼吸中枢发生抑制，出现呼吸变浅、变慢或不规则。

（四）消化功能改变

发热时，由于交感神经兴奋性增强，消化液分泌减少和胃肠蠕动减弱，使食物的消化、吸收与排泄功能障碍，患畜表现食欲减退、腹胀或便秘。有时可因肠内容物发酵、腐败，甚至导致自体中毒。

（五）泌尿功能改变

在体温上升期，由于交感神经系统兴奋，肾小球入球动脉收缩，肾血液重新分配，于是肾小球血流量降低，尿生成减少。在高温持续期，一方面，由于呼吸加快，水分蒸发及体表血管舒张，使肾血流量相对减少；另一方面，由于肾小球损伤及肾小管上皮细胞变性，尿量更加减少，并出现蛋白尿和酸性尿，严重时则无尿。体温下降期由于肾小球血管扩张，血流量增加，可使尿量增多。

（六）内分泌功能改变

发热时垂体、肾上腺、甲状腺功能增强，相应激素分泌增多，对促进产热及增强机体防御适应性具有一定的意义。

（七）免疫功能改变

适度体温升高能激活单核巨噬细胞系统的功能，抗体生成加速，肝解毒功能增强，可提高机体的抵抗力。但体温过高或持续高热也可造成免疫系统功能紊乱。

三、防御功能的改变

发热对动物机体防御功能的影响，既有有利的一面，也有不利的一面。

1. 抗感染能力的改变 有些致病微生物对热比较敏感，一定程度的高温可将其灭活。例如，淋病奈瑟菌和梅毒螺旋体就可被人工发热所杀灭。高温也可抑制肺炎球菌。许多微生物生长繁殖需要铁，EP可使循环内铁的水平降低，因而使微生物的生长繁殖受到抑制。EP能降低大鼠血清铁并增加其抗感染能力。

2. 对肿瘤细胞的影响 肿瘤性发热是指肿瘤本身引起的发热。其发生机制可能与下列因素有关：肿瘤迅速生长，肿瘤组织相对缺血缺氧，引起组织坏死，或由于治疗引起肿瘤细胞大量破坏，释放肿瘤坏死因子，导致动物机体发热；肿瘤细胞自身可产生内源性致热原；肿瘤组织内白细胞浸润，引起炎症反应，炎性白细胞产生致热原而引起发热；肿瘤细胞释放的抗原物质引起动物机体免疫反应，通过抗原抗体复合物和IL-1引起发热；肿瘤组织侵犯或影响体温中枢导致中枢性发热，或者压迫体温中枢引起缺血而导致体温调节中枢功能异常。

发热时产EP细胞所产生的大量EP（IL-1、TNF、IFN等）除引起发热外，大多具有一定程度的抑制或杀灭肿瘤细胞的作用。另外，肿瘤细胞长期处于相对缺氧状态，对高温比正常细胞敏感，当体温升高到41℃左右时，正常细胞尚可耐受，肿瘤细胞则难以耐受，其生长受到抑制并可被部分灭活。因此，目前发热疗法已被用于肿瘤的综合治疗，尤其是那些对放疗或化疗产生抵抗的肿瘤，发热疗法仍然能发挥一定的作用。

3. 急性期反应 急性期反应（acute phase response）是动物机体在细菌感染和组织损伤时所出现的一系列急性时相的反应。EP在诱导发热的同时，也引起急性期反应，主要包括急性期蛋白的合成物增多、血浆微量元素浓度的改变及白细胞计数的改变。试验表明，家兔静脉注射IL-1和TNF后，体温升高的同时，伴有血浆铁和锌含量的下降，血浆铜浓度和循环白细胞计数的升高。IL-1通过中枢和外周两种途径引起急性期反应，而TNF可能只通过外周靶器官起作用。IFN静脉注射也引起铁和锌浓度的下降。急性期反应是动物机体防御反应的一个组成部分。

综上所述，发热对动物机体防御功能的影响是利弊并存，这可能与发热程度有一定的关系。中等程度的发热可能有利于提高宿主的防御功能，但高热就有可能产生不利的影响。例如，中性粒细胞和巨噬细胞在40℃条件下，其化学趋向性、吞噬功能及耗氧量都增加，但在42℃或43℃下则反而降低。因此，发热对防御功能的影响不能一概而论，应全面分析，具体对待。

第五节 发热的生物学意义和防治的病理生理学基础

一、发热的生物学意义

发热是动物机体在进化过程中形成的针对发热激活物的一种防御调节反应，发热对动物机体防御功能的影响，既有有利的一面，也有不利的一面。

一般认为，短时间的中度发热有利于动物机体抗感染、清除对机体有害的致病因素。因为适度的体温升高能引起神经内分泌反应和免疫激活，一方面抑制体内病原微生物的活性，另一方面可增强单核巨噬细胞的杀菌活性。例如，IL-1可促进淋巴细胞活化，IL-6促进B细胞分化，增强特异性抗体产生，IFN是抗病毒的细胞因子，可抑制病毒复制。从发热机制上看，内生致热原都是一些具有免疫调节功能的细胞因子，它们可强化机体的特异性与非特异性免疫反应及体液与细胞的免疫反应，提高机体的抗感染和抗肿瘤能力。例如，TNF 是杀伤性肿瘤因子，IFN 可增强 NK 细胞活性杀伤肿瘤细胞。但是，体温过高或发热持续时间过久对动物机体是不利的，可损害机体重要器官的功能和免疫功能，使动物机体呈负营养平衡状态。因为高热时可引起机体能量物质过度消耗，消化功能紊乱而导致动物消瘦和机体抵抗力降低。高热时可引起一些代谢旺盛的组织、细胞形态的病理性改变，如细胞肿胀、线粒体肿胀和内质网扩张等。此外，还可加重机体脏器功能负荷，甚至诱发相关脏器的功能衰竭。

因此，在讨论发热的生物学意义时，不能仅限于体温升高对动物机体的影响，还应涉及发热激活物和 EP 对其他靶细胞的生物学效应。

二、发热的处理原则

发热是许多疾病，特别是动物传染病所共有的病理过程。因此，除对原发病进行病因学治疗外，对发热患病动物的处理应遵循以下原则。

1）治疗原发病。针对发热病因进行积极治疗，以消除病因、中断发热激活物的作用，起到有效缓解发热的作用。

2）适度发热不要急于解热，以防止过早抑制机体的免疫功能。主要针对物质代谢加强和脱水等情况，补充足够的营养物质，保持水与电解质平衡。

3）对原因不明的发热，不能急于降低体温，以免掩盖病情、延误诊断和抑制机体的免疫功能。

4）必须及时解热的情况，主要见于高热或持续时间过长的发热、心血管功能障碍伴有发热、妊娠动物发热等。

三、解热措施

1. 药物解热

1）化学药物：水杨酸盐类，其解热机制可能是作用于 POAH 附近使中枢神经元的功能复原，阻断 PGE 合成；可能还以其他方式发挥作用。

2）类固醇解热药：以糖皮质激素为代表，主要原理可能是抑制 EP 的合成和释放；抑制免疫反应和炎症反应；中枢效应。

3）清热解毒中草药也有很好的解热作用，可适当选用。

2. 物理降温　　　在高热或病情危急时，可采用物理方法降温。例如，用冰袋冷敷动物头部，在四肢大血管处用乙醇擦浴以促进散热等。也可将患病动物置于较低温度的环境中，加强空气流通，以增加对流散热。

小　结

哺乳动物具有相对稳定的体温，多种生理和病理性因素可以引起体温升高，包括生理性体温升高、过热和发热。发热是在激活物的作用下，体内产致热原细胞被激活，并合成和释放 EP，作用于视前区下丘脑前部的体温调节中枢，在发热中枢正、负调节介质的介导下，使体温调节中枢的"调定点"上移而引起的调节性体温升高。发热包括信息传递、中枢调节和效应器反应3个基本环节。发热在临床上通常经历体温上升期、高温持续期和体温下降期3个阶段，各期具有各自不同的特点。发热时机体的物质代谢和器官功能均发生相应的改变。不同的疾病可有不同的热型，掌握热型的改变，对疾病的诊断，特别是鉴别诊断，以及某些疾病的预后判断具有重要的意义。

思 考 题

1. 何谓发热？体温升高是否可称为发热，为什么？
2. 简述内生致热原产生和释放的基本过程。
3. 发热激活物有哪些？它们共同的作用环节是什么？
4. EP是如何进入脑内的？
5. EP是如何引起体温中枢调定点上移的？
6. 简述发热的基本过程。
7. 发热时动物机体的物质代谢和生理功能会出现哪些改变？

（周宏超　龙　塔）

第十二章　炎　症　介　质

炎症是具有血管系统动物针对损伤因素所发生的以防御为主的复杂反应，其中，血管反应和渗出是炎症过程的中心环节。炎症介质不论在炎症时的血管反应，还是炎症时液体渗出和白细胞游出过程中均具有十分重要的作用。炎症介质不但种类繁多，而且其作用机制复杂多样，许多介质在炎症过程中既相互协同，又各自具有作用的重点环节和作用的不同时期，甚至部分介质之间又相互制约，炎症介质和致炎因子共同参与了极其复杂的炎症过程。

有些致炎因子作用于动物机体后可直接引起局部组织产生急性炎症反应，但绝大多数急性炎症反应主要是通过一系列内源性化学因子的作用实现的，这类化学因子称为化学介质（chemical mediator）。由于此类化学介质主要在炎症发生过程中形成或释放并参与炎症反应，故又称为炎症介质（inflammatory mediator）。炎症介质在急性炎症反应时的血管扩张、通透性增高和白细胞渗出等发生机制中具有十分重要的意义。

炎症介质种类繁多，作用机制复杂多样，但其具有共同特点：①炎症介质均来自细胞或血浆。来自细胞源性的炎症介质一般以颗粒形式储存于细胞内，当机体需要时释放到细胞外，或在某些致炎因子作用下由细胞即刻合成并释放；血浆源性的炎症介质常常以前体（precursor）形式存在于血浆中，需经一系列蛋白水解酶裂解才能被激活。②多数炎症介质只有与靶细胞（target cell）表面受体结合才能发挥其生物学活性，但部分炎症介质本身具有酶活性（如蛋白酶）或通过介导氧代谢产物能够引起组织损伤。③炎症介质作用于靶细胞，可使靶细胞合成和释放次级炎症介质，后者的生物学作用可与原炎症介质相同或相似，也可截然相反，即炎症介质的放大或拮抗效应。④炎症介质的作用与细胞和组织类型有关，一种炎症介质可作用于一种或几种靶细胞，产生不同的生物学效应，该效应主要取决于细胞和组织类型。⑤炎症介质一旦被激活或分泌到细胞外，其半衰期十分短暂，很快发生降解，或被相关酶灭活，或被拮抗物质抑制或清除。⑥绝大多数炎症介质具有潜在的致组织细胞损伤的能力。

作为炎症介质应具备下列条件：①该介质的适当浓度可在相关组织引起相似的炎症反应。②炎症时该介质能从血浆或组织细胞中产生或释放。③炎症组织中存在该介质生成的酶，当介质增加时，该酶活性升高。④体内存在使该介质分解、吸收或脱敏的机制。⑤用药理学方法改变介质的合成、储存、释放或代谢时可影响炎症过程。⑥该介质过多或缺乏均可对炎症反应产生有预见的影响。⑦能证明在靶细胞上存在相应的介质受体，并可触发或调节特异性炎症反应。

第一节　血浆源性炎症介质

存在于动物血浆中的补体系统、激肽系统、凝血和纤溶系统是相互关联的三类重要炎症介质。

一、补体系统

补体（complement，C）是指存在于动物、人血清和组织液中的一组不耐热、具有酶活性的球蛋白。参与补体激活及其调控的各种因子和补体受体，称为补体系统（complement system），由30多种蛋白质（包括裂解产物）组成。血清中补体浓度最高，但以无活性形式存在。许多因素可激活补体，与病原微生物有关的如内毒素、细菌酶类和抗原抗体复合物。上述物质均可通过经典途径（抗原抗体复合物）、替代途径（病原微生物表面分子，如内毒素或脂多糖等）激活补体C_3和C_5。另外，坏死组织释放的酶类、激肽及纤维蛋白溶解系统所形成的中间产物也可激活补体。补体系统中的C_3激活是最重要的一步。

C_{3a}、C_{5a}和C_{4a}统称为过敏毒素，均能通过刺激肥大细胞释放组胺，从而使血管扩张、血管壁通透性升高，引起组织水肿。其中C_{4a}的作用较弱。

C_{5a}还是中性粒细胞、单核细胞、嗜酸性粒细胞和嗜碱性粒细胞强有力的趋化因子。其能激活中性粒细胞和单核细胞的花生四烯酸脂质氧化酶代谢途径，促进其他炎症介质的进一步释放；同时C_{5a}还可使白细胞激活及增加白细胞表面整合素的表达，促进白细胞黏附。

C_{3b}和iC_{3b}（灭活的C_{3b}）可与细菌细胞壁结合，经其调理作用增强具有C_{3b}和iC_{3b}受体的中性粒细胞和单核细胞的吞噬作用。

C_{5b67}对中性粒细胞、单核细胞和嗜酸性粒细胞均有趋化作用，还可促进中性粒细胞释放溶酶体成分。

C_3和C_5除能被经典和替代途径激活外，还可被炎性渗出物中的若干蛋白水解酶（如纤溶酶、溶酶体酶等）激活。炎症过程中，中性粒细胞的游出受补体C_{5a}等趋化作用的影响；反之，中性粒细胞释放的溶酶体酶类又能激活补体，从而形成了白细胞游出的增强环路。

二、激肽系统

激肽系统（kinin system）中具有炎症介质作用的是缓激肽（bradykinin），是由血浆中激肽原（kininogen）通过下列机制激活而产生的。首先，胶原和基底膜激活Ⅻ因子产生Ⅻa片段，后者使前激肽释放酶（prekallikrein）转变为激肽释放酶（kallikrein），激肽释放酶再作用于激肽原，使其最终裂解为具有生物活性作用的缓激肽。缓激肽的主要作用可概括为：①通过β_2受体，引起外周血管扩张，微血管壁通透性增高，造成血浆外渗，产生局部水肿，而且激肽的舒血管和增加血管壁通透性作用明显强于组胺，是体内已知最强的舒血管物质。②激肽对血管内皮细胞，特别是血管以外的平滑肌细胞均有明显的收缩功能。③低浓度的激肽就可刺激感觉神经末梢，引起疼痛，且激肽与组胺、PGE有协同作用，三者共同作用引起动物机体强烈的疼痛。④激肽本身没有趋化作用，但激肽释放酶具有趋化活性，可促进白细胞游走，能直接使C_5活化为C_{5a}。另外，激肽通过其β_1受体，还能促进成纤维细胞合成胶原和细胞分裂，在炎症组织损伤修复中具有重要作用。应用抑肽酶可抑制炎症时激肽的产生。

三、凝血和纤溶系统

Ⅻ因子的激活不仅可启动激肽系统，还能激活凝血系统（clotting system）和纤维蛋白溶解系统（fibrinolytic system）。活化的凝血系统中有两类特殊成分具有炎症介质的作用。

（1）凝血酶（thrombin）和纤维蛋白多肽（fibrinopeptide）　在Ⅻa作用下，凝血酶原转变为凝血酶，后者使纤维蛋白原形成不溶性的纤维蛋白，纤维蛋白在被纤维蛋白溶解酶降解的过程中释放纤维蛋白多肽，后者不仅能使血管壁通透性增强，还对白细胞具有趋化作用；凝血酶不但可促进白细胞黏附和纤维母细胞增生，还可与血小板、血管内皮细胞、平滑肌细胞和蛋白酶激活受体（protease-activated receptor，PAR）结合，引起选择素的重新分布，促进趋化因子的产生，高表达与白细胞整合素结合的血管内皮细胞黏附分子，促进前列腺素、血小板激活因子（platelet activating factor，PAF）和一氧化氮（NO）的产生，并使血管内皮细胞变形。

（2）Ⅹa因子　由凝血过程中的Ⅹ因子转化而来。Ⅹa因子与效应细胞蛋白酶受体-1（effector cell protease receptor-1）结合后可引起血管壁通透性增高，并促进白细胞游出。

纤溶系统活化与激肽系统激活密切相关。激肽释放酶使纤维蛋白溶解酶原转变为纤维蛋白溶解酶，后者可降解C_3形成C_{3a}；同时纤维蛋白降解所产生的纤维蛋白降解产物具有增加血管通透性的作用。

综上可见，血浆中上述3个系统激活所产生的C_{3a}、C_{5a}、缓激肽、凝血酶、纤维蛋白肽、纤维蛋白溶解酶和Ⅹa因子等，在炎症发生过程中作为介质所发挥的作用既广泛又十分重要，而且彼此间又有着极为密切的内在关系。尤其是Ⅻ的激活可直接或间接启动血浆中与炎症反应有关的三大系统，中间部分产物如激肽释放酶能反馈激活Ⅻ因子，使启动效应进一步放大，从而使血浆中上述炎症介质在炎症中的作用更加明显。

第二节　细胞源性炎症介质

一、血管活性胺

血管活性胺（vasoactive amine）主要包括组织胺和5-羟色胺，此类炎症介质以预先形成的方式储存在细胞分泌颗粒中，一旦动物机体受到刺激即可迅速释放，产生生物学作用，因此常常是炎症过程中首批释放的介质。

1. 组织胺　组织胺（histamine）简称组胺，是最早被发现的化学介质，是参与急性炎症早期反应的重要介质。其主要存在于血管周围结缔组织的肥大细胞中，也存在于血液中的嗜碱性粒细胞和血小板的异染颗粒内，由左旋组氨酸经脱羧酶作用而生成。肺、胃、肠和皮肤等组织的小血管周围分布有较多的肥大细胞，故上述部位组胺含量丰富。当动物机体受到各种致炎因子（如创伤、免疫复合物、细菌毒素、生物毒、辐射、细胞因子、补体片段C_{3a}和C_{5a}、药物、神经多肽等）的作用时，肥大细胞表面的卵磷脂酶或蛋白酶被激活，以致细胞膜受损而出现脱颗粒，释放组胺。血小板在致炎因子或其他炎症介质（如PAF）作用下被激活或崩解，其致密体和α-颗粒中的组胺可被释放。

组胺在炎症中的主要作用：①扩张微动脉、毛细血管前括约肌和微静脉，其中以扩张微动脉的作用最明显，但较大静脉则呈现收缩反应。在肺中，由于组胺受体与其他处分布不同，组胺使肺微血管收缩，引起肺动脉压升高。②使毛细血管和微静脉内皮细胞微丝收缩，其连接部间隙扩大和开放，引起血管壁通透性增高，局部血浆外渗，促进炎性水肿。③对嗜酸性粒细胞有趋化作用。

细胞膜上含有H_1和H_2两种组胺受体。炎症中，组胺与H_1受体结合，使细胞内环磷酸鸟苷（cGMP）含量增加和血管壁通透性增强，但组胺引起血管壁通透性增高是一过性的快速反应；组胺与H_2受体结合，引起细胞内环磷酸腺苷（cAMP）增加和一系列抑制炎症效应，如中性粒细胞的趋化性、吞噬和溶酶体酶释放被抑制，嗜碱性粒细胞释放组胺及淋巴细胞产生淋巴因子和抗体的功能被抑制等。苯海拉明（diphenhydramine）可阻断H_1受体；甲氰咪胍（cimetidine）可阻断H_2受体。

综上所述，组胺既有促炎作用，又有抑炎作用。但在炎症早期，组胺主要发挥促炎作用。

2. 5-羟色胺　　5-羟色胺（5-hydroxytryptamine，5-HT）又名血清素（serotonin），是和组胺共同参与急性炎症早期反应的炎症介质。其主要存在于血小板和肠嗜铬细胞内，由色氨酸经羟化、脱羧而生成。5-HT经血小板与胶原和免疫复合物结合后发生凝集或由PAF、ADP、凝血酶等刺激而释放。炎症时，5-HT释放明显增加，其作用主要与局部血管壁通透性增高有关；并有致痛作用。此外，5-HT还能增强组胺的致炎作用，其对血管扩张或收缩的作用，主要取决于动物种属、血管平滑肌受体类型及其分布。已发现外周血管存在S_1（5-HT_1）和S_2（5-HT_2）两种不同的5-HT受体。其中，S_1受体与血管平滑肌舒张有关；而S_2受体与血管平滑肌收缩密切相关。

二、花生四烯酸代谢产物

花生四烯酸（arachidonic acid，AA）是含有20个碳原子的不饱和脂肪酸，其广泛存在于动物体内的多种器官组织（如前列腺素、脑、肾、肺和肠等）的细胞内。正常细胞内，AA以酯化形式与细胞膜磷脂结合，故细胞内无游离AA。炎症时，在各种炎症刺激因子（如物理性和化学性及免疫因子等）和其他炎症介质（如C_{5a}）作用下，细胞膜磷脂酶A_2被激活，使AA从膜磷脂中释放。AA本身不具有炎症介质作用，但当AA释放后，通过不同酶（环加氧酶或脂加氧酶）的作用，经不同代谢途径，分别生成前列腺素和白三烯（图12-1），以及经其他途径生成脂氧素（lipoxin，LX）等代谢产物发挥炎症介质作用。

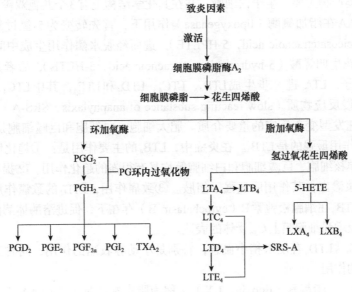

图 12-1　前列腺素和白三烯生成途径
PG. 前列腺素；LT. 白三烯；LX. 脂氧素；5-HETE. 5-羟基花生四烯酸

1. 前列腺素　　前列腺素（prostaglandin，PG）是一组五碳环和两条侧链含20个碳原子的不饱和脂肪酸的衍生物。当致炎因子作用时，细胞膜磷脂酶A_2被激活，使细胞膜磷脂裂解生成AA，后者在环加氧酶（cyclooxygenase）作用下可产生PGE_2、PGD_2、PGF_2、PGI_2和TXA_2（血栓素A_2）等。由于不同种类细胞的膜磷脂代谢特点和异构酶不同，形成的PG类型不同，如血小板含有TXA_2合成酶，故TXA_2主要由血小板产生；血管内皮细胞含PGI_2合成酶，不含TXA_2合成酶，所以PGI_2主要由血管内皮细胞产生；PGD_2主要由肥大细胞产生；产生PGE_2和$PGF_{2\alpha}$的细胞种类较多，其中，中性粒细胞及单核细胞是合成PGE_2的主要细胞。在炎症反应中，PGE_2、PGD_2和$PGF_{2\alpha}$协同可引起血管扩张，促进水肿的产生；PG能协同其他炎症介质增加血管壁通透性及化学趋化作用。炎症中最重要的炎症介质是PGE_2、PGI_2和TXA_2。

PGE_2具有强烈扩血管作用，使微动脉和毛细血管前括约肌扩张；与组胺、激肽等介质协同，使毛细血管和后微静脉通透性增高；与趋化因子协同，激活和吸引中性粒细胞；使皮肤对疼痛刺激更加敏感，致敏痛觉神经末梢，造成炎区痛觉过敏状态，PG的致痛作用与其浓度密切相关，低浓度时造成痛觉过敏，高浓度时可直接发挥致痛作用；在感染过程中与细胞因子相互作用引起发热；对中性粒细胞和嗜酸性粒细胞具有较微弱的趋化作用；研究人员发现，大剂量PGE_2具有抑炎作用，可增加细胞内cAMP含量，抑制中性粒细胞激活，减轻炎症反应。炎症时内源性PGE_2属于低浓度，主要起致炎作用。

前列环素（prostacyclin）存在于血管内皮细胞，可在PGI_2合成酶作用下合成；血栓素A_2（thromboxane A_2，TXA_2）存在于血小板和肺内，可在TXA_2合成酶作用下合成。PGI_2具有扩张小血管、减少血小板聚集和抑制中性粒细胞活化等作用；而TXA_2则与之相拮抗，具有强烈的缩血管、促进血小板聚集和激活中性粒细胞等作用。故两者各具有促炎和抗炎的双重作用，一般认为PGI_2/TXA_2值减小对病情不利。

2. 白三烯　　白三烯（leukotriene，LT）是20世纪70年代末才被发现的一类AA氧化产物。因此类产物主要产生于白细胞，并在其化学结构上有3个共轭双键，故称为白三烯。炎症时，AA在脂加氧酶（lipoxygenase）作用下，首先转变为5-氢过氧花生四烯酸（5-hydroperoxyeicosatetraenoic acid，5-HPETE），进而经脱水酶作用生成中间产物LTA_4和终产物5-羟基花生四烯酸（5-hydroxyeicosatetraenoic acid，5-HETE），后者是中性粒细胞的化学趋化因子。LTA_4进一步生成LTB_4、LTC_4、LTD_4和LTE_4，其中LTC_4、LTD_4、LTE_4均属于过敏性慢反应物质（slow reacting substance of anaphylaxis，SRS-A）的组成成分。SRS-A是介导速发型变态反应的重要介质。肥大细胞、白细胞和巨噬细胞是LT的主要来源。LT中致炎作用最强的是LTB_4。在炎症中，LTB_4的主要作用是：①趋化作用，LTB_4对中性粒细胞、单核细胞、巨噬细胞和白细胞等均具有很强的趋化作用。②提高血管壁的通透性，促进血浆渗出，其作用明显强于组胺。③致痛作用，LTB_4的致痛作用与缓激肽相似。④其他：LTB_4在细胞松弛素B（cytochalasin B）存在下，促进溶酶体酶的释放和超氧阴离子的形成及增强细胞膜上C_{3b}受体的表达。

此外，LTC_4、LTD_4有使末梢小血管，特别是小动脉收缩的作用；同时又有增高炎区血管壁通透性的作用。

3. 脂氧素　　脂氧素（lipoxin，LX）又称为脂毒素，是一类由AA产生的新生活性物质，对炎症反应具有促进和抑制双重作用。其主要通过转细胞合成机制（transcellular biosynthetic mechanism）形成。血小板自身不能合成LX，只有当血小板与白细胞相互作用时，由中性粒细胞衍生的中间介质形成LX。例如，LXA_4和LXB_4就是由血小板12-脂加氧酶作用于中性粒细胞产生的LTA_4所形成的代谢产物。细胞与细胞间的接触可增加转细胞合成机制；如果阻断细胞间的黏附，脂氧素的产生则被抑制。脂氧素的作用可概括为：①抑制中性粒细胞的黏附和趋化，促进单核细胞的黏附。②LXA_4刺激血管扩张，从而抵消LTC_4引起的血管收缩。③对LT活性的负调节作用，LX的量与形成LT的量呈负相关，表明LX可能是体内LT活性的负调节因子。

临床上应用的解热镇痛类药物如阿司匹林、消炎痛等，正是通过抑制环加氧酶活性，减少PG的合成以达到治疗目的；类固醇类药物可通过抑制AA从膜磷脂中的释放，减少IL-1和TNF-α的表达，并上调某些抗炎蛋白的基因表达，进而减轻炎症反应。

三、白细胞产物和溶酶体成分

中性粒细胞和单核细胞受各种致炎因素作用后可释放活性氧和溶酶体酶类，促进炎症反应和破坏组织，此类炎症介质的上述作用可被抗蛋白酶系统（存在于血清和组织中）所抵消。例如，α_1-抗胰蛋白酶（α_1-antitrypsin）是中性弹力蛋白酶的主要抑制剂，当肺中缺乏α_1-抗胰蛋白酶时则不能抑制中性弹力蛋白酶对肺组织的破坏作用，结果导致肺气肿；α_2-巨球蛋白是另一种存在于血清和组织分泌物中的抗蛋白酶。

1. 活性氧代谢产物 主要包括超氧阴离子（O_2^-）、过氧化氢（H_2O_2）和羟自由基（$\cdot OH$），上述物质在细胞内可与NO结合产生其他活性氮中间产物。该类介质低浓度时可促进趋化因子IL-8、某些细胞因子、内皮细胞和白细胞黏附分子的表达，增强和放大炎症反应；高浓度情况下可损伤内皮细胞，使血管壁通透性增高，破坏红细胞和实质细胞，同时灭活抗蛋白酶（如α_1-抗胰蛋白酶），促进细胞外基质的破坏。但血清、组织液和靶细胞本身含有抗氧化保护机制。因此，上述物质是否引起损伤还要取决于两者的平衡关系。

2. 溶酶体酶类 溶酶体酶类种类繁多，作用广泛。许多致病因素均能导致细胞中溶酶体酶的释放。某些溶酶体可通过增加血管壁通透性和增强趋化作用促进炎症的发生、发展。其更重要的作用是破坏组织，如中性蛋白酶（弹力蛋白酶、胶原酶、组织蛋白酶等）可降解细胞外成分，包括胶原纤维、弹力蛋白、纤维素、基底膜和软骨基质等，在化脓性和其他破坏性炎症中发挥重要作用。中性蛋白酶还能直接降解C_3和C_5为C_{3a}和C_{5a}，并可促进激肽原转变成缓激肽样多肽。

四、细胞因子和趋化因子

（一）细胞因子

细胞因子（cytokine）是细胞（主要是淋巴细胞、单核巨噬细胞，还有内皮、上皮和结缔组织中的细胞等）被激活后产生的一类分子质量较小的生物活性物质。其中由淋巴细胞产生的称为淋巴因子（lymphokine，LK）；来自单核巨噬细胞的称为单核因子（monokine，MK）；在白细胞之间发挥作用的称为白细胞介素（interleukin，IL）。细胞因子在免疫和炎症反应中产生，并通过受体与靶细胞特异性结合而发挥作用。细胞因子除参与免疫反应外，还影响和调节炎性细胞功能，在炎症中发挥重要作用。细胞因子的主要生物学特点可概括为：①除少数细胞因子外，绝大多数均以单体形式存在，且均为相对分子质量小于25 000的糖蛋白。②除IFN-α外，大多数细胞因子的编码基因为单拷贝。③细胞因子的产生部位就是其发挥生物学效应的部位。④具有很强的生物活性，微量（μmol或mmol）情况下，即可调节细胞功能，但过量可引起机体损伤。⑤一种细胞因子可来源于多种类型的细胞，并且可作用于多种类型的靶细胞，呈现不同的生物学效应；同理，类型不同的多种细胞因子也可作用于同一种细胞，产生相同的生物学效应。⑥细胞因子只有通过受体与靶细胞结合，才能发挥生物学功能。⑦细胞因子的生物学功能具有多样性，既可介导、调节免疫应答和炎症反应，也可促进靶细胞的增殖、分化，参与造血和损伤组织的修复等。⑧多数细胞因子产生于免疫和炎症中，且其表达、活化和生物功能又受一系列严谨机制的调控。

1. 淋巴因子　　主要由T淋巴细胞、B淋巴细胞和NK细胞等产生，在机体免疫应答和炎症反应中发挥重要的调节作用。依据功能可将淋巴因子分为免疫调节因子和炎症性因子两类；根据作用对象可将淋巴因子分为作用于巨噬细胞的淋巴因子、作用于粒细胞的淋巴因子、作用于血管内皮细胞的淋巴因子、作用于靶细胞的淋巴因子等。

（1）作用于巨噬细胞的淋巴因子

1）巨噬细胞趋化因子（macrophage chemotactic factor，MCF）：能吸引巨噬细胞向炎区或抗原与致敏淋巴细胞相互作用部位移动和聚集。

2）巨噬细胞移动抑制因子（macrophage migration inhibitory factor，MIF）：抑制进入炎区或抗原所在部位的巨噬细胞移动，以利于其发挥吞噬作用。

3）巨噬细胞活化因子（macrophage activating factor，MAF）：能激活巨噬细胞，增强其吞噬、消化和杀伤能力。

（2）作用于粒细胞的淋巴因子　　主要有两类：一类是中性粒细胞趋化因子（neutrophil chemotactic factor，NCF）、嗜酸性粒细胞趋化因子（eosinophil chemotactic factor，ECF）、嗜碱性粒细胞趋化因子（basophil chemotactic factor，BCF），它们分别具有吸引中性粒细胞、嗜酸性粒细胞和嗜碱性粒细胞向炎区移动的作用；另一类是白细胞移动抑制因子（leucocyte migration inhibitory factor，LIF），其主要作用是抑制已聚集于炎灶区的白细胞向炎区外游走。

（3）作用于血管内皮细胞的淋巴因子　　主要是皮肤反应因子（skin reactive factor，SRF），又称为炎症因子（inflammatory factor，IF），可使皮肤血管壁通透性增高，促进渗出和白细胞聚集。

（4）作用于靶细胞的淋巴因子　　主要是淋巴毒素（lymphotoxin，LT），又称为细胞毒因子，能破坏或杀伤带有特异性抗原的靶细胞，引起组织的变性和坏死。

2. 单核因子　　是由单核巨噬细胞产生的淋巴因子，主要包括干扰素、肿瘤坏死因子、白细胞介素和集落刺激因子等。

（1）干扰素　　干扰素（interferon，IFN）是20世纪50年代后期发现的细胞因子，是某种病毒感染细胞产生的可干扰另一种病毒感染和复制的物质。根据生物学和理化特性，可将IFN分为IFN-α、IFN-β和IFN-γ三种。IFN不但来源有别，其功能也不完全相同。

IFN-α主要由B淋巴细胞和巨噬细胞产生；IFN-β主要来源于成纤维细胞等；而IFN-γ由致敏T淋巴细胞生物合成。3种IFN均具有免疫调节作用及抗病毒和抗肿瘤功能。其中，抗病毒速度，IFN-β最快，IFN-γ最慢，IFN-α介于两者之间；抗肿瘤功能和免疫调节作用，IFN-γ最强，IFN-α较弱，IFN-β介于IFN-α和IFN-γ之间。但IFN对T淋巴细胞和B淋巴细胞的功能具有双重性，小剂量可增强T淋巴细胞、B淋巴细胞功能，大剂量则发挥抑制作用。

（2）肿瘤坏死因子　　肿瘤坏死因子（tumor necrosis factor，TNF）又称恶液质素（cachexia），是一种多功能性多肽。根据来源及其结构，TNF可分为TNF-α和TNF-β两种，前者来源于活化的单核巨噬细胞；后者主要由T淋巴细胞产生。TNF在炎症过程中能使血管内皮细胞间隙增宽和内皮细胞表面黏附的纤维连接蛋白减少，引起血管壁通透性增高；激活中性粒细胞、单核细胞和巨噬细胞，增强其趋化和吞噬作用，释放溶酶体酶和氧自由基；促进花生四烯酸代谢产物、IL-1、干扰素的生物合成；作用于下丘脑体温调节中枢，具有致热效应。除上述作用外，TNF还可诱导肿瘤细胞凋亡和促进储脂分解等。

（3）白细胞介素　　在1979年的第二届国际淋巴因子专题讨论会上，人们将由单核巨噬细胞、T淋巴细胞分泌的某些在免疫应答中发挥非特异性调节及在炎症反应中介导白细胞间相互作用的细胞因子统称为白细胞介素。后来研究人员发现，除上述细胞外，内皮细胞、上皮细胞、成纤维细胞等许多细胞也能产生IL。目前已知的IL包括IL-1～IL-24，并不断还有新的IL被发现。

白细胞介素种类繁多，其生物学功能复杂而广泛，不但能介导多种炎症反应，而且具有抗病毒、抗肿瘤及免疫调节等作用。IL的主要作用可概括为：①调节淋巴细胞增殖、分化及其活性。例如，IL-2和IL-4可促进淋巴细胞增殖；而IL-10是免疫反应的负调节因子。②调节自然免疫。主要有IL-1β和IL-6等。③活化巨噬细胞。包括IL-5、IL-10、IL-12等，能激活巨噬细胞，增强其吞噬、消化和杀伤能力。④作用于造血系统。包括IL-3、IL-7等，能调节未成熟白细胞生长、分化。与炎症反应最为密切的IL有以下两种。

1）白细胞介素-1（IL-1）：IL-1是一种糖蛋白，主要由激活的巨噬细胞和单核细胞合成，合成后一部分留在细胞内和细胞表面；另一部分进入血液，引起全身性效应。在炎症过程中IL-1释放增多，能吸引和激活单核细胞及中性粒细胞，增强其吞噬和释放溶酶体酶类；促进肥大细胞和嗜碱性粒细胞脱颗粒，释放组胺等生物活性物质；激活内皮细胞，使其合成PGI_2、PGE_2和PAF，并使内皮细胞表面黏附蛋白表达增加，作用于下丘脑体温调节中枢引起发热；激活T淋巴细胞和B淋巴细胞，介导细胞免疫和体液免疫，在慢性炎症发生过程中发挥着重要作用。

2）白细胞介素-8（IL-8）：IL-8是一种多源性细胞因子，可来自单核细胞、巨噬细胞、内皮细胞、成纤维细胞、T淋巴细胞等，其中以单核细胞产量最为丰富。在炎症反应中，IL-8对中性粒细胞具有趋化和诱导脱颗粒作用；并能抑制中性粒细胞在血管内皮细胞上的黏附，保护血管内皮细胞免遭损害。由于IL-8不能被血清灭活，在炎症反应中的作用远比C_{5a}对中性粒细胞的趋化作用持久。已知IL-8与曾报道的粒细胞趋化性蛋白（GCP）、中性粒细胞激活因子（NAF）、单核细胞衍生的粒细胞趋化因子（MDNCF）和中性粒细胞激活因子（MDNAF）、淋巴细胞衍生的中性粒细胞激活蛋白（LYNAR）、内皮细胞源性中性粒细胞激活肽（ENAP）等均为同一物质。

（4）集落刺激因子　　集落刺激因子（colony stimulating factor，CSF）是对造血干细胞或不同分化阶段的造血细胞具有刺激作用的细胞因子，可由淋巴细胞、巨噬细胞、成纤维细胞、内皮细胞和肿瘤细胞等多种细胞产生。根据其刺激造血干细胞和造血细胞在半固体培养基上所形成的集落，将其分别命名为粒细胞-巨噬细胞集落刺激因子（granulocyte-macrophage colony stimulating factor，GM-CSF）、粒细胞集落刺激因子（granulocyte colony stimulating factor，G-CSF）、巨噬细胞集落刺激因子（macrophage colony stimulating factor，M-CSF）、多系-集落刺激因子（multi-colony stimulating factor，Multi-CSF）、促红细胞生成素（erythropoietin，EPO）和干细胞因子（stem cell factor，SCF）等。CSF的主要作用是：①刺激造血干细胞和祖细胞的增殖与分化。②促进单核巨噬细胞增生，增加单核细胞释放细胞因子。③对白细胞具有趋化和激活作用，增强其吞噬功能。

在上述众多细胞因子中，IL-1、TNF-α和TNF-β是介导炎症反应的主要细胞因子。其可促进内皮细胞与白细胞黏附，增进中性粒细胞的趋化、聚集和激活间质释放蛋白酶，也可引起急性炎症时的发热等。

（二）趋化因子

趋化因子（chemokine，CK）是一组结构和功能相似、分子质量为8~12kDa，对白细胞具有激活和趋化作用的小分子细胞因子。其主要由免疫细胞产生，目前已知有50余种。根据来源，CK可分为外源性CK和内源性CK。前者主要包括微生物及其代谢产物；后者由机体内产生，如激肽、补体、淋巴因子、阴阳离子蛋白和组织崩解产物等。依据分子结构特征，CK可分为α-趋化性细胞因子（CXC）、β-趋化性细胞因子（CC）、γ-趋化性细胞因子（C）和δ-趋化性细胞因子（CX$_3$C）4个家族或亚家族。在炎症反应中，趋化因子有的对中性粒细胞有趋化和激活作用；有的对单核细胞、嗜碱性粒细胞和嗜酸性粒细胞及淋巴细胞有趋化和激活作用；部分还对淋巴细胞具有特异性的趋化作用。近年来还发现一类新的趋化因子，可使单核细胞和T淋巴细胞黏附于内皮细胞，并对其具有吸引作用。

1. CXC亚家族　　是由活化单核细胞、内皮细胞、成纤维细胞和巨噬细胞产生的，根据结构组成中是否含有谷氨酸-亮氨酸-精氨酸功能区（glutamic acid-leucine-arginine，ELR），可将CXC亚家族趋化因子分为ELR趋化因子和非ELR趋化因子两类。前者主要包括IL-8、生长相关基因（growth related gene，GRG）蛋白、上皮源性中性粒细胞趋化物-78（epithelial-derived neutrophil attractant-78，ENA-78）、粒细胞趋化蛋白-2（granulocyte chemotactic protein-2，GCP-2）和中性粒细胞活化蛋白-2（neutrophil activating protein-2，NAP-2）等，对中性粒细胞具有强烈的趋化作用，还可促进血管的生成，但对单核细胞没有作用；后者主要有干扰素-γ诱导蛋白-10（interferon-γ inducing protein-10，IP-10）、干扰素-γ诱导的单核细胞因子（monokine inducing by IFN-γ，MIG）和基质细胞源性因子-1（stroma cell-derived factor-1，SDF-1）等，是淋巴细胞或造血的高效趋化剂，对血管的生成有抑制作用，而对中性粒细胞无作用。

2. CC亚家族　　包括单核细胞趋化蛋白（monocyte chemoattractant protein，MCP）和T细胞激活性低分泌因子（reduced upon activation，normal T cell expressed and secreted factor，RANTES因子），主要由活化T细胞产生。MCP可进一步分为MCP-1、MCP-2和MCP-3。其中MCP-1又称为单核细胞趋化激活因子（monocyte chemotactic and activating factor，MCAF），对单核巨噬细胞、嗜碱性粒细胞及淋巴细胞具有趋化和激活作用，而MCP-2和MCP-3只对单核细胞有趋化作用；RANTES因子对多种细胞，包括单核细胞、T淋巴细胞、嗜酸性粒细胞和嗜碱性粒细胞均有趋化和激活作用。

3. C亚家族 该族的唯一成员——淋巴细胞趋化蛋白（lymphotactin）只对淋巴细胞具有强烈的激活和趋化作用。

4. CX₃C亚家族 该族的唯一成员——分形趋化因子（fractalkine）是目前已知的唯一的膜结合型趋化因子，以结合性和可溶性两种形式存在。前者在炎症介质诱导下由内皮细胞产生，与细胞表面蛋白结合，增强单核细胞、T淋巴细胞与内皮细胞的黏附；后者经膜结合蛋白水解产生，其激活需由靶细胞上的单独信号受体介导，兼有黏附和趋化双重性，但只对单核细胞和T淋巴细胞有强烈的趋化作用。

五、血小板激活因子

血小板激活因子（platelet activating factor，PAF）是由血小板、嗜碱性粒细胞、中性粒细胞、单核巨噬细胞、内皮细胞、Ⅱ型肺泡上皮细胞等在内毒素、凝血酶、TNF、LT、PAF本身等的刺激下，将1-烷基-2-花生四烯酰基磷脂酰胆碱在磷脂酶A_2作用下生成的溶血卵磷脂，后者经乙酰化生成1-烷基-2-酰基磷脂酰胆碱，即PAF，是很强的磷脂类促炎介质。PAF可分为分泌型和细胞膜结合型两种。其主要作用除激活血小板，增加其黏附、聚集及释放组胺和5-HT等外，还可使血管、支气管平滑肌收缩。极低浓度可使血管扩张、小静脉壁通透性增加，其作用比组胺强100～10 000倍。PAF可使白细胞与内皮细胞黏附，促进白细胞化学趋化和脱颗粒，并能刺激白细胞及其他细胞合成PG和LT；大剂量PAF可引起低血压和急性肺损伤。PAF受体拮抗剂可抑制炎症反应。

六、一氧化氮

一氧化氮（nitric oxide，NO）是一种可溶性气体，主要由内皮细胞释放，也可由巨噬细胞和脑内特异性神经细胞产生。NO是由L-精氨酸、分子氧、NADPH及其他辅助因子在不同类型一氧化氮合成酶（NOS）作用下生成的。NOS有内皮型（eNOS）、神经型（rNOS）和诱导型（iNOS）3种类型。它们的激活方式有所不同，其中eNOS和rNOS是由细胞内Ca^{2+}激活的，正常只有少量表达，当细胞内Ca^{2+}大量进入可迅速被激活而大量表达，并快速产生NO；而iNOS的激活（存在于巨噬细胞内）是由细胞因子（TNF-α、IFN-γ）或其他因子激活时诱导发生的。NO经cGMP介导通过旁分泌作用于靶细胞，在炎症中发挥多方面的介质作用，其主要作用可概括为：①松弛血管平滑肌、使血管扩张。②减少血小板聚集、黏附和脱颗粒，抑制肥大细胞引起的炎症反应。研究证明，阻断NO的产生，可促进白细胞在小静脉内的滚动和黏附，而NO的释放可减少急性炎灶内白细胞的聚集。③NO与活性氧代谢产物结合可进一步合成多种能杀灭微生物的代谢产物，如过氧亚硝酸盐（$OONO^-$）和二氧化氮（NO_2）等。④细胞内高浓度的NO可限制细菌、寄生虫的生存和病毒的复制，动物试验证明，灭活iNOS可使病原微生物繁殖或复制增强。⑤在抗感染的同时，NO也可对细胞和组织造成损伤。

七、神经肽

神经肽（neuropeptide）属中枢和外周神经系统的速激肽（tachykinin）、神经肽家族。例如，P物质（substance P）存在于肺及肠道的神经纤维内，可转导疼痛信号、调节血压、激活免疫细胞和内分泌细胞，尤其是在炎症的早期引起血管扩张、增强血管壁通透性。

八、急性期蛋白

生物性因素引起感染和炎症时，通常在急性期（发生后数小时至3～4d），其血清成分出现明显变化，称为急性期反应（acute phase reaction）。其间在血液中增多的非抗体性物质，称为急性期反应物（acute phase reactant）。急性期反应物多数为血浆糖蛋白，故称为急性期蛋白（acute phase protein，APP）。APP不仅是炎症反应的生物学标志，也是炎症反应的调节因子。急性炎症时，APP浓度迅速发生变化，其中浓度升高的一类APP称为阳性APP；而浓度降低的则称为阴性APP。阳性APP包括α_1-抗糜蛋白酶、结合珠蛋白、铜蓝蛋白、纤维蛋白原、α_1-酸性糖蛋白、脂多糖结合蛋白、血清淀粉样物质A和C反应蛋白等。上述APP主要由肝细胞合成，在组织细胞损伤的急性期，其合成速度加快，血浆中的浓度明显升高。IL-6和IL-1等是APP合成的主要调节因子。经IL-1和TNF诱导，并调控基因表达的APP又称为I型APP；而由IL-6参与基因表达调控的APP常称为II型APP。此外，IL-6还可提高由IL-1和TNF诱导的I型APP的表达。阴性APP在炎症反应中浓度下降，可释放一部分与其相结合的配体，如激素、维生素、微量元素和脂肪酸等。APP的生物学作用是通过与其特异性配体相结合而发挥的，APP-配体复合物由单核巨噬细胞系统或肝细胞所清除。

在炎症反应中，APP的生物学作用主要是通过下列途径辅助损伤器官组织的修复并维持内环境的稳定。①灭活或（和）中和坏死组织及浸润至炎灶局部的吞噬细胞所释放的具有血管活性、蛋白水解作用及细胞毒作用的酶类。②清除细胞膜碎片和细胞核坏死后释放的DNA物质。③经负反馈调节，限制炎症的扩散，提高动物机体的抗感染能力。

应当指出，急性期反应不仅见于感染和炎症，也见于创伤、烧伤、手术等引起的应激反应，是机体对强烈刺激的一种非特异性反应。在此仅介绍重要的APP。

1. C反应蛋白　　C反应蛋白（C-reactive protein，CRP）是首先被发现和分离的APP，是一种分子质量为105kDa的γ-球蛋白，主要由肝合成。CRP与病原微生物上的多糖或坏死细胞表面的配体结合后，通过经典途径激活补体，促进巨噬细胞对微生物等异物的吞噬。急性炎症时，数小时内CRP明显增加，1～3d可达最高值（增加100～3000倍），随炎症消退而迅速下降，与炎症消长密切相关。CRP还可促进淋巴细胞活化、增生和淋巴因子生成；抑制血小板聚集和血小板因子的释放与激活；与染色质有很强的亲和力，可限制受损DNA异常转录。

2. 血清淀粉样物质A　　血清淀粉样物质A（serum amyloid A，SAA）是主要由肝合成的分子质量约为12kDa的α_1-球蛋白，由一组载脂蛋白组成，可分为急性期SAA和结构SAA，前者是急性期的主要反应物。急性炎症或感染时，SAA与CRP同时在血清中急剧升高。虽然SAA在炎症中的确切作用尚不完全清楚，但其在脂质代谢/转运、诱导细胞外基质降解酶类合成及对炎性细胞的黏附、趋化等方面的作用已受到研究者的高度重视。此外，SAA是与炎症相关的淀粉样变的前体蛋白，其浓度的持续缓慢升高是继发淀粉样变的前提。SAA也参与了动脉粥样硬化和风湿性关节炎的发生。还有学者认为，SAA具有促进损伤细胞修复和抑制自身免疫反应的作用。

3. 脂多糖结合蛋白　　脂多糖结合蛋白（lipopolysaccharide binding protein，LBP）是由肝细胞合成并释放于血浆中的又一种APP。在急性期反应中，LBP浓度迅速升高，其生物学功能主要是对内毒素的识别、抗原递呈及诱导免疫细胞释放细胞因子等。LBP与脂多糖上的脂质A具有高度亲和性，LBP与脂多糖结合形成的脂多糖复合物可与单核细胞表面的CD_{14}结合，从而激活单核细胞。LBP也可介导脂多糖与CD_{14}^+细胞（如单核细胞、巨噬细胞和中性粒细胞等）和CD_{14}^-细胞（如内皮细胞、上皮细胞等）之间的联系，促进细胞因子（如TNF-α）、NO和凝血因子Ⅲ的生物合成，提高黏附分子的表达和中性粒细胞的激活。此外，LBP不仅能将脂多糖转移给其靶受体（CD_{14}），还能将脂多糖转移给高密度脂蛋白，从而减轻脂质对机体的损伤作用。

九、其他

1. 组织因子 组织因子（tissue factor，TF）曾称为组织凝血激活素，实际上TF是组织凝血激活素（膜蛋白与磷脂的复合物）的膜蛋白组分，是干扰素家族成员，是细胞膜上的Ⅶ或活化Ⅶ（Ⅶa）因子受体。机体内除了血管内皮细胞和血细胞，几乎所有组织细胞均有TF表达。炎症或组织损伤时，内毒素、TNF、IL-1等多种细胞因子均可诱导单核细胞、内皮细胞表达TF。TF在Ca^{2+}存在下，可与Ⅶ因子形成复合物，启动凝血瀑布反应。

2. 过敏性嗜酸性粒细胞趋化因子 过敏性嗜酸性粒细胞趋化因子（eosinophil chemotactic factor of anaphylaxis，ECF-A）与组胺共同存在于肥大细胞、嗜碱性粒细胞和血小板的异染颗粒中，当IgE通过存在于上述细胞膜上的Fc受体与之结合，再与相应抗原结合后，引起肥大细胞脱颗粒释放ECF-A和组胺，对嗜酸性粒细胞发挥趋化和激活作用，刺激嗜酸性粒细胞释放组胺酶、磷脂酶和芳基硫酸酯酶等。

3. 慢反应物质 慢反应物质（slow reaction substance，SRS）是过敏反应时，由肥大细胞释放的，可增强血管壁的通透性，与组胺有协同作用；还可引起支气管平滑肌收缩。

综上所述，炎症介质在炎症反应中不仅种类繁多，并且有新的介质不断被发现，其作用复杂，不同介质之间既有相同或协同作用，又有不同或拮抗作用；在炎症发展不同阶段和不同性质的炎症，炎症介质的种类和作用也不尽相同。通常在炎症早期或过敏性炎症，以血管活性胺和激肽为主；而在炎症中后期或变质性炎症，则与花生四烯酸代谢产物、细胞因子和白细胞产物等密切相关。

第三节 机体的抗炎因素

炎症反应时，各种炎性细胞所释放的生物活性物质，如溶酶体酶类、活性氧及花生四烯酸代谢产物等可引起血管内皮细胞和其他组织细胞的广泛性损伤，从而导致缺血-再灌注损伤、类风湿性关节炎、急性肺损伤等炎症性疾病。血液白细胞与血管内皮细胞的黏附和聚集，还可堵塞微血管，使微循环血液灌流量减少，造成组织器官缺血性缺氧，从而加重组织器官的损伤。另外，在多种细胞因子（如TNF、IL-1等）和内毒素等作用下，内皮细胞、单核巨噬细胞还可释放组织因子（凝血因子Ⅲ），后者在Ca^{2+}作用下，再与Ⅶa因子作用形成复合体，从而激活凝血系统。为了减轻或防止过度炎症反应对机体的损伤，动物体内存在极其复杂的多种抗炎机制。

一、抗炎因子

炎性细胞既能产生致炎性炎症介质，也能生成具有抗炎作用的炎症介质，两者在某些方面既相互协调，又相互拮抗，构成了极其复杂的炎症调控网络。与抗炎有关的细胞因子比较多，其中主要以抗炎方式起作用的白细胞介素类细胞因子主要有IL-4、IL-10、转化生长因子-β、白细胞介素1受体拮抗剂（interleukin-1 receptor antagonist，IL-1ra）、IL-13等。

1. IL-4　　IL-4是由活化Th2细胞和肥大细胞产生的一种细胞因子，在Th1和Th2亚群之间相互作用，对Th2类细胞因子的产生及淋巴细胞和巨噬细胞发挥免疫调节作用。IL-4具有阻滞抗体依赖性细胞毒性作用，抑制IL-1β、TNF-α、PGE_2、IL-6、IL-8和NO的产生；能诱导人单核细胞产生IL-1ra，以及B细胞产生IgG_1和IgE，抑制IL-2诱导产生的淋巴活性杀伤细胞。IL-4还能抑制小肠胶原酶和Ⅳ型胶原酶的分泌，减轻巨噬细胞诱导的特异性细胞基质的降解。在小鼠，IL-4是巨噬细胞强有力的趋化剂，并可抑制巨噬细胞游走，作为IL-8的抑制因素，可使巨噬细胞聚集，表明IL-4在控制和消除组织炎症反应中发挥重要作用，IL-4通过靶细胞表面特异性IL-4受体而发挥生物学作用，IL-4受体属细胞因子超家族中的IL-2受体家族。

2. IL-10　　IL-10属细胞因子中的干扰素家族，最初认为是由Th2细胞分泌的。其能抑制Th1细胞合成IFN-γ和IL-2，故曾被命名为细胞因子合成抑制因子（cytokine synthesis inhibitory factor，CSIF），进一步研究发现多种细胞均能合成IL-10，其中包括CD_4^+T细胞、CD_8^+T细胞、B淋巴细胞、单核细胞、巨噬细胞、肥大细胞、嗜酸性粒细胞、表皮细胞和某些肿瘤细胞。IL-10通过抑制巨噬细胞和T细胞功能在调节免疫反应中发挥重要作用，能抑制TNF-α、IFN-γ、IL-1α、IL-1β、IL-6、IL-8 mRNA和蛋白质的表达。敲除IL-10基因小鼠易患炎症性疾病，尤其是肠炎。PGE_2、IL-1ra、NO和糖皮质激素可促进IL-10的生物合成及其释放；而IFN-γ、IL-4、IL-13等能抑制IL-10的分泌。IL-10受体属细胞因子超家族中的干扰素家族。

3. 转化生长因子-β　　转化生长因子-β（transforming growth factor-β，TGF-β）是一种多源性细胞因子，大多数正常细胞和肿瘤细胞都能合成和分泌TGF-β，其生物学作用十分广泛，几乎可作用于所有细胞，TGF-β能抑制PLA_2的生物合成，抑制活化巨噬细胞分泌TNF-α，抑制IL-1和TNF-α对E-选择素的诱导，因此具有抗炎作用。TGF-β受体属丝/苏氨酸蛋白激酶型受体。

4. IL-1受体拮抗剂　　IL-1受体颉颃剂（IL-1 receptor antagonist，IL-1ra）又称为IL-1γ，病理状态下，动物体内许多组织，如滑膜、皮肤中的巨噬细胞可产生IL-1ra。人类正常皮肤、培养的角质细胞和单核细胞均有IL-1ra mRNA的表达。IL-1ra与IL-1受体结合后，虽本身无激动作用，但可消除或减轻IL-1的生物学效应，从而影响机体的病理生理过程。IL-1和IL-1ra之间的平衡与IL-1在炎症中的作用密切相关。IL-1ra不仅能明显改善由乙酸诱导的大鼠结肠炎，抑制中性粒细胞游走和肠坏死；还能减轻由福尔马林和免疫复合物所致的大鼠结肠炎时的炎症和组织损伤程度。内生性IL-1ra不足，IL-1ra/IL-1值失调，可能是慢性炎症，特别是肠道慢性炎症性疾病的重要发生机制。

5. IL-13　　IL-13是20世纪80年代末在对Th细胞产生的淋巴因子功能研究中发现的，是由Th2细胞克隆产生的一种新的活性蛋白P600，在1993年Keystone细胞因子专论会上被命名为IL-13。其与IL-4具有许多相似功能，且二者均主要由Th2细胞产生，但IL-13的作用较IL-4局限，因前者对T淋巴细胞和B淋巴细胞没有作用，并且对B淋巴细胞的作用在人和鼠不同，这可能与T淋巴细胞活化后IL-13产生早于IL-4，而其分泌持续时间又长于IL-4有关，表明IL-13在免疫反应的早期单独发挥作用。据报道IL-13可诱导人单核细胞和中性粒细胞产生IL-1ra，并可使IL-1ra半衰期明显延长。IL-13不仅能调节可溶性IL-1ra的形成，还能诱导细胞内IL-1ra表达，从而抑制IL-1炎症效果的产生。另外，IL-13在体外对脂多糖（LPS）诱导的外周血单个核细胞（PBMC）分泌IL-6具有强烈的抑制作用，还能降低由LPS激活的单核细胞培养物中IL-1α、IL-1β、IL-12和IL-8的浓度，促进IL-1ra的产生，表明IL-13是通过全面阻止炎性因子生物合成而发挥抗炎作用的。

二、糖皮质激素的抗炎作用

糖皮质激素（glucocorticoid，GC）是由肾上腺皮质分泌的一类甾体激素，不仅具有调节糖、脂肪及蛋白质合成和代谢的功能，还具有抗炎作用。GC的抗炎作用主要是通过糖皮质激素受体（glucocorticoid receptor，GR）介导的，GR属核受体超家族，其广泛分布于组织细胞中。GC与GR结合后，能促进膜联蛋白-1（annexin-1）、IL-1ra及Ⅱ型IL-1受体等抗炎因子的表达，通过GR和NF-κB等的拮抗作用抑制许多炎症介质、细胞因子、趋化因子及诱导性NO合酶等的生物合成，从而发挥体内调节炎症的"总开关"作用。故GC是体内最重要的抗炎激素，也是迄今为止临床上应用最广泛的抗炎、抗休克药物。

GC有快速、强大而非特异性的抗炎作用，对各种炎症均有效。炎症初期，GC抑制毛细血管扩张，减轻渗出和水肿，又抑制白细胞浸润和吞噬，减轻炎症症状；炎症后期，抑制毛细血管和纤维母细胞增生，延缓肉芽组织生成，减轻瘢痕和粘连等炎症后遗症。

GC扩散进入细胞质内，并与GR-HSP结合，同时HSP被分离。GS和GR复合物进入细胞核，与靶基因中的糖皮质激素反应元件（glucocorticoid response element，GRE）结合，增加抗炎细胞因子的基因转录；与负糖皮质激素反应元件（negative GRE，nGRE）结合，抑制致炎因子的基因转录，从而产生抗炎作用。

综上所述，炎症虽然是一种以防御为主的反应，但炎症反应过强过久，尤其累及生命重要器官，也会给机体带来危害。因此，在临床实践中，应运用炎症的病理生理学理论，采取合理的抗炎措施。治疗上除消除原发病因外，主要采用抗炎药物，抑制炎区血管壁通透性、白细胞黏附和游出、肉芽组织形成和消除疼痛及发热反应，从而抑制炎症反应。现用的主要抗炎药物有类固醇和非类固醇两大类。类固醇类抗炎药物（如可的松、强的松、地塞米松等），主要抑制细胞膜磷脂酶A_2活性，减少花生四烯酸生成，抑制PG和LT等炎症介质的生物合成。非类固醇类抗炎药物（如消炎痛、保泰松、阿司匹林等），主要抑制PG合成和稳定溶酶体膜，从而呈现抗炎效应。

某些炎症，尤其是炎症早期，不仅不需要抑制炎症反应，而且要采用增强炎症反应的措施（如热敷、理疗等），加速炎症进程，以达到缩短病程的目的。

小　　结

在炎症中形成或释放，并参与炎症反应的生物活性物质称为炎症介质。其主要来自细胞或血浆，前者称为细胞源性炎症介质，主要包括血管活性胺类、花生四烯酸代谢产物、白细胞产物和溶酶体成分、细胞因子和趋化因子、血小板激活因子、NO、神经肽、急性期蛋白等；后者称为血浆源性炎症介质，常见的有补体系统、激肽系统、凝血和纤溶系统等。炎症介质种类繁多，作用复杂，不同类型介质在炎症中既有协同作用，又有拮抗作用。有些在急性炎症或炎症早期发挥作用，有的在慢性炎症或炎症后期发挥作用；有的具有致炎作用，部分还有抗炎功能，如IL-4、IL-10、IL-13等。

思 考 题

1. 名词解释：炎症介质；细胞因子；急性期反应；急性期蛋白；白细胞介素。
2. 常见的花生四烯酸代谢产物有哪几种？其各自在炎症中发挥什么作用？
3. 试述糖皮质激素的抗炎作用机制。
4. 常见的抗炎因子有哪几种？其抗炎作用有何异同？
5. 血管活性胺类在炎症发生过程中具有什么作用？其机制如何？

（高雪丽）

第十三章 弥散性血管内凝血

在正常动物机体中，凝血和纤溶是一个动态平衡过程，它们之间的相对平衡状态对维持体内血流的稳定起着重要的作用。如果这种相对平衡遭到破坏，就会出现一系列凝血、出血等病理表现。弥散性血管内凝血就是正常的凝血与纤溶的动态平衡遭到破坏所致的一个病理过程。在致病因素作用下，机体凝血系统被激活，在微循环中有大量纤维蛋白性微血栓或血小板团块形成；随后因凝血因子和血小板的大量消耗，血液处于低凝状态，引起出血；最后继发纤维蛋白溶解，导致机体弥漫性的微小出血。弥散性血管内凝血在临床上主要表现为出血、休克、多器官系统功能障碍和微血管病性溶血性贫血。

第一节 弥散性血管内凝血概述

弥散性血管内凝血（disseminated intravascular coagulation，DIC）是一种在原发病基础上，微血管内有广泛的血栓形成，同时消耗了大量的凝血因子和血小板并伴以继发性纤溶为特征的获得性血栓-出血综合征。弥散性血管内凝血也曾被译为弥漫性血管内凝血或播散性血管内凝血。DIC本身并不是一个独立的疾病，而是很多疾病发生过程中表现出来的一种病理过程。

一、凝血

血液由液体状态凝结成血块的过程，称为血液凝固，简称凝血。凝血过程是一个多因子参与的一系列酶促反应，最后使血浆中呈溶胶状态的纤维蛋白原转变为凝胶状态的纤维蛋白。后者呈丝状交错重叠，将血细胞网罗其中，成为胶冻样血凝块。凝血过程大体上由3个主要步骤组成：第一步为凝血酶原激活物的形成；第二步为凝血酶原激活物催化凝血酶原转变为凝血酶；第三步为凝血酶催化纤维蛋白原转变为纤维蛋白，血凝块形成。在上述3个步骤中，有12种凝血因子相继参与，往往是前一个因子使后一个因子活化，而活化了的因子又作为下一个因子的激活因素，构成链锁式酶促反应过程。

1. 内源性途径 当血管内皮受损时，暴露出的带负电荷的胶原与血浆中的凝血因子Ⅻ相接触，使其活化为Ⅻa（活化型加"a"表示）。Ⅻa先后在Ca^{2+}的参与下与因子Ⅺ、Ⅸ、Ⅷ、Ⅹ、Ⅴ等发生连锁反应，最后在血小板第三因子（PF_3）的磷脂表面形成凝血酶原激活物。接着，凝血酶原激活物在Ca^{2+}的参与下，将正常血浆中存在的无活性的凝血酶原催化为具有活性的凝血酶。最后在凝血酶和Ca^{2+}的参与下，血浆中的可溶性纤维蛋白原转变为不溶性的纤维蛋白。凝血酶还能激活因子ⅩⅢ，在ⅩⅢa作用下，凝胶态的纤维蛋白进一步形成牢固的纤维蛋白多聚体。

2. 外源性途径 当组织损伤时，释放出的组织凝血激酶（因子Ⅲ）进入血浆启动外源性凝血过程。因子Ⅲ与因子Ⅶ和Ca^{2+}一起激活凝血因子Ⅹ，Ⅹa再与因子Ⅴ在PF_3的磷脂表面形成凝血酶原激活物。

凝血酶原激活物形成之后的凝血过程与内源性途径完全相同（图13-1）。

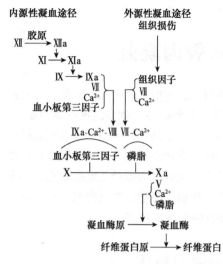

图 13-1　凝血过程示意图

二、抗凝血与纤溶

1. 血浆中的抗凝血物质　　血浆中有多种抗凝血物质，其中以肝素和抗凝血酶Ⅲ最为重要。肝素是一种黏多糖，由肥大细胞和嗜碱性粒细胞合成并释放，在肺、肝中含量最高；肝素进入血液后可抑制凝血酶原激活物的形成，并使凝血酶失去活性，具有强大的抗凝血作用。抗凝血酶Ⅲ是肝合成的一种球蛋白，可与凝血酶，因子Ⅻa、Ⅺa和Ⅸa相结合并使这些因子失去活性。

2. 纤维蛋白溶解系统　　纤维蛋白被分解液化的过程，称为纤维蛋白溶解，简称纤溶。体内局部凝血过程中所形成的血凝块中的纤维蛋白，当它完成防止出血的保护功能之后，最终需要清除，以利于组织再生和血流通畅，这就需要纤溶物质来完成。血凝块形成后可使血管内皮细胞、血小板及肺、肾等组织形成并释放纤溶酶原激活物，该物质进入血液后可激活血凝块中无活性的纤溶酶原使其转变为纤溶酶。纤溶酶可以使血凝块中的纤维蛋白水解成可溶性的小肽，血凝块不断被分解和液化，最后消失。

由此可见，凝血、抗凝血和纤溶是3个密切相关的生理过程，它们之间的动态平衡保证了血流的正常运行。

三、微血栓

微血栓（microthrombus）可以发生于全身脏器的微循环内，也可以局限于某一器官的微循环内。微血栓多是全身血液处于高凝状态，在血液中有呈条束状的纤维蛋白形成并随血液流动，阻塞在微循环中所造成的。这实际上是纤维蛋白形成的一种栓塞，血管内皮一般无损害。如果有血管内皮损伤，则在损伤处引起微血栓形成。因此，微血栓可起源于"栓塞"，也可以起源于"血栓形成"，或两种情况同时存在。根据微血栓的组成成分，一般可以将其分为3种：①透明血栓，主要由纤维蛋白构成；②血小板血栓，主要由血小板构成；③混合血栓，由纤维蛋白、血细胞和血小板构成。

第二节　弥散性血管内凝血的原因和发生机制

一、弥散性血管内凝血的原因

引起DIC的原发病很多，其中以感染、恶性肿瘤、广泛组织损伤并发DIC者为多见；由产科意外（如宫内死胎等）引起的急性DIC常常十分凶险，甚至危及生命。引起DIC的常见病因见表13-1。

表13-1　引起DIC的常见病因

分类	主要临床疾病或病理过程举例
传染病	猪瘟、猪丹毒、马立克病、传染性败血症、内毒素血症
寄生虫病	牛泰勒虫病、附红细胞体病
产科病	难产、流产、羊水栓塞、胎盘早期剥离、宫内死胎滞留
内科病	胃肠炎、急性肝炎、肝硬化、肾小球肾炎、急性心肌梗死、高脂血症
外科病	严重创伤、大面积挫伤或烧伤、大型手术
恶性肿瘤	肺癌、急性白血病、血管瘤、黑色素瘤全身化
其他	某些植物毒素或动物毒素、异型输血、缺氧、休克、酸中毒、肝功能不全

二、弥散性血管内凝血的发生机制

DIC发生、发展的机制十分复杂，许多方面至今仍未完全了解清楚。DIC发生的关键是内源性和外源性凝血系统被激活，引起血管内凝血酶生成增加，导致血液凝固性增强。

（一）血管内皮损伤

机体在受到严重感染、创伤、内毒素血症、酸中毒、持续性缺血缺氧等因素作用时，血管内皮受到损伤，内皮下大量含负电荷的胶原纤维暴露，与血液中无活性的凝血因子ⅩⅡ相接触，将其激活成为有活性的ⅩⅡa，从而启动内源性凝血系统，这种激活方式叫作接触激活或固相激活。另外，凝血因子ⅩⅡ或ⅩⅡa也可通过一些可溶性蛋白溶解酶（如激肽释放酶、纤溶酶、胰蛋白酶等）裂解成为3种分子质量和活性各不相同的碎片，称为因子ⅩⅡf，ⅩⅡf可将血浆中的激肽释放酶原激活成为激肽释放酶，激肽释放酶可以水解ⅩⅡ和ⅩⅡa为ⅩⅡf，从而使内源性凝血反应加速，这种激活方式称为酶性激活或液相激活。其结果均使血液处于高凝状态。

（二）组织损伤

组织损伤引起DIC的关键环节是组织因子（tissue factor，TF）的释放。TF也称为凝血因子Ⅲ，广泛地存在于机体各组织细胞中，以脑、肺、胎盘等组织的含量最为丰富。当机体组织或血管内皮细胞受到损伤时，TF从损伤细胞的内质网中释放进入血液，与血液中的凝血因子Ⅶ及Ca^{2+}形成复合物，该复合物可使凝血因子Ⅹ活化为Ⅹa，从而启动外源性凝血系统。在临床上，严重创伤、大手术、烧伤、宫内死胎等均可促使TF大量进入血液循环，启动外源性凝血系统，这是DIC发生的重要途径之一。

（三）血小板被激活

血小板内含有丰富的促凝物质和血管活性物质，在DIC发生、发展的过程中起着重要的作用。由内毒素、抗原-抗体复合物等原因引起的血管内皮损伤，使胶原暴露，与血小板膜蛋白结合产生黏附作用，使血小板发生聚集。同时，血小板被激活释放出血小板第三因子（PF_3）、第四因子（PF_4）、第二因子（PF_2）等促凝物质，进一步促进血小板聚集，形成血栓。血小板内的血管活性物质如血栓素 A_2（TXA_2）、ADP、5-羟色胺等可进一步激活血小板，形成聚合体，促进 DIC 的形成。

（四）大量血细胞被破坏

1. 红细胞被破坏　　当发生血型不合的输血等溶血性疾病时，造成大量红细胞被破坏，释放出 ADP 和红细胞素。ADP 具有促进血小板聚集和释放 PF_3、PF_4 的作用，可促进血栓形成。红细胞素是一种类似于 PF_3 的促凝物质，可以通过启动外源性凝血途径从而促进 DIC 的形成。

2. 白细胞被破坏　　白细胞中的单核细胞和中性粒细胞受到内毒素作用后，引起组织因子合成增加。而凝血因子Ⅶ和Ⅶa对内毒素激活的单核细胞具有较大的亲和力，当有 TF、因子Ⅶa 和 Ca^{2+} 存在时，就能激活因子Ⅹ，从而触发凝血过程。

（五）影响 DIC 发生、发展的因素

1. 单核巨噬细胞系统功能受损　　单核巨噬细胞系统可以清除血液循环中的凝血酶、组织因子、纤维蛋白原及其他促凝物质，也可以清除纤溶酶、纤维蛋白降解产物（FDP）、内毒素等物质。所以单核巨噬细胞系统具有防止凝血并避免纤溶亢进的双重作用，如果其功能受到损害，就会促进 DIC 的形成。例如，在内毒素引起的休克过程中，单核巨噬细胞系统可能因为吞噬了大量坏死组织碎片、细菌或内毒素而使其功能减弱；严重的酮血症中，吞噬细胞因为吞噬大量的脂质而减弱其功能。在这些情况下，单核巨噬细胞系统处于封闭状态，此时若有病因作用则易发生 DIC。

2. 肝功能障碍　　肝能合成凝血因子Ⅰ、Ⅱ、Ⅴ、Ⅶ、Ⅷ、Ⅸ、Ⅹ等，也能合成某些抗凝血物质，如抗凝血酶Ⅲ，还能将某些活化的凝血因子灭活，所以肝是维持机体凝血、抗凝血和纤溶动态平衡的重要器官，肝功能障碍可促进 DIC 的发生。此外，肝细胞坏死本身也能释放大量的组织因子，启动外源性凝血系统；肝功能障碍还能引起其解毒功能降低，使机体容易发生酸中毒，也能启动凝血过程，促进 DIC 的发生。

3. 纤溶系统功能障碍　　过多使用 6-氨基己酸、对羧基苄胺和氨甲环酸等抗纤溶药物时，纤溶酶的生成受到抑制，生成的纤维蛋白不能及时清除，会导致血栓形成，进而促进 DIC 的发生。

4. 血液呈高凝状态　　在某些生理或病理条件下，由于血液凝固性升高形成的有利于血栓形成的一种状态称为血液高凝状态。

孕畜血液中血小板和凝血因子数量明显增加，而抗凝物质明显减少，机体表现为高凝血和低纤溶状态，这种状态随妊娠的发展会愈来愈严重。因此，当发生产科疾病时，极易诱发 DIC。

严重缺氧可引起机体发生酸中毒而损伤血管内皮细胞，启动凝血系统，这时肝素抗凝活性减弱，血小板聚集性增强，使血液处于高凝状态，可诱发 DIC 的发生。

5. 微循环障碍　　休克等原因会造成微循环严重障碍，常有血细胞聚集性增强、血液淤滞甚至呈现淤泥状，局部被激活的凝血因子不易被清除；血管瘤时毛细血管中血流极度缓慢，呈涡流状；微循环衰竭时，由于肝、肾等脏器处于低灌流状态，机体无法及时清除某些凝血或纤溶产物。这些因素都能促进 DIC 的发生和发展。

第三节　弥散性血管内凝血的分期与分型

一、弥散性血管内凝血的分期

根据DIC的发展过程和病理生理学特点，其一般可分为以下3个时期。

（一）高凝期（凝亢期）

发病之初，由于各种病因作用，机体凝血系统被激活，使凝血活性增高，各脏器微循环可出现不同程度的微血栓。临床检查常不明显，实验室检查可见凝血时间和血浆复钙时间缩短、血小板黏附性升高等。

（二）消耗性低凝期（凝溶期）

广泛的血管内凝血消耗了大量的凝血因子和血小板，使血液呈低凝状态并有出血现象发生。此期以出血为主要症状，也可有休克或某些脏器功能障碍等临床表现。实验室检查可见血小板明显减少，凝血时间和血浆复钙时间明显延长，血浆纤维蛋白原含量降低等。

（三）继发性纤溶亢进期（凝衰期）

凝血系统激活、组织细胞损伤、纤维蛋白沉积等因素都能造成纤溶酶原激活物释放增多，从而使纤溶酶释放增多。纤溶酶可以水解纤维蛋白、纤维蛋白原和其他一些凝血因子，形成纤维蛋白（原）降解产物（fibrin or fibrinogen degradation product，FDP），FDP具有强大的抗凝血作用，所以在本期血液凝固性更低，出血倾向更加严重，常表现为严重出血和渗血。实验室检查见血小板、纤维蛋白原和其他凝血因子减少，以及纤溶酶原减少、凝血酶时间延长、FDP增多和血浆鱼精蛋白副凝固试验（plasma protamin paracoagulation test，3P试验）阳性等。

二、弥散性血管内凝血的分型

（一）按DIC的发生速度分型

按其发生速度或临床经过可分为急性型、亚急性型和慢性型。

1. 急性型　急性型多见于严重的感染、创伤、休克、血型不合的输血等。由于大量促凝物质迅速入血，常在数小时至1～2d内发病，临床表现明显，以出血和休克为主，病情凶险，死亡率较高。

2. 亚急性型　亚急性型多见于宫内死胎、急性白血病和恶性肿瘤的转移等。促凝物质进入血液的速度较为缓慢，凝血物质虽有消耗但能得到部分补充，常在数天到数周内发病，病情发展较缓慢，出血不严重，实验室检查可见血小板及血浆凝血因子轻度减少。

3. 慢性型　慢性型常见于恶性肿瘤、慢性溶血性疾病等。发病缓慢，病程可绵延数月，临床表现较轻或不明显。慢性型常易与原发性疾病相混淆，诊断较为困难，同时某些脏器会出现功能不全。

（二）按DIC的代偿情况分型

在DIC发生、发展过程中，凝血因子和血小板不断消耗，但同时存在一定的代偿性反应，如骨髓生成和释放血小板，肝产生纤维蛋白原和其他凝血因子等。根据凝血物质的消耗与代偿之间的关系，DIC可分为失代偿型、代偿型和过度代偿型。

1. 失代偿型　　失代偿型主要见于急性型DIC。凝血因子和血小板大量消耗，机体来不及代偿。实验室检查可见纤维蛋白原含量明显降低，血小板计数明显减少，血浆鱼精蛋白副凝固试验阳性。

2. 代偿型　　代偿型主要见于轻度DIC。凝血因子和血小板的消耗量与生成量大致呈平衡状态，临床症状和实验室检查常无明显异常，可能有轻度出血或血栓形成的症状，诊断较为困难，故易被忽视，也可转化为失代偿型。

3. 过度代偿型　　过度代偿型主要见于慢性型DIC或恢复期DIC。一些凝血因子（纤维蛋白原，凝血因子V、Ⅶ、Ⅷ、X等）经代偿后，其生成量大于消耗量，实验室检查可见纤维蛋白原等凝血因子暂时性升高，血小板计数减少不明显，出血及栓塞等临床症状也不明显。若病因的作用性质或强度发生变化，也可转化为失代偿型。

第四节　弥散性血管内凝血对机体的主要影响

一、出血

出血是DIC最常见的表现之一，也是DIC诊断的一项重要依据。

（一）临床特点

DIC引起的出血在临床上有以下4个特点：①出血原因不能用原发病解释。②发生率高，绝大部分DIC的发生以不同程度的出血为最初症状。③出血形式多样，常表现为全身性出血倾向，尤其以皮肤、胃肠道、口腔黏膜、泌尿生殖道、创口等处最为常见，严重者多处大量出血，危及生命。④普通止血药物治疗效果不佳。

（二）发生机制

1. 凝血物质大量消耗　　在DIC发生、发展过程中，大量的凝血因子和血小板被消耗，虽然肝和骨髓可以代偿性地生成增多，但是如果肝和骨髓的生成量代偿不了消耗量，就会使凝血因子和血小板水平显著降低，凝血功能障碍，导致出血。

2. 继发性纤溶功能增强　　DIC发生时，以下3种原因可以使纤溶功能增强：①当血液中凝血因子Ⅻ活化成为Ⅻa时，激肽系统被激活产生激肽释放酶；激肽释放酶可以使纤溶酶原转化为纤溶酶，从而激活纤溶系统。②子宫、前列腺、肺等组织器官中含有丰富的纤溶酶原激活物，当这些器官的微血管中形成大量微血栓时，可造成组织缺血、缺氧，引起变性、坏死，释放出大量的纤溶酶原激活物，从而激活纤溶系统。③血管内皮细胞损伤时，纤溶酶原激活物释放增多，从而激活纤溶系统，产生大量的纤溶酶。纤溶酶能使纤维蛋白降解，还可以水解凝血因子V、Ⅷ、Ⅻa及凝血酶等。

3. FDP的形成　　纤溶酶产生之后，可以将纤维蛋白原和纤维蛋白水解，所产生的各种片段统称为纤维蛋白（原）降解产物（FDP）。①纤溶酶水解纤维蛋白原，产生纤维肽A（FPA）和纤维肽B（FPB），余下的X片段可继续降解成为D片段和Y片段，Y片段还可进一步降解成D片段和E片段。②纤溶酶水解纤维蛋白，产生X、Y、D、E及各种二聚体、多聚体等。

FDP的各种片段具有强大的抗凝血作用。例如，片段X、Y、D能阻碍纤维蛋白单体聚合；片段Y、E具有抗凝血酶作用；大部分的片段还能和血小板膜结合，降低血小板的黏附、聚集和释放。因此，纤溶系统的激活和FDP的形成是DIC患畜出血倾向进一步加重的主要原因。

4. 血管壁损伤　　DIC在发生、发展过程中，各种病因引起的缺氧、酸中毒及释放的细胞因子和自由基等因素均可以造成血管壁损伤，引起出血。此外，FDP、激肽等物质可以增强血管壁的通透性，会使出血更加严重。

二、休克

引起DIC的一些原发病可以与某些休克的病因相同，如内毒素血症、严重烧伤等，而且两者常互为因果，形成恶性循环。DIC引起休克发生的主要机制有以下4个方面：①当机体发生DIC时，由于大量微血栓或血小板团块阻塞了微循环，特别是肺和肝的微循环被广泛阻塞，可造成严重淤血，使肺动脉压、门静脉压升高，从而导致回心血量明显减少。②在DIC发生、发展过程中，凝血因子XII激活后，可以进一步激活激肽系统、补体系统和纤溶系统，从而产生激肽、某些补体成分（如C_{3a}、C_{5a}等）和FDP等物质，其中C_{3a}、C_{5a}能使嗜碱性粒细胞和肥大细胞产生并释放组胺。组胺和激肽能使微血管平滑肌舒张，通透性增强，从而使外周阻力降低，回心血量减少，FDP还能加强这种作用。③DIC引起的广泛出血可造成血容量减少，造成急性循环衰竭，轻者表现为低血压，重者则会引起失血性休克。④纤溶过程中形成的纤维蛋白多肽A和多肽B能使肺血管收缩，增加右心负荷；心脏发生DIC时严重影响心肌的收缩力，可引起心源性休克。

三、多器官系统功能障碍

DIC发生时，微循环中形成的微血栓会阻塞微血管，造成脏器微循环血液灌流障碍，严重者会缺血坏死而导致器官功能衰竭。例如，肺内广泛形成微血栓可引起肺泡-毛细血管膜损伤，造成肺部淤血、出血、水肿甚至肺萎陷，出现呼吸困难、发绀和低氧血症等呼吸衰竭的症状；肾内广泛形成微血栓可引起两侧肾皮质坏死，导致急性肾功能衰竭，出现少尿、血尿和蛋白尿等临床症状；胃肠道黏膜及黏膜下小血管形成微血栓，可引起局部胃肠组织溃疡和缺血性坏死，出现呕吐、腹泻和消化道出血等症状；心脏形成微血栓可导致心功能障碍，表现为心肌收缩力减弱，心输出量减少；肝内形成微血栓可引起门静脉高压和肝功能障碍，出现消化道淤血、水肿，还可见黄疸等症状；神经系统则出现嗜睡、昏迷、惊厥等非特异性症状，这可能是脑组织淤血、充血、水肿、颅内压升高所致。

四、微血管病性溶血性贫血

DIC发生时可出现一种特殊类型的贫血，称为微血管病性溶血性贫血（microangiopathic hemolytic anemia, MHA）。其特征是在血液涂片中可以见到一些特殊的、形态各异的红细胞，称为裂体细胞（schistocyte）；裂体细胞外形呈新月形、盔形、星形等，脆性高，极易破裂溶血。引起这种贫血的主要机制有以下3个方面：①微血管内有纤维蛋白性微血栓形成，纤维蛋白呈网状。当血流中的红细胞流过网孔时，可黏着、滞留或挂在网状的纤维蛋白丝上，受到血流的不断冲击而破裂。②缺氧、酸中毒等使红细胞变形能力降低，在这种情况下，红细胞通过纤维蛋白网时更易受到机械性损伤。③微循环血管内有纤维蛋白性微血栓形成，造成血流障碍，使红细胞通过毛细血管内皮间隙被挤压到血管之外，这种机械作用可能使红细胞扭曲、变形甚至破裂。

患病动物发生微血管病性溶血性贫血时常表现出发热、黄疸、血红蛋白尿、少尿等溶血症状，以及皮肤黏膜苍白、全身乏力等贫血症状。

第五节　弥散性血管内凝血的诊断和防治原则

一、弥散性血管内凝血的诊断

总的来说，DIC的诊断有3个原则：①有引起DIC的原发病；②存在DIC的特征性临床症状；③实验室检测凝血指标出现阳性结果。

（一）临床表现

1）存在引起DIC的原发病，如严重创伤、感染、恶性肿瘤、宫内死胎等。

2）有两项以上的下列临床表现：①多发性出血倾向；②出现不易用原发病解释的微循环衰竭或休克；③存在多发性微血管栓塞症状及早期出现的多器官功能障碍；④抗凝血治疗有效。

（二）实验室诊断

1）血小板数量减少或进行性下降，或有两项以上血小板活化指标升高。这些指标有β-血小板球蛋白、PF_4、血栓素B_2、血浆血小板颗粒膜蛋白-140（GMP-140）。

2）血浆纤维蛋白原含量降低或进行性下降。

3）3P试验阳性。

4）血浆FDP含量升高。

5）凝血酶原时间延长。凝血酶原时间是指血浆在具有足量活性凝血酶和Ca^{2+}等参与下的凝血时间。

6）纤溶酶原含量及活性降低。

7）血液涂片中可检测到大量的裂体细胞。

（三）较易并发DIC的各种疾病的鉴别诊断

1. 肝疾病并发DIC　　肝疾病时，单核巨噬细胞系统受损，凝血因子缺乏，即使不发生DIC，其血相的变化也可类似DIC，应严格加以区别。

2. 急性白血病并发DIC　　尤其以急性早幼粒细胞白血病为多见。早幼粒细胞具有大量的溶酶体，其释放入血后的作用与促凝物质相似。由于白血病即使未并发DIC，血小板数也往往偏低，故血小板计数不能作为急性白血病并发DIC的重要诊断指标。

3. 猪瘟并发DIC 猪瘟可见多发性严重出血，如大块淤斑、渗血、内脏出血等，有时与血小板减少不成比例。因猪瘟时血中类似肝素物质增多，故凝血酶原时间延长；只有在排除类似肝素物质增多的可能后才能作为DIC的实验室诊断指标。

4. 新生幼畜DIC 新生幼畜的凝血功能与成年动物不同，其凝血因子Ⅰ、Ⅱ、Ⅶ、Ⅸ、Ⅹ等水平较低，但纤溶活性强。因此新生幼畜最好以血小板，凝血因子Ⅴ、Ⅷ作为诊断DIC的依据。

二、弥散性血管内凝血的防治原则

1. 积极治疗原发病，消除DIC的各种诱因 引起DIC的原发病很多，如血管内皮损伤、血管瘤、内毒素、羊水栓塞、死胎滞留、恶性肿瘤、严重创伤等，为了防止DIC的发生，必须有效地治疗原发病。例如，积极控制败血症，迅速纠正休克或酸中毒，尽早清除宫内死胎，及时、合理地处理严重创伤、恶性肿瘤等均有益于防止DIC的发生或控制其发展。

2. 早期诊断和治疗 早期治疗需要以早期诊断为基础，及早诊断和早期合理治疗是提高DIC救治率的根本保证。消极等待直至临床、实验室检查等全部征象已经很典型时，损害常已不可逆，疗效也不佳。

3. 抗凝血治疗 抗凝血治疗对急性DIC高凝期有效，创伤或手术导致DIC时慎用。DIC的基本发生机制是凝血亢进，故使用抗凝血酶Ⅲ、肝素或其他新型抗凝剂以阻断凝血反应的恶性循环，是DIC的主要治疗手段之一。

4. 改善微循环 DIC处于高凝期时，应积极改善微循环，解除血管痉挛。右旋糖酐可降低红细胞和血小板的黏附性，减少血小板聚集，有利于受损内皮细胞的修复；右旋糖酐还有抗凝血酶作用，可有效降低血黏度，促进血液循环，改善组织供血，从而达到治疗DIC的目的。

5. 补充凝血因子 DIC发生时，凝血因子和血小板被大量消耗，这是DIC引起出血的主要因素。因此应用新鲜全血或血浆，及时补充凝血因子和血小板是治疗DIC的一项重要措施。但若在没有很好阻断凝血反应的情况下使用这类制剂反而会加重病情，故必须注意配合抗凝治疗才有效。

6. 脏器功能的维持和保护 严重DIC患畜的死亡常与多器官系统功能障碍有关，故防治DIC时需注意主要脏器功能的保护，明显的器官功能障碍应采用适当的手段加以缓解，防止出现重要器官功能衰竭而引起的死亡。

7. 抗纤溶治疗 一般把抗纤溶治疗列为DIC的禁忌，故抗纤溶药物只用于纤溶亢进期或有明显出血倾向时，并必须在肝素治疗的基础上应用，否则有可能造成肾功能衰竭、DIC恶化、出血不止。常用的抗纤溶药物有氨甲环酸、对羧基苄胺、6-氨基己酸和抑肽酶；前三者只能抑制纤溶酶的生成，对纤溶酶的活性无影响，而抑肽酶则对纤溶酶的活性也有抑制作用。

小　结

动物机体凝血、抗凝血和纤溶是3个密切相关的生理过程，它们之间的动态平衡保证了血液的稳定与血流的正常运行。弥散性血管内凝血是一种在原发病基础上，微血管内有广泛的血栓形成，同时消耗了大量的凝血因子和血小板并伴以继发性纤溶为特征的获得性血栓-出血综合征。血管内皮损伤、组织损伤、血小板被激活、血细胞大量破坏等均能启动内、外源性凝血系统，使血液处于高凝状态而导致DIC的发生；单核巨噬细胞系统功能受损、肝功能障碍、纤溶系统功能障碍、血液高凝态、微循环障碍等均可加速或促进DIC的发生和发展；其对机体的影响主要表现为出血、休克、多器官系统功能障碍和微血管病性溶血性贫血。

思 考 题

1. 简述DIC的发生机制。
2. 肝功能严重障碍为何易诱发DIC？
3. 影响DIC发生、发展的因素有哪些？
4. 简述DIC患畜发生出血的机制。
5. 简述感染性休克易伴发DIC的可能机制。

（杨鸣琦）

第十四章 休 克

休克是机体在各种有害因子作用后发生的微循环血液灌流障碍，组织有效血液灌流量急剧减少，以致各重要器官和细胞功能发生严重的功能和代谢障碍的全身性危重病理过程。临床主要表现为可视黏膜苍白或发绀，皮温下降，耳、鼻及四肢末端湿冷，尿量减少或无尿，脉搏细速，血压降低，毛细血管充盈时间延长（3~4s或以上），动物烦躁或反应迟钝，衰弱，严重者可在昏迷中死亡。

休克是英文shock的音译，原意为震荡或打击，是人或动物的临床危症。人类对休克的认识经历了不同的历史阶段。1743年，法国医生 Henri Francois Le Dran 用休克（希腊文choc）一词描述严重创伤引发的临床状态，已经认识到休克是机体遭受强烈刺激而产生的危急状态，当时只限于对休克临床症状的描述和识别。19世纪，随着实验生理学的发展，人们对休克进行了大量的实验研究，发现休克时血液循环严重障碍，动脉血压降低是其发生、发展的关键。人们认为休克的症状是由血压降低引起的，把血压下降作为判断休克的标准，以应用升压药（缩血管药）作为治疗休克的主要措施。但是使用升压药并不能挽救所有休克患者，有些患者使用升压药后，情况并不能改善，反而急剧恶化。

直到20世纪60年代，由于微循环研究的发展，对休克时微循环变化进行了大量的动物实验研究和临床观察，发现休克时出现明显的微循环障碍（缺血、淤血、微血栓形成），组织器官的功能、代谢障碍与微循环动脉血液灌流不足有关，而且微循环障碍常常发生在血压下降之前。休克初期因小动脉收缩，血压下降一般不明显，但是微循环已经发生明显缺血。因此认为无论哪种原因引发的休克，微循环有效灌流量急剧减少，导致重要器官因缺氧而发生功能和代谢障碍是各种休克的共同发病环节。据此提出休克治疗的主要措施是改善微循环，不应该单纯强调升高血压。

20世纪80年代之后，随着细胞生物学和分子生物学的发展，对休克的细胞和分子基础进行了大量研究，涉及血管反应性、血管通透性、细胞流变学、细胞信号转导、细胞因子表达等一系列的休克发病机制。

在人类认知休克的270多年中，对休克的认识已经从一组严重临床状态的判定和救治，逐步深入它的核心。随着医学各学科的发展，休克的本质最终必将被阐明，为临床救治各种类型的休克提供理论指导。

第一节 休克的原因和分类

一、休克的原因

各种强烈的致病因子作用于机体均可引起休克。临床常见的原因有以下几种。

（一）失血与失液

各种原因引起的大量快速失血均可导致失血性休克，常见于各种大出血，如外伤性严重出血、胃溃疡性大出血、食管静脉曲张破裂出血、产后大出血等。失血性休克的发生取决于失血量和失血的速度。一般，成人15min内失血少于全血量10%时，机体可通过代偿使血压和组织灌流量保持稳定，但若快速失血量超过全血量20%左右即可导致休克，超过全血量50%则往往迅速死亡。动物机体失血时也是类似情形。此外，在剧烈呕吐或腹泻、肠梗阻、大汗等情况下，大量的体液丢失也可引起机体有效循环血量的锐减而导致休克。

（二）烧伤

大面积烧伤早期可引起休克。这主要与大量血浆及体液丢失及剧烈疼痛有关，晚期可因继发感染而发展为败血性休克。

（三）创伤

严重创伤或创伤面积较大时常常引发休克。特别是伴有一定量的出血或伤及重要器官时更易导致休克。这种休克的发生常与组织损伤、疼痛和失血有关。

（四）感染

细菌、病毒、霉菌、立克次氏体等病原微生物的严重感染可引起休克，尤其是革兰氏阴性菌感染常可引起感染性休克，其中细菌内毒素是引发休克的主要原因。感染性休克常伴有败血症，又称败血性休克或脓毒性休克。

（五）心力衰竭

大面积急性心肌梗死、急性心肌炎、心包填塞、严重的心律失常（房颤、室颤）和心脏破裂等均可引起心输出量明显减少，有效循环血量和灌流量下降而导致休克。

（六）过敏

具过敏体质的人或动物注射某些药物（如青霉素）、血清制剂或疫苗后可引起休克。这种休克本质上属于Ⅰ型变态反应。其发病机制与IgE及抗原在肥大细胞表面结合，引起组胺和缓激肽大量入血，造成血管床容积扩张，毛细血管通透性大大增加，导致机体有效循环血量相对不足有关。

（七）神经性因素

剧烈疼痛、高位脊髓麻醉或损伤及强烈的精神刺激，使外周血管扩张，有效循环血量减少，可引发休克。

二、休克的分类

通常根据休克发生的原因、发病的始动环节和血液动力学的变化特点进行分类。

（一）按休克发生的原因分类

按病因分类，有利于及时认识并清除病因，是目前临床上常用的分类方法。按病因可将休克分为失血性休克（hemorrhagic shock）、烧伤性休克（burn shock）、创伤性休克（traumatic shock）、感染性休克（infective shock）［包括内毒素性休克（endotoxin shock）和败血性休克（septic shock）］、心源性休克（cardiogenic shock）和过敏性休克（anaphylactic shock）。

（二）按休克发生的始动环节分类

虽然休克的原因很多，但其共同的发病基础是有效循环血量减少。机体有效循环血量的维持，是由足够的循环血量、正常的血管舒缩功能、正常心泵功能3个因素共同决定的。各种病因均通过这3个环节中的一个或几个来影响有效循环血量，继而导致微循环障碍引起休克。因此把血容量减少、血管床容量增加、心泵功能障碍这3个环节称为休克的始动环节。根据引起休克的始动环节不同，可将休克分为以下3类。

1. 低血容量性休克　低血容量性休克（hypovolemic shock）的始动环节是血液总量减少。它是指各种病因引起的机体血容量减少所致的休克。其常见于大失血及大量体液丢失，如大面积烧伤所致的血浆大量丢失、大量出汗及严重腹泻或呕吐等引起的大量体液丧失，均可导致血容量急剧减少而引起低血容量性休克。

2. 心源性休克　心源性休克（cardiogenic shock）的始动环节是心输出量急剧减少。它是指由于心泵功能障碍，心输出量急剧减少、有效循环血量和微循环灌流量显著下降所引起的休克。其病因可分为心肌源性和非心肌源性两类。心源性休克常见于急性心肌梗死、弥漫性心肌炎、严重的心律失常及过度的心动过速等。

3. 血管源性休克　血管源性休克（vasogenic shock）的始动环节是外周血管（主要指微血管）扩张导致的血管容量扩大。此时血容量和心脏泵血功能可能正常，但是由于外周血管扩张，血管床容量增加，大量血液淤滞在扩张的小血管内，使回心血量明显减少，有效循环血量下降而引起的休克。血管源性休克又称分布性休克（distributive shock）或低阻力性休克（low-resistance shock）。过敏性休克和神经源性休克都属于这一类型。

（三）按休克时血液动力学的变化特点分类

1. 低动力型休克　低动力型休克（hypodynamic shock）的血液动力学特点是心输出量减少，心脏指数［心输出量/体表面积，单位为L/（min·m²）］降低，而总外周血管阻力增高，又称低排高阻型休克。其主要表现为血压降低、皮肤湿冷、可视黏膜苍白、尿量减少。临床上常见的休克一般属于此类，包括低血容量性休克、心源性休克、创伤性休克及多数感染性休克。

2. 高动力型休克　高动力型休克（hyperdynamic shock）的血液动力学特点是心输出量增加，心脏指数增大，而总外周血管阻力降低，又称高排低阻型休克。其主要表现为血压降低、皮肤温暖、可视黏膜潮红、动静脉氧分压差缩小、血中乳酸/丙酮酸率增大，主要见于某些感染性休克、高位脊髓麻醉及应用血管扩张药物等情形。休克的各病因与始动环节之间的关系如图14-1所示。

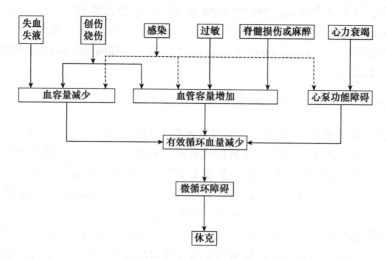

图 14-1　休克发生的始动环节

第二节　休克的发生机制及其发展过程

自从1964年Lillehei提出休克的微循环（microcirculation）障碍学说以来，许多实验与临床观察论证并丰富了这一理论，使人们对休克的认识逐步深化。一般认为休克是以急性微循环障碍为主的综合征，共同特征是微循环灌流不足。微循环灌流不足是由微循环灌流压降低和微循环阻力增加引起的。无论何种原因，有效循环血量减少导致的重要生命器官血液灌流减少和细胞功能紊乱是休克发生的基础。

微循环是指微动脉和微静脉之间微血管的血液循环，是血液和组织进行物质代谢交换的基本结构和功能单位。正常微循环由微动脉、后微动脉、毛细血管前括约肌、微静脉、真毛细血管、直捷通路及动静脉短路构成（图14-2）。

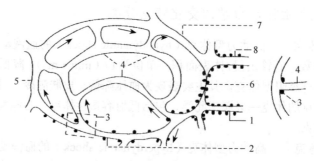

图 14-2　正常微循环示意图

1. 微动脉；2. 后微动脉；3. 毛细血管前括约肌；4. 真毛细血管；
5. 直捷通路；6. 动静脉短路；7. 微静脉；8. 小静脉

微循环有3个血流通路。①直捷通路：血液由小动脉进入微动脉后，沿着后微动脉、直捷通路至微静脉、小静脉。②营养通路：血液从微动脉、后微动脉、毛细血管前括约肌进入真毛细血管，从微静脉流出微循环，真毛细血管正常时只有20%交替开放。③动静脉短路：血液从微动脉经过动静脉短路进入小静脉，属于微循环的非营养通路，正常时几乎不开放。微循环主要受神经及体液因素的反馈调节。交感神经支配小动脉、微动脉和微静脉平滑肌上的肾上腺素能α-受体，α-受体兴奋时血管收缩，血流减少，而动静脉短路的交感神经支配以α-受体为主。微血管壁上平滑肌及毛细血管前括约肌同时受体液因素的影响。例如，儿茶酚胺、血管紧张素Ⅱ、血管升压素、血栓素和内皮素等引起血管收缩；组胺、激肽、腺苷、乳酸、前列环素、内啡肽、肿瘤坏死因子（tumor necrosis factor，TNF）和NO等引起血管舒张。生理条件下，全身血管收缩物质浓度很少变化；微循环血管平滑肌，特别是毛细血管前括约肌有节律地收缩与舒张，主要由局部产生的舒血管物质进行反馈调节，保证毛细血管交替性开放（图14-3）。

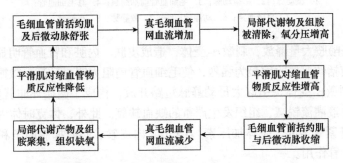

图 14-3　毛细血管灌流的局部反馈性调节

一、休克发生、发展的微循环机制

根据微循环变化特点，一般可将休克病程分为休克代偿期、休克失代偿期、休克难治期3期。

（一）休克代偿期

休克代偿期（compensatory stage of shock）又称休克Ⅰ期、休克前期、微循环缺血期、微循环痉挛期、缺血性缺氧期。

1. 微循环改变的特点　　该期全身小血管，包括小动脉、微动脉、后微动脉、毛细血管前括约肌和微静脉、小静脉都持续收缩引起痉挛，血管口径明显变小，但各自收缩的程度不一致，其中前阻力增加显著，毛细血管前阻力明显大于后阻力，大量真毛细血管网关闭。微循环内血流速度显著减慢，流态由线流变为粒线流，甚至粒流，不时出现齿轮状流动。开放的毛细血管减少，血液通过直捷通路和开放的动静脉短路回流，组织灌流量减少，出现少灌少流、灌少于流的状态（图14-4）。

2. 微循环改变的机制　　出现微循环血管持续痉挛的始动因素是交感-肾上腺髓质系统兴奋，血中儿茶酚胺含量比正常高几十倍甚至几百倍。但不同的病因引起交感-肾上腺髓质系统兴奋的机制有所不同：低血容量性休克、心源性休克由于血压低，减压反射被抑制，引起心血管运动中枢及交感-肾上腺髓质系统兴奋，儿茶酚胺大量释放，使小血管收缩；烧伤性或创伤性休克时由于疼痛刺激引起交感-肾上腺髓质系统兴奋，血管收缩往往比单纯失血为甚；败血症休克时，血中儿茶酚胺的浓度也明显升高，可能与内毒素有拟交感神经作用有关。

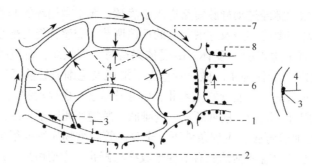

图 14-4　休克代偿期微循环变化示意图

1. 微动脉；2. 后微动脉；3. 毛细血管前括约肌；4. 真毛细血管；
5. 直捷通路；6. 动静脉短路；7. 微静脉；8. 小静脉

休克时儿茶酚胺大量释放，刺激 α-受体，造成皮肤、内脏和肾血管明显痉挛，以微动脉和毛细血管前括约肌的收缩最为强烈，使毛细血管前阻力明显升高，微循环灌流量急剧减少。同时又刺激 β-受体，引起大量动静脉短路开放，构成了微循环非营养性血流通道，使器官微循环血液灌流锐减，组织发生严重的缺血缺氧。此外，休克时体内产生的其他体液因子，如血管紧张素 II、垂体加压素、TXA_2、内皮素、心肌抑制因子和白三烯等物质也都具有收缩血管作用。

3. 微循环改变的代偿意义　休克 I 期微循环的变化，一方面出现皮肤、腹腔内脏和肾等多个脏器的缺血缺氧，另一方面却具有一定的代偿意义，故本期称为休克代偿期。其代偿意义表现在以下几个方面。

（1）自身输血　休克代偿期由于交感-肾上腺髓质系统强烈兴奋，大量儿茶酚胺释放入血。肌性微静脉和小静脉、肝、脾等储血库收缩。由于静脉系统属于容量血管，可容纳总血量的60%～70%，血管床容量减少导致回心血量增加，维持动脉血压，以至于此期休克患畜动脉血压可轻度下降或并不降低，甚至略有升高。这种代偿起到"自身输血"的作用，这是休克时增加回心血量和循环血量的"第一道防线"。

（2）自身输液　由于微动脉、后微动脉和毛细血管前括约肌比微静脉对儿茶酚胺更敏感，毛细血管前阻力血管比微静脉收缩强度要大，前阻力大于后阻力，致使毛细血管流体静压下降，大量组织液从组织间隙回收进入血管，起到"自身输液"的作用，这是休克时增加回心血量的"第二道防线"。中度失血的病例，毛细血管再充盈量每小时达50～120ml，成人最多可有1500ml的组织液进入血液。代偿后可导致血液稀释，血细胞压积下降。

（3）血液重新分布　由于不同器官血管对儿茶酚胺增多的反应性不一致。其中皮肤、腹腔内脏、骨骼肌及肾血管的 α-受体分布密度高，对儿茶酚胺的敏感性较高，这些部位的血管明显收缩。而冠状动脉和脑动脉 α-受体分布较少，血管口径则无明显改变，因而心、脑血流量能维持正常或增高，微血管灌流量稳定在一定水平。这种不同器官微循环反应的差异性，导致了血液的重新分布。血液重新分布虽然以牺牲皮肤、腹腔内脏等器官的血液供应为代价，但保证了心、脑重要生命器官的血液供应，因此对机体有一定的代偿意义。

此外，交感-肾上腺髓质系统的兴奋，也增强了心肌收缩力，增加了外周阻力，减轻了血压下降的程度。

4. 临床表现和意义 该期主要临床表现为动物烦躁不安，皮肤黏膜苍白，四肢和耳朵厥冷，出冷汗，尿量减少，脉搏细速，脉压减小（图14-5）。

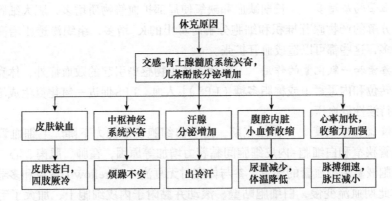

图 14-5 休克代偿期的发生机制及临床表现

该期为休克的可逆期，如能及时消除休克动因，控制病程发展条件，及时补充血容量，可恢复有效循环血量，防止向休克期发展。如果休克的原始病因不能及时除去，且未得到及时、正确的救治，病情继续发展，交感-肾上腺髓质系统长时间过度兴奋，组织持续缺血、缺氧，病情可发展到休克失代偿期。

（二）休克失代偿期

休克失代偿期（decompensatory stage of shock）又称休克Ⅱ期、休克期、微循环淤血期或微循环淤滞期、微循环扩张期、淤血性缺氧期。

1. 微循环改变的特点 休克持续到一定的时间，内脏微循环中血管自律运动首先消失，终末血管床对儿茶酚胺的反应性降低，微动脉和后微动脉痉挛减轻，部分血管失去代偿性紧张状态，毛细血管前括约肌开放，组织血液灌入大于流出，大量血液涌入真毛细血管网。但由于大量的白细胞黏附于微静脉，增加了微循环流出通路的血流阻力，导致毛细血管后阻力显著增加，毛细血管后阻力大于前阻力。内脏微循环出现灌多流少和血液淤滞的现象。微循环灌流的特点是灌而少流、灌大于流。该期真毛细血管开放数目增多，血流减慢，甚至"泥化"（sludge）淤滞，使组织处于严重的低灌流状态，组织细胞出现严重的淤血性缺氧。外周阻力降低，动脉血压也显著降低，机体由代偿逐渐向失代偿发展（图14-6）。

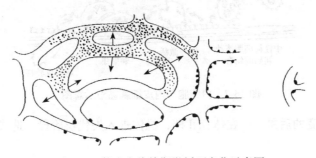

图 14-6 休克失代偿期微循环变化示意图

2. 微循环改变的机制

（1）酸中毒　　　长期缺血和缺氧引起组织氧分压下降、CO_2和乳酸堆积，发生酸中毒。酸中毒导致平滑肌对儿茶酚胺的反应性降低，使微血管扩张。

（2）扩血管物质增多　　　长期缺血和缺氧使局部扩血管物质增多，肥大细胞释放组胺增多，ATP分解的产物腺苷堆积和细胞分解时释出的K^+增多，组织渗透压增高，激肽类物质生成增多，这些都可以造成血管扩张。

（3）内毒素和一氧化氮的作用　　　除病原微生物感染引起的败血症外，休克后期常有肠源性细菌转位和内毒素［或称脂多糖（LPS）］入血。LPS促进一氧化氮生成增多，引起血管扩张和持续性低血压。

（4）血液流变学改变　　　在休克期，由于白细胞变形能力下降、毛细血管灌流压降低、毛细血管狭窄和白细胞-内皮细胞间黏着力增加等原因，在肺、肌肉、心、脑等器官中出现白细胞嵌塞毛细血管的现象，参与休克时无复流（no-reflow）现象和多器官功能障碍的发生。此期血流变慢，白细胞贴壁、滚动并黏附于内皮细胞上，加大了毛细血管的后阻力，这种黏附是通过细胞黏附分子（cell adhesion molecule，CAM）所介导的。首先，选择素介导白细胞和内皮细胞的可逆性黏附，P-选择素和E-选择素均介导白细胞滚动，并激活白细胞，然后两者紧密黏附。参与血细胞黏附的H细胞黏附分子（Leu-CAM）属整合素家族，即CD_{11}/CD_{18}，被血小板激活因子（PAF）、白三烯B_4（LTB_4）、TXA_4及佛波醇脂激活后在白细胞表面表达；而内皮细胞在TNF、白细胞介素-1（IL-1）、LPS及氧自由基刺激下，产生细胞间黏附分子-1（intercellular adhesion molecule-1，ICAM-1）和白细胞内皮细胞黏附分子（leukocyte endothelial cell adhesion molecule，LECAM），起着CD_{11}/CD_{18}黏附受体的作用，使白细胞紧密黏附在内皮细胞上，为白细胞的游出做准备。

白细胞和内皮细胞黏着后，触发一系列信号事件，白细胞变成扁平状，微管重新组装，在足部充填肌动蛋白，同时内皮细胞内部骨架重建，增加内皮细胞黏度。黏附并激活的白细胞通过释放氧自由基和溶酶体酶导致内皮细胞和其他组织细胞损伤，进一步引起微循环障碍及组织损伤。此外，还有血液浓缩、血细胞压积增大、血浆黏度增高、红细胞聚集、血小板黏附聚集等，都是造成微循环血流变慢，血液泥化、淤滞，甚至血流停止的重要因素（图14-7）。

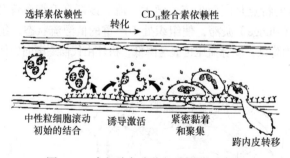

图14-7　白细胞与内皮细胞黏附示意图

3. 微循环改变的后果　　　在休克Ⅱ期，机体进入失代偿阶段，造成失代偿的原因主要有以下4个方面。

（1）真毛细血管开放数量增加　　　此期微循环血管床大量开放，血液被分隔并淤滞在内脏器官如肠、肝和肺内，造成循环血量锐减，回心血量减少，心输出量和血压进行性下降。此期交感-肾上腺髓质更为兴奋，组织血液灌流量进行性下降，组织缺氧更趋严重，形成恶性循环。机体出现失代偿状态。

（2）毛细血管流体静压升高　此期毛细血管后阻力大于前阻力，血管内流体静压升高，不但自身输液停止，而且有血浆外渗到组织间隙中，造成回心血量进一步减少。

（3）微血管通透性增强　组织持续缺血、缺氧使组胺、激肽、前列腺素 E 和心肌抑制因子等扩血管物质生成增多，导致毛细血管通透性增强，血浆外渗。大量血浆外渗致使血液浓缩，红细胞压积上升，红细胞、血小板聚集，血液黏度增加。

（4）组织间隙亲水性增加　组织间胶原蛋白的亲水性增加，大量血浆和体液组分被封闭和分隔在组织间隙，引起血液浓缩，血细胞压积上升，血液黏滞度进一步升高，促进了红细胞聚集，造成有效循环血量进一步减少，加重了恶性循环。

由于回心血量进行性减少，血压进一步下降，心脑血管失去自身调节，冠状动脉和脑血管灌流不足，出现心、脑功能障碍，甚至衰竭。

4. 临床表现和意义　休克失代偿期的主要临床表现是患畜神态淡漠甚至昏迷，皮肤黏膜由苍白转为发绀，出现花斑，脉搏快而弱，少尿甚至无尿，全身血压进行性下降，中心静脉压下降。如果微循环严重灌流不足，引起重要器官功能衰竭，可导致患畜死亡（图 14-8）。

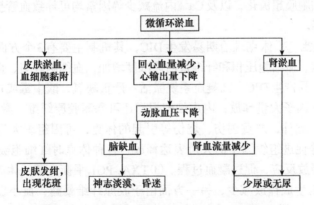

图 14-8　休克失代偿期的发生机制及临床表现

研究该期的全身微循环和血流动力学变化对防治休克有重要的指导作用，改变了过去认为休克期是不可逆的观点。在临床治疗上，除病因学治疗外，针对微循环淤滞的特点，采用纠正酸中毒以提高血管对活性药物的反应；充分输液以扩充血容量，在低血容量性休克时，不但要补充已丢失的血量，而且要补足血浆外渗滞留在组织间隙的血浆量；使用血管活性药物甚至应用扩血管药物疏通微循环，而不是长期滥用拟交感的缩血管药物。以上治疗可以收到很好的效果，大大降低了休克患畜的死亡率，所以这一期仍为可逆性失代偿期。若治疗不当或听任病情发展，则进入休克难治期。

（三）休克难治期

休克难治期（refractory stage of shock）即不可逆期，又称休克Ⅲ期、休克末期或休克晚期、微循环凝血期、弥散性血管内凝血期或DIC期、微循环衰竭期、凝血性缺氧期。

1. 微循环改变的特点　　该期微血管发生麻痹性扩张，对任何血管活性药物均失去反应，毛细血管大量开放，微循环中有微血栓形成，血流停止，出现不灌不流状态，甚至出血，可出现广泛的DIC。组织几乎完全不能进行物质交换，重要器官功能衰竭，甚至发生多系统器官功能衰竭（图14-9）。

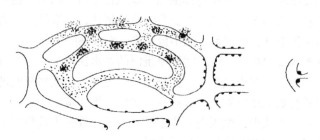

图 14-9　休克难治期微循环变化示意图

2. 微循环的改变及其机制

（1）微血管反应性显著下降　　该期微血管对血管收缩药物的反应越来越不明显，继而出现微循环衰竭。组织细胞酸中毒，炎症介质刺激NO生成增多，ATP敏感性K^+通道开放使血管平滑肌细胞膜超极化，以及Ca^{2+}内流减少等因素均可导致血管扩张，对儿茶酚胺的反应性显著下降。

（2）DIC的发生　　休克难治期易发生DIC，其机制主要有3个方面。①血液流变学的改变：血液浓缩、血细胞压积和纤维蛋白原浓度增加，血细胞聚集、血黏度增高，使血液处于高凝状态，易产生DIC。②凝血系统激活：严重缺氧、酸中毒或LPS等损伤血管内皮细胞，促进组织因子大量释放；内皮细胞损伤还可暴露胶原纤维，激活因子Ⅻ，使内、外凝血途径激活。此外，严重创伤、烧伤等引起的休克，可因组织大量破坏及白细胞与内皮细胞的黏附等促进组织因子的大量表达释放。各种休克时红细胞破坏释放的ADP等可启动血小板的释放反应，促进凝血过程。③TXA_2-PGI_2平衡失调：休克时内皮细胞的损伤，一方面使PGI_2生成释放减少，另一方面由于胶原纤维暴露，血小板激活、黏附、聚集，生成和释放TXA_2增多。PGI_2有抑制血小板聚集和扩张小血管的作用，而TXA_2则有促进血小板聚集和收缩小血管的作用。因此，TXA_2-PGI_2的平衡失调可促进DIC的发生。

休克一旦并发了DIC，将使病情恶化，并对微循环和各器官功能产生严重影响：①发生DIC时，微血栓阻塞了微循环通道，使回心血量锐减。②凝血与纤溶过程中的产物、纤维蛋白肽和纤维蛋白（原）降解产物（FDP）及某些补体成分，增加了微血管通透性，加重了微血管舒缩功能的紊乱。③发生DIC时，出血导致血量进一步减少，加重了循环障碍。④器官栓塞梗死，加重了器官急性功能衰竭，给治疗造成极大的困难。

（3）重要器官功能不全或衰竭　　该期休克导致血流动力学障碍和细胞损伤越来越严重，各重要器官，包括心、脑、肝、肺、肾功能代谢障碍也更加严重，酸中毒、缺氧、溶酶体酶、活性氧和细胞因子可使重要生命器官发生"不可逆性"损伤，出现多器官功能障碍综合征（multiple organ dysfunction syndrome，MODS），甚至多系统器官衰竭（multiple system organ failure，MSOF）。

3. 临床表现 临床表现主要为昏迷，全身皮肤有出血点或出血斑块，四肢厥冷，脉搏快而弱或不能触及，血压极度下降，升压药难以恢复，呼吸不规则和无尿等。重要器官功能衰竭，主要发生在心、脑、肺、肝、肾等重要器官，常因两个或两个以上重要器官相继或同时功能障碍，出现多系统器官功能不全或衰竭而导致死亡。

二、休克发生、发展的细胞分子机制

20世纪70年代末，Suteu提出了休克细胞（shock cell）的概念，建立了休克发生的细胞分子机制学说。休克发生的细胞分子机制十分复杂，主要分为以下4个方面。

（一）细胞损伤

在休克条件下，白细胞聚集和黏附带来器官实质细胞的损害，其中包括肺、心、肝、脑、小肠、胃、骨骼肌等器官，参与多器官功能障碍的发生。白细胞黏附除引起微循环障碍导致细胞损害以外，还释放多种毒性物质直接损伤细胞。

1. 自由基作用 白细胞在激活过程中出现呼吸爆发（respiratory burst），在细胞膜NADPH氧化酶催化下，O_2从NADPH获得电子，产生超氧阴离子（O_2^-）。在产生超氧阴离子的反应中，NADPH氧化酶的激活起重要作用。正常状态下，该酶处于静止状态。休克时多种体液因子，如补体、内毒素、PAF、LT等均起激活作用。呼吸爆发产生O_2^-后，又经一系列反应生成H_2O_2、OII^-等多种氧代谢产物，但它们寿命很短，在细胞外参与最近的靶分子反应。因此，细胞膜被认为是主要的损伤部位，但H_2O_2还能通过靶细胞膜上的阴离子通道扩散进入靶细胞，与细胞内的分子反应，引起细胞损伤。休克时白细胞黏附于血管内皮，释放的自由基首先引起血管内皮损伤。创伤性休克时，自由基对肝细胞膜的损伤由膜表面的亲水层向核心的疏水层逐渐减弱。细胞膜不饱和脂肪酸脂质过氧化，引起膜流动性下降和通透性增加，肝细胞膜电位下降；红细胞膜僵硬脆弱；膜上蛋白质变性和交联，可使膜上的受体失活。此外，线粒体膜脂质过氧化引起功能障碍、肿胀至崩解。线粒体内膜自由基损伤后影响电子传递功能。溶酶体膜脂质过氧化损伤，促进溶酶体酶的释放，蛋白质交联变化又影响酶活性，带来一系列细胞代谢与功能的损害。

2. 蛋白酶释放 蛋白酶（protease），又称蛋白水解酶（proteolytic enzyme），分为4类：①丝氨酸肽链内切酶，如弹性硬蛋白酶、激肽释放酶、接触因子等；②硫肽链内切酶，如溶酶体中组织蛋白酶B、H、L、S等；③羧基肽链内切酶，如溶酶体中组织蛋白酶D、E等；④金属肽链内切酶，如胶原酶等。

白细胞释放的蛋白酶在休克时有以下病理意义。

（1）促进细胞自溶和器官衰竭 蛋白酶使线粒体损伤和氧化磷酸化脱偶联，导致代谢停止。蛋白酶引起细胞溶解坏死，引起多个器官衰竭。例如，在内毒素休克时聚集在肺的白细胞释放蛋白酶和自由基，促进休克肺的发生。

（2）加重休克时循环紊乱 进入血液的蛋白酶引起微循环血管收缩和灌流量下降，血管平滑肌破坏和通透性增强，损伤心肌和引起心律失常，激活激肽系统和纤溶系统及促进组胺等介质释放。

（3）蛋白酶释放与休克预后相关 临床病例证明，血液内中性粒细胞释放的弹性硬蛋白酶和单核细胞释放的组织蛋白酶B与休克病情的严重性密切相关。白细胞释放的蛋白酶参与了重症败血性休克和多器官衰竭的发生。

（4）白三烯的作用　　在休克时由于胞质内Ca^{2+}增多，磷脂酶A_2被激活，细胞膜磷脂分解，释放出花生四烯酸，花生四烯酸通过脂加氧酶生成白三烯类物质。它们引起强烈的血管收缩（包括肺、肠系膜、冠状血管）和支气管收缩，血管通透性增强和水肿形成，并抑制心肌收缩。LT促进白细胞-内皮细胞的黏着和游出，促进溶酶体酶释放，增强血管通透性和炎症反应。因此，它们参与了重症休克的循环紊乱和器官衰竭的发生。

（二）血管内皮细胞改变，微血管通透性增强

1. 内皮细胞收缩　　内皮细胞内及细胞之间含有多种蛋白质，这些蛋白质的改变可影响血管内皮细胞的形态结构和功能，使内皮细胞收缩，从而引起微血管通透性增强。

2. 内皮细胞损伤　　休克时产生的炎症介质、氧自由基、溶酶体酶及缺氧、酸中毒等可直接损伤血管内皮细胞，使其发生肿胀、坏死、凋亡及脱落，进一步增强微血管通透性。

（三）炎症介质泛滥

严重感染及创伤等可激活单核巨噬细胞及中性粒细胞，导致各种炎症介质的大量产生。其中有些炎症介质具有促炎作用，可引起发热、白细胞活化、血管通透性增强及组织损伤。而有些炎症介质则具有抑炎作用，在感染、创伤、烧伤性休克时，这些抑炎介质过多可使机体出现免疫抑制。休克时大量炎症介质的泛滥产生，与某些休克病因（如革兰氏阴性菌内毒素）和继发产生的细胞因子激活细胞内信号转导通路、促进炎症因子的大量表达、产生正反馈瀑布效应有关，最终导致全身炎症反应综合征（systemic inflammatory response syndrome，SIRS）和MODS的发生。

（四）细胞内信号转导通路活化

目前，两条信号转导通路受到较多的关注。

1. NF-κB信号通路活化　　正常情况下，NF-κB以二聚体的形式与它的抑制蛋白家族（inhibitor of NF-κB，IκB）结合形成复合物，存在于胞质内而无活性。当休克病因或细胞因子激活细胞内IκB激酶后，使IκB的丝氨酸残基发生磷酸化，从NF-κB的复合物中解离出来并被蛋白酶降解，而NF-κB二聚体则迅速（数分钟）从胞质向胞核移位，结合至多种促炎细胞因子（TNF-α、IL-1、IL-6等）基因启动子区的κB位点而激活这些基因的转录活性，导致炎症介质的泛滥。目前认为，NF-κB信号通路的激活是急性炎症反应的中枢环节。

2. 丝裂原活化蛋白激酶信号通路活化　　细胞在静息时，丝裂原活化蛋白激酶（MAPK）位于胞质内，一旦被磷酸化而激活，即可迅速转移到细胞核内，直接激活多种转录因子，也可在胞质内活化某些转录因子（如AP-I、ERK-I），活化的转录因子再入核启动或关闭一些特定基因的转录。受MAPK调控的转录因子主要有活化子蛋白、血清反应因子、活化转录因子-2、肌细胞增强因子-2等，这些转录因子都可调控TNF-α、IL-1β、IL-8、IL-10、IL-12、iNOS、MCP-1、ICAM-1等炎症介质的表达。

休克时的复杂病理生理变化与上述两条细胞内信号转导通路的激活密切相关。此外，cAMP-蛋白激酶、酪氨酸蛋白激酶、小G蛋白等信号转导通路的活化也在休克的发生、发展过程中发挥一定作用。

第三节 体液因素在休克发生、发展过程中的作用

众多体液因子参与休克的发生、发展，主要包括细胞因子、黏附分子、自由基、NO等。在休克过程中，单核巨噬细胞、内皮细胞受到细菌、毒素、缺血、缺氧等刺激，引起多种细胞因子的释放。这些细胞因子包括TNF、IL-1、IL-2、1L-6、IL-8等，在休克的发生、发展中起着重要作用。依据其结构特点，细胞因子可分为Cys族细胞因子、TNF和螺旋形（helical）细胞因子3个亚家族，其中TNF和IL-1最为重要。

一、肿瘤坏死因子

TNF家族由多个蛋白质组成，包括FasL、TNF-α、TNF-β、CD_{30}配体、CD_{40}配体、CD_{27}配体和TRAIL。在金属蛋白酶的作用下，膜结合TNF经蛋白质水解作用产生可溶性TNF。而且TNF家族的所有成员都有可能通过这种作用被特异性金属蛋白酶处理成可溶的形式。

TNF主要包括TNF-α、TNF-β两种亚型。TNF-α主要来源于单核巨噬细胞系统，还来源于中性粒细胞、激活的淋巴细胞、NK细胞、内皮细胞和平滑肌细胞。TNF-β来源于淋巴细胞，又称为淋巴毒素。TNF-α和TNF-β大约有30%的氨基酸序列相同，通过与两种受体结合产生类似的生物效应。多种细胞膜上都存在TNF受体，因此TNF诱导的细胞反应相当广泛。TNF通过某些生物学反应使机体免于损伤或侵袭，提高机体的抵抗力。例如，TNF对肿瘤细胞有直接的细胞毒作用，刺激免疫细胞产生抗肿瘤的免疫反应，导致肿瘤出血坏死；促进B细胞和单核细胞的活化，提高炎症调节物质的作用活力；作为内皮细胞的强活化剂，有调理、黏附、颗粒趋化等作用；还具有抗病毒和刺激主要组织相容性复合体-Ⅰ（MHC-Ⅰ）型抗原表达的作用。

在病理状态下，TNF可通过多种作用机制引起细胞功能障碍、组织损伤。例如，在内毒素休克或炎症过程中，生成的大量TNF可以增加黏附蛋白表达。TNF与内皮细胞相互作用诱导产生ICAM-I，使粒细胞进入炎灶。TNF可激活中性粒细胞、嗜酸性粒细胞和单核细胞，刺激IL-1、IL-6、PAF等多种生物活性物质释放；TNF可同时激活凝血和补体两个系统，引起凝血因子的释放和补体系统激活；TNF被认为是中毒性休克和脓毒症的内源性调节物质，还可以增强血管通透性，引起血管渗漏，降低血管的收缩力，引起血管扩张，导致低血压。

内毒素性休克时，LPS刺激单核细胞分泌大量的TNF-α。TNF-α是多种感染或内毒素性休克早期产生的最重要的细胞因子，对炎症或内毒素性休克的发展起着重要的作用。SIRS患者血中TNF含量显著增加。TNF-α可在许多脓毒症患者的血浆中检测到，其浓度高低一般与疾病的严重程度和预后有一定关系。TNF-α在炎症反应或内毒素性休克时在循环血液中出现得较早，并迅速达到高峰，从而诱发"次级"细胞因子如IL-1β、IL-6、IL-8的产生，成为激活细胞因子级联反应的主要介质。

二、白细胞介素-1

白细胞介素-1（interleukin-1，IL-1）是体内作用最强的致炎介质之一，参与介导多种炎症反应，对于休克、创伤、感染、烧伤等多种病理过程的发生、发展起着重要作用。

IL-1包括IL-1α和IL-1β两种类型。单核细胞、中性粒细胞、角质细胞和B淋巴细胞是生成IL-1的主要来源。IL-1生成后可结合在细胞膜上，也可进入血液循环，但由于IL-1容易被组织降解，血中半衰期为6~10min，故IL-1主要参与自分泌和旁分泌调节。IL-1的生物学作用非常广泛，主要包括以下几个方面。

1. 活化淋巴细胞　　IL-1在MHC抗原的协同作用下，导致TH细胞活化；促进T淋巴细胞诱导细胞因子产生。IL-1作用于B细胞，可促进其合成与分泌免疫球蛋白。IL-1能促进淋巴细胞合成多种集落刺激因子，促进造血干细胞的生成。IL-1与免疫应答有密切关系，缺乏IL-1将会导致免疫缺陷或免疫耐受。

2. 诱导细胞黏附分子表达　　IL-1通过促进ICAM的产生而刺激内皮细胞与白细胞黏附。

3. 诱导致炎细胞因子基因表达和释放　　IL-1能诱导TNF-α、IL-6、GM-CSF生成。

4. 引起血管扩张　　这是内毒素性休克血压降低的主要原因之一。正常时血浆IL-1β浓度较低，检测不到；内毒素休克患畜血浆IL-1β浓度显著升高。

5. 引起中性粒细胞反应　　血液内中性粒细胞增多，引起中性粒细胞渗出、聚积。

6. 刺激各种代谢反应　　刺激急性期反应蛋白的产生；刺激肌肉代谢、滑膜细胞的产生、软骨与骨组织的吸收、胶原沉积；参与引起肌肉及关节的疼痛过程。

7. 刺激神经-内分泌系统　　导致发热和刺激促肾上腺皮质激素释放因子的释放。

三、一氧化氮

NO是一种很不稳定的小分子气体，是以L-精氨酸（L-Arg）为底物，经一氧化氮合酶（nitric oxide synthase，NOS）催化，通过体内L-精氨酸-NO（L-Arg-NO）途径生成的脂溶性产物。NO在体内的半衰期仅为数秒，极易扩散和穿透细胞膜，在细胞之间起着传递生物信息的作用。

NO及其活性代谢产物能够与多种物质或靶分子作用，其中包括重金属、其他自由基、蛋白质的巯基等。通过这些相互作用，NO可对蛋白质进行修饰，最终既可保护细胞，也可造成细胞损伤。在氧或血红蛋白存在时，NO很快氧化形成NO_2、N_2O_3、N_2O_4等活性氮氧（RNOS）终产物。这些RNOS与蛋白质和核酸进一步发生氧化反应，引起细胞凋亡或死亡，导致组织损伤。

（一）NO的一般作用

NO在休克的病理生理中起着非常重要的作用，暴露于内毒素的动物可表达NOS及与休克有关的细胞因子IL-1β、TNF-α、IFN-γ等，败血性休克患者体内NO降解终产物增加。

在组织损伤中，NO可以促进炎症变化，加强TNF和IL-8等炎症细胞因子和前列腺素的合成和释放，激活环加氧酶；NO还具有抗炎作用，使中性粒细胞中NADPH氧化酶失活，减少中性粒细胞的氧化产物，减少细胞因子的产生。NO还具有抗细菌、霉菌、寄生虫、病毒的功能。

（二）NO对神经系统的影响

NO对细胞的作用是双相的，纳摩尔水平的NO可引起细胞毒性，而皮摩尔和飞摩尔水平的NO则参与生理状态或炎症过程中的信息传递。NO导致细胞损伤的机制可能为：在细胞内O_2^-的作用下形成超氧亚硝酸化合物，造成细胞损伤；使细胞中的核酸发生亚硝基化，从而破坏DNA的双螺旋结构；抑制某些与细胞呼吸和DNA复制相关的酶的活性。

炎症时，某些细菌产物可刺激内皮细胞、神经细胞、星形胶质细胞和小神经胶质细胞产生大量NO，导致细胞毒性。缺血时脑组织的某些细胞因子表达迅速增加，如IL-1β mRNA表达增加，NOS表达增加而使NO水平迅速提高。在缺血发生后的几分钟到数小时内，NO增加，数小时后NO开始缓慢下降，当再灌流时，NO再度增加。

NO对损伤脑组织的作用也是双相的。少量NO可保证脑组织的血流供应，抑制血小板和白细胞在血管内聚集、黏附；有大量NO时，NO直接作用或者与O_2^-反应生成过氧化亚硝酸盐而产生细胞毒性。因此，一般认为缺血初期所生成的NO起着有利作用，数小时后才转为有害作用。正常脑中检测不到诱导型NOS（*iNOS*）基因的表达，但在休克时，*iNOS* mRNA在大鼠的脑血管、胶质、神经元等结构均有表达，并且脑实质和脑脊液中的NO代谢产物也有增加。少量的NO通过扩散作用于相邻的神经细胞和星形胶质细胞，升高cGMP水平而产生生理效应。若Ca^{2+}在细胞内积聚过多，则可产生过量的NO，从而造成细胞毒性。

（三）NO对心血管系统的影响

NO在休克时心血管系统的功能紊乱中也起着重要的作用。一氧化氮合酶抑制剂单甲基L-精氨酸（NG-monomethyl-L-arginine，L-NMA）可减轻休克时致炎因子引起的剂量依赖性心肌收缩障碍；用L-精氨酸后，L-NMA的作用被逆转。因此，NO不仅能使心血管过度舒张，还能降低心脏的收缩性。

1. NO对血管的影响 NO会引起休克时血管扩张。在体内注射NOS抑制剂可以导致长时间的血压升高，其机制是NOS抑制剂阻遏NO的合成，引起小动脉的收缩，致血压升高。局部产生的活性物质和血流切应力改变等一切能增强内皮细胞膜上Ca^{2+}通道活性的因素均可刺激内皮细胞产生适量的NO，后者参与血压的自身调节。

生理情况下，血管本身有一定的紧张性，使血管保持收缩状态。另外，血管壁不断释放NO以维持血管处于持续的舒张状态。因此，血管的舒缩是体内舒血管因素（NO、PGI_2）与缩血管因素（去甲肾上腺素、血管紧张素、内皮素等）抗衡的结果。生理状态下，血中的NO主要来源于血管内皮细胞，它是由结构型NOS（cNOS）催化合成的，如果NO合成释放减少，就会引起高血压。临床上用来治疗心绞痛的血管药物就是通过释放NO而引起冠状动脉扩张的，有人将NO称为"内源性硝普钠"。

在内毒素、TNF-α、IFN-γ、IL-1等刺激下，内皮细胞、巨噬细胞和血管平滑肌细胞可产生iNOS，以催化产生大量的NO，引起低血压。尤其在内毒素性休克时，大肠杆菌LPS促使体内多种组织和细胞释放NO增加，致血管过度扩张，血压持续降低，从而加重休克的病理过程。目前认为，NO是休克晚期持续性低血压的重要原因之一。应用iNOS特异性抑制剂如氨基胍（aminoguanidine，AG）和刀豆氨酸（canavanine）可以减轻内毒素所致的低血压状态，糖皮质激素也可阻断iNOS的合成，亚甲蓝也能抑制NOS，从而纠正内毒素引起的低血压。

2. NO对心脏的影响 NO对心肌的收缩也起着重要的调节作用。在心肌灌流液中加入NO或cGMP，均可使大鼠心脏的收缩受到明显抑制。NO-cGMP可影响cGMP依赖性蛋白激酶（PKG），减少Ca^{2+}经L-型通道流入细胞内。细胞质中Ca^{2+}浓度降低，导致心肌收缩减弱。此外，PKG还有降低心肌原纤维对Ca^{2+}的反应性，也是导致心肌收缩抑制的原因之一。

NO-cGMP系统在感染性休克时对心脏收缩功能发生障碍具有重要作用。虽然NO的半衰期短，难以直接测定，但从NO的代谢产物证实败血性休克患者或动物血清中NO水平明显升高，同时血中cGMP增加也很明显，且与心脏收缩抑制程度呈正相关；应用NOS抑制剂（L-NMA）或cGMP抑制剂（亚甲蓝）使血中NO和cGMP水平降低的同时，心肌的抑制作用也解除；休克时NO-cGMP系统被激活可能与其他细胞因子的诱导有关。

休克时影响心脏功能和心肌收缩的因素很多，除心肌抑制物以外，内啡肽、内皮素、血栓素及各种代谢产物都可通过不同的途径影响心肌的收缩。

四、自由基

自由基（free radical）是外层轨道上具有一个或多个未配对电子的原子、原子团或分子的总称。由氧衍生的自由基，简称氧自由基，主要包括超氧阴离子自由基（O_2^-）、羟自由基（$OH^{\cdot}$）和一氧化氮自由基（nitric oxide FR，$NO^{\cdot}$）。氧自由基与多聚不饱和脂肪酸作用后生成的中间代谢产物称为烷自由基，如烷自由基（$L^{\cdot}$）、烷氧自由基（$LO^{\cdot}$）、烷过氧自由基（$LOO^{\cdot}$）。

1. 自由基参与休克时缺血-再灌注损伤　　休克缺血后的再灌注过程对诱发器官和组织损伤及MODS较缺血本身更重要。大多数组织和细胞的损伤不是发生在缺血期，而是在微循环恢复灌流之后。由于恢复组织灌流既是救治休克的必经之路，也是氧自由基大量产生和释放的过程，因此缺血-再灌流后的氧自由基损伤在MODS发生过程中起重要作用。休克和复苏使患者处于"氧化应激"的状态下。所谓氧化应激，是指活性氧在体内大量产生和释放的一种病理状态。

在缺血-再灌流条件下，黄嘌呤氧化酶途径和白细胞呼吸爆发是氧自由基产生的两条主要途径。休克复苏过程中，原来缺血的组织重新获氧，此时缺血组织中所堆积的ATP代谢产物次黄嘌呤在黄嘌呤氧化酶的催化下生成黄嘌呤；同时，稳态的分子氧被转化为极不稳定的O_2^-。黄嘌呤脱氢酶转化成黄嘌呤氧化酶的过程在肠和心肌组织仅需要几秒，在肝、脾、肾、肺则需要30min。这种差别导致不同器官对缺血-再灌注损伤的敏感程度不同。

化学性质活泼的氧自由基几乎能与任何细胞成分（膜磷脂、蛋白质、核酸等）发生反应，造成组织细胞损害。其具体表现在以下几个方面。

（1）改变膜脂质性质　　自由基引发的脂质过氧化反应增强，细胞膜内多价不饱和脂肪酸减少，生物膜不饱和脂肪酸与蛋白质比例失调，膜的液态性、流动性改变，通透性增强。细胞的脂质过氧化使膜受体、膜蛋白酶、膜离子通道的脂质微环境发生改变，引起其功能改变。脂质过氧化的线粒体膜的流动性发生改变，功能障碍，引起ATP生成减少，自由基产生增多。溶酶体膜的脂质过氧化、通透性增强，引起溶酶释放，使细胞结构及周围组织被破坏。

（2）破坏蛋白质和酶　　在自由基的作用下，膜蛋白及某些酶的分子可发生交联、聚合或肽键断裂，使蛋白质和酶结构被破坏、活性丧失。膜脂质微环境的改变，会影响膜蛋白和酶的功能，膜上的Na^+，K^+-ATP酶失活，使细胞内Na^+升高，Na^+-Ca^{2+}交换增强，使细胞内钙超载。缺血-再灌注使微粒体及质膜上的脂加氧酶（lipoxygenase）及环加氧酶（cyclooxygenase）被激活，催化花生四烯酸代谢，在增加自由基产生及脂质过氧化的同时，还形成具有高度活性的物质，如前列腺素、血栓素、白三烯等。缺血特别是再灌注时血栓素形成增加，前列环素形成减少，从而产生微循环障碍，与无复流现象有关。

（3）破坏核酸和染色体 自由基可以导致碱基改变、DNA断裂和染色体畸变，这些改变80%由OH·引起。OH·易与脱氧核糖及碱基起反应并使其改变。

（4）破坏细胞间基质 氧自由基可使透明质酸降解，胶原蛋白交联，从而使细胞间质变得疏松、弹性降低。此外，氧自由基可激活补体，使中性粒细胞和单核细胞活化，释放更多的氧自由基，后者进一步攻击细胞，从而产生更严重的损害。缺血-再灌注中的自由基损伤，在严重烧伤和创伤性休克患者表现得比较突出。在动物实验中已经证实，清除氧自由基在防治缺血-再灌注造成的器官损伤中有一定的效果。

2. 自由基对休克时血管通透性的影响 自由基增多促使微血管通透性升高。正常状态下，肾上腺能分泌一种抑制微血管通透性的物质，称为血管调节素（vasoregulin），自由基使其灭活，正常时生成和灭活处于平衡状态。休克时自由基增多，调节素作用减弱，通透性增强。内毒素性和失血性休克脏器微血管周围渗出均以肺、肝、肾最为严重，说明这些脏器易成为休克中的"靶器官"。在临床实践中，休克肺、休克肾的发生率也较高。

3. 自由基对休克时心脏的作用 休克时，心肌缺血-再灌注后所造成的损伤主要是由于自由基生成过多和细胞钙超载。自由基一方面通过膜脂质过氧化作用破坏膜的通透性，促进Ca^{2+}内流；另一方面破坏线粒体的氧化磷酸化过程使能量生成障碍，从而影响ATP依赖性钙泵对细胞内Ca^{2+}的清除，结果导致钙超载。钙超载又可激活黄嘌呤氧化酶系统和中性粒细胞，同时影响线粒体的正常氧化磷酸化，从而产生自由基。自由基、钙超载和中性粒细胞在休克和缺血-再灌注中起着协同和相互促进的作用，是心肌缺血-再灌注损害中的"三剑客"。

4. 自由基对休克时肝的作用 内毒素休克仅30min后，肝细胞器（如线粒体和溶酶体）已发生脂质过氧化损伤和氧自由基生成。血浆乳酸、β-葡糖醛酸酶在休克30min后即有升高，酸性磷酸酶在休克2h后明显升高，至休克4h升高更甚，表明了氧自由基对细胞和亚细胞结构损伤的持续性和严重性。内毒素激活库普弗细胞内的NOS产生NO，NO直接扩散入邻近肝细胞内；同时活化的库普弗细胞又产生多种细胞因子作用于肝细胞，使其表达iNOS，从而产生大量的NO。

NO与O_2^-反应生成过氧亚硝酸根离子（$ONOO^-$），当它被质子化后又迅速分解成有活性的OH·和稳定的NO_2。羟自由基可扩散至肝细胞核，导致核酸的亚硝酸化及DNA链降解，从而产生肝损伤。

5. 自由基对休克时肠组织的作用 休克及随后的复苏可使肠组织发生缺血和再灌注损伤。肠是黄嘌呤氧化酶（XO）含量最丰富的器官之一，XO主要分布于黏膜层，从绒毛底部向顶部逐渐增加，因此肠坏死一般从绒毛顶部开始。XO在正常情况下以黄嘌呤脱氢酶（XD）形式存在，缺血时转化成XO。ATP分解为次黄嘌呤，聚集在肠组织内。随着休克的复苏，肠缺血恢复，所提供的氧分子与次黄嘌呤反应，产生氧自由基导致肠损伤。休克复苏后，血中内毒素及某些炎症介质如TNF、IL-1等可进一步升高，黏膜形态被破坏得也更严重。

6. 自由基对休克时肺的作用　　肺作为一个开放性器官，是MODS的始动器官，而内皮细胞是脓毒症及创伤性休克等所致肺损伤及MODS中首先受损的靶细胞。血液中被激活的中性粒细胞黏附在内皮细胞上，可以通过释放自由基和溶酶体酶等损伤肺组织。激活的中性粒细胞也可释出弹性蛋白酶、胶原酶、明胶酶等破坏肺毛细血管基底膜或肺基质，引起肺组织的进一步损伤。另外，细胞因子及内毒素、缺氧等也可引起内皮细胞损伤。

7. 自由基对休克时肾的作用　　休克肾主要是在抢救重症休克后所发生的肾缺血-再灌注损伤。再灌注损伤时氧自由基起重要作用。氧自由基可来源于内皮细胞黄嘌呤-黄嘌呤氧化酶系统，也可当中性粒细胞和单核巨噬细胞激活后在呼吸爆发时产生。再灌注损伤导致钙超载，使线粒体功能障碍，进一步激活黄嘌呤氧化酶，产生更多的氧自由基，造成恶性循环，加重了肾的灌注障碍。

第四节　休克对机体的主要影响

休克时细胞和器官功能的障碍可继发于微循环障碍，也可由休克的原始动因直接损伤所致。

一、休克对细胞的主要影响

（一）细胞损伤

1. 细胞膜的变化　　细胞膜是休克时最早发生损伤的部位之一。缺氧、ATP减少、高钾、酸中毒、溶酶体酶的释放、自由基引起膜的脂质过氧化及其他炎症介质和细胞因子都会造成细胞膜的损伤，导致膜离子泵功能障碍，水、Na^+和Ca^{2+}内流，细胞内水肿，跨膜电位明显下降；同时细胞膜的损伤可以影响膜磷脂微环境，使细胞膜流动性下降；细胞膜上相关受体蛋白功能受损，受体浓度和亲和力发生变化，并带来相应的代谢和功能障碍。

2. 线粒体的变化　　休克时线粒体首先发生功能损害，ATP合成减少，细胞能量生成不足以致功能障碍。休克后期线粒体肿胀，致密结构和嵴消失，甚至破裂，导致细胞的死亡。

3. 溶酶体的变化　　休克时溶酶体损伤使溶酶体中的蛋白水解酶释放。溶酶体酶包括酸性蛋白酶（如组织蛋白酶）、中性蛋白酶（如胶原酶和弹性蛋白酶）和β-葡糖醛酸酶，其主要危害是损伤线粒体膜并引起细胞自溶，激活激肽系统和纤溶系统，消化基底膜，形成心肌抑制因子等毒性多肽，引起心肌收缩力下降，加重血流动力学障碍。溶酶体中的非酶性成分可引起肥大细胞脱颗粒，释放组胺，增强毛细血管通透性和吸引白细胞，加重休克的病理过程。

（二）细胞凋亡

各种休克动因造成机体损伤后，可引起炎症反应。已知病原微生物及其毒素、创伤、烧伤、变性坏死组织、缺血缺氧、免疫复合物均可通过激活核酸内切酶引起炎症细胞的活化。活化后的细胞可产生细胞因子、分泌炎症介质、释放氧自由基，从而攻击血管内皮细胞、中性粒细胞、单核巨噬细胞、淋巴细胞和各脏器实质细胞，除可以发生变性坏死的变化外，还可导致细胞凋亡。细胞凋亡是休克时细胞损伤的一种表现，也是重要器官功能衰竭的基础之一。

（三）细胞代谢障碍

1. 物质代谢的变化　　休克时微循环严重障碍，组织低灌流和细胞缺氧，糖有氧氧化受阻，无氧酵解增强，乳酸生成增多，ATP生成显著减少；蛋白质和脂肪分解增加，合成减少。其表现为一过性高血糖和糖尿；血浆氨基酸含量增高，尿氮增多，出现负氮平衡；血中游离脂肪酸和酮体增多。

2. 水、电解质及酸碱平衡紊乱　　休克时由于ATP供应不足，细胞膜上钠泵运转失灵，Na^+内流增多，细胞外K^+增多，导致细胞水肿和高钾血症；糖酵解增强使乳酸生成增多，而肝又无法充分摄取乳酸转化为葡萄糖，加上灌流障碍和肾功能受损，代谢产物不能及时被清除，因此发生代谢性酸中毒。酸中毒会加重休克时微循环紊乱和器官功能障碍，还可引起和加重高血钾，损伤血管内皮，减弱肝素活性，促进DIC发生。细胞内酸中毒可激活溶酶体中多种酶的活性，造成细胞损伤，促使休克进入不可逆阶段。

二、休克对组织器官的主要影响

休克过程中最易受累的器官为肾、肺、肠、肝、心脏和脑，休克动物常因一个或数个重要器官相继或同时发生功能障碍甚至衰竭而死亡。

（一）休克对肾的影响

休克时肾是最易受损害的器官之一。休克初期，以肾小球滤过减少为主，属于功能性肾功能衰竭（functional renal failure）。随着休克的进一步发展，常伴发急性肾功能衰竭，称为休克肾（shock kidney）。临床表现为少尿或无尿，同时伴有氮质血症、高血钾及代谢性酸中毒。休克时由于肾血流量减少、滤过压降低及钠、水重吸收增多，出现肾小球滤过率减少，少尿或无尿。及时恢复肾血液灌流可使肾功能恢复，但休克时间延长，肾血管持续缺血和淤血，引起以基底膜断裂为特点的肾小管上皮细胞缺血性坏死，发生器质性肾功能衰竭（parenchymal renal failure）。最初尚未发生肾小管坏死时，恢复肾血液灌流后，肾功能尚可恢复，称为功能性肾功能衰竭或肾前性功能衰竭（pre-renal failure）。休克持续时间较长，严重的肾缺血或肾毒素可引起急性肾小管坏死，即使恢复肾灌流后，肾功能也不可能立刻逆转。只有在肾小管上皮修复再生后，肾功能才能恢复，发展为器质性肾功能衰竭。

（二）休克对肺的影响

休克早期，创伤、出血、感染等刺激可使患畜呼吸中枢兴奋，呼吸加快，通气过度，发生低碳酸血症和呼吸性碱中毒。休克继续发展，交感-肾上腺髓质系统的兴奋及其他缩血管物质的作用使肺血管阻力升高。严重休克晚期，即使脉搏、血压和尿量平稳以后，仍可发生急性呼吸衰竭，称为休克肺（shock lung）。此时的主要病理形态特征是肺充血、出血、水肿、微血栓形成及肺泡内透明膜形成，局灶性肺不张，肺质量增加，呈褐红色等。

这些病理变化将导致严重的肺泡通气与血流比例失调和气体弥散障碍，引起进行性低氧血症和呼吸困难，从而导致急性呼吸衰竭甚至死亡。

（三）休克对消化道和肝的影响

休克时胃肠因缺血、淤血和DIC形成，发生功能紊乱，造成肠壁水肿、消化腺分泌抑制，胃肠运动减弱，黏膜糜烂，可形成应激性溃疡；肠道细菌大量繁殖及肠道屏障功能严重削弱，大量内毒素或细菌入血，引起大量致炎介质释放而导致全身炎症反应综合征（SIRS），从而加重休克。休克时肝缺血、淤血常伴有肝功能障碍，使由肠道入血的细菌内毒素不能被充分解毒，引起内毒素血症，同时影响肝中乳酸的转化，加重休克时的酸中毒，促使休克恶化，消化道在不可逆性休克的发展中起着"助推器"的作用。消化道功能的变化是休克晚期发生肠源性败血症和多器官功能障碍综合征的主要原因。

（四）休克对心脏的影响

除心源性休克有原发性心功能障碍以外，在其他类型休克的早期，由于机体的代偿，冠状动脉流量能够维持，因此心泵功能一般不受到显著的影响。但是随着休克的发展，动脉血压进行性降低，使冠状动脉血流量减少，心肌缺血、缺氧；加上其他因素的影响，心泵功能发生障碍，有可能发生急性心力衰竭。休克持续时间越久，心力衰竭也越严重，并可产生心肌局灶性坏死和心内膜下出血。

休克时心功能障碍的发生机制：①冠状动脉血流量减少。休克时血压降低及心率加快所引起的心室舒张期缩短，可使冠状动脉灌注量减少和心肌供血不足，同时交感-肾上腺髓质系统兴奋引起心率加快和心肌收缩加强，导致心肌耗氧量增加，更加重了心肌缺血。②酸中毒和高血钾可使心肌收缩力减弱。③心肌抑制因子（myocardial depressant factor，MDF）可使心肌收缩性减弱。④心肌内发生DIC可导致心肌局灶性坏死和内膜下出血，加重心肌功能障碍。⑤细菌毒素通过其内源性介质抑制心肌内质网对Ca^{2+}的摄取，并抑制肌原纤维ATP酶活性，引起心脏舒缩功能障碍。

（五）休克对脑的影响

在休克早期，血液的重新分布和脑循环的自身调节，保证了脑的血液供应，患畜除由应激引起的兴奋和烦躁不安外，没有明显的脑功能障碍表现。随着休克的发展，当血压进一步下降或脑循环出现DIC时，脑的血液循环障碍加重，脑组织缺血、缺氧，患畜神志淡漠甚至昏迷。缺血、缺氧使脑血管壁通透性增强，导致脑水肿和颅内压增高，严重者形成脑疝，压迫延髓生命中枢可导致死亡。

三、多器官功能障碍综合征

多器官功能障碍综合征（MODS）是指在严重创伤、感染和休克时，原来无器官功能障碍的患畜相继出现两个以上的系统和器官功能障碍的临床体征。MODS取代了过去使用的多器官衰竭（multiple organ failure，MOF）。MOF的发生往往是一个器官接着另一个器官发生衰竭，有序贯性，故也曾称为序贯性器官衰竭（sequential multiple organ failure，SMOF）。MOF一词过于强调器官衰竭这一终点，未反映衰竭以前的状态，容易使人将这类患畜器官功能障碍的发生理解为不连续的过程，即或者正常或者衰竭，不利于及早防治。功能障碍是指不再能维持机体的稳态，必须靠临床干预才能维持。应努力做到MODS的早发现、早治疗，提高存活率。而对那些原发于某个器官衰竭引起另一个或几个器官衰竭（如慢性心力衰竭引起肾功能衰竭）者，不属于MODS。MODS是休克患畜死亡的重要原因，各型休克中以感染性休克MODS的发生率最高。

四、全身炎症反应综合征

近年来，对休克后期发生组织损伤的炎症失控学说日益重视。全身炎症反应综合征（SIRS）是指机体失控的自身持续放大（self-perpetuating amplification）和自体破坏（self-destructive）的炎症，表现为播散性炎症细胞活化和炎症介质泛滥到血浆并在远隔部位引起炎症反应。SIRS是机体受到严重打击后出现的并发症，可以痊愈，也常发展为脓毒性休克和MODS，因此有人将SIRS称为恶性全身性炎症（malignant systemic inflammation）。在SIRS发展过程中，随着促炎介质的增多，体内开始产生内源性抗炎介质（endogenous anti-inflammatory mediator），如TNF、IL-4、NO等。适量的抗炎介质有助于控制炎症，恢复内环境稳定；但抗炎介质过量，即可产生免疫功能抑制及对感染的易感性而引起代偿性抗炎反应综合征（compensatory anti-inflammatory response syndrome，CARS）。所谓CARS，就是指感染或创伤时机体产生可引起免疫功能降低和对感染易感性增加的内源性抗炎反应。SIRS和CARS作为对立的双方，两者保持平衡时内环境维持恒定；当促炎反应大于抗炎反应时，表现为SIRS；反之，当抗炎反应大于促炎反应时，表现为CARS。但无论是SIRS，还是CARS，均反映了体内炎症反应的失控。当循环血中出现大量失控的炎症介质时，它们之间构成了一个具有交叉作用、相互影响的复杂网络，而且在各种介质间存在广泛的串流（cross-talk）。因此当CARS与SIRS并存而彼此间的作用相互加强时，则形成对机体损伤更强的免疫失衡，这种变化称为混合性拮抗反应综合征（mixed antagonists response syndrome，MARS）。SIRS、CARS和MARS均是引起MODS和MSOF的发病基础。

第五节 休克的防治原则

一、病因学防治

积极防治原发病，去除休克的原始动因，如止血、镇痛、控制感染、输液等。

二、发病学防治

（一）改善微循环

改善微循环是防治休克的关键。在一定条件下，脏器血液灌流量与血容量和心功能成正比，与外周阻力成反比。因此，要改善微循环，必须从扩充血容量、提高心脏功能和降低血管阻力入手。

    1. 扩充血容量 各种休克都存在有效循环血量绝对或相对不足，最终都导致组织灌流量减少。除心源性休克外，补充血容量是提高心输出量和改善组织灌流的根本措施。

输液时强调及时、尽早，因为休克进入微循环淤滞期，需补充的量会更大，病情也更严重。正确的输液原则是"需多少，补多少"，采取充分扩容的方法，量需而入。

2. 纠正酸中毒　　休克时机体缺血、缺氧，必然导致乳酸血症性酸中毒。如酸中毒不纠正，由于酸中毒，H^+-Ca^{2+}之间的竞争作用将直接影响血管活性药物的疗效，故临床应根据酸中毒的程度及时补碱纠酸。

3. 应用血管活性药物　　血管活性药物分为缩血管药（阿拉明、去甲肾上腺素、新福林等）和扩血管药（阿托品、山莨菪碱、异丙肾上腺素和酚妥拉明等）。血管活性药物必须在纠正酸中毒的基础上使用，目前临床上对选用收缩剂还是扩张剂存在一定的分歧。选用血管活性药物的目的是提高组织微循环血液灌流量。扩血管药物可以解除小血管痉挛而改善微循环，但可使血压出现一过性降低，因此必须在充分扩容的基础上使用。缩血管药物因可能减少微循环的灌流量，加重组织缺血、缺氧，目前不主张在休克患畜中大量长期使用。但是，对过敏性休克和神经源性休克，使用缩血管药物则是最佳选择。

4. 加强心泵功能　　加强心泵功能可以增加器官的灌流量。适当应用强心药物，并注意减轻心脏前、后负荷。

（二）保护细胞功能，防止细胞损伤

休克时细胞损伤有的是原发的，有些是继发于微循环障碍的。改善微循环是防止细胞损伤的措施之一。此外，还可用稳定细胞膜和补充能量的措施进行治疗。对细胞功能的纠正应引起重视。

（三）拮抗体液因子的作用

涉及休克的体液因子有多种，可以通过抑制某些体液因子的合成，拮抗其受体和对抗其作用等方式来减弱某种或几种体液因子对机体的有害影响。例如，用TNF-α单克隆抗体拮抗TNF-α的作用；用苯海拉明拮抗组胺；用卡托普利拮抗肾素-血管紧张素系统；用抑肽酶减少激肽的生成；用皮质激素抗炎、非甾体类药物（阿司匹林、消炎痛等）抑制环氧合酶，减少前列腺素的生成；用纳洛酮拮抗内啡肽；SOD是O_2^-的清除剂，别嘌呤醇是黄嘌呤氧化酶的抑制剂，均能减少氧自由基对机体的损伤。

（四）防止器官功能衰竭

休克后期如出现DIC和器官功能衰竭，除采取一般的治疗外，还应针对不同器官衰竭，采取不同的治疗措施。例如，出现急性心力衰竭时，除减少和停止补液外，应强心、利尿，并适当降低前、后负荷；出现休克肺时，则正压给氧，改善呼吸功能；出现肾功能衰竭时，应尽早进行利尿和透析等措施，并防止出现MODS。

小　　结

休克是临床常见的危重病症。失血、失液、创伤、感染、心力衰竭、神经刺激等病因，都可从血容量减少、血管床容量增加或心泵功能障碍这3个始动环节来影响休克的发生、发展。尽管休克有不同类型，但多数休克都有一个共同的发病基础，就是有效循环血

量急剧减少，组织血液灌流量严重不足，进而导致全身组织细胞的功能代谢障碍及结构损伤。根据微循环的变化，可将休克分为代偿期、失代偿期和难治期。代偿期表现为微循环缺血、缺氧，全身血流重新分布，以保证心、脑血液供应；失代偿期表现为微循环淤血性缺氧，组织血液灌流量进一步减少；难治期表现为微血管麻痹、DIC形成或多器官功能衰竭。休克的发病机制十分复杂，除交感兴奋及体液因子大量产生所致的微循环障碍外，还与休克动因直接作用或微循环障碍发生后所引起的细胞损伤、微血管通透性增加及细胞因子级联反应等细胞分子机制有关。在休克的防治上，应尽早消除休克动因，注重改善微循环，努力保护或恢复细胞与器官功能。

思 考 题

1. 什么叫休克？各型休克发生的始动环节是什么？
2. 简述休克各期微循环的变化特点及其典型临床表现。
3. 休克代偿期有何代偿意义？
4. 休克的细胞分子机制的要点是什么？
5. 简述休克的治疗原则。

（董世山）

第十五章　心功能不全

心脏最主要的功能是泵血，心脏通过节律性收缩和舒张，推动血液在血管内循环流动，以满足全身组织细胞的代谢需要。完整的心脏泵血过程包括收缩期射血和舒张期充盈两部分，心输出量（cardiac output）是每搏输出量（stroke volume）与心率（heart rate）的乘积，而心室前负荷（preload）、后负荷（afterload）和心肌收缩性（myocardial contractility）是影响每搏输出量的基本因素。

生理条件下，心输出量随机体代谢的需要而变化，以满足机体在静息和运动时的需要。心功能不全（cardiac insufficiency）是指各种原因引起心脏结构和功能的改变，使心室泵血量兼或充盈功能低下，以至不能满足组织代谢需要的病理生理过程，在临床上表现为呼吸困难、水肿及静脉压升高等静脉淤血和心输出量减少的综合征，又称为心力衰竭（heart failure）。以往强调心功能不全包括心脏泵血功能受损后由完全代偿直至失代偿的全过程，而心力衰竭是指心功能不全的失代偿阶段。但随着对心功能不全早期预防的重视，两者在临床上已无明显差别，可以通用。

随着人们生活水平的提高和家庭规模的缩小，饲养宠物已经成为越来越多人生活的一部分。随饲养宠物年限的增长，很多宠物步入老龄化，如犬和猫通常8岁龄即认为进入老龄阶段；心脏疾病已成为老龄宠物最常见的疾病之一，尤其是心功能不全的防治在兽医临床治疗特别是急救危重病例时具有十分重要的意义。

第一节　心功能不全的病因、诱因和分类

一、心功能不全的病因

心功能不全是多种循环系统及非循环系统疾病发展到终末阶段的共同结果，主要病因可以归纳为心脏自身的原因和心脏以外的原因，这些原因通过心肌舒缩功能障碍或心室负荷过重两个始动环节使心脏的泵血功能降低（表15-1）。

表15-1　心功能不全的常见病因

心肌舒缩功能障碍	心室负荷过重
心肌损害：心肌梗死、心肌病、心肌炎、 心肌中毒、心肌纤维化等	容量负荷过重：瓣膜关闭不全、室间隔缺损、 甲状腺功能亢进、严重贫血、动-静脉瘘等
代谢异常：缺血、缺氧、维生素 B_1 缺乏等	压力负荷过重：高血压、主动脉缩窄、主动脉瓣狭窄、 肺动脉高压、肺源性心脏病等
充盈受限：缩窄性心包炎、心包填塞等	

（一）心肌舒缩功能障碍

心肌收缩性是不依赖于心脏前负荷与后负荷变化的心肌本身的收缩特性，主要受神经-体液因素的调节。例如，交感神经、儿茶酚胺、电解质（特别是 Ca^{2+} 和 K^+）均可通

过改变心肌收缩性来调节心肌收缩的强度和速度。心肌的结构或代谢性损伤可引起心肌的收缩性降低，这是引起心功能不全特别是收缩性心功能不全最主要的原因。例如，心肌梗死、心肌炎和心肌病时，心肌细胞发生变性、坏死及组织纤维化，导致收缩性降低。而心肌缺血和缺氧首先引起心肌能量代谢障碍，久而久之也合并有结构异常，导致心脏泵血能力降低。

心室舒张及充盈受限是指在静脉回心血量无明显减少的情况下，由心脏本身的病变引起的心脏舒张和充盈障碍。例如，心肌缺血可引起能量依赖性舒张功能异常。左心室肥厚、纤维化和限制性心肌病使心肌的顺应性降低，心室舒张期充盈障碍。二尖瓣狭窄导致左心室充盈减少，肺循环淤血和压力升高；三尖瓣狭窄导致右心室充盈减少，体循环淤血。心包炎时，虽然心肌本身的损伤不明显，但急性心包炎可因心包腔内大量炎性渗出限制心室充盈；慢性缩窄性心包炎时由于大量的瘢痕粘连和钙化使心包伸缩性降低，心室充盈减少，均造成心输出量降低。

（二）心室负荷过重

心室的负荷过重可引起心肌发生适应性改变，以承受增高的工作负荷，维持相对正常的心输出量。但长期负荷过重，超过心肌的代偿能力时，会导致心肌的舒缩功能降低。

1. 前负荷过重 心室的前负荷是指心脏收缩前所承受的负荷，相当于心室舒张末期的容量或压力，又称容量负荷（volume load）。左心室前负荷过重主要见于二尖瓣或主动脉瓣关闭不全引起的心室充盈量增加；右心室前负荷过重主要见于房室间隔缺损出现左向右分流时，以及三尖瓣或肺动脉瓣关闭不全。严重贫血、甲状腺功能亢进及维生素 B_1 缺乏引起心脏疾病时外周血管阻力降低，动-静脉瘘使血液经异常通路回流，这些原因均可使回心血量增加，导致左、右心室容量负荷都增加。

2. 后负荷过重 后负荷是指心室射血时所要克服的阻力，又称压力负荷（pressure load）。测量左心收缩期室壁张力可以准确反映左心后负荷的大小，但通常用动脉血压来代替。左心室后负荷过重主要见于高血压、主动脉缩窄和主动脉瓣狭窄等；肺动脉高压和肺动脉瓣狭窄则加重右心室后负荷。慢性阻塞性肺疾病（chronic obstructive pulmonary disease）时肺循环阻力增加，久而久之右心后负荷过重而引起肺源性心脏病。

二、心功能不全的诱因

临床上凡是能够在心力衰竭基本病因的基础上增加心脏负荷，使心肌耗氧量增加兼或供血供氧减少的因素，均能作为诱因诱发心力衰竭。心功能不全的常见诱因有以下4种情况。

（一）严重感染

各种致病微生物引起的感染可以通过以下途径加重心脏负荷，削弱心肌的舒缩功能而诱发心力衰竭：①致病微生物及其产物可以直接损伤心肌；②感染引起发热时，交感神经兴奋、代谢增强可增加心肌的耗氧量；③心率加快，心脏舒张期缩短，导致心肌血、氧供给不足；④如果合并呼吸道病变，如支气管痉挛、黏膜充血、水肿等，使肺循环阻力增大，右心室负荷加重。

（二）心律失常

心律失常（arrhythmia）是指由心脏内异常兴奋或传导障碍引起的心脏活动节律异常。心律失常可分为快速型心律失常和缓慢型心律失常，二者均可诱发心力衰竭。

1. 快速型心律失常　室上性心率过快、心房颤动、心房扑动等均可引起快速型心律失常，从而诱发或加重心力衰竭。①心率过快可增加心肌耗氧量；②心率过快可使心脏舒张期缩短，一方面使冠状动脉血流灌注减少，另一方面使心室充盈不足，导致心输出量下降；③心脏房室活动不协调，妨碍心室射血功能，也可导致心输出量下降。

2. 缓慢型心律失常　高度房室传导阻滞等使每搏心输出量的增加不能弥补心率减少造成的心输出量降低时，可诱发心力衰竭。

（三）水、电解质代谢及酸碱平衡紊乱

1. 输液过量或过快　过量、过快输液可使血容量增加，加重心脏前负荷而诱发心力衰竭，对于老年患畜及原有心功能损伤者应特别注意。

2. 高钾血症和低钾血症　高钾血症或低钾血症易引起心肌兴奋性、传导性、自律性的改变，导致心律失常而诱发心力衰竭。

3. 酸中毒　酸中毒主要通过以下作用诱发心力衰竭：①H^+竞争性抑制Ca^{2+}与肌钙蛋白的结合，抑制Ca^{2+}内流和肌质网释放Ca^{2+}，造成心肌兴奋-收缩偶联障碍；②H^+抑制肌球蛋白ATP酶活性，使心肌能量利用障碍，造成心肌收缩功能减弱。

（四）妊娠和分娩

妊娠与分娩可诱发心力衰竭的原因有以下两个方面：①妊娠期孕畜的血容量增加，临产期的血容量可比妊娠前增加20%以上，使心脏负荷加重；②分娩时，宫缩疼痛引起交感-肾上腺髓质系统兴奋，使心率加快而导致心肌耗氧量增加，冠脉收缩使其供血不足而导致心肌缺氧，外周小血管收缩使阻力增加而导致左心室后负荷加重。

除上述诱因以外，过度疲劳、严重创伤、大手术、气温变化、情绪波动等也是心功能不全的重要诱因。

三、心功能不全的分类

心功能不全的分类方法有多种，常用的方法有以下几种。

（一）按心功能不全病情严重程度分类

在临床上，为了更好地判断患畜的病情轻重和指导治疗，常按心功能不全病情的严重程度进行分类。心功能不全分级按从轻到重依次分为以下4级。

1. Ⅰ级　无心力衰竭的症状，体力活动不受限，又称心功能不全代偿期。

2. Ⅱ级　静息状态时无症状，体力活动轻度受限，日常活动可引起呼吸困难、疲乏和心悸等症状，又称轻度心力衰竭。

3. Ⅲ级　静息状态时无症状，轻度活动即有不适，体力活动明显受限，又称中度心力衰竭。

4. Ⅳ级　　静息状态时有症状，任何活动均严重受限，又称重度心力衰竭。

（二）按心功能不全发生部位分类

1. 左心功能不全（左心衰竭）　　其主要是左心室心肌受损或负荷过重，导致左心室泵血功能下降。左心室舒张末期残留血量增多，因而在心输出量下降的同时，常伴发肺循环淤血甚至肺水肿。左心衰竭常见于高血压性心脏病、冠心病、二尖瓣关闭不全、主动脉瓣狭窄或关闭不全等。

2. 右心功能不全（右心衰竭）　　右心功能不全常见于肺心病、肺动脉瓣狭窄、肺栓塞等。功能不全的右心室不能将回心血量充分排至肺循环，造成心输出量下降，进而导致体循环淤血，出现水肿。

3. 全心衰竭　　严重心肌炎或严重贫血可使左、右心同时受累，引发全心衰竭，也可见于两侧心室先后发生。例如，左心衰竭引起肺循环压力升高，使右心室后负荷过重继发右心衰竭；或右心衰竭时经肺循环回流到左心的血量减少，使左心输出量减少，冠状动脉灌流量减少，左心室泵血功能受损而致左心衰竭。

（三）按发病机制分类

1. 收缩障碍性心力衰竭（systolic heart failure）　　由心肌收缩功能障碍而引起的心力衰竭，常见于高血压性心脏病、冠心病等，主要由心肌细胞变性、坏死所致。

2. 舒张障碍性心力衰竭（diastolic heart failure）　　由心室舒张障碍、充盈受限所导致的心力衰竭，可见于二尖瓣或三尖瓣狭窄、缩窄性心包炎、肥大性心肌病、心肌缺血等。

临床上，收缩障碍性心力衰竭和舒张障碍性心力衰竭常同时或相继发生。

（四）按发生的速度分类

1. 急性心力衰竭（acute heart failure）　　起病急骤，发展迅速，心输出量急剧下降，病势凶险，机体来不及充分发挥代偿作用，可发生心源性休克和心搏骤停。常见于急性心肌梗死、严重的心肌炎、急性心内膜炎所致的瓣膜破损、腱索断裂等。

2. 慢性心力衰竭（chronic heart failure）　　起病缓慢，病程较长，机体可充分发挥代偿机制，常伴有心肌肥大、心腔扩大、静脉淤血和水肿。在代偿阶段，心力衰竭的症状可不明显。随着心功能进入失代偿期，心力衰竭的表现才逐渐显露出来。常见于高血压、肺源性心脏病和心瓣膜病等。

（五）按心输出量分类

1. 低输出量性心力衰竭（low output heart failure）　　患畜的心输出量低于正常群体的平均水平，常见于冠心病、高血压、心脏瓣膜性疾病及心肌炎等引起的心功能不全。由于外周血管阻力增加，患畜常有血管收缩、四肢发冷、黏膜苍白、脉压减小和动静脉血氧差增大等表现。

2. 高输出量性心力衰竭（high output heart failure）　　主要见于严重贫血、妊娠、甲状腺功能亢进、动静脉瘘及维生素 B_1 缺乏症等。上述疾病时因外周血管阻力降低，血容量扩大或循环速度加快，静脉回心血量增加，心脏过度充盈，代偿阶段的心输出量明显高于正常，处于高动力循环状态。由于心脏容量负荷长期过重，供氧相对不足，能量消耗过多。一旦发展至心功能不全，心输出量较心功能不全前（代偿阶段）有所下降，不能满足上述病因造成的机体高水平代谢的需求，但患畜的心输出量仍高于或不低于正常群体的平均水平。

第二节　心功能不全时机体的代偿机制

心功能不全发生的关键环节是心输出量减少，通过神经-体液调节机制，机体会出现一系列相互联系、彼此协调的代偿活动以维持心输出量。代偿反应是机体在心功能不全发生时防止心输出量进一步减少的必要生理机制，且代偿反应的强度与心功能不全是否发生、发生速度及严重程度密切相关。若心输出量尚可满足机体的代谢需要，动物未出现心功能不全的表现，则称为完全代偿；若心输出量仅能满足机体在静息状态下的代谢需要，患畜有轻度心功能不全表现，则称为不完全代偿；严重时心输出量不能满足机体在静息状态下的代谢需要，动物有明显心功能不全的症状和体征，则称为失代偿。

心功能不全的发展过程，就是机体从完全代偿到不完全代偿进而到失代偿的发展过程。对于急性而严重的心肌病（如心肌梗死），这个过程较短，机体来不及充分动员代偿机制，动物在短时间内即出现严重的心功能不全；相反，对于慢性心脏负荷过重（如猪丹毒性心瓣膜病），这个过程可持续较长时间。就代偿的范围而言，机体的代偿反应可分为心脏本身的代偿反应和心脏以外的代偿反应。

一、心脏本身的代偿反应

心力衰竭最主要的功能障碍是心输出量减少，心输出量等于每搏输出量乘以心率。提高心率和心肌收缩能力是代偿的重要手段。

（一）心率加快

心率加快的机制包括：①当心输出量减少引起动脉血压下降时，颈动脉窦和主动脉弓压力感受器的传入冲动减少，压力感受器反射活动减弱，心脏迷走神经紧张性减弱，心脏交感神经紧张性增强，心率增快；②心脏泵血减少使心室舒张末期容积增大，心房淤血，房内压上升，刺激右心房和腔静脉容量感受器，引起交感神经兴奋，心率加快；③机体组织缺氧，刺激主动脉体和颈动脉体化学感受器，引起心率加快。

在一定的范围内，心率加快可提高心排出量，并可提高舒张压，有利于冠脉的血液灌流，对维持动脉血压、保证重要器官的血流供应有积极意义。然而，当心率过快（超过180次/min），由于心脏舒张期过短，不但影响冠脉灌流量，使心肌缺血、缺氧加重，还可引起心室充盈不足，心输出量反而下降。心率过快也会增加心肌耗氧量，从而削弱心脏的代偿功能。

（二）心脏紧张源性扩张

伴有心肌收缩力增强和心输出量增加的心腔扩大，称为心脏紧张源性扩张。在心功能不全失代偿时出现的心肌过度拉长并伴有心肌收缩力减弱的心腔扩大，称为肌源性扩张。

根据Frank-Starling定律，肌节长度在1.7~2.2μm时，心肌收缩能力随心脏前负荷（心肌纤维初长度）的增加而增加。研究表明，人体心肌纤维产生最大收缩力的最适肌节长度是2.2μm，而大多数正常人心肌的肌节初长度仅为1.7~2.1μm，这说明心脏具有强大的代偿潜能。当心脏收缩功能受损时，心脏本身会发生快速的、应急性的调节反应。由于每搏输出量降低，心室舒张末期容积增加，前负荷增加导致心肌纤维初长度增大，此时心肌收缩力增强，代偿性增加每搏输出量。

心脏紧张源性扩张的代偿意义是增加每搏输出量。这种代偿方式也有限度，若心室过度扩张，使肌节长度超过2.2μm时，心输出量会明显降低，当肌节长度超过2.4μm时，则导致肌源性扩张。

（三）心肌收缩性增强

心肌收缩性是指不依赖心脏前负荷与后负荷变化的心肌本身的收缩特性，主要受神经-体液因素的调节。心功能受损时，由于交感-肾上腺髓质系统兴奋，儿茶酚胺增加，通过激活β-肾上腺素受体，增加胞质cAMP浓度，激活蛋白激酶A，使肌膜钙通道蛋白磷酸化，导致心肌兴奋，胞质Ca^{2+}浓度升高，发挥正性变力作用。在心功能损害的急性期，心肌收缩性增强对于维持心排出量和血流动力学稳态是十分必要的适应机制。当慢性心力衰竭时，心肌β-肾上腺素受体敏感性降低，血浆中虽存在大量的儿茶酚胺，但正性变力作用的效果显著减弱。

（四）心室重塑

心室重塑（ventricular remodeling）是指心室在长期容量和压力负荷增加时，通过改变心室的结构、代谢和功能而发生的慢性代偿适应性反应。包括心肌细胞的变化、非心肌细胞及细胞外基质的变化两个方面。

1. 心肌细胞的变化　　心肌细胞的变化引起心脏结构性适应不仅有量的增加，即心肌肥大（myocardial hypertrophy），还伴随着质的变化，即细胞表型（phenotype）改变，比如心肌细胞由工作收缩型向分泌型转变等。

（1）心肌肥大　　是指心肌纤维变粗、变长（即心肌细胞体积增大），间质增生，心室壁增厚，心脏质量增加的一种慢性适应性变化。心肌肥大一般没有心肌细胞数量的增多，但当心肌过度肥大时，也会有成纤维细胞和血管平滑肌细胞等间质细胞数量的增加。

心肌肥大主要包括反应性心肌肥大（reactive hypertrophy）和超负荷性心肌肥大（overloading hypertrophy）。反应性心肌肥大是指部分心肌细胞坏死，正常心肌细胞承担负荷增大所致。超负荷性心肌肥大按照超负荷原因和心肌反应形式的不同分为向心性肥大（concentric hypertrophy）和离心性肥大（eccentric hypertrophy）：①向心性肥大是指心脏在长期过度的压力负荷作用下，收缩期室壁张力持续增加，心肌肌节呈并联性增生，心肌细胞增粗。其特征是心室壁显著增厚而心腔容积正常甚至减小，室壁厚度与心腔半径的比值增大，常见于高血压性心脏病及主动脉瓣狭窄。②离心性肥大是指心脏在长期过度的容量负荷作用下，舒张期室壁张力持续增加，心肌肌节呈串联性增生，心肌细胞增长，心腔容积增大；心脏增大又使收缩期室壁应力增大，进而刺激肌节并联性增生，使室壁有所增厚。其特征是心腔容积显著增大与室壁轻度增厚并存，心腔半径与室壁厚度的比值基本保持正常或大于正常，常见于二尖瓣或主动脉瓣关闭不全。

心肌肥大是慢性心功能不全时极为重要的代偿方式。心肌肥大时，室壁增厚，可通过降低心室壁张力减少心肌的耗氧量，有助于减轻心脏负担。另外，心肌肥大时，虽然单位质量肥大心肌的收缩性降低，但因心肌总质量明显增加，故心肌总收缩力增加，有助于维持心排出量，使心脏在较长一段时间内能满足组织对心排出量的需求而不致发生心力衰竭。但是，心肌肥大的代偿作用也有一定的限度，由于心肌肥大本身是一种不平衡的生长方式，若心肌过度肥大，最终将会导致心力衰竭。

（2）心肌细胞表型改变　　是指由心肌所合成的蛋白质的种类变化所引起的心肌细胞"质"的改变。在引起心肌肥大的机械信号和化学信号刺激下，可使在成年心肌细胞中处于静止状态的胎儿期基因被激活，如心房钠尿肽基因、脑钠肽基因和 β-肌球蛋白重链（β-myosin heavy chain，β-MHC）基因等，合成胎儿型蛋白质增加；或是某些功能基因的表达受到抑制，发生同工型蛋白之间的转换，引起细胞表型改变。表型改变的心肌细胞在细胞膜、线粒体、肌质网、肌原纤维及细胞骨架等方面均与正常心肌有差异，从而导致其代谢与功能发生变化。转型的心肌细胞分泌活动增强，还可以通过分泌细胞因子和局部激素，进一步促进细胞生长、增殖及凋亡，从而改变心肌的舒缩能力。

2. 非心肌细胞及细胞外基质的变化　　除心肌细胞外，非心肌细胞及细胞外基质也会发生明显的变化。成纤维细胞是细胞外基质的主要来源，细胞外基质是存在于细胞间隙、肌束之间及血管周围的结构糖蛋白、蛋白多糖、糖胺聚糖的总称，其中最主要的是 I 型和 III 型胶原纤维。I 型胶原纤维是与心肌束平行排列的粗大胶原纤维的主要成分，III 型胶原纤维则形成了较细的纤维网状结构。胶原网络与细胞膜上的结合蛋白连接，维系心肌细胞的有序排列，为心肌提供了高强度的抗牵拉能力，同时又将心肌收缩和舒张时伴随的张力变化传递至心肌的各个部分。胶原纤维的量和成分是决定心肌伸展及回弹性能（僵硬度）的重要因素。

许多促使心肌肥大的因素如血管紧张素 II、去甲肾上腺素和醛固酮等都可促进非心肌细胞活化或增殖，分泌大量不同类型的胶原等细胞外基质，同时又合成降解胶原的间质胶原酶和明胶酶等，通过对胶原合成与降解的调控，使胶原网络结构的生物化学组成（如 I 型与 III 型胶原纤维的比值）和空间结构都发生改变，引起心肌间质的增生与重塑。一般情况下，重塑早期 III 型胶原纤维增多较明显，这有利于肥大心肌肌束组合的重新排列及心室的结构性扩张；重塑后期以 I 型胶原纤维增加为主，它的增加可提高心肌的抗张强度，防止在室壁应力过高的情况下，心肌细胞侧向滑动造成室壁变薄和心脏扩大。但是，不适当的非心肌细胞增殖及基质重塑（如 I 型与 III 型胶原纤维的比值增大），一方面会降低室壁的顺应性而使僵硬度相应增加，影响心脏舒张功能。另一方面，冠状动脉周围的纤维增生和管壁增厚，使冠状循环的储备能力和供血量降低。同时心肌间质的增生与重塑还会影响心肌细胞之间的信息传递和舒缩的协调性，影响心肌细胞的血氧供应，促进心肌的凋亡和纤维化。

二、心脏以外的代偿反应

心脏以外的代偿反应是机体非特异代偿适应性变化的一组表现，包括血容量增加、血流重新分布、红细胞增多、组织利用氧的能力增强等。这些非特异性变化不仅在心力衰竭时出现，而且在缺氧、休克等多种病理生理过程中都可出现。

（一）血容量增加

引起血容量增加的主要机制有以下3个方面。①交感神经兴奋：心功能不全时，心排出量和有效循环血量减少，引起交感神经兴奋而导致肾血流量下降，使近端小管重吸收钠、水增多，血容量增加。②促进水、钠重吸收的激素增多：肾素-血管紧张素-醛固酮系统激活、抗利尿激素释放增多均可促进远端小管和集合管对钠、水的重吸收。③抑制钠、水重吸收的激素减少：发生持续性重度心力衰竭时，前列腺素和心房钠尿肽的合成、分泌减少，肾排出水、钠减少，促进钠、水潴留。

一定范围内的血容量增加对提高心输出量和组织灌流量有积极的代偿意义，但血容量过度增加可加重心脏负荷，使心排出量下降，从而加重心力衰竭。

（二）血流重新分布

心功能不全时，交感-肾上腺髓质系统兴奋可引起血流重新分布，表现为皮肤、骨骼肌和内脏器官血流量减少（其中以肾血流减少最显著），而心、脑的血流量不变或略增加，这对心、脑具有保护作用。但若时间过长，血流重新分布也会导致内脏器官（如肝、肾）功能不全。外周血管阻力持续增加也可使心脏后负荷增加，从而使心输出量减少。

（三）红细胞增多

心功能不全时，体循环淤血和血流速度减慢可引起循环性缺氧，肺淤血和肺水肿可引起乏氧性缺氧。缺氧可使促红细胞生成素增加，促进骨髓造血功能，使红细胞和血红蛋白生成增多，血液携氧能力增强，有助于改善周围组织供氧，因此，红细胞增多具有代偿意义。但红细胞过多可引起血液黏度增大，血流阻力增大，心脏负荷增加。

（四）组织利用氧的能力增强

心功能不全时，由于对周围组织供氧减少，组织细胞通过调整自身的功能、结构和代谢来加以代偿。例如，线粒体增多，表面积加大；细胞色素氧化酶活性增强；磷酸果糖激酶活性增强，糖酵解能力提高；肌红蛋白增多，改善肌肉储存和利用氧的能力等。

综上所述，心功能不全时，在神经-体液机制的调节下，机体可以动员心脏本身和心脏以外的多种代偿机制进行代偿，这种代偿贯穿于心功能不全的全过程。一般来说，在心脏泵血功能受损的急性期，神经-体液调节机制激活，通过加快心率、增加心肌收缩性和增加外周阻力，维持血压和器官血流灌注。同时，启动心室重塑，心功能维持于相对正常的水平。但是，随着心室重塑缓慢而隐匿地进行，其副作用日益明显，终将进入心功能不全的失代偿期。

心功能不全时机体的代偿至关重要，它决定着心功能不全是否发生，以及发病的快慢和程度。严重心功能受损时，如急性大面积心肌梗死、严重心肌炎、急性心包填塞时，由于发病急，病情严重，机体来不及充分动员代偿机制，患畜常在短时间内陷入严重的心功能不全状态。相反，对于发病缓慢的慢性心功能受损，如高血压和心脏瓣膜病等，机体可充分调动各种适应性代偿调节机制，患畜在发生心功能不全之前往往可经历数月、数年甚至更长的代偿期。

第三节　心肌舒缩过程与心功能不全的发生机制

心功能不全的发生机制较为复杂，目前尚未完全阐明。无论是不同原因引起的心功能不全，还是心功能不全的不同发展阶段，其基本机制都是心脏收缩兼或舒张功能障碍，导致心脏的射血不能满足机体的需要。

一、心肌舒缩过程

（一）心肌舒缩的结构基础

1）收缩蛋白：心肌舒缩的基本单位是肌节（sarcomere），主要由粗、细两种肌丝组成。粗肌丝的主要成分是肌球蛋白（myosin），细肌丝的主要成分是肌动蛋白（actin）。两者构成心脏收缩蛋白。

2）调节蛋白：除收缩蛋白外，其还包括两种调节蛋白：原肌球蛋白（tropomyosin）和肌钙蛋白（troponin）。肌钙蛋白与Ca^{2+}结合与否可影响向肌球蛋白的位阻功能，即粗肌丝肌球蛋白与细肌丝肌动蛋白由于向肌球蛋白空间位置改变而形成横桥或横桥解离。

3）其他：肌质网、横管等。

（二）正常心肌舒缩的基本过程

1）Ca^{2+}浓度升高达到心肌收缩阈值：当心肌细胞兴奋而去极化时，细胞膜电位的变化可以激活细胞膜上的L型钙通道开放，细胞外Ca^{2+}顺浓度梯度进入细胞，进一步激活肌质网内储存的Ca^{2+}释放，使胞质内Ca^{2+}浓度迅速从10^{-7}mol/L上升至10^{-5}mol/L，达到心肌收缩阈值。

2）Ca^{2+}与肌钙蛋白结合，促进横桥形成：细胞内Ca^{2+}浓度达到阈值后，与肌钙蛋白结合，从而改变了肌钙蛋白的构型，导致向肌球蛋白位移，解除了向肌球蛋白的位阻效应，从而使粗、细肌丝通过肌球蛋白头端相连形成横桥（cross-bridge）。

3）Ca^{2+}激活ATP酶，释放能量促使心肌收缩：Ca^{2+}激活肌球蛋白头部ATP酶，水解ATP释放能量，启动肌球蛋白头部定向偏转，使细肌丝沿着粗肌丝向肌节中央滑行，结果肌节缩短，心肌收缩。

以上为心肌收缩（去极化）的基本过程，即心肌兴奋-收缩偶联过程（excitation-contraction coupling）。心肌舒张（复极化）为其逆向过程。当心肌细胞复极化时，大部分Ca^{2+}被肌质网膜上的钙泵摄回到肌质网内储存起来，同时，心肌细胞膜上的钠-钙交换体和钙泵也将细胞质中的部分Ca^{2+}转移至细胞外，因此，细胞质内的Ca^{2+}浓度迅速降低。当细胞质内的Ca^{2+}浓度下降到10^{-7}mol/L时，Ca^{2+}即与肌钙蛋白解离，使肌钙蛋白的构型恢复，进而使向肌球蛋白位移产生位阻效应。肌动蛋白与肌球蛋白解离，因此细肌丝向外滑行，心肌舒张，肌节恢复至初长度。在肌动蛋白与肌球蛋白解离，Ca^{2+}恢复至肌质网等过程中，同样需要消耗能量。

心肌舒缩在细胞水平上必须具备3个基本条件：①要有正常的细胞结构基础；②要有正常的Ca^{2+}运转；③耗能。

　　同时，心肌细胞因具有闰盘结构，功能上具有合体细胞的性质；心脏的4个腔室在生理状况下有序收缩，因此对整体的协调性、顺应性要求很高。所以，心功能不全的病理生理机制可以从两个角度来加以理解：一个是细胞水平上的前述3个基本因素，另一个是整体水平上的协调性、顺应性等问题。

二、心功能不全的发生机制

（一）心肌收缩能力降低

　　心肌收缩能力降低是造成心脏泵血功能减退的主要原因，可以由心肌收缩相关的蛋白质改变、心肌能量代谢障碍和心肌兴奋-收缩偶联障碍单独或共同引起。

1. 心肌收缩相关的蛋白质改变

　　（1）心肌细胞数量减少　　多种心肌损害（如心肌梗死、心肌炎及心肌病等）可导致心肌细胞变性、萎缩，严重者由于心肌细胞死亡，有效收缩的心肌细胞数量减少，造成原发性心肌收缩力降低。心肌细胞死亡可分为坏死（necrosis）与凋亡（apoptosis）两种形式。

　　1）心肌细胞坏死：心肌细胞在严重的缺血、缺氧、致病微生物（细菌和病毒）感染、毒物中毒等损伤性因素作用下，溶酶体破裂，大量溶酶体酶特别是蛋白水解酶释放，引起细胞成分自溶，心肌细胞发生坏死，心肌收缩性严重受损。在临床上，引起心肌细胞坏死最常见的原因是急性心肌梗死。一般而言，当梗死面积达左心室面积的23%时便可发生急性心力衰竭。

　　2）心肌细胞凋亡：细胞凋亡是引起心肌收缩力降低的重要原因，特别是造成老年患畜心脏心肌细胞数量减少的主要原因。细胞凋亡除可以直接引起收缩能力降低外，还可由于心肌肥大与凋亡共存，心肌肥厚与后负荷不匹配，室壁应力增大并进一步刺激重构与凋亡。在心功能不全时，心肌细胞凋亡又可致室壁变薄，心室进行性扩大。因此，干预心肌凋亡已成为防治心功能不全的重要目标之一。

　　（2）心肌结构改变　　①在分子水平上，肥大心肌的表型改变，胎儿期基因过表达；一些参与细胞代谢和离子转运的蛋白质如肌质网钙泵蛋白和细胞膜L型钙通道蛋白等合成减少。②在细胞水平上，心肌肥大的初期，心肌的组织结构基本正常，可见一定程度的线粒体增多、表面积增大，肌原纤维增多和细胞核增大。这些变化可改善细胞的内呼吸功能，使细胞利用氧的能力增强，以克服供氧不足带来的不利影响。但心肌过度肥大时，尤其是增粗时，肌丝与线粒体不成比例地增加，肌节不规则叠加，加上显著增大的细胞核对邻近肌节的挤压，导致肌原纤维排列紊乱，心肌收缩力降低。值得注意的是，损伤心脏各部分的变化并不是均一的。重构心脏不同部位的心肌肥大、坏死和凋亡共存，心肌细胞和非心肌细胞的肥大与萎缩、增殖与死亡共存。例如，在缺血中心区往往以心肌坏死为主，而在缺血边缘区可以观察到细胞凋亡，在非缺血区发生反应性心肌肥大。心肌细胞减少伴有成纤维细胞增殖，细胞外基质增多，发生心脏纤维化。③在器官水平上，与代偿期的心腔扩大和心室肥厚不同，衰竭时的心室表现为心脏扩大而室壁变薄，扩张的心室几何结构发生改变，横径增加使心脏由正常的椭圆形变成球状。心室扩张使乳头肌不能锚定房室瓣，主动脉和肺动脉瓣环扩大，可造成功能性瓣膜反流，导致心室泵血功能进一步降低，使血流动力学紊乱进一步加重并参与心室重塑的进展。

综上所述，衰竭心脏在多个层次和水平出现的不均一性改变是造成心脏收缩能力降低及心律失常的结构基础。

2. 心肌能量代谢障碍　　ATP是心肌唯一能够直接利用的能量形式，心肌细胞必须不断合成ATP以维持正常的泵血功能和细胞活力。心肌的能量代谢包括能量生成、储备和利用3个环节。其中任何一个环节发生障碍，都可导致心肌收缩性减弱。

1）能量生成障碍：生理状态下，维持心脏收缩功能和基础代谢所必需的ATP主要来自线粒体的氧化代谢，极少量来源于糖酵解。供给心肌能量的底物包括脂肪酸、葡萄糖、乳酸、酮体和氨基酸等。在有氧条件下，正常心肌优先利用脂肪酸，心肌约2/3的ATP来源于脂肪酸的β-氧化，仅1/3由葡萄糖及乳酸等分解产生。在心功能不全的过程中，心肌脂肪酸氧化明显下调，底物代谢从优先利用脂肪酸向优先利用葡萄糖转变，而缺氧或损伤的心肌线粒体的结构与功能发生改变，有氧氧化障碍，糖酵解加速，不仅造成心肌能量生成减少，还使局部乳酸生成增加，进一步损伤心肌。例如，冠心病、休克、严重贫血引起的心肌缺血是造成心肌能量生成不足的常见原因。过度肥大的心肌内线粒体含量相对不足，且肥大心肌的线粒体氧化磷酸化水平降低，毛细血管的数量增加不足，这些均导致肥大心肌产能减少。此外，维生素B_1缺乏引起的丙酮酸氧化脱羧障碍，也使心肌细胞有氧氧化障碍，导致ATP生成不足。

2）能量储备减少：当心肌产生足够的ATP时，在磷酸肌酸激酶（creatine phosphate kinase）的催化下，ATP与肌酸之间发生高能磷酸键转移而生成磷酸肌酸（creatine phosphate，CP），迅速将线粒体中产生的高能磷酸键以能量贮存的形式转移至胞质。随着心肌肥大的发展和心肌损伤的加重，产能减少而耗能增加，尤其是磷酸肌酸激酶同工型发生转换，导致磷酸肌酸激酶活性降低，使储能形式的磷酸肌酸含量减少。

3）能量利用障碍：心肌对能量的利用是指把ATP储存的化学能转化成为心肌收缩的机械做功的过程。在收缩期，Ca^{2+}与肌钙蛋白C结合，位于肌球蛋白头部的Ca^{2+}，Mg^{2+}-ATP酶水解ATP，这不仅为横桥的形成与滑动提供能量，还会影响肌球蛋白与肌动蛋白的亲和力。当肌球蛋白与ADP及Pi结合时，与肌动蛋白的亲和力高；而与ATP结合时，与肌动蛋白的亲和力低。因此，Ca^{2+}，Mg^{2+}-ATP酶活性是决定心肌对ATP进行有效利用和收缩速率的重要因素。在人类衰竭的心肌中Ca^{2+}，Mg^{2+}-ATP酶活性降低，其机制主要与心肌调节蛋白改变有关。例如，肌球蛋白轻链-1（myosin light chain 1，MLC-1）的胎儿型同工型增多；肌钙蛋白T亚单位的胎儿型同工型（TnT4）增多等，使肥大心肌肌球蛋白头部的ATP酶活性降低，利用ATP产生机械功障碍，心肌收缩性降低。

3. 心肌兴奋-收缩偶联障碍　　心肌的兴奋是电活动，而收缩是机械活动，Ca^{2+}在把心肌兴奋的电信号转化为收缩的机械活动中发挥了极为重要的中介作用。任何影响Ca^{2+}转运和分布的因素都会影响钙稳态，导致心肌兴奋-收缩偶联障碍（dysfunction of excitation-contraction coupling）。

1）细胞外Ca^{2+}内流障碍：心肌收缩时，细胞质中的Ca^{2+}有一部分是从细胞外流入细胞内的。Ca^{2+}内流在心肌收缩活动中起重要作用。Ca^{2+}内流不但可直接升高胞内Ca^{2+}浓度，更主要的是触发肌质网释放Ca^{2+}。目前认为，细胞外Ca^{2+}主要通过L型钙通道顺浓度梯度流入细胞内。

　　长期心脏负荷过重、心肌缺血缺氧时，一方面，心肌组织内去甲肾上腺素含量降低，肥大心肌肌膜β-肾上腺素受体密度减少；另一方面，缺氧引起的酸中毒使细胞膜受体对去甲肾上腺素的敏感性降低，同时，酸中毒可使细胞外液K^+浓度升高，与钙内流竞争。这些因素都可造成Ca^{2+}内流减少。

　　2）肌质网Ca^{2+}转运功能障碍：肌质网通过对Ca^{2+}的摄取、储存和释放3个环节来调节细胞内的Ca^{2+}浓度，进而调节心肌收缩性。其中，肌质网释放Ca^{2+}是升高细胞质瞬间Ca^{2+}浓度的主要钙源。肌质网Ca^{2+}转运功能障碍可由下列因素引起：①过度肥大或衰竭的心肌细胞中，肌质网钙释放蛋白的含量或活性降低，Ca^{2+}释放量减少；②肌质网Ca^{2+}-ATP酶含量或活性降低，使肌质网摄取和贮存Ca^{2+}的量减少，供给心肌收缩的Ca^{2+}不足，抑制心肌收缩性；③酸中毒时，H^+增多，使Ca^{2+}与肌质网中钙结合蛋白结合得更紧密，使肌质网释放Ca^{2+}减少。

　　3）Ca^{2+}与肌钙蛋白结合障碍：Ca^{2+}与肌钙蛋白结合是心肌从电兴奋转为机械收缩活动的关键环节。它不仅要求细胞质的Ca^{2+}浓度迅速上升到收缩阈值（$10^{-5}mol/L$），还要求肌钙蛋白有正常活性，能迅速与Ca^{2+}结合。各种原因引起心肌细胞酸中毒时，H^+浓度升高，H^+与肌钙蛋白的亲和力比Ca^{2+}大，H^+占据了肌钙蛋白上的Ca^{2+}结合位点，造成Ca^{2+}与肌钙蛋白结合障碍，从而导致心肌兴奋-收缩偶联障碍。

（二）心肌舒张功能障碍

　　对于维持正常心输出量，心脏舒张与心脏收缩同等重要。心肌舒张功能障碍的机制目前尚不完全清楚，可分为主动性舒张功能减弱和被动性舒张功能减弱。

　　1. 主动性舒张功能减弱　　见于舒张早期，我们仍可从上述心肌细胞舒缩的3个因素来考虑。各种病因引起的心肌结构基础异常、能量代谢障碍除可影响心肌的收缩外，也可影响心肌的舒张。在收缩过程中，前面强调了Ca^{2+}运转异常所致兴奋-收缩偶联障碍，在舒张过程中Ca^{2+}转运障碍主要涉及Ca^{2+}复位延缓和Ca^{2+}与肌钙蛋白解离障碍。

　　心肌舒张的首要条件是胞质中的Ca^{2+}浓度迅速降至"舒张阈值"（即从$10^{-5}mol/L$降至$10^{-7}mol/L$），使Ca^{2+}与肌钙蛋白解离，肌钙蛋白恢复原来的构型。Ca^{2+}复位是由心肌细胞肌质网膜和细胞膜上的Ca^{2+}泵及Na^+-Ca^{2+}交换体的作用共同完成的。肥大和衰竭心肌细胞ATP供应不足，造成Ca^{2+}泵功能障碍，导致细胞质内Ca^{2+}被排出细胞和摄入肌质网减少。另外，Na^+-Ca^{2+}交换体与Ca^{2+}的亲和力下降，也导致Ca^{2+}外排减少。

　　由于Ca^{2+}复位迟缓，Ca^{2+}不能从肌钙蛋白复合体上解离下来，使肌球-肌动蛋白复合体解离困难，心肌处于持续收缩状态，影响心室的舒张和充盈，进而影响心脏排血量。

　　2. 被动性舒张功能减弱　　见于舒张晚期，是指心室顺应性降低及舒张势能减小。心室顺应性（ventricular compliance）即心室的可扩张性，是指心室在单位压力变化下所引起的容积改变（dV/dP）。顺应性与僵硬度（stiffness）呈倒数关系。高血压及肥厚型心肌病时心室壁增厚，心肌炎症、纤维化及间质增生等均可引起心室壁成分改变，导致心室顺应性下降，心室在舒张末期容量减少，每搏输出量减少，而心室收缩末期容量无明显变化。此时，需提高心室的充盈压以维持心室的充盈量。当左心室舒张末期压力过高时，肺静脉压随之上升，从而出现肺淤血、肺水肿等左心衰竭的临床表现。此时，心肌的收缩功能尚无明显损伤，心输出量无明显降低。

需要注意的是，心脏收缩时的几何构型改变所形成的舒张势能是心室舒张的重要动能。心室收缩越好，这种势能就越大，心室的舒张也越好。心室顺应性降低即可影响心室舒张，因此，凡是影响和削弱心肌收缩性的因素均可通过降低心脏的舒张势能而影响心室舒张。

（三）心脏各部分舒缩活动不协调

为保持心功能的稳定，心脏的4个腔室在生理状况下有序收缩，心房先于心室，而左右心房和左右心室舒缩各自具有同步性。也就是说，心输出量的维持除受心肌舒缩功能的影响外，还需要心房和心室、左心和右心舒缩活动的协调一致。一旦心脏舒缩活动的协调性被破坏，将会引起心脏泵血功能紊乱而导致心输出量下降。

在心肌炎、甲状腺功能亢进、严重贫血、高血压性心脏病、肺心病时，由于病变呈区域性分布，病变轻的区域的心肌舒缩活动减弱，病变重的心肌完全丧失收缩功能，非病变心肌功能相对正常甚至代偿性增强，不同功能状态的心肌共处一室，如果病变面积较大，必然使整个心脏的舒缩活动不协调，会导致心输出量下降。特别是心肌梗死患畜，心肌各部分的供血是不均一的，梗死区、边缘缺血区和非病变区的心肌在兴奋性、自律性、传导性、收缩性方面都存在差异，在此基础上易发生心律失常，使心脏各部分舒缩活动的协调性遭到破坏。过度心肌梗死的急性期后，坏死心肌被纤维组织取代，该处室壁变薄，收缩时可向外膨出，形成室壁瘤，影响心脏泵血。无论是房室活动不协调还是两侧心室不同步舒缩，心输出量均有明显的降低。

第四节　心功能不全临床表现的病理生理学基础

心力衰竭时，心输出量减少，使动脉系统供血不足，体循环或肺循环淤血，引起组织器官缺氧、淤血和水肿，进而发生一系列功能和代谢变化。

一、心输出量减少

心力衰竭时，心输出量减少，全身供血不足，组织缺血、缺氧，导致器官功能、代谢甚至形态发生变化，严重时可发生心源性休克。

1. 心脏泵血功能降低　　心力储备反映心脏的代偿能力。心功能泵血降低是心力衰竭时最根本的变化，表现为心力储备降低。

（1）心排出量减少及心脏指数降低　　心排出量和心脏指数（cardiac index）是评价心脏泵血功能的重要指标。心脏泵血功能受损的早期阶段，心力储备减少。随着心力衰竭的发展，心排出量显著降低，心室功能曲线趋于低平，心排出量常常依赖升高的充盈压兼或增快的心率才能达到满足组织代谢需求的水平。严重心力衰竭患畜静息状态时的心排出量与心脏指数均显著降低。

（2）射血分数降低　　射血分数（ejection fraction，EF）是每搏输出量（stroke volume，SV）占心室舒张末容积（ventricular end diastolic volume，VEDV）的百分比，是评价心室射血效率的指标，它较少受VEDV的影响，能较好地反映心肌收缩力的变化。心力衰竭时，每搏输出量正常或降低，而VEDV增大，因此射血分数降低。

（3）心室充盈受损　由于射血分数降低、心室射血后剩余血量增多，心室收缩末容积（ventricular end systolic volume，VESV）增多，心室容量负荷增大，心室充盈受限。在心力衰竭早期阶段即可出现肺毛细血管楔压（pulmonary capillary wedge pressure，PCWP）和中心静脉压（central venous pressure，CVP）升高。

（4）心率增快　由于交感神经系统兴奋，患畜在心力衰竭早期即有明显的心率增快现象。而心率过快常又可造成心肌缺血、缺氧，从而加重心肌损害。

2. 器官血流量重新分配　心输出量减少引起的神经-体液调节系统的激活，表现为血浆儿茶酚胺、血管紧张素Ⅱ和醛固酮含量增高，各器官血流重新分配。

（1）动脉血压的变化　心力衰竭对血压的影响依心力衰竭的类型而定。严重急性心力衰竭（如急性心肌梗死、心肌炎等）患畜由于心输出量急剧减少，动脉血压随之骤降，甚至发生心源性休克。慢性心力衰竭时，体循环阻力血管广泛收缩，外周阻力增大、心率加快及血容量增多等，使动脉血压通常可维持在正常范围。

（2）器官血流量重新分配　器官血流量取决于灌注压及灌注阻力，灌注压（血压）正常而各器官的阻力血管收缩程度不一，导致器官血流量重新分配。一般而言，心力衰竭较轻时，心、脑血流量可维持在正常水平，而皮肤、骨骼肌、肾及内脏血流量显著减少。当心力衰竭发展到严重阶段，心、脑血流量也可减少。

1）骨骼肌血流量减少：在心力衰竭的代偿阶段，由于血流重新分布，骨骼肌血流量减少，患畜的早期症状之一是易疲劳及对体力活动的耐受力降低，早期可以通过减少骨骼肌耗氧量以适应低灌流，具有一定的保护意义。长期低灌注可导致骨骼肌萎缩、氧化酶活性降低及线粒体减少等，这是心力衰竭患畜承受体力活动能力降低的主要机制。

2）肾血流量减少：心功能不全的患畜，往往伴有少尿的发生。其机制如下：①心功能不全时，心输出量减少，肾血流减少，尿量减少。②由于心输出量减少，通过压力感受器的刺激，交感神经兴奋，肾血管收缩，肾血流量进一步减少。③由于交感-肾上腺髓质系统兴奋，肾血流重新分布及近曲小管、远曲小管和集合管重吸收增强，尿量排出减少。故尿量在一定程度上可反映心功能状态，随着心功能的改善，尿量可逐渐恢复。

3）脑功能改变：轻度心功能不全时，由于脑血流重新分布及脑循环自身调节，保证了脑血液的供应，没有明显脑功能障碍。由于中枢神经系统对缺氧十分敏感，如心功能不全持续存在或代偿失调，使脑血流下降，脑组织缺血、缺氧，患畜表现烦躁、神志淡漠甚至昏迷。缺氧还可以引起脑水肿，使脑功能障碍进一步加重。导致中枢神经系统功能障碍的机制较为复杂，神经细胞膜电位的降低、神经递质合成减少、ATP生成不足、酸中毒、细胞内游离钙增多、溶酶体酶的释放及脑细胞水肿等，均可导致神经系统功能障碍，甚至神经细胞结构的破坏。

4）可视黏膜苍白或发绀：由于心输出量不足，加上交感神经兴奋、血流重新分布及皮肤血管收缩，因此皮肤的血液灌流减少，患畜可视黏膜苍白，皮温下降，严重者发绀。

二、体循环淤血

体循环淤血见于右心衰竭及全心衰竭，主要表现为颈静脉充盈或怒张、肝脾肿大、淤血，肝功能障碍时会引起水肿、胸水或腹水。体循环淤血是全心衰竭或右心衰竭的结果，主要表现如下。

1. 静脉淤血和静脉压升高　　由于右心衰竭，静脉回流受阻，以及继发的钠、水潴留，大量血液淤积在体循环静脉系统中，导致静脉压升高。

2. 心性水肿　　水肿是右心衰竭的重要体征，由右心衰竭引起的心性水肿受重力的影响，其特点是由低位起始，随病情加重，逐渐向上发展，可蔓延全身，严重时可出现胸水、腹水。钠、水潴留和毛细血管压升高是心性水肿发生的主要原因。

3. 肝淤血和肝功能异常　　右心衰竭，腔静脉压升高，静脉回流受阻，导致肝淤血、肿大。肝长期淤血、缺氧，肝细胞可发生变性、坏死，造成肝功能下降；严重时发生心源性肝硬化，肝功能损害进一步加重。

三、肺循环淤血

左心衰竭时，由于左心泵血功能障碍，心室残留血液增多，压力升高，肺循环淤血，严重时引起肺水肿。肺淤血、肺水肿的共同表现是呼吸困难。

呼吸困难的发生机制是，肺淤血水肿使肺顺应性降低，呼吸功明显增大，患畜呼吸费力；呼吸道黏膜的淤血、水肿使气道阻力增大，患畜呼吸时不得不更加用力，导致呼吸困难。此外，肺毛细血管压增高和间质水肿使肺间质压力增高，刺激肺毛细血管旁感受器（J感受器），引起反射性浅快呼吸，也使患畜呼吸困难。

左心衰竭引起长期肺淤血，肺循环阻力增加，使右心室后负荷增加，久之可引起右心衰竭。当病情发展到全心衰竭时，由于部分血液淤积在体循环，肺淤血可较单纯左心衰竭时有所减轻。

第五节　心功能不全防治的病理生理学基础

心功能不全的治疗从过去的短期血流动力学和药理学措施，转为长期的、修复性的策略，目的是改变衰竭心脏的生物学性质。心功能不全的治疗目标不仅仅是改善症状，更重要的是针对心肌重塑的机制，防止和延缓心肌重塑的发展，从而降低心功能不全的发病率和死亡率。

一、防治原发病及消除诱因

目前对大多数心功能不全的治疗尚缺乏根治性措施，因此，在心功能不全的防治过程中，必须重视以预防为主的原则。必须采取积极有效的措施防治可能导致心功能不全发生的原发性疾病。例如，高血压患畜经适当的药物治疗，可使心力衰竭的发生率明显降低。去除诱发因素也是非常重要的治疗环节，如控制感染、治疗心律失常、纠正电解质紊乱和酸碱平衡紊乱、合理补液等。重度心力衰竭患畜应限制摄入水量，应每日称体重以尽早发现液体潴留。

二、调整神经-体液系统失衡及干预心室重塑

目前，治疗心功能不全的关键是阻断神经-体液系统的过度激活，阻断心肌重塑。长期应用血管紧张素转换酶抑制剂（angiotensin conversing enzyme inhibitor，ACEI）能改善心肌的生物学功能，改善临床症状和心功能，降低死亡风险。ACEI的作用机制主要是抑

制循环和心脏局部的肾素-血管紧张素系统，延缓心室重塑；还能作用于激肽酶Ⅱ，抑制缓激肽的降解；缓激肽降解减少可引起扩血管的前列腺素生成增多，对改善心室功能和心室重塑有益。目前，ACEI已成为慢性心力衰竭的常规治疗药物。

β-肾上腺素受体阻滞剂可通过抑制受体的活性，防止交感神经对衰竭心肌的恶性刺激。醛固酮拮抗剂螺内酯对中重度心力衰竭患畜也有心脏保护作用。ACEI、β-肾上腺素受体阻滞剂及醛固酮拮抗剂的联合用药，不仅能改善慢性心力衰竭患畜的心功能，提高生存质量，而且能降低患畜的病死率。

三、减轻心脏的前、后负荷

（一）调整心脏前负荷

水、钠潴留是心力衰竭，特别是慢性心力衰竭代偿过度或代偿失调的后果。对已有液体潴留的心力衰竭患畜，应适当限制钠盐的摄入。利尿剂通过抑制肾小管特定部位钠或氯的重吸收而遏制心力衰竭时的钠、水潴留，减少静脉回流而减轻肺淤血，降低前负荷而改善心功能。目前，利尿剂、ACEI和β-肾上腺素受体阻滞剂是心力衰竭的常规治疗药物。

（二）降低心脏后负荷

心力衰竭时，由于交感神经兴奋和大量缩血管物质分泌，患畜的外周阻力增加，心脏后负荷增大。选用合适的药物如ACEI等降低外周阻力，不仅可降低心脏后负荷，减少心肌耗氧量，而且可因射血时间延长及射血速度加快，在每搏功不变的条件下使心搏出量增加。

四、改善心肌的收缩和舒张性能

对于收缩功能不全性心力衰竭且心脏扩大明显、心率过快的患畜，可选择性地应用洋地黄类药物（如地高辛）。洋地黄制剂通过抑制衰竭心肌细胞膜 Na^+、K^+-ATP酶，使细胞内 Na^+ 水平升高，促进 Na^+-Ca^{2+} 交换，细胞内 Ca^{2+} 水平升高，从而发挥正性肌力作用。洋地黄用量的个体差异较大，且治疗剂量与中毒剂量较接近，故用药期间必须密切观察洋地黄的毒性反应。地高辛被推荐应用于改善心力衰竭患畜的临床状况，应与利尿剂、ACEI和β-肾上腺素受体阻滞剂联合应用。β-肾上腺素受体激动剂（如多巴酚丁胺）和磷酸二酯酶抑制剂（如米力农）可通过提高细胞内cAMP水平而增加心肌收缩力，而且兼有外周血管扩张作用，短期应用可明显改善心力衰竭患畜的血流动力学。

五、改善心肌的能量代谢

心肌能量药物如能量合剂、葡萄糖、肌酐等可能具有改善心肌代谢的作用，常用于心力衰竭的治疗。然而这些药物对心力衰竭的有效性和作用机制，长期应用的安全性等还需进一步验证。

此外，严重心力衰竭特别是左心衰竭时，患畜可由血流速度减慢和肺换气障碍引起缺氧。对于有呼吸困难并出现低氧血症的患畜，吸氧可提高氧分压和血氧饱和度，改善组织供氧。对于有严重血流动力学障碍的瓣膜狭窄或反流的患畜，可考虑做瓣膜置换或修补术。

小　结

　　心功能不全是在心功能不全基本病因的基础上，由某些因素诱发的复杂的临床症状群，是各种心脏病的严重阶段。心脏泵血功能受损时，心排出量减少可以引起内源性神经-体液调节机制改变，从而通过心脏本身和心外多种方式进行代偿。心功能不全发生与发展的分子基础是心室重塑，最终的结果是导致心肌舒缩功能障碍，从而使心脏的泵血功能降低。心功能不全的基本机制涉及细胞与整体水平改变。心力衰竭时，心输出量减少，使动脉系统供血不足，体循环或肺循环淤血，引起组织器官缺氧、淤血和水肿，进而发生一系列功能和代谢变化。心功能不全的治疗目的是针对心肌重塑的机制，防止和延缓心肌重塑的发展，从而降低心力衰竭的发病率和死亡率。

　　本章的难点是学习和理解心功能不全的发生机制，特别是兴奋-收缩偶联原理及Ca^{2+}的代谢异常在心功能不全发生中的作用。心功能不全时，心脏本身和心脏以外的代偿调节方式及其意义和心功能不全临床表现的病理生理基础，即心输出量减少、体循环淤血和肺循环淤血三大临床特征是本章的重点，可为兽医临床心功能不全的诊断及其防治措施提供理论依据。心功能不全防治的病理生理基础，则作为临床课的重要基础，是本章主要内容的延伸。

思　考　题

1. 简述心肌梗死引起心功能不全的发病机制。
2. 试述心功能不全时心脏本身和心脏以外的代偿反应。
3. 试述酸中毒引起心肌兴奋-收缩偶联障碍的机制。
4. 试述心功能不全时对机体有哪些影响。

（张福梅）

第十六章 呼吸功能不全

高等动物的呼吸活动是由机体肺泡与外界环境之间、血液与肺泡之间进行气体交换的外呼吸和血液与组织之间、组织液与细胞之间进行气体交换的内呼吸紧密连接实现的。机体通过外呼吸来维持正常的血液气体分压,再通过内呼吸完成血液与组织之间的气体交换,最终使组织细胞获取所需的氧气,再将组织代谢产生的二氧化碳排出体外。在此过程中,呼吸道的通畅、呼吸泵的调节、呼吸肺泡的数量、呼吸膜的完整性,以及血液循环的状态对完成呼吸活动至关重要。当上述呼吸功能产生损伤时均会对机体的组织细胞代谢和生命活动产生严重的影响,引起呼吸功能不全及由此而产生的一系列代谢调节和功能代偿活动,以使机体维持在相对稳定状态;而当致病因素长期作用或作用过强时,可使机体呼吸功能出现严重的呼吸衰竭,从而导致生命的终结。本章主要从呼吸功能不全的原因和分类、发生机制、对机体的影响及呼吸衰竭的治疗原则4个方面进行阐述。

第一节 呼吸功能不全的原因和分类

一、呼吸功能不全的原因

呼吸功能不全(respiratory insufficiency)是指肺内外各种原因引起的外呼吸功能障碍,使机体动脉血氧分压(PaO_2)低于正常范围,伴有或不伴有二氧化碳分压($PaCO_2$)升高的病理生理过程。呼吸衰竭(respiratory failure,RF)是指外呼吸功能严重障碍,患病个体在静息状态下,其肺仍不能满足组织氧合作用的基本需要,这是肺和心脏衰竭所致的严重的气体交换障碍,它是肺功能不全进一步发展的病理生理过程。当某些致病因素作用于机体时,会导致肺内和肺外的疾病而引起机体出现呼吸功能不全或呼吸衰竭,其主要原因可分为以下4类。

1. 呼吸泵损伤 呼吸泵由呼吸中枢、呼吸肌及骨胸廓组成。呼吸泵不能有效地泵入O_2、泵出CO_2,引起肺通气不足,并可发展成为高碳酸血症。呼吸泵功能障碍与脑外伤、脑肿瘤、脑炎、脑血管意外、滥用镇静剂或麻醉剂、多发性神经炎、重症肌无力、胸廓畸形、胸腔积液、胸膜粘连、气胸及胸部损伤等密切相关。

2. 气道阻塞 气道阻塞是指呼吸道内、外疾病所引起的肺通气功能障碍,表现为呼吸困难。急性气道阻塞经常由喉头水肿、呼吸道异物、分泌物或肿瘤阻塞、咽喉麻痹等引起;而慢性气道阻塞主要见于慢性支气管炎、阻塞性肺气肿、支气管扩张、支气管痉挛等。

3. 肺实质病变 肺实质病变是指由肺部疾病导致的肺通气和肺换气功能减弱或消失。其主要包括肺炎、肺水肿、肺气肿、肺膨胀不全、肺纤维化、肺肿瘤、肺栓塞等。

4. 通气与血流比例失调 即每分钟肺泡通气量与肺血流量的比值。无论该比值增大还是减小,都妨碍了有效的气体交换,可导致血液缺氧和二氧化碳潴留。通气与血流比例减少,主要见于慢性气管炎、阻塞性肺气肿、肺水肿等疾病;通气与血流比例增大表明肺血流量明显减少,见于肺动脉梗死、右心衰竭。

二、呼吸功能不全的分类

呼吸功能不全通常分为急性呼吸功能不全和慢性呼吸功能不全两种情况。急性呼吸功能不全是低氧血症和高碳酸血症趋于严重，机体出现的代偿机制不能把CO_2和O_2水平调整到足以满足机体的需要，如果不立即进行治疗，就会出现组织内O_2不足和呼吸性酸中毒。在慢性呼吸功能不全的发展过程中，机体逐渐适应了肺功能障碍。这种适应过程包括过度通气、附属呼吸肌和血液循环的改变来保证重要生命器官，并通过肾代偿维持血液pH。呼吸功能不全和呼吸衰竭只是在程度上有所区别，一般可视为同义词。临床上以PaO_2低于60mmHg（8kPa）和（或）$PaCO_2$高于50mmHg（6.67kPa）作为判断呼吸衰竭的标准。呼吸衰竭的种类很多，通常有下面几种分类方法。

1）根据血液中$PaCO_2$是否升高，可将呼吸衰竭分为低氧血症型呼吸衰竭（hypoxemic respiratory failure）（或Ⅰ型呼吸衰竭）和高碳酸血症型呼吸衰竭（hypercapnic respiratory failure）（或Ⅱ型呼吸衰竭）。前者以血液中PaO_2降低，$PaCO_2$并不升高为特征，经常发生在肺实变的病例中；而后者主要以动脉血液中PaO_2降低和$PaCO_2$升高为特征，经常见于气道阻塞和呼吸泵病变，通常将后一种呼吸衰竭称为窒息（asphyxia）。

2）按照发生机制可将呼吸衰竭分为通气性呼吸衰竭（ventilatory respiratory failure）和换气性呼吸衰竭（ventilatory respiratory failure）。前者主要发生在气道阻塞和呼吸泵病变时，导致动脉血液中PaO_2降低和$PaCO_2$升高；后者主要由肺实变病灶引起。

3）按照原发部位可将呼吸衰竭分为中枢性呼吸衰竭（central respiratory failure）和外周性呼吸衰竭（peripheral respiratory failure）。前者主要由神经系统紊乱所引起，如头部损伤、脑炎、脑肿瘤等；后者主要由呼吸器官疾病或胸腔疾病所致。

4）按照病程可将呼吸衰竭分为急性呼吸衰竭（acute respiratory failure）和慢性呼吸衰竭（chronic respiratory failure）。前者是在数小时至数天内新近发作的病例，后者病程长达数月至数年。机体通过代偿机制来改善O_2运输，以缓解呼吸性酸中毒。

第二节　呼吸功能不全的发生机制

一、外呼吸功能障碍的发生机制

外呼吸功能包括肺泡气体与外界气体交换和肺泡与血液之间的气体交换的过程，呼吸功能不全则是肺通气和（或）肺换气功能障碍的结果。

（一）肺通气功能障碍

肺通气的总量与有效通气量和无效腔通气量相关。肺扩张受限或气道阻力增加均可引起肺通气总量减少或无效腔通气量增加，使肺泡通气不足而导致呼吸衰竭。肺通气功能障碍包括限制性通气不足和阻塞性通气不足。

1. 限制性通气不足　　限制性通气不足（restrictive hypoventilation）是吸气时肺泡的扩张受限所引起的肺泡通气不足所致，其特征为肺通气量减少，肺组织的张力减弱。正常时肺扩张为主动运动，它依赖于呼吸中枢的调节、神经的传导、吸气肌的收缩、膈肌的下降、胸廓的扩大及肺泡的扩张。正常平静的呼气运动则为肺泡回缩和胸廓重力作用复位的被动过程，主动过程比被动过程更容易受损。因此，限制性通气不足主要是肺扩张受限所致，常见的病因可分为以下4类。

（1）肺顺应性降低　　肺的顺应性是指单位压力变化所引起的肺容量的变化。肺顺应性降低主要见于以下3种情况。①肺总容量减少：如肺萎陷、肺不张时通气的肺泡数量减少，弹性阻力增大。②肺组织硬变：肺泡中隔内交织的胶原蛋白和弹性蛋白决定了肺组织的弹性，在不充气时这些纤维部分收缩，呈交织状态，肺膨胀时纤维伸展。慢性肺淤血、肺水肿和肺急性或慢性间质性与浸润性疾病，可以使肺间质内纤维组织增生或肺弥散性纤维组织增生、肺组织变硬，导致肺泡扩张的弹性阻力增加、肺的顺应性降低及限制性通气不足。③肺泡表面张力增大：正常情况下，肺表面张力构成的回缩力约占肺弹性阻力的2/3，因而是影响肺顺应性的一个重要因素。肺泡和呼吸性细支气管表面有一层表面活性物质，可通过降低肺泡表面张力来防止肺泡萎缩。如果表面活性物质形成减少、消耗与破坏增加、质量和功能降低，肺泡表面张力则增大，肺的顺应性便降低，可导致限制性通气不足，甚至发生肺不张。肺泡回缩压加大还可降低肺泡壁毛细血管周围压力，促发肺水肿，如肺泡表面活性物质减少症。

（2）呼吸肌运动障碍　　目前发现呼吸肌运动障碍往往是急性呼吸衰竭和慢性呼吸衰竭急性期所引起的通气泵衰竭的重要原因，尤其是收缩功能障碍所引起的呼吸肌疲劳。呼吸肌疲劳是指呼吸肌负荷增加所导致的收缩力和（或）收缩速率降低，因而不能产生足以维持足够肺泡通气量所需要的压力。在适当休息之后，呼吸肌可以恢复。与呼吸肌疲劳不同，肌无力是指在呼吸肌负荷正常时已发生收缩无力，而无力的呼吸肌更容易发生疲劳。由于吸气时膈肌的作用占60%~80%，因此膈肌疲劳在呼吸衰竭发病中尤为重要。按照发病原因，可将呼吸肌疲劳分为收缩性疲劳、传导性疲劳和中枢性疲劳，不同类型可同时存在。呼吸肌的收缩力、负荷及中枢驱动的失衡都可成为呼吸肌疲劳的发病原因。①呼吸肌变化：呼吸肌的肌力和耐力减弱、运动终板的病变所致的神经和肌肉传导障碍、肌纤维中Ⅰ类纤维与Ⅱ类纤维的比例改变（如慢性缺氧）、营养不良所致的呼吸肌萎缩、呼吸肌供血不足及低镁、低钾、低磷和酸中毒等均可促使呼吸肌疲劳的发生。②呼吸肌负荷增加：完成呼吸运动必须要克服肺的弹性阻力、肺与胸壁惰性阻力和气道阻力，每分钟通气量增加、运动和发热等使能量代谢增加、呼吸速度加快而潮气减少或呼吸速度减慢而潮气增加、肺与胸廓顺应性降低与气道阻力增高等都要求呼吸肌增加功率和增加能量，从而引起呼吸肌疲劳。③中枢刺激减弱：疲劳的肌肉需较强的中枢刺激，而呼吸肌运动过度可产生抑制信号，反射性减弱神经元兴奋，使中枢刺激减弱，导致呼吸肌收缩力减弱与运动障碍。呼吸肌运动障碍多发于中枢或周围神经的器质性病变所致的神经肌肉病（脑炎、脊髓灰质炎等），以及过量服用镇定药所致的呼吸中枢抑制，因而导致限制性通气不足。

（3）胸壁顺应性降低　　多见于胸膜疾病（胸廓畸形与胸膜纤维化等），可以限制胸壁的扩张。肺组织顺应性降低的主要原因是肺充血、肺水肿、肺不张、肺广泛纤维化、肺炎和肺表面活性物质减少或缺乏等。目前认为，正常肺的顺应性主要由肺泡表面张力决定，故肺泡表面活性物质减少在呼吸衰竭的发病机制中具有重要的作用。

（4）胸腔积液与气胸　　大量的胸腔积液和张力性气胸可以压迫肺，从而限制肺扩张，引起限制性通气障碍。

2. 阻塞性通气不足　　　阻塞性通气不足（obstructive hypoventilation）是指气道狭窄或阻塞所引起的通气功能障碍，其特征是气管、大支气管及终末和呼吸性细支气管的任何部位发生局部或完全阻塞，使气流阻力增大。许多病因均可影响气道的阻力，如气道的形状、长度、内径和气流类型、速率、密度与黏度等，其中影响气道阻力最主要的因素是气道内径的改变。气道内外压力的改变、气道痉挛、管壁肿胀或纤维化、管腔被渗出物或异物阻塞、肺组织弹性降低所致的对气道管壁牵引力的减弱等均可使气道内径变窄或变形而增加气流阻力，从而引起阻塞性通气不足。除气道肿瘤和异物吸入外，临床上常见病例有牛急性肺气肿与水肿、闭塞性细支气管炎、慢性支气管炎及马复发性气道阻塞（equine recurrent airway obstruction）。

在正常情况下，80%左右的气道阻力来自直径大于2mm的气管和支气管，20%左右的气道阻力来自直径小于2mm的末梢小气道。因此，气道阻塞可以分成以下两类。

（1）主气道阻塞　　　主气道阻塞又被称为中央性气道阻塞（central airway obstruction），是指气管分支处以上的气道阻塞。如果阻塞位于胸腔外，吸气时气体流经病灶所引起的压力降低，使气道内的压力明显低于大气压，导致气道狭窄加重；呼气时则因气道内压大于大气压而使阻塞减轻，故患畜出现吸气性呼吸困难（inspiratory dyspnea）。如果阻塞位于主气道的胸内部位，吸气时胸内压降低使气道内压大于胸内压，故使阻塞减轻。呼气时胸内压升高而压迫气道，使气道狭窄加重，患畜表现为呼气性呼气困难（expiratory dyspnea）。

（2）末梢气道阻塞　　　末梢气道阻塞又被称为外周性气道阻塞（peripheral airway obstruction）。直径小于2mm的支气管的软骨由不规则的软骨片组成。细支气管管壁薄，没有软骨支撑，又与周围的肺泡结构紧密相连，随着吸气和呼气运动的发生，因胸壁内压的改变，细支气管的内径也随之扩大和缩小。吸气时随着肺泡扩张，细支气管受到周围弹力组织和管壁的牵拉，其管径变大和管道伸长；呼气时则使细支气管管径变小、变短。因此，在呼气时小气道阻力大大增加，患畜表现为呼气性呼吸困难。当患畜用力呼气时，胸内压和气管内压高于大气压，使呼气性呼吸困难随之加重（图16-1）。

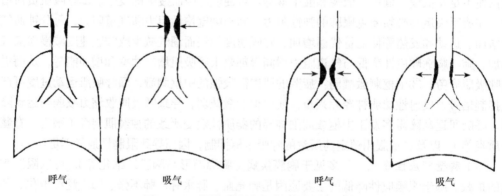

呼气　　　　　　　吸气　　　　　　　　呼气　　　　　　　吸气

图16-1　不同气道阻塞部位呼吸困难的特征

慢性支气管炎时，大支气管内的黏液腺增生，细支气管充血、水肿、炎性细胞浸润、上皮细胞与成纤维细胞增生、细胞间质增多均可引起气道壁增厚与气道狭窄；气道严重的炎症应答及其炎症介质的活性作用可引起支气管痉挛；细支气管周围炎可因组织增生和纤维化而压迫小气道；细支气管炎症可使表面活性物质减少，表面张力增加，使细支气管缩小而加重阻塞；黏液腺和杯状细胞分泌增加使炎性渗出物增多，形成黏痰而阻塞细支气管。

肺气肿时，蛋白酶与抗蛋白酶之间的失衡，如炎性细胞释放的蛋白酶过多或抗蛋白酶不足，可导致细支气管和肺泡壁中的弹性纤维降解，肺泡回缩弹力下降，胸内负压降低（胸内压升高），压迫细支气管导致细支气管狭窄和阻塞。此时，患畜肺泡扩张，肺泡数量减少，使细支气管壁上肺泡附着物（alveolar attachment）减少，牵拉力减弱，引起细支气管缩小、变形，阻力增加，导致气道阻塞。以上因素造成患畜胸内压升高，用力呼气时，气管内压与胸内压等压力点（equal pressure point，EPP）移至细支气管（正常EPP位于由软骨环支撑的大气道），引起细支气管闭合而出现呼气性呼吸困难。

肺泡通气不足时，每分钟血气交换量减少必将引起肺泡气氧分压（alveolar PO_2，P_AO_2）下降和肺泡气二氧化碳分压（alveolar PCO_2，P_ACO_2）上升，流经肺泡毛细血管的静脉血不能完全氧合成动脉血，最后导致混合性的Ⅰ型RF和Ⅱ型RF发生。

3. 通气功能障碍时的血气变化　　一般而言，总肺泡通气量不足会引起P_AO_2下降和P_ACO_2升高，流经肺泡毛细血管的血液不能进行充分的气体交换，导致PaO_2降低和$PaCO_2$升高。有人认为，PaO_2降低值和$PaCO_2$增高值呈定比例关系，其比值相当于呼吸商（respiratory quotient，RQ）。

（二）肺换气功能障碍

肺内气体交换是气体通过肺泡-毛细血管膜（简称肺泡膜或呼吸膜，也称气血屏障）进行物理性弥散的过程。有效的换气需要肺泡通气和肺泡毛细血管血液灌流相匹配。气体弥散过程严重受阻、肺泡通气与血流比例失调及肺内解剖分流增加都可导致换气障碍而引起呼吸衰竭。

1. 气体弥散障碍　　其指由肺泡膜损伤面积减少或肺泡膜的异常增厚和弥散时间缩短引起的气体交换障碍，其共同特征是O_2和（或）CO_2不能正常通过肺泡膜。肺泡与肺泡毛细血管血液之间的气体交换是一个物理弥散过程。正常时，肺泡膜很薄，面积很大，气体极易通过。气体弥散量主要取决于血液与肺泡的接触时间，而气体的弥散速度与肺泡膜两端的气体分压差、气体的相对分子质量、溶解度、肺泡膜的面积及厚度相关。弥散障碍的常见原因如下。

（1）肺泡膜面积减少　　在正常情况下，参与气体交换的肺泡膜面积约占肺泡膜总面积的50%，而运动时参与呼吸过程的肺泡膜面积明显增大。由于有大量的储备调节（reserve accommodation），只有当肺泡膜面积减少50%以上时，才会发生换气功能障碍。肺泡膜面积减少常见于肺实变、肺不张、弥漫性肺萎陷等疾病。

（2）肺泡膜异常增厚　　肺泡膜由毛细血管内皮细胞、肺间质组织、肺泡上皮细胞及肺泡表面活性物质所组成。在正常情况下，其厚度不到1μm。再加上肺泡表面液体、血浆及红细胞的膜，其厚度不超过5μm，使气体交换的速度加快。当肺水肿、渗出性肺炎、间质性肺炎、肺泡透明膜形成（新生畜透明蛋白膜病）及肺纤维化时，因弥散距离增加，弥散速度减慢，引起弥散障碍。例如，发生肺炎或肺水肿时，由于肺泡腔内有炎性渗出物或水肿液，气体不能充分地进入肺泡内而不能完全进行气体交换（图16-2）。

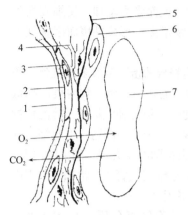

图 16-2　呼吸膜结构示意图

1. 表面活性物质；2. 液体层；3. 肺
泡上皮；4. 间质结缔组织；5. 基底
膜；6. 毛细管内皮；7. 红细胞

（3）弥散时间缩短　在静息状态下，血液流经肺泡毛细血管只需要0.75s，在0.25s的时间内，血液氧分压可达到肺泡氧分压的水平。当透明膜病发生时，弥散速度减缓，但仍可在0.75s内完成气体交换而不会发生气血交换异常；但当生理负载增加引起心输出量增加和肺血流加速时，气体交换的时间就会大大缩短，使气体交换不足，引发低氧血症。这是由于CO_2在水中的溶解度要大于O_2的溶解度，CO_2比O_2更容易通过肺泡膜，并被及时排出。如果出现代偿性通气过度，则动脉血二氧化碳分压（$PaCO_2$）和肺泡气二氧化碳分压（P_ACO_2）都会降低，使机体出现呼吸性碱中毒。

2. 肺泡通气与血流比例失调　这是肺部疾患引起呼吸衰竭最常见和最重要的发病机制。有效的换气不仅依赖于肺泡的通气量和血流量，还依赖于通气量和血流量的比例。动物在正常静息状态下，肺泡通气量和血流量的比例（V_A/Q）约为0.85。此时，由于肺泡与血液之间的换气最为充分，故动脉血氧含量最高，肺泡氧分压与动脉血氧分压差最小，而肺泡二氧化碳分压与动脉血中的二氧化碳分压差几乎为零。只要能使一部分肺泡的通气或血流发生改变，通气量和血流量比例偏离正常范围，就可引起明显的换气功能障碍。单纯性的肺泡通气量、血流量及气血流比例失调的表现形式有以下3种。

（1）功能性分流增加　即动-静脉分流增加，主要指未经氧合的静脉血进入体循环动脉血中的现象。慢性支气管炎、阻塞性肺气肿等引起的气道阻塞及肺纤维化、肺水肿等病变引起的限制性通气障碍的分布往往是不均匀的，可导致肺泡通气的严重不均，病变重部分的肺泡通气明显减少，而血流未相应减少，甚至还可因炎性充血等原因使血流增多（如大叶性肺炎早期），使V_A/Q显著降低，导致流经这部分肺泡的静脉血未经充分氧合便进入动脉血内。这种情况类似动静脉短路，故称功能性分流（functional shunt），又称静脉血掺杂（venous blood adulteration）。当功能性分流量增加到肺血流量的30%～50%时，能严重地影响换气功能。例如，当肺发生肺不张、肺实变等疾病时，虽然肺泡通气发生障碍，但其血流量却无相应地减少，于是造成V_A/Q明显低于正常，结果静脉血流通过病变部位时，未进行气体交换，使该处血液中PaO_2降低、$PaCO_2$增高，表现出动-静脉分流增加（表16-1）。

表16-1　功能性分流时肺动脉血的血气变化

指标	病变肺区	健康肺区	全肺
V_A/Q	>0.8	<0.8	=0.8，>0.8 或<0.8
PaO_2	↓↓	↑↑	↓↓↓
CaO_2	↓↓	↑	↓↓↓
$PaCO_2$	↑↑	↓↓	N ↑↓
$CaCO_2$	↑↑	↓↓	N ↓↑

注：N 为正常；PaO_2 为动脉血氧分压；CaO_2 为动脉血氧含量；$PaCO_2$ 为动脉血二氧化碳分压；$CaCO_2$ 为动脉血二氧化碳含量

（2）解剖学分流增加 在生理情况下，肺内也存在着解剖结构上的分流，即一部分静脉血经支气管静脉和极少的肺内动-静脉交通支直接流入肺静脉。这些解剖分流（anatomic shunt）的血流量占心输出量的2%～3%。支气管扩张症可伴有支气管血管扩张和肺内动静脉短路开放，使解剖分流量增加，静脉血掺杂异常增多，从而导致呼吸衰竭。解剖分流的血液完全未经气体交换过程，故称为真性分流（true shunt）。在肺实变和肺不张时，病变肺泡完全失去通气功能，但仍有血流。流经肺泡的血液未完全进行气体交换而掺入动脉血，类似解剖分流。吸入纯氧可有效地提高功能性分流的PaO_2，而对真性分流的PaO_2则无明显作用，用这种方法可对二者进行鉴别（图16-3）。

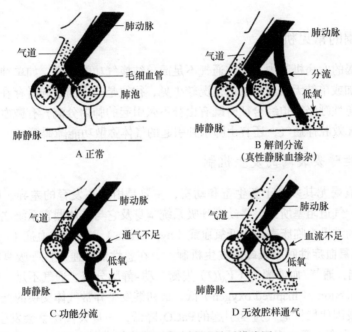

图 16-3 肺泡通气与血流关系模式图

（3）功能性无效腔增加 功能性无效腔增加会导致无效腔样通气（dead space ventilation），是指气体进入失去换气功能兼或不能充分进行气体交换的病变部位的肺泡。肺动脉栓塞、弥散性血管内凝血、肺动脉炎、肺血管收缩等都可使部分肺泡血流减少，V_A/Q可显著高于正常，患部肺泡血流少而通气多，这时肺泡的气体不能充分被利用。正常动物的生理无效腔（dead space，V_D）约占潮气量（tidal volume，V_T）的30%，疾病时功能性无效腔（functional dead space，V_{Df}）可显著增多，使V_D/V_T高达60%～70%，从而导致呼吸衰竭。例如，肺栓塞时，栓塞部位以下的肺泡可通气正常，但因此处血流断绝，所以气体交换不能发生，从而呈现出无效腔样通气效应（表16-2）。

3. 弥散障碍时的血气变化 一般情况下，弥散障碍主要引起PaO_2降低，而对$PaCO_2$的影响较小。因为尽管CO_2的分子质量比O_2大，但在体液中的溶解度却比O_2大24倍，故CO_2的弥散速度比O_2大约20倍，因而血液中的CO_2能较快地弥散入肺泡，使$PaCO_2$与P_ACO_2达到平衡。如果肺泡通气量正常，则$PaCO_2$与P_ACO_2正常；如果存在代偿性通气过度，则$PaCO_2$与P_ACO_2低于正常。

表16-2　无效腔样通气时肺动脉血的血气变化

指标	病变肺区	健康肺区	全肺
V_A/Q	>0.8	<0.8	=0.8，>0.8或<0.8
PaO_2	↑↓	↓↓	↓↓↓
CaO_2	↑	↓↓	↓↓↓
$PaCO_2$	↓↓	↑↑	N↓↑
$CaCO_2$	↓↓	↑↑	N↓↑

注：同表16-1

二、呼吸衰竭的常见机制

在呼吸衰竭的发病机制中，单纯通气不足或单纯换气功能障碍，如单纯弥散障碍、单纯肺内分流增加或单纯无效腔增加的情况较少见，往往是几个因素同时存在或相继发生作用。例如，在急性呼吸窘迫综合征时既有由肺不张引起的肺内分流，有微血栓形成和肺血管收缩引起的无效腔样通气，还有由肺水肿引起的气体弥散功能障碍等。

（一）急性呼吸衰竭的发生机制

急性呼吸衰竭尤其多见于新生畜和幼畜，主要是由幼畜发育的差异、肺泡回缩力较弱、肺泡塌陷、气道阻塞所致，是幼畜呼吸系统本身及它与其他器官系统之间的整体性受到多层次损伤的结果，临床表现为低氧血症（hypoxemia）和高碳酸血症（hypercapnia）。

1. 急性低氧血症性呼吸衰竭的发生机制　　在急性低氧血症性呼吸衰竭中，可能涉及5种发生机制：通气/血液灌流（V_A/Q）失衡、动-静脉分流、通气不足、弥散减少及吸入氧气分数（fraction of inspired oxygen）低。最初继发于异常气体交换的低氧血症可以伴发$PaCO_2$正常或因代偿性通气过度引起的$PaCO_2$降低，一旦失代偿就会发生高碳酸血症。通气/血液灌注失衡主要表现出不均匀的通气增加，使气道阻力增加，功能性动-静脉分流和解剖学动-静脉分流增加，致使血液中PaO_2降低和$PaCO_2$增高；$PaCO_2$升高和弥散减少导致通气不足和低氧血症；有肺病存在和V_A/Q失衡时，低气压或吸入氧气的浓度低，可以引起氧合作用降低，引起低氧血症。

2. 急性高碳酸血症性呼吸衰竭的发生机制　　急性高碳酸血症性呼吸衰竭的主要病因和发生机制包括以下3种。①通气驱动失调：与脑干、脊髓或末梢神经通路中的中枢神经功能障碍有关。最常见的病因是服用过量的镇静剂、麻醉剂和安眠药，以及脑炎、脑肿瘤、严重窒息、先天性代谢缺陷和脑损伤。某些中毒及肝性脑病可以引起呼吸动力增加（如通气过度），最终可能由同时出现的呼吸病与神经肌肉病而导致通气衰竭。②呼吸肌运动障碍：有效的通气需要呼吸肌产生足够的动力来克服气道阻力和肺的回缩力。主要病因见于弥散性神经肌肉障碍、脊髓受损、肌肉萎缩、肌无力、肌疲劳与受损（尤其是膈肌）、呼吸肌代谢紊乱（低钾、低磷、低镁或低钙）、致肌肉萎缩的肾上腺皮质类醇激素及钙通道阻断剂等干扰神经肌肉传递介质-氨基糖苷的作用等。③无效腔通气增加：无效腔通气的改变也会大大影响CO_2的排除，可引起低氧血症和高碳酸血症的发生。急性高碳酸血症性呼吸衰竭时，因呼吸泵功能紊乱，引起通气障碍和CO_2滞留。在生理条件下，CO_2的排出和CO_2的产生保持动态平衡，使$PaCO_2$与产生的CO_2量成正比，而与肺泡通气量成反比。因此，每分钟的通气量减少或无效腔通气量增加就会改变CO_2的平衡，从而发生急性高碳酸血症性呼吸衰竭。

（二）急性呼吸窘迫综合征

急性呼吸窘迫综合征（acute respiratory distress syndrome，ARDS）是由急性肺损伤（acute lung injury，ALI）引起的一种急性呼吸衰竭。急性肺损伤的原因很多，可以是全身性病理过程，如休克、大面积烧伤败血症等；化学性因素，如吸入毒气、烟雾、胃内容物等；物理性因素，如化学损伤、放射性损伤等；生物因素，如肺部冠状病毒感染引起的严重急性呼吸综合征（severe acute respiratory syndrome，SARS）等。由此可见，ARDS是由不同病因引起的具有明显特征性的急性肺损伤，其损伤特点为弥漫性肺泡损伤（diffuse alveolar damage），特征性病理改变包括肺泡上皮、血管内皮损伤，肺泡膜通透性增加，大量中性粒细胞浸润，肺泡内透明膜形成，以低氧血症和呼吸窘迫为主要临床表现的临床综合征。

急性肺损伤的发生机制很复杂，尚未完全阐明。不同病因造成急性肺损伤的机制包括：①致病因子可直接作用于肺毛细血管、肺泡上皮细胞及肺泡膜，进而引起广泛性肺损伤；②主要通过激活白细胞、巨噬细胞和血小板间接地引起肺损伤；③大量中性粒细胞在细胞因子，如肿瘤坏死因子-α（TNF-α）、白细胞介素（IL-8）、脂多糖（LPS）、补体5a（C_{5a}）、白三烯B_4（LTB_4）、血栓素A_2（TXA_2）、血小板活化因子（PAF）、纤维蛋白降解产物（FDP）等作用下，激活和聚集于肺、黏附于肺泡毛细血管内皮，释放氧自由基、蛋白酶和炎症介质等，损伤肺泡上皮细胞及毛细血管内皮细胞；④血管内膜的损伤和中性粒细胞浸润及肺组织释放的促凝物质，导致血管内凝血，形成微血栓，后者通过阻断血流进一步引起肺损伤，通过形成纤维蛋白降解产物及释放TXA_2等血管活性物质进一步使肺血管通透性增高。

急性肺损伤引起呼吸衰竭的机制是肺泡-毛细血管膜的损伤及炎症介质的作用使肺泡上皮和毛细血管内皮通透性增高，引起渗透性肺水肿（水肿液富含蛋白）及透明膜形成，致肺弥散性功能障碍。肺泡Ⅰ型上皮细胞损伤使表面活性物质生成量减少，加上水肿液的稀释和肺泡过度通气消耗表面活性物质，使肺泡表面张力增高，肺的顺应性降低，引起肺不张。肺不张、肺水肿及炎症介质引起的支气管痉挛均可引起肺泡通气量降低和肺内功能性分流增加；肺内DIC及炎症介质引起的肺血管收缩，可导致无效腔样通气增加。肺弥散功能障碍、肺内功能性分流和无效腔样通气均使PaO_2降低，导致Ⅰ型呼吸衰竭。在上述机制中，肺泡通气量与血流量比例失调是ARDS患者呼吸衰竭的主要发病机制。PaO_2降低对血管化学感受器的刺激和肺充血、水肿对肺泡毛细血管旁感受器的刺激，使患者呼吸运动加深加快，导致呼吸窘迫和$PaCO_2$降低。故ARDS患者通常发生Ⅰ型呼吸衰竭；极端严重患者，由于肺部病变广泛，肺总通气量减少，$PaCO_2$升高，从而导致ARDS患者从Ⅰ型呼吸衰竭加重为Ⅱ型呼吸衰竭（图16-4）。

（三）慢性阻塞性肺疾病

慢性阻塞性肺疾病（chronic obstructive pulmonary disease，COPD）是指由慢性支气管炎和肺气肿引起的慢性气道阻塞，简称"慢阻肺"，其共同特征是管径小于2mm的小气道阻塞和阻力增高。COPD是引起慢性呼吸衰竭（chronic respiratory failure）最常见的原因。

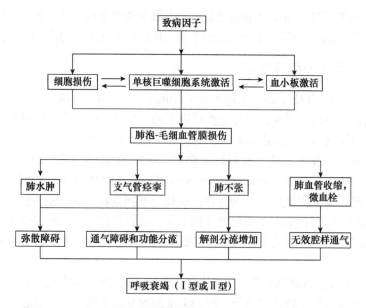

图 16-4　ARDS 呼吸衰竭的发病机制示意图

其机制涉及：①阻塞性通气障碍。炎细胞浸润、充血、水肿、黏液腺及杯状细胞增殖、肉芽组织增生引起的支气管壁肿胀；气道高反应性零炎症介质作用引起的支气管痉挛；黏液分泌多、纤毛细胞损伤引起的支气管腔堵塞；小气道阻塞、肺泡弹性回缩力降低引起的气道等压点上移。②限制性通气障碍。Ⅰ型上皮细胞受损及表面活性物质消耗过多引起的肺泡表面活性物质减少；营养不良、缺氧、酸中毒、呼吸肌疲劳引起的呼吸肌衰竭。③弥散功能障碍。肺泡壁损伤引起的肺泡弥散面积减少和肺泡膜炎性增厚。④肺泡通气量与血流量比例失调。气道阻塞不均引起的部分肺泡低通气；肺血管收缩和肺血管改建引起的部分肺泡低血流（图16-5）。

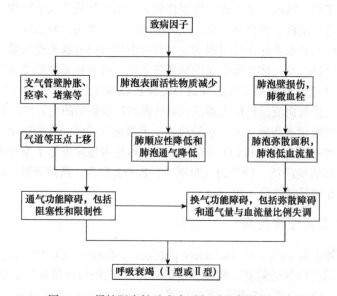

图 16-5　慢性阻塞性肺疾病引起呼吸衰竭的机制

（四）败血性呼吸衰竭的发生机制

研究表明，在败血症的发生过程中经常伴发器官衰竭，其中肺是最常发生衰竭的器官，主要的表现是心搏出量增加、呼吸系统顺应性下降及气道阻力增加、肌肉功能受损。败血症是临床上最常见的肺外间接损伤的病因之一，由它引起的肺损伤称为肺外肺损伤（extrapulmonary injury）。根据其严重程度可以将其分为急性肺损伤（acute lung injury，ALI）和急性呼吸窘迫综合征（acute respiratory distress syndrome，ARDS）。急性肺损伤的特征是肺毛细血管通透性增加，顽固性动脉缺氧及弥漫性肺泡水肿；ARDS的缺氧状况则更为严重，临床表现为渐进性、顽固性的低氧血症，病变区的肺泡充盈、实变、扩张不全。其病理表现如下。①急性期（渗出期）：肺泡上皮细胞受损，细胞肿大、细胞膜破裂、细胞脱落。由于血管内皮细胞-上皮细胞屏障的通透性增加，肺泡内有富含蛋白的液体聚积，肺实质有中性粒细胞浸润，导致Ⅰ型肺泡细胞丧失。②纤维素性渗出期：通常在ARDS发生后3~5d，典型性特征是肺结构改变和持续性低氧血症。此期由致炎细胞因子IL-1β引起肺泡纤维素渗出。肺间质内有明显的成纤维细胞、成肌纤维细胞和以单核细胞为主的炎性细胞浸润及胶原沉着。Ⅱ型肺泡细胞增生、修复，并分化为Ⅰ型肺泡细胞。此时，肺泡无效腔增加，肺的顺应性进一步降低。③结局期：肺结构逐渐复原，低氧血症不断缓解，肺的顺应性大为改善。但若病程继续发展，肺出现纤维化和肺功能不可逆的丧失，最终死于呼吸衰竭。临床研究表明，有23%的败血症患者发生ARDS，死亡率高达90%。败血性呼吸衰竭的发病机制包括以下两方面。

1. 促炎与抗炎作用失衡　　正常动物体内的炎症介质和抗炎症介质始终处于动态平衡。在急性肺损伤时，促炎过程过强，超过了抗炎过程，使炎症过程的调节失控。持续性、超强的炎症应答可以引起以败血性综合征为特征的血管与细胞的功能障碍和组织缺氧。败血性综合征始发于机体的生理性和感染性的双重损伤，通过具有定向信号转导功能的黏附分子和趋化因子的介导，引起白细胞在炎症区聚集，并释放大量的活性氧、蛋白酶及其他炎症介质，尤其是活性氧、细胞毒性作用、铁及其细胞信号转导在败血性呼吸衰竭的发病机制中发挥着重要的作用。

（1）活性氧的作用　　活性氧（reactive oxygen species，ROS）是指氧自由基及其相关的氧化还原中间产物的总称。机体产生的ROS是维持生命、抵御疾病的一个必不可少的生物过程，如果ROS的产生超过了机体的抗氧化能力，过多的ROS就会在器官疾病发生和发展过程中起着致病的所用。ROS不仅可以直接介导细胞毒性作用，还可以作为改变细胞功能的信号参与致炎和消炎的双重过程。

（2）游离铁的作用　　体内铁具有重要的生物学作用。通过铁调节蛋白（iron regulatory protein，IRP），铁可以被机体储存和用于生物合成，是机体细胞和细菌增殖所必需的元素。在急性炎症发生时，体内铁的动员和铁化学改变可能是限制微生物侵入，防止其毒力增强的一种防御性需要，通过动员出少量的铁以保持血液和其他组织抗微生物的特性。在ROS产生超出机体抗氧防御能力时，铁的动员与代谢发生失调，微生物因而可自由地获得铁而迅速繁殖，超出机体吞噬系统能力，引起致命性败血症。

游离铁（free iron）可以催化ROS的形成，也可直接或间接地通过氧化-还原调节效应参与细胞信号的调节，在机体损伤和抗损伤的过程中发挥其功能。近来发现，氧化剂与抗氧化剂失衡、还原-氧化信号的转导及铁介导的催化反应都参与了具有败血性综合征特征的炎症过程，主要表现为：在器官系统衰竭的疾病中，机体血浆中氧化应激指数——丙二酰硫脲酸试剂底物（thiobarbituric acid reactant substance，TBARS）显著升高，而且全身炎症反应综合征（systemic inflammatory response syndrome，SIRS）的持续期显著与血浆TBARS浓度值升高相关。SIRS和ALI发生时出现的中性粒细胞积聚与中性粒细胞性促氧化剂活性（neutrophil derived prooxidant activity）指数增高有关。铁代谢调节的动态变化显著影响败血症、SIRS和ALI/ARDS及其发病率与死亡率，这与蛋白质和脂质氧化损伤及部分氧化-还原调节细胞信号转导的改变有关。已经证实在感染和非感染损伤所引起的ALI/ARDS中，机体缺乏针对铁催化所致的抗氧化保护，使蛋白质、脂质遭受氧化损伤。败血症、ARDS及ALI的发生与血浆中可以检测到的具有氧化-还原活性的、低相对分子质量的铁密切相关，是铁催化的氧化应激的一个后果。在ARDS发作时的支气管肺泡灌洗液（bronchoalveolar lavage fluid，BALF）中可以检出羟基介导的氧化损伤标识物——过（氧化）亚硝酸盐和次氯酸，而且在死亡病例的BALF中还证实了铁化学异常和非血红蛋白铁显著增加。

（3）铁调节蛋白和血氧合酶的作用　　低相对分子质量的铁是激活两种铁调节蛋白IRP-1和IRP-2的一个关键性信号传递因子，它可以控制含铁蛋白，尤其是参与细胞铁吸收和铁储存的转铁蛋白与铁蛋白的表达。铁信号传递与危重疾病的发生和发展密切相关，尤其是在带有低相对分子质量铁的血氧合酶（hemeoxygenase，HO）HO-1和HO-2存在的条件下，通过铁信号转导途径激活铁调节蛋白。血氧合酶经亚铁血红素的代谢分解成铁、CO及胆红素。氧化剂应激反应所产生的HO-1是炎症应答的一个组成部分，对细胞具有保护作用，也可以通过低相对分子质量还原铁的形成机制引起肺损伤。就酶活性而言，HO的铁介导促氧化剂效应大于其本身的抗氧化剂效应。已经证实在ARDS发生时，肺组织和血浆中HO-1蛋白含量增高。

在一些特殊条件下，铁可以调节一些转录因子的活性，如核因子κB（NF-κB）、激活蛋白-1（AP-1）、特异性蛋白-1（SP-1）及缺氧诱导性因子（hypoxia inducible factor，HIF）。目前发现HIF的激活还可以引起血管内皮生长因子（vascular endothelial growth factor，VEGF）、促红细胞生成素（erythropoietin）及HO-1的表达。HO参与许多细胞的铁信号转导过程。在败血症发生时，肺内HO-1和HO-2也可以通过铁催化产生ROS的间接途径，引起肺组织的氧化损伤。

2. 上皮细胞和内皮细胞功能障碍　　上皮细胞和内皮细胞的功能是维持正常肺功能的关键。肺上皮细胞由鼻咽和支气管树的黏液纤毛上皮细胞及特殊的肺泡细胞所组成。肺泡上皮细胞始终保持与外界环境的接触，其表面积极大。Ⅰ型肺泡上皮细胞屏障的透水性较差，且不能调控，而肺毛细血管内皮细胞具有较好的通透性，可以迅速、可逆性地改变其形态，使血浆经细胞内间隙连接（intracellular gap junction）进入肺间质。在肺间质压正常且Ⅰ型肺泡上皮细胞未受损时，组织液可经淋巴管、沿支气管血管束到达肺门而排出。当肺泡有液体积聚时，也可经Ⅰ型肺泡上皮细胞的特殊水通道蛋白（aquaporin，又称水通道Ⅴ，肺上皮细胞内的一种主要水蛋白）而被吸收。Ⅰ型肺泡上皮细胞的损伤引起肺上皮细胞表面层的破坏，组织液在其压力较低时就可流入肺泡。Ⅱ型肺泡细胞分泌表面活性物质，在肺体积缩小时稳定肺泡。Ⅱ型肺泡细胞还负责蛋白质、电解质（铁、钠等）和水的转运，在Ⅰ型肺泡上皮细胞受损时发生分裂、增殖及分化。Ⅱ型肺泡细胞本身也容易受损。

（1）肺屏障功能丧失　　在败血症病例中，发现有致死性急性肺损伤的存在，肺上皮细胞损伤较内皮细胞严重，有肺泡基底膜明显裸露区。内皮细胞损伤较轻，只是出现了轻度的微血栓形成。通过组织学检查发现，急性肺损伤发生2～3d后，肺泡经常出现纤维素性渗出、出血及急性中性粒细胞性炎症，随后出现单核细胞浸润、Ⅱ型肺泡细胞增生及肺泡纤维化。在肺泡膜功能性损伤的研究中发现：①随着肺泡膜正常滤过功能丧失，肺泡液的蛋白质浓度有较大幅度的增高。②支气管肺泡灌洗液（BALF）内有急性炎症反应。在ARDS发作时，BALF中的蛋白质浓度和细胞数量均有明显增加。肺泡膜损伤的原因可能涉及肺泡细胞的坏死和凋亡两种变化。受损肺肺泡水肿和（或）肺膨胀不全过度通气所产生的切力和膨胀力可以破坏细胞膜，使肺泡上皮细胞破裂，导致肺泡细胞死亡。除肺细胞应激衰竭和坏死外，已经证实受体介导途径和线粒体途径可激活肺泡细胞凋亡过程，并且是决定肺泡细胞命运的一个重要因素。Fas（CD_{95}）是一种膜受体蛋白，它通过与其多聚形式的可溶性配体（multicformsofs，FasL）——金属蛋白酶（metalloproteinase）的结合激活细胞内一系列的胱天蛋白酶级联反应，裂解核DNA，介导肺泡细胞的凋亡。其中胱天蛋白酶-1可激活IL-1β、IL-18，具有致炎作用。上皮细胞和内皮细胞中的线粒体凋亡途径主要发生于氧过多、缺氧或氧化剂产生过多时，通过线粒体细胞色素c的释放和半胱天冬酶-9的激活，依次激活胱天蛋白酶-3、胱天蛋白酶-6、胱天蛋白酶-7来完成肺泡细胞凋亡过程。当肺泡细胞开始凋亡时，Ⅰ型和Ⅱ型肺泡细胞脱离基底膜，裸露出其下的肺泡壁基质。同时，肺泡腔内蓄积的可溶性Fas配体（sFasL）可以激活肺泡巨噬细胞，使中性粒细胞、单核巨噬细胞先后游出。肺泡腔内中性粒细胞激活后产生的一些活性氧、活性氮等氧化剂可以直接激活线粒体凋亡途径，加速了炎症区内肺细胞的凋亡。

败血性呼吸衰竭的特征就是肺泡内中性粒细胞浸润。中性粒细胞一旦进入肺间质和（或）肺泡腔，就会释放一系列的活性氧（氮）、蛋白酶、花生四烯酸代谢产物，损伤内皮细胞屏障的功能，引起肺水肿。其他的病因可能还有细菌脂多糖（LPS）和脂蛋白分别激活Toll样受体4（Toll-like receptor 4，TLR4）和TLR2，可引起内皮细胞的凋亡。Fas依赖性凋亡途径也可激活内皮细胞凋亡，使凋亡的内皮细胞与血管壁脱离，裸露出可形成血栓的基质表面。凋亡的内皮细胞与血小板和白细胞黏着，迅速凝集，形成微血栓。

（2）肺血管控制失调　　ARDS发生时会出现顽固性的低氧血症。在生理条件下，肺血流量的分布受到作用于肺前毛细血管（pre-capillary）的局部肺泡氧张力的调节。因此，缺氧性肺血管收缩反应（hypoxic pulmonary vascular constrictive response，HPVCR）可以使受损肺区的血流减少，从而保持通气量和血液灌流的适当比值（V_A/Q）。当ARDS发生时，HPVCR减弱，使V_A/Q变小，其减少程度能反映出临床综合征特征的、顽固性低氧血症的实际严重程度。这种情况被认为至少是内皮细胞源性的血管舒张因子（如NO）和血管收缩因子（如内皮素）局部释放失衡的缘故。

（3）肺水肿的发生机制　　败血性呼吸衰竭的发生与肺泡水肿和肺间质水肿密切相关。肺水肿可以使肺泡通气受损，引起通气/血液灌流失衡，随后的肺内分流引起临床明显的顽固性低氧血症。其主要原因与细菌及其代谢产物的刺激、活性氧和蛋白酶的释放及肺泡巨噬细胞激活释放促炎因子有关，这是肺泡上皮细胞和血管内皮细胞受损及肺泡液体清除功能双重受损的缘故。

1）细菌及其代谢产物早期的研究发现了一系列的非特异性趋化分子，如来自细菌细

胞壁的 *N*-甲酰蛋氨酰肽-过敏素C5a、白三烯 B_4（LTB_4）及血小板激活因子（PAF），它们主要对中性粒细胞有趋化作用。中性粒细胞释放的活性氧、活性氮、蛋白酶及铁代谢失衡直接或间接地损伤肺泡细胞，使肺泡细胞-毛细血管内皮细胞屏障被破坏，毛细血管通透性增加引发肺水肿。

2）细胞因子：细胞因子是由肺上皮细胞、肺血管内皮细胞、肺泡巨噬细胞、淋巴细胞及间质细胞所合成的可溶性蛋白质，由不同的多肽和糖蛋白组成。由于细胞因子的种类多，其生物活性也存在很大差异，包括细胞间联系、吸附分子表达、趋化性、白细胞激活、活性氧、活性氮的生成及由细胞间信号转导介导的基因表达。在ARDS发生时，研究最深的一些细胞因子包括肿瘤坏死因子-α（TNF-α）、白细胞介素-1β（IL-1β）、白细胞介素-8（IL-8/CXCL8）及单核细胞趋化蛋白-1（MCP-1/CCL2）。

TNF-α是在炎症应答过程中首先出现的细胞因子，它以其三聚体的形式与细胞表面的55kDa受体或75kDa受体结合发挥其生物学功能，引起机体发热、低血压及肺内皮细胞受损。在败血性呼吸衰竭发生时，肺泡液和支气管肺泡灌洗液中的TNF-α含量经常升高。

IL-1β出现在TNF-α之后，有两种同源性较低的异构体——IL-1α和IL-1β。IL-1β可以作为前体被IL-1β转化酶（ICE）或胱天蛋白酶-1（caspase-1）所裂解，变成生物活性构型来介导血液循环和肺分泌物内的生物学效应。TNF-α和IL-1β两者均能独立或协同性地调节IL-8、MCP-1及黏附分子（如ICAM-1）的表达。IL-8（CXCL-8）属于趋化细胞因子CXC族的一个成员，可以吸引中性粒细胞浸润肺。ARDS发生时，肺泡腔内也有IL-8存在，其含量与肺内中性粒细胞的数量、肺损伤的严重程度及死亡率相关。MCP-1（CCL2）是趋化因子CC族的一个成员，在ARDS发病机制中起着重要的作用，尤其是在ARDS后期。肺泡内MCP-1的含量与肺泡腔内中性粒细胞、单核细胞数量相关，提示它具有肺中性粒细胞和单核细胞浸润的趋化性。

（4）肺泡修复与纤维化机制　　　ARDS修复期或纤维增生期的组织学特征是肺泡纤维化，伴发急性和慢性炎性细胞浸润及肺水肿的局部消散，肺泡腔内充满了新生血管和间质细胞，肺内有胶原和纤维结合蛋白积聚。在中性粒细胞急性浸润后，很快就出现单核细胞浸润。T细胞和单核细胞可能都是肺持续性炎症和随后肺纤维化的原因，也是ARDS结局的关键。在sFasL激活肺泡巨噬细胞产生IL-8、TNF-α及MIP-2等促炎反应分子的同时，激活的肺泡巨噬细胞还可以释放能降解肺泡壁基底膜和间质成分的金属酶及一些生长因子。例如，巨噬细胞特异性金属酶-12（macrophage specific metalloproteinase-12，MMP-12）可损伤肺泡壁的弹力蛋白；转化生长因子-α（transforming growth factor-α，TGF-α）和TGF-β，尤其是TGF-β能刺激成纤维细胞增生和胶原分泌。目前已发现TGF-β_1与肺纤维化发生的关系最为密切。在ARDS发作的最初24h内，肺内就出现了具有活性的TGF-β_1。激活的巨噬细胞也能释放多种不同的可以调节纤维化过程的细胞因子。例如，巨噬细胞产生的血小板源性生长因子（platelet-derived growth factor，PDGF）是成纤维细胞和平滑肌细胞的一种很强的分裂原和化学诱导剂，可以刺激胶原合成过程；胰岛素样生长因子1（insulin-like growth factor-1，IGF-1）可以促进成纤维细胞增生；TNF-α可以刺激IGF-1和TGF-β的生成。在肺损伤发展的初期也出现胶原沉着。肺纤维化和Ⅲ型前胶原肽含量增加与死亡率上升密切相关。

总之，在败血性呼吸衰竭的病例中发生了细胞铁调节的显著变化，通过调节促氧化剂的潜能和细胞凋亡的功能引起炎症应答功能失调。HO-1的表达提示细胞铁的流通量影响着这种应答。最后，肺泡上皮细胞和微血管内皮细胞的损伤可以引起肺结构和功能的变化，反映出了败血性呼吸衰竭的特征。

第三节　呼吸功能不全对机体的影响

呼吸功能不全时，机体可出现一系列功能和代谢的变化，其原因主要是低氧血症、高碳酸血症和由此引起的酸碱平衡紊乱。其中以缺氧对机体的影响最为重要。$PaCO_2$增高只发生于某些类型的呼吸衰竭（如肺通气障碍所致的呼吸衰竭），有时反而降低（肺通气代偿增强所致）。在呼吸衰竭时，由于机体缺氧和二氧化碳蓄积，在最初阶段往往引起一系列的代偿反应。随着病变的发展，缺氧和二氧化碳蓄积也进一步加重，则可导致各器官的功能和代谢障碍。

一、酸碱平衡及电解质紊乱

Ⅰ型和Ⅱ型呼吸衰竭时均有低氧血症，因此均可引起代谢性酸中毒；Ⅱ型呼吸衰竭时低氧血症和高碳酸血症并存，因此可有代谢性酸中毒和呼吸性酸中毒。一般而言，呼吸衰竭时常发生混合型酸碱平衡紊乱（详见第九章酸碱平衡紊乱）。

1. 代谢性酸中毒　严重缺氧时，无氧代谢加强，乳酸等酸性产物增多，可引起代谢性酸中毒。此外，呼吸衰竭时可能出现功能性肾功能不全，肾小管排酸保碱功能降低，导致代谢性酸中毒。能引起呼吸衰竭的原发性疾病或病理过程，如感染、休克等也可导致代谢性酸中毒。此时，血液中的电解质可能出现如下变化：①高钾血症，酸中毒可以促进细胞内K^+的排出，并且可以减少肾小管再排K^+的功能，因而导致高钾血症。②高氯血症，由于代谢性酸中毒，HCO_3^-减少，随后肾减少了对Cl^-的排出，使血清Cl^-上升。

2. 呼吸性酸中毒　Ⅱ型呼吸衰竭时，大量CO_2潴留可引起呼吸性酸中毒。此时可出现高钾血症和低氯血症。造成低氯血症的主要原因是：①高碳酸血症使红细胞中HCO_3^-生成增多，后者与细胞外Cl^-交换使Cl^-转移入细胞；②酸中毒时肾小管上皮细胞产生NH_3增多，$NaHCO_3$重吸收增多，使尿中NH_4Cl和$NaCl$的排出增加，血清Cl^-降低。当呼吸性酸中毒合并代谢性酸中毒时，血清中Cl^-可保持正常。

3. 呼吸性碱中毒　Ⅰ型呼吸衰竭时，缺氧会引起肺过度通气，可发生呼吸性碱中毒。此时患畜可出现血钾降低，血氯增高。

4. 呼吸性酸中毒合并代谢性酸中毒　通气障碍引起的呼吸衰竭，一方面CO_2潴留会起呼吸性酸中毒，同时由于严重缺氧，体内酸性代谢产物增多，可引起代谢性酸中毒，以上两种情况同时存在，则可引起呼吸性酸中毒合并代谢性酸中毒。

二、呼吸系统的变化

低氧血症和高碳酸血症对呼吸有明显的影响。PaO_2降低主要通过外周的化学感受器（颈动脉窦和主动脉弓）反射性地引起呼吸运动增强。这种反应只有在PaO_2低于8kPa（60mmHg）时才明显，PaO_2为4kPa（30mmHg）时肺通气量最大。缺氧对呼吸运动的这种调节作用还受到$PaCO_2$和pH的影响，因为在缺氧引起通气量增加的同时，可使$PaCO_2$

降低和pH升高，后者对缺氧的刺激有"制动"作用（强烈抑制通气）。较严重的缺氧对呼吸中枢有直接抑制作用，当PaO_2低于4kPa（30mmHg）时，此作用可大于反射性兴奋作用而使呼吸抑制。$PaCO_2$升高主要作用于中枢化学感受器，使呼吸中枢兴奋，引起呼吸加深加快，但当$PaCO_2$超过10.7kPa（80mmHg）时，反而抑制呼吸中枢。此时呼吸运动主要靠低PaO_2对血管化学感受器的刺激得以维持。血液H^+浓度增高也可通过外周和中枢化学感受器影响呼吸功能，但因其不易透过血-脑屏障，故限制了对中枢的作用。

呼吸衰竭的病畜可出现明显的呼吸困难。呼吸困难是指患畜主观上有氧气不足或呼吸费力的感觉，并表现为呼吸频率、深度和节律的改变，在用力呼吸时可见辅助肌群参与呼吸运动。

不同原因引起的呼吸衰竭，可导致不同类型的呼吸形式。在肺顺应性降低所致的限制性通气障碍性疾病中，可通过牵张感受器或肺毛细血管旁感受器（juxtapulmonary capillary receptor，J感受器）反射性引起呼吸运动变得浅而快；阻塞性通气障碍时，由于气流受阻，进气和出气的速度减慢，表现为深而慢的呼吸，根据阻塞部位的不同，又可表现为吸气性呼吸困难或呼气性呼吸困难。

中枢性呼吸衰竭一般表现为浅面慢的呼吸、呼吸节律紊乱、潮式呼吸和间歇呼吸，其中潮式呼吸最为常见。

（1）潮式呼吸　　即陈-施呼吸，以呼吸运动与呼吸暂停性周期性交接出现为特征（图16-6）。其特点是呼吸运动先逐渐加强，到达顶点后又逐渐减弱，继而出现呼吸暂停，然后再重新开始上述呼吸过程。其常见于中枢神经系统疾病（脑炎、颅内压增高）、中毒、脑组织严重缺氧等情况，有时也出现在生理条件下。潮式呼吸的发生机制是呼吸中枢兴奋性过低而引起呼吸暂停，使血中CO_2逐渐增多，当$PaCO_2$升高到一定程度时兴奋呼吸中枢，又出现呼吸运动，从而使体内CO_2排出，$PaCO_2$降低到一定程致呼吸暂停，如此形成周期性呼吸运动。

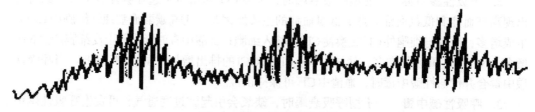

图 16-6　陈-施呼吸模式图

（2）间歇呼吸　　即比奥呼吸，是指有规律的呼吸运动与呼吸停止间隔出现并反复交替（图16-7）。它与潮式呼吸的不同之处是，呼吸的开始与停止都是突然发生的，而不是逐渐加强或减弱的。这种类型的呼吸多出现在呼吸完全停止前，比潮式呼吸更为严重，病畜预后不良。间歇呼吸的原因和机制与潮式呼吸相似。

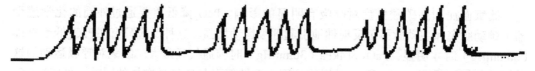

图 16-7　比奥呼吸模式图

此外，还有一种临终前呼吸，称为"临终呼吸"，表现为慢而不规则的呼吸，呼气及吸气都加强（能辅助呼吸肌参与呼吸运动），呈呼吸困难状态，最后呼吸逐渐减弱而停止。

三、中枢神经系统的变化

由呼吸衰竭引起的脑功能障碍称为肺性脑病（pulmonary encephalopathy），主要表现为患畜兴奋不安、肌肉震动或嗜睡、抽搐、呼吸抑制、昏迷、反射消失，其发生的根本原因是高碳酸血症和（或）低氧血症。

1. 高碳酸血症　　高碳酸血症及血液pH下降对中枢的抑制作用主要表现在以下两个方面。①酸中毒和缺氧对脑血管的作用：酸中毒和缺氧使脑血管扩张，通透性增强，导致脑间质水肿。②酸中毒和缺氧对脑细胞的作用：正常脑脊液的缓冲作用较血液弱，其pH也较低，PCO_2比动脉血高。因血液中的HCO_3^-及H^+不易通过血-脑屏障进入脑脊液，故脑脊液的酸碱调节需时较长。呼吸衰竭时脑脊液的pH变化比血液更为明显。此时，神经细胞内酸中毒一方面可增加脑谷氨酸脱羧酶活性，使氨基丁酸生成增多，导致中枢抑制；另一方面增强磷脂酶活性，使溶酶体酶释放，引起神经细胞和组织的损伤。

2. 低氧血症　　中枢神经系统对缺氧最敏感，当PaO_2降至60mmHg（8kPa）时，可出现条件反射减弱。若PaO_2迅速降至40~50mmHg（5.33~6.67kPa）以下，就会引起一系列神经精神症状。缺氧使脑细胞ATP生成减少，影响钠泵功能，可引起细胞内Na^+及水增多，形成脑细胞水肿。脑充血、水肿使颅内压增高，压迫脑血管，更加重脑缺氧，由此形成恶性循环，严重时可导致脑疝形成。此外，脑血管内皮损伤尚可引起血管内凝血，这也是肺性脑病的发病因素之一。

四、循环系统的变化

一定程度的PaO_2降低和$PaCO_2$升高可兴奋心血管运动中枢，使心率加快、心肌收缩力增强、外周血管收缩，加上呼吸运动增强使静脉回流增加，导致心输出量增加，以改善脑及心脏血量和氧的供应。但是严重的缺氧和CO_2潴留可直接抑制心血管中枢和心脏活动，扩张血管，导致血压下降、心收缩力减弱、心律失常等严重后果。

呼吸衰竭可累及心脏，主要引起右心肥大与衰竭，即肺源性心脏病。肺源性心脏病的发病机制较复杂：①肺泡缺氧和CO_2潴留所致血液H^+浓度过高，可引起肺小动脉收缩，使肺动脉压升高，从而增加右心后负荷；②肺小动脉长期收缩、缺氧均可引起无肌型肺微动脉肌化，肺血管平滑肌细胞和成纤维细胞肥大增生，胶原蛋白与弹性蛋白合成增加，导致血管壁增厚和硬化，管腔变窄，由此形成持久而稳定的慢性肺动脉高压；③长期缺氧引起的代偿性红细胞增多症可使血液的黏度增高，也会增加肺血流阻力和加重右心的负荷；④有些肺部病变，如肺小动脉炎、肺毛细血管床的大量破坏、肺栓塞等也能成为肺动脉高压的原因；⑤缺氧和酸中毒降低心肌舒缩功能；⑥呼吸困难时，用力呼气使胸内压异常增高，心脏受压，影响心脏的舒张功能，用力吸气则胸内压异常降低，即心脏外面的负压增大，可增加右心收缩的负荷，促使右心衰竭。呼吸功能不全时引起的缺氧、高碳酸血症、酸中毒及电解质代谢紊乱等，均可使心肌受损，使心肌收缩力减弱。

目前认为，呼吸衰竭也可累及左心。其机制为：①低氧血症和酸中毒同样能使左心室肌收缩性降低；②胸内压的高低同样也影响左心的舒缩功能；③右心扩大和右心室压增高将室间隔推向左心侧，可降低左心室的顺应性，导致左心室舒张功能障碍。慢性呼吸衰竭因长期持续性缺氧，常可引起心肌脂肪变性、坏死、灶状出血及纤维化等病变，也可导致全心功能衰竭。

五、肾功能的变化

呼吸衰竭时，可损伤肾，轻者尿中出现蛋白质、红细胞、白细胞及管型尿等，严重时可发生急性肾功能衰竭，出现少尿、氮质血症和代谢性酸中毒。肾功能衰竭的发生是缺氧与高碳酸血症反射性地通过交感神经使肾血管收缩，肾血流量严重减少所致。

六、胃肠道功能的变化

严重缺氧可使胃壁血管收缩，因而降低胃黏膜的屏障作用，CO_2潴留可增强胃壁细胞碳酸酐酶活性，使胃酸分泌增多，如合并弥散性血管内凝血和休克时，可出现胃肠黏膜糜烂、坏死、出血与溃疡形成等病变。

第四节　呼吸衰竭的治疗原则

一、呼吸衰竭的评估

呼吸衰竭易发生在长时间增加呼吸运动来补偿气体交换不足的情况下。虽然呼吸衰竭发生前的临床症状并无特殊性，但识别这些症状可以在真正的呼吸衰竭来临之前给我们提供预先处置的机会。呼吸急促是呼吸性窘迫一种典型的表现，也是气体交换和通气泵障碍的一种敏感症状，同时会伴发呼吸困难的其他症状，如鼻翼扇动、附属呼吸肌运动、腹部肌肉的异常运动、呼气期延长、可视黏膜发绀等。也可以通过测定动脉血，为呼吸衰竭诊断及监控治疗提供重要的信息。

1. 氧合作用的测定　　测定气体交换障碍最敏感的方法是肺泡-动脉氧梯度（A-a氧梯度）测定。肺泡气氧分压（$P_{A}O_2$）和动脉血氧分压（PaO_2）之间的压差有助于解释动脉血氧分压的下降。$P_{A}O_2$减去PaO_2就可以得到A-a氧梯度。当A-a氧梯度增加而PaO_2出现下降时，提示V_A/Q出现失调；反之，当A-a氧梯度正常而PaO_2出现下降时，提示通气不足是低氧血症的病因。

2. CO_2滞留量的测定　　正常的$PaCO_2$为37~42mmHg（4.93~5.60kPa），它与所产生的CO_2量成正比，与所排出的CO_2量成反比。为了能妥善处理通气性障碍，有必要测定CO_2滞留是属于急性的还是慢性的。可以用Henderson-Hasselbalch方程来评估，详见第九章酸碱平衡紊乱。有较高的$PaCO_2$存在提示有代谢性和呼吸性混合酸中毒存在。

二、外呼吸衰竭的治疗原则

呼吸衰竭虽为外呼吸功能严重障碍所引起的病理过程，但由于缺氧、高碳酸血症和酸碱平衡紊乱及肺循环障碍，常累及循环系统、肾、中枢神经系统和胃肠道等，因此必须采取综合治疗。

1. 消除原始病因　　治疗原发疾病慢性呼吸衰竭，应减少呼吸运动，避免诱因促发的急性加重。

2. 预防继发感染　　对患有呼吸道疾病的患畜应防止继发感染，积极采取抗感染治疗，避免呼吸衰竭和右心衰竭的发生。

3. 增加 PaO₂　　呼吸衰竭必然会出现低张性缺氧（hypotonic hypoxia），因此尽可能地增加 PaO_2，并维持在 50mmHg（6.67kPa）以上。Ⅰ型 RF 发生的单纯性缺氧，可用氧气疗法，给患畜输入较高浓度的氧气，通常不超过 50%。Ⅱ型 RF 时，氧气的浓度最好控制在 35% 以下，同时注意限制血流的速度。

4. 降低 PaCO₂　　呼吸衰竭时，由于肺的总通气量减少，$PaCO_2$ 升高，必须采取措施来改善肺的通气量，降低 $PaCO_2$。这些措施包括：①清除气道阻塞；②加强呼吸动力；③人工辅助通气；④增加营养。

5. 改善内环境和重要生命器官的功能　　纠正酸中毒和电解质紊乱，促进肺泡内液的清除，以预防和治疗肺性心脏病与肺性脑病等。

6. 防治呼吸肌疲劳　　防治呼吸肌疲劳可采取下列措施：①已疲劳呼吸肌休息，如用人工通气或减轻负荷；②选择性使用呼吸兴奋剂，以增强中枢驱动；③去除增加通气需求的因素，如低氧、酸中毒、保持气道通畅等，以减轻负荷；④去除削弱呼吸肌因素，如低钾，给予营养支持，以增加呼吸肌收缩力。

三、急性呼吸衰竭的治疗原则

1. 补充氧气和评估气道开放程度　　应该清除气道内的分泌物或机械性阻塞，保持吸气通畅。如果仍然表现出严重的低氧血症、高碳酸血症与酸中毒，则可采用呼吸机通气；当有呼吸道疾病存在和通气效果不明显时，需要尽快进行气管插管。补充氧气的主要目的是：①通过保持肺泡有效的通气量来保证充足的氧气供应、最大的 V_A/Q 值、减少呼吸做功量。②最大限度地减少补氧所诱发的肺损伤。例如，氧气中毒、肺膨胀过度及反复扩张塌陷肺区所引起肺泡的扭力损伤（shear injury）。这些肺损伤都是加重炎症的病因。

2. 其他综合措施　　参照外呼吸衰竭的治疗原则。

四、败血性呼吸衰竭的治疗原则

1）消除引发败血症的原始病因，防止炎症进一步扩散及继发感染。

2）采用药物减轻肺泡膜损伤，针对 ALI/ARDS 的发病环节，用药物减轻肺泡膜损伤，如黄嘌呤氧化酶抑制剂、蛋白酶抑制剂、TNF 单克隆抗体、抗黏附分子、抑制炎症介质生成的制剂及抗炎因子（IL-10、IL-13、TGF-β）等，以保持促炎细胞因子与抗炎细胞因子的平衡，减轻肺水肿、纤维化等。

3）采用综合性支持疗法，提供充足的氧气（通常采用输液），以保证适当的红细胞压积和氧气饱和度，并适当地使用血管收缩和升血压的药物维持适当的心搏出量。对已发生的 ALI/ARDS 病例给予非侵袭性正压通气（noninvasive positive pressure ventilation，NPPV），氧浓度（FiO_2）通常 <0.6，尽可能地减少通气诱导的潜在性肺损伤。

4）纠正高碳酸血症，通过增加呼吸频率来增加每分钟的肺通气量或静脉注射碳酸氢钠等基础疗法纠正高碳酸血症，以防止肺动脉高血压、颅内压升高及心血管功能障碍。

5）适当利用利尿剂，对已发生的 ALI/ARDS 病例，通过谨慎地限制输液或使用一些特殊药物如利尿剂、β-肾上腺素能受体增效剂（β-adrenergic receptor agonist）等来维持正常的循环血容量，减少肺血管外水肿。

6）适当利用皮质激素，对严重的ALI/ARDS和败血性休克病例可以使用皮质激素疗法，以减轻由炎症过程失调所造成的器官损伤，尤其是肺损伤，以纠正PaO_2/FiO_2值，降低多器官衰竭的发生率和死亡率。

小　结

本章重点描述了兽医临诊上常见的呼吸功能不全的发生原因、分类与发病机制，使学生能基本掌握呼吸功能不全时的肺通气功能障碍和肺换气功能障碍的类型、病因及发病的基本原理。肺通气功能障碍、换气功能障碍和肺泡的通气量与血流量比例失调是呼吸功能不全发生的主导环节。但机体发生呼吸衰竭时，单纯性的通气不足、弥散障碍、肺内分流增加和功能性无效腔增加的情况较少见，往往是几种因素同时存在或相继发生作用。因此，本章还对急性呼吸衰竭、急性呼吸窘迫综合征、慢性阻塞性肺疾病、败血性呼吸衰竭的病因、发生机制与主要危害进行了系统阐述，并对各类型呼吸衰竭的临床治疗原则进行了分析，便于学生综合性地分析、思考，以提高对呼吸功能不全和呼吸衰竭的诊治理论与诊治水平。

思　考　题

1. 简述呼吸功能不全和呼吸衰竭的区别。
2. 简述肺性脑病的病因和发生机制。
3. 简述急性呼吸窘迫综合征的发生原因与机制。
4. 简述败血性呼吸衰竭的发病机制。
5. 简述外呼吸衰竭的主要治疗原则。

（翟少华　简子健）

第十七章　肝功能不全

　　肝是动物体内最重要的器官之一，它是动物机体最大的腺体，参与体内的代谢、分泌、合成、生物转化及免疫等多项功能。同时肝也是动物体内最大的代谢器官，胃肠道吸收的各种营养物质几乎全部进入肝，在肝内进行合成、分解、转化、贮存。

　　肝由肝细胞和非实质细胞构成，肝非实质细胞包括肝巨噬细胞（库普弗细胞）、肝星形细胞、肝相关淋巴细胞和肝窦内皮细胞。各项功能的完成主要由肝细胞和库普弗细胞（Kupffer cell）来承担。肝细胞的功能主要包括：①代谢功能，糖类、脂类、蛋白质、维生素等均通过肝细胞进行代谢；②分泌功能，肝细胞不断地生成胆汁酸和分泌胆汁，胆汁在消化过程中可促进脂肪在小肠内的消化和吸收；③合成功能，肝参与多种蛋白质的合成，如白蛋白、纤维蛋白原、凝血酶原、脂蛋白、补体蛋白及多种载体蛋白等；④生物转化功能，主要包括对药物的代谢、有毒产物的解毒、激素的灭活及体内部分代谢终产物（氨、胺类等）的代谢。当肝细胞发生功能障碍时，其各项功能会发生不同程度的损害，严重时可导致肝功能不全。库普弗细胞是存在于肝窦隙的巨噬细胞，来源于骨髓及血液中的单核细胞，约占全身巨噬细胞总数的80%。库普弗细胞在吞噬、清除来自肠道的异物、病毒、细菌及其产生的毒素方面发挥着重要的作用，并参与监视、抑制、杀伤肿瘤细胞，清除衰老、破碎的红细胞，在抗原提呈、T细胞增殖等方面也具有重要的作用。在一定的条件下，库普弗细胞也会产生一系列生物活性物质及各种细胞因子，在肝细胞发生损伤及肝功能障碍中起着极为重要的作用。

　　肝具有强大的代偿能力，主要表现在肝细胞具有旺盛、活跃的再生能力。肝细胞具有迅速的核分裂能力，因而当肝受到一定程度的损伤，即使有寄生虫寄生或肿瘤细胞转移时，在一定的时间内，也不一定有肝功能不全的表现。导致肝损伤的病因作用于肝组织，可引起不同程度的细胞损伤及肝功能障碍。

　　肝承担着多种生理功能，特别是胃肠道吸收的物质，几乎全部经肝处理后进入血液循环。各种致肝损伤因素损害肝细胞，使其合成、降解、解毒、贮存、分泌及免疫等功能障碍，机体可出现黄疸、出血、感染、肾功能障碍及肝性脑病等临床综合征。此种现象称为肝功能不全（hepatic insufficiency）。

　　肝功能不全是指肝受到广泛性的损伤，使其代偿能力显著减弱，从而出现物质代谢障碍，解毒能力降低，胆汁形成和排泄障碍，引起动物机体各器官功能紊乱的现象。患病动物往往表现黄疸、出血、继发感染、肾功能障碍，严重时会出现肝性脑病等一系列临床综合征。近年来，很多研究资料表明，肝功能不全的出现均直接或间接地与库普弗细胞功能障碍所形成的肠源性内毒素血症有关。因此，应把肝功能不全视为肝细胞与库普弗细胞功能严重障碍综合作用的结果。

　　肝功能衰竭（hepatic failure）一般是指肝功能不全的晚期阶段，肝功能衰竭患病动物几乎都以肝昏迷而告终，在肝昏迷发生前或发生过程中往往伴随有肾功能衰竭（少尿或无尿），因此肝功能衰竭临床主要表现为肝性脑病和肝肾综合征（功能性肾功能衰竭）。

第一节　肝功能不全的原因和分类

一、肝功能不全的常见原因

引起动物肝功能不全的原因很多，概括起来包括以下几个方面。

（一）生物性因素

生物性因素包括细菌、病毒、寄生虫及其他传染因素。多种细菌可引起动物的肝病变。例如，牛化脓棒状杆菌病可引起肝脓肿，鸡、鸭、鹅的巴氏杆菌病可引起肝点状坏死和实质性炎症，牛、猪的沙门氏菌病常导致肝局灶性坏死，各种畜禽由坏死杆菌引起的坏死杆菌病常导致肝坏死和形成脓肿。绵羊的黑疫（black disease）是由 B 型诺维氏梭菌（clostridium novyi）感染而引起的一种传染性坏死性肝炎。犊牛的脐静脉源性肝脓肿常由化脓棒状杆菌、链球菌、葡萄球菌感染所致，也多发生在左叶。鸡弯曲杆菌性肝炎常引起肝表面和实质内出现大的融合性坏死灶。

各种畜禽均可发生由病毒感染所引起的特异性病毒性肝炎，如犬传染性肝炎、马血清性肝炎、牛和绵羊的裂谷热（rift valley fever）、鸭病毒性肝炎及鸡包涵体肝炎等。马传染性肝炎、马传染性脑脊髓炎、水牛热等也常常出现肝炎病变。

家畜的许多寄生虫病能引起肝硬化，甚至导致肝功能不全。例如，马圆形线虫的幼虫侵入肝，初期引起肝细胞变性、坏死，后期往往导致整个肝坚硬如砂石，从而丧失了其正常功能。猪囊尾蚴、棘球蚴，兔球虫，牛、羊肝片吸虫等侵入肝，往往压迫肝，导致肝小叶受压、萎缩甚至消失，同时它们也会吸收肝细胞的营养，排出有毒的代谢产物对肝细胞产生毒害作用，引起肝细胞发生大量变性、坏死，导致肝功能不全。

马、狗感染钩端螺旋体常会导致急性肝炎，鸡感染火鸡组织滴虫会引起盲肠和肝的特异性坏死性炎症。各种动物的弓形虫病和猪附红细胞体病等也可引起肝的严重病变。

（二）中毒性因素

能够损伤肝的化学毒物很多，包括铜、砷和砷化合物、磷、汞、锑、氯仿、硫酸亚铁、四氯化碳和四氯乙烯及煤酚和棉酚等。在应用硫酸亚铁治疗仔猪贫血时，如果用药过量，会引起肝中心性或弥漫性坏死。绵羊四氯化碳中毒后，会导致肝变性和小叶中心性坏死，右肝叶常为大片坏死。四氯乙烯的毒性作用和四氯化碳相同，但毒性较轻。猪饲喂棉籽饼，很易发生棉酚中毒而引起肝小叶中心性坏死。

由各种原因引起的机体物质代谢障碍所造成的自体中毒，或由胃肠道功能障碍所致的肠道自体中毒，都可引起肝的严重变性甚至坏死。

植物毒素如苦马豆素、萱草根素、吡咯烷碱等对肝有特异性的毒害作用，可严重损害肝。有些霉菌的有毒代谢产物能够损害肝，造成畜禽的发霉饲料中毒病，其中重要的是黄曲霉毒素中毒。仔猪黄曲霉毒素中毒主要引起中毒性肝炎。雏鸡和雏鸭黄曲霉毒素急性中毒时，肝肿大、出血；亚急性和慢性中毒时，可出现结节性肝硬化。除黄曲霉毒素外，还有一些霉菌毒素对肝也具有毒性损害作用，如红青霉产生的红青霉毒素 B、岛青霉产生的岛青霉毒素和黄米毒素、黄绿青霉产生的黄绿青霉毒素、杂色曲霉产生的杂色曲霉毒素、棕曲霉产生的棕曲霉毒素A及禾谷镰刀菌产生的赤霉烯酮等。

（三）营养性因素

一般认为单纯营养缺乏不能导致肝病的发生，但可促进肝病的发生、发展。严重的营养缺乏可导致肝功能减弱，甚至肝功能不全。猪当缺乏微量元素硒和维生素E及含硫氨基酸时，会出现"营养性肝病"，肝发生弥漫性变性和坏死。

长期缺乏蛋白质饲料，特别是饲料中缺乏胱氨酸时，可使肝细胞谷胱甘肽含量急剧减少，可引起细胞内氧化酶类活性破坏，细胞代谢障碍。严重的情况下，会引起肝细胞灶状坏死。饲料中缺乏胆碱、蛋氨酸类物质时，肝细胞内合成磷脂（主要是卵磷脂，其分子结构中含胆碱）的过程就发生障碍，导致血浆脂蛋白的生成减少，肝内脂肪的运出受阻，最终引起脂肪在肝内堆积而形成脂肪肝，从而导致肝功能障碍。

（四）胆管阻塞

胆道发生炎症、结石，存在腹腔肿瘤等，都可能使胆管狭窄或阻塞，引起胆汁排出受阻，胆汁在毛细胆管内淤滞而反流进入肝细胞内，导致肝细胞变性、坏死。此外，由于寄生虫幼虫移行破坏肝（如猪的蛔虫病及肾虫病），虫卵沉着在肝内（如牛、羊及兔的血吸虫病）或成虫寄生在肝内胆管（如牛、羊及兔的肝片吸虫病），均可导致肝组织发生纤维化，严重时导致肝硬化。

（五）血液循环障碍

畜禽发生右心衰竭、后腔静脉受压迫（腹腔肿瘤）或心包积液（牛创伤性心包炎）等情况时，后腔静脉回流受阻，腹腔器官因血液回流障碍而发生淤血，长期肝淤血，肝小叶中央静脉、窦状隙扩张，压迫肝细胞，导致肝细胞萎缩、变性甚至坏死，同时肝组织间质结缔组织增生，最终引起肝硬化而导致肝功能不全。

二、肝功能不全的分类

根据肝功能不全病程快慢不同，可将其分为急性肝功能不全和慢性肝功能不全。

（一）急性肝功能不全

病情凶险，发病12～24h后会出现黄疸，2～4d后即由嗜睡进入昏迷状态，并有明显的出血倾向。因发病急骤，又称为暴发性肝功能不全。但因此类型肝功能不全的临床表现复杂多样，此种分类不能对患病动物临床及预后等作出正确的判断，因而O'Ggrady等根据脑病发生的速度与黄疸首次出现的关系，将急性肝功能不全导致的肝功能衰竭分为超急性、急性和亚急性3种。超急性肝功能衰竭（hyperacute liver failure）是指黄疸发生后7d内发生脑病，8～28d内发生脑病为急性肝功能衰竭，5～12周发生脑病为亚急性肝功能衰竭（subacute liver failure）。引起急性肝功能不全最常见的原因主要是严重而广泛的肝细胞变性（主要为脂肪变性）或坏死，如幼鸭的病毒性肝炎、犬传染性肝炎等；其次是严重的中毒性肝炎，如四氯化碳中毒及苦马豆素、萱草根素、吡咯烷碱（pyrrolidine）等植物毒素中毒。

（二）慢性肝功能不全

病情进展缓慢，病程较长，往往在某些诱因（如消化道出血、感染、服用镇静剂、电解质和酸碱平衡紊乱、氮质血症等）作用下，肝功能不全病情加剧，进而发生昏迷。慢性肝功能不全多见于各种类型肝硬化的失代偿期和部分肝癌的晚期。

第二节　肝功能不全时动物机体功能、代谢的变化

一、代谢障碍

（一）糖代谢障碍

肝糖原是血糖的主要来源，其合成与分解受到胰高血糖素和胰岛素的调节，肝细胞在维持血糖稳定过程中起着重要作用。肝是糖异生的主要场所，这对动物血糖浓度的相对稳定有着重要的意义。

发生肝功能不全时，可引起低血糖（hypoglycemia）。其原因如下：因肝功能障碍，肝细胞大量坏死，从而使肝糖原的储备明显减少；受到损伤的肝细胞内质网葡萄糖-6-磷酸酶活性下降，导致肝糖原转化为葡萄糖的过程障碍；肝功能障碍时，肝细胞灭活胰岛素的功能下降，使血液中胰岛素含量升高，出现低血糖。

肝功能不全时，因肝中乳酸、蛋白质及脂类等合成过程（糖异生）障碍，使血液中的脂类和乳酸含量升高，使肝糖原和血糖浓度降低。肝功能不全时，维生素 B_1 的磷酸化过程发生障碍，焦磷酸硫胺素形成减少，以致丙酮酸不能氧化脱羧形成乙酰辅酶A，导致血液中丙酮酸浓度上升。

（二）脂类代谢障碍

肝在脂类的消化、吸收、分解、合成及运输等代谢过程中均起作用。肝发生病变时，糖代谢障碍，肝糖原减少；大量储存脂肪运往肝，血液中脂肪含量增加，引起高脂血症。如果动物营养不良，胆碱和蛋氨酸等物质缺乏，也会促使脂肪积聚在肝，当肝内脂类含量超过肝重的5%时，称为脂肪肝（fatty liver）。脂肪在肝内的氧化增强，使动物体内酮体生成增多，超过肝外组织的利用率而出现酮血症和酮尿。

（三）蛋白质代谢障碍

肝是蛋白质代谢的场所，肝功能障碍时，特别是肝发生严重坏死和自溶时，肝细胞蛋白分解所产生的酪氨酸、亮氨酸等氨基酸可出现在血液和尿液中，血液和尿液中的亮氨酸、酪氨酸含量升高。

正常生理情况下，氨基酸脱氨基后形成氨，在肝内经鸟氨酸循环形成尿素而解毒。肝功能障碍时，尿素合成减少，血液和尿液中尿素含量减少，血氨浓度上升。

肝还可合成白蛋白、纤维蛋白原、凝血酶原等大部分血浆蛋白。肝功能障碍时，肝合成蛋白质的能力下降，引起血浆中白蛋白、纤维蛋白原、凝血酶原的含量减少。急性或慢性肝炎症时，血浆γ-球蛋白含量明显增加。

（四）酶活性的改变

肝不仅能排泄某些酶到胆管，还能释放一定数量的酶进入血液循环。当肝功能障碍时，常伴有血浆中某些酶活性的升高或下降，兽医临床常以此作为肝疾病诊断和鉴别诊断的一个依据。

1. 血清转氨酶　　谷草转氨酶（glutamic oxaloacetic transaminase，GOT）主要分布于心、肝、骨骼肌和肾，谷丙转氨酶（glutamic pyruvate transaminase，GPT）主要分布于肝、心肌和骨骼肌。动物四氯化碳中毒时，血清中 GOT 浓度升高，这可能是坏死的细胞将其中的酶释放至血液中所致。

2. 胆碱酯酶　　血液中含有真性胆碱酯酶和假性胆碱酯酶。真性胆碱酯酶主要存在于红细胞、神经组织中，只能水解乙酰胆碱；假性胆碱酯酶主要存在于血浆中，不仅能水解乙酰胆碱，还能分解其他胆碱酯类。假性胆碱酯酶主要由肝产生，主要储存在肝内，肝细胞性疾病，尤其是肝硬化时，血清胆碱酯酶含量减少。

3. 碱性磷酸酶　　血清中碱性磷酸酶（alkaline phosphatase，AKP，ALP）主要来自肝，经胆道排出。胆道阻塞、肝内胆汁淤滞时，AKP 从胆道排出受阻，并随胆道流入血液，引起血清 AKP 含量明显升高。发生肝炎或肝硬化等肝细胞病变时，AKP 含量变化不明显。

4. 血清氨甲酰鸟氨酸转氨酶和山梨醇脱氢酶　　血清氨甲酰鸟氨酸转氨酶（serum ornithine carbamyl transferase，SOCT）和山梨醇脱氢酶（sorbitol dehydrogenase，SDH）均为肝的专一性酶，各种动物肝损伤严重时，血清中 SOCT 和 SDH 的活性可升高。

二、凝血与纤维蛋白溶解障碍

正常情况下，血液中的纤维蛋白形成系统和纤维蛋白溶解系统之间保持着动态平衡。而肝几乎合成所有的凝血因子（除凝血因子Ⅲ和Ⅳ外）；肝也是清除多种活化凝血因子的场所；肝可合成纤溶酶原和抗纤溶酶，也可清除血液循环中的纤溶酶原激活物。因此，肝在这一动态平衡的调节过程中起着重要的作用。

肝功能障碍时，常会出现凝血功能紊乱，易发生出血倾向或出血。其凝血障碍主要表现为：凝血因子合成减少，而凝血因子消耗增多；血液循环中类肝素物质、纤维蛋白降解产物（fibrin degradation product，FDP）等抗凝物质增多；血液循环中抗纤溶酶减少，不能及时清除纤溶酶原激活物，增强了纤溶酶活力，引起原发性纤维蛋白溶解；同时血小板数量与功能异常。

三、免疫功能障碍

库普弗细胞具有很强的吞噬能力，能吞噬血液中的异物、细菌、内毒素及其他颗粒物质。这种吞噬能力在纤维连接蛋白的协助下会变得更强大。因此，库普弗细胞是肝抵御细菌、病毒感染的主要屏障。

肠道革兰氏阴性菌释放内毒素，在正常情况下少量间歇地进入门静脉，或漏入肠淋巴并转漏至腹腔，进入肝后内毒素被库普弗细胞吞噬而被清除，故不能进入体循环。严重肝功能障碍时可能会出现肠源性内毒素血症。其原因可能是肝小叶正常结构被破坏，门静脉高压形成，出现肝内外侧支循环短路，通过肝窦隙的血流量急剧减少，导致部分血液未接触库普弗细胞，内毒素可通过肝进入体循环；库普弗细胞功能受到抑制，可使内毒素进入体循环；严重肝功能障碍时肠黏膜屏障功能受到损伤，致使内毒素吸收增多。

四、生物转化功能障碍

对于体内产生的多种活性物质、代谢终末产物，特别是来自肠道的毒性产物及外界进入体内的各种异物，肝先经过生物转化作用将其转化为未水溶性物质再从肾排出体外或通过胆道排出体外。

（一）药物代谢障碍

各种药物与酶结合部位的竞争，与药酶亲和力高的药物可抑制药酶对亲和力低药物的代谢。其可分为以下两种情况：酶诱导作用和酶抑制作用。

酶诱导作用（enzyme induction）是指某些药物可使肝内药物 I 相反应的药酶合成增加，从而对其他药物的代谢能力增加。酶抑制作用（enzyme inhibition）是指某些药物通过抑制药酶，使另一药物的代谢延迟，药物的作用加强或延长。因酶诱导作用和酶抑制作用的存在，很多药物在损伤肝细胞的同时，也会使药物在体内的代谢过程发生改变，从而增加了药物的毒副作用，易发生药物中毒。肝细胞功能障碍所致的血清白蛋白减少，血液中游离型药物增多，药物在体内的分布、代谢及排泄等可发生相应的改变。此外，肝硬化侧支循环的建立，可使门静脉血液中药物绕过肝而免于被肝细胞代谢。

（二）毒物的解毒障碍

肝细胞损害，其解毒功能障碍。尤其是来自肠道的有毒物质，因肝细胞解毒功能下降，毒物进入血液的量增加，毒物也可经侧支循环绕过肝，直接进入体循环。严重时可导致肝性脑病。

（三）激素的灭活减弱

肝既是许多激素作用的靶器官，也是激素降解、排泄、转化和储存的主要场所。激素降解涉及一系列特异性酶，其中许多酶通过肝合成。因而，肝功能障碍时，其对胰岛素、雌激素、皮质醇、醛固酮、抗利尿激素等灭活能力减弱。

五、胆汁分泌和排泄障碍

胆红素的摄取、运载、酯化、排泄及胆汁酸的摄入、运载、排泄均由肝细胞完成。由于遗传、药物及毒物等原因，肝细胞对胆红素的摄取、运载、酯化和排泄等任一环节功能障碍时，均可产生黄疸（jaundice）或高胆红素血症（hyperbilirubinemia）。

因肝细胞受损而发生的黄疸，血中非结合胆红素浓度升高，称为肝细胞性黄疸。结石、肿瘤阻塞或压迫胆总管引起的黄疸称为肝外梗阻性黄疸；肝细胞功能紊乱和胆小管阻塞引起的黄疸称为肝内梗阻性黄疸。

肝细胞可利用多种载体摄入、运载和排泄胆汁酸进入毛细胆管中。某些药物如秋水仙碱、氯丙嗪、红霉素、雌激素等，可影响这些载体对胆汁酸的摄入、运载或排泄功能，导致肝内胆汁淤滞。

六、门静脉高压症

门静脉高压症是指各种原因引起的门静脉压强超过正常值（1.33～1.59kPa）的临床综合征。其发生的原因主要是肝硬化时，肝内纤维组织大量增生，压迫门静脉分支，使门静脉压升高；肝内肝动脉-门静脉间异常吻合支的形成，使动脉血流入门静脉，也可使门静脉压升高。

七、肝性腹水

肝硬化等肝病晚期，患病动物会出现肝性腹水。其原因如下：①门静脉压升高常常使肠系膜毛细血管压增高，液体漏入腹腔增多，产生腹水。②肝功能降低，白蛋白合成减少，血浆胶体渗透压降低，促进液体漏入腹腔增多。③肝硬化时，肝静脉受挤压，引起肝窦内压升高，导致肝窦壁通透性增强，包括蛋白质在内的血浆成分进入肝组织间隙，超过淋巴回流能力，则可从肝表面漏入腹腔，形成腹水。④门静脉高压等原因使血流淤积在脾、胃、肠等内脏器官，使机体有效循环血量减少，最终可引起肾血流量减少，肾内血流重新分布，使皮质肾单位血流量明显减少，引起肾小球滤过率下降；肾血流量减少，肾素分泌增加，肾素-血管紧张素-醛固酮系统被激活。醛固酮产生增多，肝灭活醛固酮减少，使醛固酮过多致钠、水潴留，形成腹水。⑤肝功能障碍时，心房钠尿肽减少，使其抑制肾小管重吸收钠的作用减弱，可导致钠、水潴留，促进腹水形成。

第三节　肝　性　脑　病

肝性脑病（hepatic encephalopathy）是继发于严重肝疾病的神经精神综合征。肝性脑病从轻微的精神异常到昏迷，可人为地分为4期：Ⅰ期有轻微的性格和行为改变；Ⅱ期以精神错乱、睡眠障碍、行为失常为主；Ⅲ期以昏睡和精神错乱为主；Ⅳ期完全丧失神志，不能唤醒，进入昏迷状态，用肝性昏迷一词表达显然不如肝性脑病更为确切。肝性昏迷是肝性脑病的最后阶段。肝性昏迷实质是肝功能衰竭的最终临床表现。

一、肝性脑病的原因和分类

（一）原因

肝性脑病多继发于严重的肝疾病，如急性肝功能衰竭（如急性中毒性肝炎）、慢性肝功能衰竭（如晚期肝硬化）及慢性肝实质疾病并伴有严重门-体分流的患病动物，由于血液中毒性代谢产物或毒物不能被肝处理或清除，或经门-体分流绕过肝进入体循环，引起中枢神经系统功能和代谢紊乱，形成肝性脑病。

（二）分类

根据血氨是否升高，可将肝性脑病分为氨性和非氨性两种。根据发病原因、毒性物质进入动物机体的途径不同，可将肝性脑病分为内源性肝性脑病和外源性肝性脑病。

内源性肝性脑病是指由暴发性肝炎、肝毒性药物中毒或急性脂肪肝等引起的肝细胞广泛变性、坏死而导致的脑病，毒性物质在通过肝时未经解毒即进入体循环。外源性肝性脑病是指继发于慢性肝疾患，如门静脉性肝硬化或晚期血吸虫病肝硬化等的肝性脑病，因肝内门-体分流的存在，由肠道吸收入门静脉系统的毒性物质大部分通过分流而绕过肝，未经解毒即直接进入体循环而引起肝性脑病。

根据肝性脑病的临床表现和发展过程的急缓程度可将肝性脑病分为急性肝性脑病和慢性肝性脑病。急性肝性脑病见于急性暴发性肝功能衰竭，相当于内源性肝性脑病。慢性肝性脑病多见于肝硬化患病动物，此型相当于外源性肝性脑病。

二、肝性脑病的发生机制

肝性脑病患病动物的脑组织多无明显的特异性病理学改变，因而一般认为肝性脑病的发生与肝疾病时的物质代谢障碍和肝的解毒功能障碍有关，即物质代谢障碍和毒性物质侵入中枢神经系统导致脑组织的代谢和功能障碍所致。目前有关肝性脑病发生机制的学说主要包括氨中毒学说、假性神经递质学说、血浆氨基酸失衡学说及γ-氨基丁酸学说等。现将肝性脑病发生机制的几种学说简述如下。

（一）氨中毒学说

19世纪末，人们发现给门-体分流术后的狗饲喂肉食，可诱发肝性脑病；肝硬化患者如果摄入高蛋白饮食或摄入较多含氮物质，易诱发肝性脑病；临床上约80%的肝性脑病患者血液及脑脊液中氨水平升高。而且采用各种降血氨的治疗措施均有不同程度的疗效。这些均是氨中毒学说（ammonia intoxication hypothesis）的根据。

正常动物血氨的生成和清除之间维持着动态的平衡。当血氨的生成增多而清除不足时，可使血氨浓度升高。增多的血氨通过血-脑屏障进入脑内，使脑代谢和功能障碍，导致肝性脑病的发生。

1. 血氨浓度升高的原因

（1）氨清除不足　　体内产生的氨一般均在肝进入鸟氨酸循环，合成尿素而解毒。肝受到损伤，代谢障碍，ATP生成不足，肝内酶系统活性下降，引起鸟氨酸循环发生障碍。肝功能严重障碍时，由于代谢障碍，供给鸟氨酸循环的ATP不足；鸟氨酸循环的酶系统严重受损；以及鸟氨酸循环的各种基质缺失等均可使由氨合成尿素明显减少，导致血氨浓度升高。肝性脑病时血氨浓度升高的主要原因是肝鸟氨酸循环障碍，导致体内产生的氨不能够及时清除。

（2）氨的产生过多　　血氨主要来源于肠道产氨，正常时，肠道每天产生的氨经门静脉入肝，转变为尿素而被解毒。肠道内氨的来源主要是：①肠道内的蛋白质经消化转变为氨基酸，在肠道细菌释放的氨基酸氧化酶作用下可产生氨；②经尿素的肠-肝循环弥散入肠道的尿素，在细菌释放的尿素酶作用下也可产生氨。

肝功能严重障碍时，门静脉血流受阻，肠黏膜淤血、水肿，肠蠕动减弱及胆汁分泌减少等，均可使消化吸收功能下降，导致肠道细菌异常活跃，可使细菌释放的氨基酸氧化酶和尿素酶增多；未经消化吸收的蛋白质成分在肠道大量潴留，使肠内氨基酸增多；肝硬化晚期合并肾功能障碍，尿素排除明显减少，可使弥散入肠道的尿素增加，这些均使肠道产生的氨增多。如果合并上消化道出血，则由于肠道内血液蛋白质的增多，也可经细菌产氨增多。

正常情况下，肾小管上皮细胞在谷氨酰胺作用下可分解产生氨，尿液pH过低时，进入管腔的NH_3与H^+结合生成NH_4^+被排出；如果患病动物通气过度，导致呼吸性碱中毒时，因肾小管管腔中H^+减少，生成NH_4^+减少，而NH_3进入血液的量明显增加，也可引起血氨浓度升高。

肝性脑病患者昏迷前，可出现明显的躁动不安、震颤等肌肉活动增强的症状，肌肉中的腺苷酸分解代谢增强，也可使肌肉产氨增多。

2. 氨对脑组织的毒性作用 进入脑内氨量与血-脑屏障的通透性有关。有时即使血氨浓度不高，如果血-脑屏障通透性增强，进入脑内的氨也会增多。某些细胞因子如肿瘤坏死因子-α（TNF-α）可使血-脑屏障通透性增强，从而加重肝性脑病。

进入脑内的氨量增多，可产生如下作用。

（1）干扰脑细胞的能量代谢 脑功能复杂，活动频繁，耗能较多，而能量主要来自葡萄糖的有氧氧化。脑内糖原储存极少，脑细胞主要依赖血液输送的葡萄糖来供给能量。

氨干扰脑组织的能量代谢主要表现在影响葡萄糖有氧氧化过程的正常进行。进入脑内的氨与α-酮戊二酸结合，通过还原氨基作用而形成谷氨酸（glutamate），氨与谷氨酸进一步结合，生成谷氨酰胺（glutamine）。氨还可使还原型辅酶Ⅰ（NADH）转变为NAD^+。在此过程中，消耗了大量的三羧酸循环的重要中间产物α-酮戊二酸，使ATP的生成明显减少。大量的氨与谷氨酸合成谷氨酰胺时，也会消耗大量的ATP。氨还可抑制丙酮酸脱羧酶的活性，阻碍丙酮酸的氧化脱羧过程，使乙酰辅酶A生成减少，影响三羧酸循环的正常进行，也可使ATP的形成减少。在氨使NADH转变为NAD^+过程中，消耗了大量的NADH，NADH是呼吸链中完成传递氢过程的重要物质，其大量消耗可使ATP的产生减少。

（2）使脑内神经递质发生改变

1）兴奋性递质乙酰胆碱减少。高浓度的氨抑制丙酮酸的氧化脱羧过程，导致脑组织内乙酰辅酶A的生成量减少，乙酰辅酶A与胆碱结合生成的乙酰胆碱减少。乙酰胆碱对中枢神经系统的作用是以兴奋为主，因而乙酰胆碱减少可引起中枢神经系统出现抑制现象。

2）兴奋性递质谷氨酸减少，抑制性递质谷氨酰胺增多。脑组织中氨浓度升高时，氨可以和兴奋性递质谷氨酸结合形成谷氨酰胺，从而使脑组织的谷氨酸含量减少，抑制性递质谷氨酰胺明显增多。

3）抑制性递质γ-氨基丁酸增多。谷氨酸经谷氨酸脱羧酶脱羧形成γ-氨基丁酸，γ-氨基丁酸为抑制性神经递质。氨浓度升高时，氨对γ-氨基丁酸转氨酶有抑制作用，使γ-氨基丁酸不能形成琥珀酸半醛而转化为琥珀酸进入三羧酸循环，使γ-氨基丁酸在脑组织蓄积而引起中枢神经系统处于抑制状态。

（3）抑制神经细胞膜的功能 氨可以干扰脑细胞膜上Na^+、K^+、Na^+，K^+-ATP酶的活性，影响神经细胞内外Na^+、K^+的分布，从而影响膜电位、兴奋及传导等活动。氨也可能在神经细胞膜上与K^+竞争，影响Na^+、K^+在细胞内外的分布。

（4）刺激大脑边缘系统 大脑边缘系统与情绪、记忆、性格和行为有关。氨可使以海马、杏仁核为主的大脑边缘系统呈兴奋状态。肝性脑病患病动物所出现的精神症状很可能与氨刺激大脑边缘系统有关。

（二）假性神经递质学说

1. 脑干网状结构与清醒状态的维持 脑干网状结构位于中枢神经系统的中轴位置，

它是中枢神经系统的一个具有广泛调节和整合作用的组织，对于维持大脑皮质的兴奋性和醒觉具有特殊的作用。

网状结构周边的特异性上行投射系统和位于网状结构内的非特异性上行投射系统可以维持大脑皮质的兴奋性，使动物机体处于醒觉状态。其中，非特异性上行投射系统是网状结构的重要组成部分，它与意识的维持、意识障碍发生的关系极为密切。在脑干网状结构上行投射系统的唤醒功能中，作为神经突触间传递信息的神经递质具有十分重要的作用。正常情况下，脑干网状结构中的神经递质种类较多，其中主要有去甲肾上腺素（norepinephrine）和多巴胺（dopamine）等，因而去甲肾上腺素和多巴胺等神经递质在维持脑干网状结构上行投射系统的唤醒功能方面具有重要的作用。当这些真性神经递质被假性神经递质所取代，则由于这一系统的功能活动减弱，大脑皮质将从兴奋状态转入抑制状态，出现意识障碍、昏睡等情况。

2. 假性神经递质与肝性脑病　　蛋白质饲料中含有带苯环的氨基酸，如苯丙氨酸、酪氨酸等，其在肠道经细菌脱羧酶的作用而形成苯乙胺和酪胺，此类物质被吸收进入血液循环后由门静脉进入肝。正常情况下，苯丙氨酸、酪氨酸等可经单胺氧化酶的作用被分解清除。肝功能不全时，尤其是肝硬化并伴有门静脉高压时，因胃肠道黏膜淤血、消化及吸收功能障碍，所以肠道内蛋白质腐败分解过程增强，苯乙胺和酪胺在血液中的浓度迅速上升；同时，肝解毒功能下降或门-体分流的形成使大量生物胺绕过肝直接进入体循环，均可使血液中苯乙胺和酪胺浓度上升。

血液中苯乙胺和酪胺浓度升高，会沿着血液循环进入中枢神经系统，在脑干网状结构的神经细胞内，苯乙胺和酪胺分别在非特异性β-羟化酶的作用下而被羟化，形成苯乙醇胺（phenylethanolamine）和羟苯乙醇胺（octopamine）（图17-1）。苯乙醇胺和羟苯乙醇胺的化学结构与真性神经递质（正常神经递质）去甲肾上腺素、多巴胺的化学结构极为相似（图17-2），因而当其增多时，可取代去甲肾上腺素和多巴胺被肾上腺素能神经元所摄取，并储存在突触小体的囊泡中。

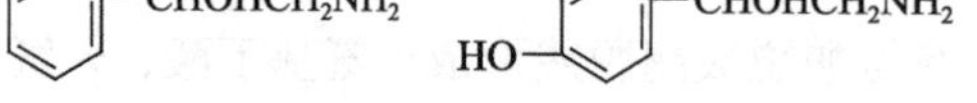

苯乙醇胺　　　　　　　　羟苯乙醇胺　　　　　　　去甲肾上腺素　　　　　　多巴胺

图 17-1　假性神经递质　　　　　　　　　　　图 17-2　真性神经递质

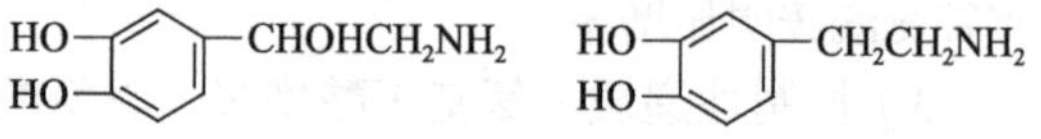

但苯乙醇胺和羟苯乙醇胺被释放后的生理效应远弱于去甲肾上腺素和多巴胺，因而脑干网状结构上行激动系统的唤醒功能不能维持，从而发生昏迷。在结构上与真性神经递质相似，但不能完成真性神经递质功能的苯乙醇胺和羟苯乙醇胺称为假性神经递质（false neurotransmitter）。

假性神经递质学说（false neurotransmitter hypothesis）的根据之一是应用左旋多巴可明显改善肝性脑病患病动物的病情。因为去甲肾上腺素和多巴胺不能通过血-脑屏障，而其前体左旋多巴可通过血-脑屏障进入脑内，并在脑内最终形成去甲肾上腺素和多巴胺，真性神经递质增多，与假性神经递质竞争，会使神经传导功能恢复，从而促进患病动物的苏醒。

（三）血浆氨基酸失衡学说

1. 血浆氨基酸失衡的表现

（1）血浆芳香族氨基酸（aromatic amino acid，AAA）升高　　肝功能严重障碍会引起肝细胞灭活胰岛素和胰高血糖素的能力下降，使血液中胰岛素和胰高血糖素浓度升高，以胰高血糖素升高更为显著，血液中胰岛素/胰高血糖素值下降，导致体内分解代谢增强。

血液胰高血糖素浓度升高，使组织的蛋白质分解代谢增强，引起大量芳香族氨基酸由肝和肌肉释放进入血液循环。芳香族氨基酸主要在肝降解，肝功能障碍时，一方面，芳香族氨基酸的降解能力下降，另一方面，肝的糖异生作用障碍，使芳香族氨基酸转化为糖的能力下降，从而使血液中芳香族氨基酸含量上升。

（2）支链氨基酸（branched chain amino acid，BCAA）减少　　支链氨基酸的代谢主要在骨骼肌中进行，胰岛素可促进肌肉组织摄取和利用支链氨基酸。肝功能严重障碍时，血液中胰岛素浓度上升，支链氨基酸进入肌肉组织的量明显增加，因而其血液中含量会明显减少。

2. 血浆氨基酸失衡与肝性脑病　　芳香族氨基酸和支链氨基酸同属电中性氨基酸，借同一载体转运系统通过血-脑屏障并被脑部神经细胞摄取，在通过血-脑屏障过程中，芳香族氨基酸和支链氨基酸有竞争关系。血液中芳香族氨基酸浓度升高和支链氨基酸浓度下降，导致芳香族氨基酸进入脑部神经细胞的量增多，其中主要是苯丙氨酸、酪氨酸和色氨酸进入脑内的量明显增多。

在正常情况下，脑神经细胞内的苯丙氨酸在苯丙氨酸羟化酶的作用下形成酪氨酸，酪氨酸在酪氨酸羟化酶的作用下形成多巴，多巴在多巴脱羧酶的作用下形成多巴胺，多巴胺在多巴胺β-羟化酶的作用下形成去甲肾上腺素，此为真性神经递质的产生过程。

进入脑内的苯丙氨酸和酪氨酸增多时，高浓度苯丙氨酸可抑制酪氨酸羟化酶活性，导致真性神经递质生成量减少。苯丙氨酸也可在芳香族氨基酸脱羧酶的作用下形成苯乙胺，在β-羟化酶的作用下形成苯乙醇胺。高浓度酪氨酸也可在芳香族氨基酸脱羧酶的作用下形成酪胺，在β-羟化酶的作用下形成羟苯乙醇胺。由此可见，脑内的苯丙氨酸和酪氨酸增多可导致脑内大量假性神经递质的形成。苯乙醇胺和羟苯乙醇胺等假性神经递质还可进一步抑制真性神经递质的产生，从而干扰大脑正常功能的维持。

进入大脑内的色氨酸增多还与严重肝功能障碍时血浆蛋白质减少有关。与白蛋白结合的色氨酸不能通过血-脑屏障，而游离的色氨酸可进入脑内。脑内高浓度色氨酸在色氨酸羟化酶的作用下形成5-羟色胺（5-hydroxytryptamine，5-HT），5-HT可抑制酪氨酸转化为多巴胺，它也是一种抑制性神经递质，可作为假性神经递质被肾上腺素能神经元摄取、贮存和释放。

血浆中氨基酸失衡导致脑内产生大量的假性神经递质，使真性神经递质的产生受到抑制，严重时引起患病动物昏迷。由此可见，血浆氨基酸失衡学说（amino acid imbalance hypothesis）实际上是假性神经递质学说必要的补充和发展。

（四）γ-氨基丁酸学说

γ-氨基丁酸（γ-aminobutyric acid，GABA）属于抑制性神经递质，GABA既是突触后抑制递质，又是突触前抑制递质。神经细胞内的GABA主要是谷氨酸在脱羧酶作用下脱羧产生的；血液中的GABA主要在肠道细菌脱羧酶的作用下由谷氨酸转化而来的。正常情况下，GABA经门静脉进入肝后进一步代谢。肝功能严重障碍时，对GABA分解减少或通过侧支循环绕过肝，使血液中GABA浓度上升。若伴有上消化道出血，血液在肠道细菌的作用下，形成大量的GABA，经肠黏膜毛细血管吸收进入血液循环，使血液中GABA浓度进一步上升。正常生理情况下，GABA不能通过血-脑屏障。严重的肝疾病可引起血-脑屏障通透性增强，GABA可通过血-脑屏障进入脑内，并在突触间隙产生抑制作用，从而引起中枢神经系统功能障碍，产生肝性脑病。但最新研究表明，脑内GABA水平并未增加，内源性苯二氮䓬类物质也不增加，即GABA受体复合物的内源性激动剂并未变化，因此，有学者认为，肝性脑病发生时，GABA的毒性作用是GABA受体复合物与配体结合能力的变化及受体变构调节物质浓度增加等原因所致。

（五）其他神经毒质在肝性脑病发病中的作用

研究表明，许多神经毒质可能参与肝性脑病的发生、发展过程。其中主要有锰、硫醇、脂肪酸、酚等物质。锰由肝胆管排除，肝功能不全时血锰浓度升高，锰中毒可导致星形胶质细胞病变，影响谷氨酸摄取及能量代谢。含硫的蛋氨酸经肠道细菌作用后，可产生毒性较强的一些含硫化合物，正常时可被肝解毒，肝功能严重障碍，可产生毒性作用。硫醇可抑制尿素合成而干扰氨的解毒；抑制线粒体的呼吸过程等。肝功能严重障碍所致脂肪代谢障碍，肝清除脂肪酸不足，可使血液中短链脂肪酸增多，短链脂肪酸可抑制脑能量代谢及氨的分解代谢。酪氨酸经肠道细菌作用可产生酚，正常时经肝解毒；肝解毒功能降低，则血液中酚含量增多。此外，色氨酸经肠道细菌作用可产生吲哚、甲基吲哚等，由于肝解毒功能障碍而产生毒性作用，此与肝性脑病的发生也可能有一定关系。

三、肝性脑病的诱发因素

（一）胃肠道出血

胃肠道出血是肝性脑病最常见的发病原因，大量血液进入肠道，在肠道细菌作用下可产生大量的氨、硫醇及其他有毒的产物，这是诱发肝性脑病的主要机制。胃肠道出血也可引起体内血容量减少，血压下降，导致组织缺血、缺氧，增加脑细胞对毒性物质的敏感性，诱发肝性脑病。

（二）酸碱平衡紊乱

严重肝功能障碍患病动物因血氨升高，可刺激呼吸中枢，使呼吸加快加深、CO_2呼出过多，易引起呼吸性碱中毒。

（三）镇静药、麻醉药使用不当

对于肝功能障碍的患病动物使用上述药物可诱发肝性脑病。原因如下：肝功能不全时，对镇静药、麻醉药的分解作用下降，如果长期使用会导致药物在体内蓄积，抑制中枢神经系统；肝功能障碍时，血浆白蛋白合成减少，药物与白蛋白结合的量明显减少。游离型药物易通过血-脑屏障进入脑内，引起肝性脑病。

（四）腹腔放液

大量抽放腹水可引起腹腔内压迅速下降，氨和其他毒性物质由肠道吸收增多，可诱发肝性脑病。

（五）感染

肝功能障碍的患病动物，机体抵抗力下降，易发生感染。感染时常伴有发热，发热使体内分解代谢增强，氨产生增多。同时，高热和细菌毒素可加重肝损伤，从而加重氨的毒性效应。

（六）氨的负荷增加

氨的负荷过度是诱发肝性脑病最常见的原因。肝硬化患病动物常见的上消化道出血、过量蛋白饲料、输血等外源性氨负荷过度，可通过促进血氨增高而诱发肝性脑病。并发肝肾综合征等所致的氮质血症、低钾性碱中毒或呼吸性碱中毒、便秘、感染等内源性氨负荷过重等，也常诱发肝性脑病。

（七）血-脑屏障通透性增强

正常状态下，某些神经毒素不能通过血-脑屏障，细胞因子水平增高、能量代谢障碍等使血-脑屏障通透性增高，严重肝病患病动物合并的高碳酸血症、脂肪酸及饮酒等也可使血-脑屏障通透性增高，神经毒质入脑增多，参与肝性脑病发病过程。

（八）脑敏感性增高

严重肝病患病动物体内各种神经毒质增多，在毒性物质的作用下，脑对药物或氨等毒性物质的敏感性增高；当使用止痛、镇静、麻醉及氯化铵等药物时，则易诱发肝性脑病。感染、缺氧、电解质紊乱等也可增强脑对毒性物质的敏感性而诱发肝性脑病。

总之，凡能够增加毒性物质的来源，提高脑对毒性物质的敏感性及使血-脑屏障通透性增强的因素，均可成为肝性脑病的诱因，促使肝性脑病的发生、发展。

四、肝性脑病防治的病理生理学基础

（一）去除诱因

1）减少氨负荷。严格控制蛋白质摄入量，减少氨及其毒性物质的产生。在限制蛋白质摄入的同时应注意补充葡萄糖和维生素等营养物质，葡萄糖除可以供应能量外，还可减少组织蛋白质的分解，减少氨负荷；促进谷氨酰胺的合成，降低血氨浓度。严禁患病动物食入粗糙、质硬的饲料，防止食道下端静脉破裂出血。慎用镇静剂和麻醉剂等，即使使用较少剂量药物时，也要警惕药物蓄积的可能。此外，要保持患病动物大便通畅，利尿时要注意防止出现低钾血症、低血容量和碱中毒等现象。

2）防止上消化道大出血。

3）防止便秘，以减少肠道有毒物质吸收。

4）注意预防因利尿、排放腹水、低钾血症等情况诱发的肝性脑病。

5）由于患病动物血-脑屏障通透性增强、脑敏感性增高，因此肝性脑病患病动物用药要慎重，特别是要慎用止痛、镇静、麻醉等药物，防止诱发肝性脑病。

（二）降低血氨浓度

口服乳果糖控制肠道产氨。乳果糖在小肠不被分解，大部分进入结肠，由结肠内乳酸杆菌、大肠埃希氏菌等将其分解为乳酸和少量的乙酸，其作用如下：①使肠道 pH 下降，吸引血液中的 NH_3 向肠道扩散，以利排出；②导泻作用，使食物在肠道通过速度加快；③减少毒素的产生和吸收；④可使肠道内容物酸化，从而抑制肠道细菌产氨；⑤降低肠道 pH，抑制 NH_4^+ 转化为 NH_3，使 NH_3 的吸收减少。

应用天冬氨酸鸟氨酸制剂降血氨。纠正水、电解质和酸碱平衡紊乱，特别是要注意纠正碱中毒。口服新霉素等药物抑制肠道细菌产氨。

（三）促进真性神经递质功能恢复

补充真性神经递质，使其与脑内假性神经递质竞争，从而恢复正常的神经系统功能。兽医临床多采用左旋多巴，因左旋多巴易通过血-脑屏障进入中枢神经系统，并在脑内代谢形成真性神经递质，与假性神经递质竞争，恢复神经系统的功能。

（四）其他治疗措施

可口服或静脉注射以支链氨基酸为主的氨基酸混合液，纠正氨基酸失衡。此外，临床上也配合采取保护脑细胞功能、维持呼吸道通畅、防止脑水肿等措施。

因肝性脑病的发生机制复杂，应结合患病动物的具体情况采取一些综合性治疗措施，才能取得满意的临床效果。

第四节　肝肾综合征

肝肾综合征（hepatorenal syndrome，HRS）是指肝硬化失代偿期或急性重症肝炎时，继发于肝功能衰竭基础上的功能性肾功能衰竭，故又称为肝性功能性肾衰竭。急性重症肝炎有时也可引起急性肾小管坏死，也属肝肾综合征。

一、肝肾综合征的原因和分型

各种类型的肝硬化、重症病毒性肝炎、肝癌、妊娠性急性脂肪肝等均可导致肝肾综合征。大多数肝肾综合征一般并无器质性损害，如果肝病病情得到改善则肾功能可恢复，称为功能性肝肾综合征。如果持续时间较长，可由肾小管缺血、缺氧等原因，引起急性肾小管坏死，称为器质性肝肾综合征。

二、肝肾综合征的发生机制

（一）有效循环血容量减少

肝硬化后期大量腹水的形成或短时间内排放腹水，消化道大量的失血，利尿剂大剂量使用等均可使动物机体的有效循环血量明显减少。患病动物肝硬化后期，大量扩血管活性物质的作用，使外周血管广泛性扩张，同时门静脉高压会引起大量血液淤积于门静脉系统的血管内，也可使动物机体有效循环血量明显减少。

有效循环血量的减少，会引起交感-肾上腺髓质系统兴奋，儿茶酚胺类物质释放增多，引起肾小动脉收缩，使肾内血液流动重新分布，流经皮质肾单位的血流量明显减少，使肾小球的滤过率降低。而髓旁肾单位的血流量减少幅度较少，因而肾小管重吸收功能变化幅度不大。

（二）血管活性物质的作用

1. 肾素-血管紧张素-醛固酮系统激活　　肾血流量减少会引起肾素释放量明显增加，而肝功能严重障碍会导致肾素灭活减少。血液中肾素浓度的上升，可激活肾素-血管紧张素-醛固酮系统，引起肾血管显著收缩。而门静脉高压导致内脏血管扩张，血液滞留于内脏血管床，引起有效血容量不足，从而也会激活肾素-血管紧张素-醛固酮系统及交感神经系统兴奋，促进抗利尿激素分泌，最终肾内的血管扩张物质如前列腺素（prostaglandin，PG）、一氧化氮等不能抵消其作用，导致肾血管收缩、肾小球滤过率下降和肝肾综合征；同时还引起肝、脑、肾上腺和肌肉等血管收缩，加重相应组织器官的功能障碍。

2. 内皮素-1生成增多　　内皮素-1（endothelin-1，ET-1）具有收缩血管的作用，肝肾综合征患病动物体内ET-1生成增多，发生肝肾综合征时的内毒素血症、儿茶酚胺、组织缺氧等均可促进ET-1的生成增多。ET-1除可收缩血管外，也可刺激肾小球系膜细胞收缩，减少肾小球的滤过面积，引起肾小球滤过率下降。

3. 前列腺素生成减少　　肾可产生前列腺素类激素，其中PGA_2、PGI_2、PGE_2具有舒张血管的作用，血栓素A_2（thromboxane A_2，TXA_2）具有收缩血管的作用。在生理情况下，两者保持动态平衡以维持肾血管正常的舒缩功能。肝肾综合征患病动物体内前列腺素类激素减少，而TXA_2生成增多，导致肾血管收缩占优势。

4. 白三烯生成增多　　严重肝疾病时白三烯C_4（leukotriene C_4，LTC_4）、白三烯D_4（leukotriene D_4，LTD_4）生成明显增多，灭活和排泄减少。肾有较为丰富的白三烯受体，是主要的靶器官之一。白三烯生成增多可使肾血管收缩。

5. 激肽系统异常　　肝肾综合征患病动物体内血浆和尿液中检测不到缓激肽和激肽释放酶及其前体，表明发生肝肾综合征时，肾内缩血管物质（血管紧张素Ⅱ）活性增强，而舒血管物质（缓激肽）活性减弱，使肾血管收缩。

6. 内毒素生成增多　　肝硬化伴有肝肾综合征患病动物血浆中内毒素浓度明显升高，其升高与肌酐清除率、血清尿素氮密切相关。内毒素增多可促进白三烯和TXA_2的生成增加，从而引起肾血管收缩。

总之，肝功能严重障碍患病动物腹水和门静脉高压等原因，引起体内有效循环血量减少，导致肾血流量明显减少。同时交感-肾上腺髓质系统、肾素-血管紧张素-醛固酮系统被激活，促进肾血管收缩；肝功能严重障碍所致的内皮素、TXA_2等的生成增多或清除减少，使肾血管收缩，肾小球滤过率下降，促进肝肾综合征的发生、发展。

小　结

肝功能不全是指肝受到广泛性的损伤，肝功能衰竭一般是指肝功能不全的晚期阶段；

肝功能不全的原因包括生物性因素、中毒性因素、营养性因素、胆管阻塞及血液循环障碍；肝功能不全可分为急性肝功能不全和慢性肝功能不全，肝功能不全时动物机体的功能障碍主要包括代谢障碍、凝血与纤维蛋白溶解障碍、免疫功能障碍、生物转化功能障碍、胆汁分泌及排泄障碍、门静脉高压症及肝性腹水。肝性脑病是继发于严重肝疾病的神经精神综合征。肝性脑病发生机制的学说主要有氨中毒学说、假性神经递质学说、血浆氨基酸失衡学说及 γ-氨基丁酸学说。肝肾综合征分为功能性肝肾综合征和器质性肝肾综合征。

思 考 题

1. 试解释为什么把肝功能不全视为肝细胞与库普弗细胞功能严重障碍综合作用的结果。

2. 肝功能不全发生的原因包括哪几个方面？

3. 发生肝性脑病时血氨浓度升高的原因有哪几个方面？

4. 请你根据所学的知识，讨论如何防治肝性脑病。

5. 肝肾综合征发生机制包括哪几个方面的内容？

（周宏超）

第十八章　肾功能不全

肾是动物机体最重要的排泄器官，通过尿液的生成和排出，能够将动物体内代谢过程中产生的废物和其他毒物排出体外，以维持动物机体内环境（体液容量、有效渗透压、酸碱平衡和动脉血压等）的动态平衡。肾也是一个内分泌器官，可分泌多种生物活性物质，如分泌前列腺素及合成和释放肾素，参与动脉血压的调节；合成和释放促红细胞生成素，促进红细胞的生成；肾中的1α-羟化酶可使25-羟维生素D_3转化为1,25-二羟维生素D_3，从而调节钙的吸收和血钙水平。当肾发生损伤时，必然会导致动物尿量和尿质方面的改变，体内稳态平衡的破坏，继而可引起动物机体发生水肿、酸碱平衡紊乱等一系列病理过程，严重的可出现尿毒症，甚至死亡。

第一节　肾功能不全的原因和分类

当各种因素导致肾功能发生严重障碍时，会出现多种代谢产物、药物和毒物在体内蓄积，水、电解质和酸碱平衡紊乱，以及肾内分泌功能障碍的临床综合征，称为肾功能不全（renal insufficiency）。肾功能衰竭（renal failure）是肾功能不全的晚期阶段，两者之间只是程度上的差别，没有本质上的区别。

肾功能不全的原因可分为两大类：肾疾病（原发性），如急性和慢性肾小球性肾炎、肾结核、肾毒物引起的急性肾小管变性坏死，肾肿瘤和多囊肾等；肾外疾病（继发性），如全身性血液循环障碍（休克、心力衰竭、动脉硬化等），全身代谢障碍（糖尿病肾病、高尿酸血症肾病等），免疫缺陷性疾病或自身免疫性疾病（系统性红斑狼疮性肾病等），感染性疾病（钩端螺旋体病等），尿路疾患（尿路结石、肿瘤压迫等），其他因素（药物中毒、重金属中毒、药物过敏）等。

根据发病的急缓及病程的长短，通常将其分为急性肾功能不全（acute renal insufficiency，ARI）和慢性肾功能不全（chronic renal insufficiency，CRI）两种。一般而言，发生ARI时，由于机体来不及代偿，更容易引起代谢产物快速堆积而引起严重后果。大多数ARI是可逆性的，这与CRI的不可逆明显不同。

第二节　肾功能不全的基本发病环节

引起肾功能不全的因素很多，无论是肾内或肾外因素所致的肾功能不全，其基本发病环节主要表现在肾小球滤过功能、肾小管功能和肾内分泌功能障碍3方面，这些障碍可以单独发生，但在多数情况下是同时或相继发生。

一、肾小球滤过功能障碍

肾小球的滤过功能障碍主要表现在肾小球滤过率（glomerular filtration rate，GFR）降低。正常情况下，肾小球可以选择性地滤过水和小分子物质，但不允许血浆蛋白等大分子物质通过。在某些致病因子作用下，肾小球滤过率降低和肾小球毛细血管壁通透性增高均可导致肾小球的滤过功能障碍。

肾小球滤过率是指单位时间内肾小球滤过的血浆量，其大小取决于肾小球的滤过压、血流量、滤过面积和肾小球毛细血管通透性。

1. 肾血流量减少　　　正常动物机体流经肾的血液量为心输出量的20%～30%，其中95%流经皮质，5%流经髓质。粗短的肾动脉与腹主动脉相连，故全身血压对肾灌注压影响很大。当动脉压在一定范围内 [10.7～21.3kPa（80～160mmHg）] 波动时，可通过肾的自身调节（前列腺素系统），保持肾血流量不变。当休克、心功能不全大失血等时，动脉压显著降低 [6.7～9.3kPa（50～70mmHg）]，肾血流量失去自身调节，肾血管平滑肌收缩，肾血流量显著减少，肾小球滤过率随之降低。此外，急性肾小球肾炎、肾血管痉挛性收缩、血栓形成等导致肾小球毛细血管口径缩小，以及肾静脉淤血时，均可引起肾血流量减少，肾小球毛细血管压降低，导致肾小球滤过率降低，原尿生成减少。

2. 肾小球滤过压降低　　　肾小球的有效滤过压等于肾小球毛细血管血压减去血浆胶体渗透压和肾小球囊内压。当休克、脱水、大失血等原因所致全身动脉压下降时，肾小球的毛细血管压随之降低，使原尿生成减少；尿路梗阻，肾小管阻塞、肾间质水肿压迫肾小管时，或因肾小管、肾盂及输尿管等阻塞、受压时，肾小球囊内压升高，导致肾小球的有效滤过压降低。肾血流量下降、肾小球毛细血管血压降低或血浆胶体渗透压增加，肾小球滤过压下降，因而可致肾小球滤过率降低，原尿生成减少，动物出现少尿或无尿。

3. 肾小球滤过面积减少　　　肾的储备功能较大，摘除一侧肾使肾小球的滤过面积减少50%，另一侧肾往往可代偿其功能。当某些因素，如肾小球性肾炎、肾硬化、广泛性肾小球纤维化、肾毛细血管弥散性血管内凝血等致肾单位大量减少或功能极度减退时，肾滤过面积显著变小，肾小球滤过率降低，导致代谢产物和毒性物质在体内潴留，引发肾功能不全。

4. 肾小球毛细血管壁通透性增高　　　肾小球的滤过膜由毛细血管内皮细胞层、基底膜及肾球囊脏层上皮细胞层3层结构组成，其中基底膜是由足细胞（被覆于毛细血管外的肾小囊脏层上皮细胞）和毛细血管内皮细胞生成的。通过电镜观察发现，内皮细胞间有许多排列规正的圆形小孔，小孔直径为50～100nm，足细胞表面有大的突起，这些大的突起又伸出许多小的突起，小突起之间形成一定的裂隙。基膜和足细胞的缝隙间有一层富含黏多糖并带负电荷的薄膜。当足细胞上的小突起膨大或收缩时，可调节小突起之间裂隙的大小，借以控制滤液分子的通过，因此认为内皮细胞的小孔和足细胞小突起之间的裂隙及电荷屏障与血管通透性有关。

在急性肾小球性肾炎、缺氧、中毒（细菌毒素、酸性代谢产物、毒物等）、血液循环障碍时，肾小球滤过膜的内皮细胞肿胀，足细胞突起模糊、肿胀、空泡变性甚至消失，毛细血管壁出现裂缝或裂孔甚至整段坏死，以致肾小球滤过膜的通透性增高，使得在正常情况下不能通过的分子如血浆蛋白、球蛋白，甚至红细胞，可通过肾小球进入肾小管内，从尿中排出，引起尿液性状改变，出现不同程度的蛋白尿、血尿和尿中白细胞增多。持久的大量蛋白尿，可引起低白蛋白血症、全身性水肿等。

二、肾小管功能障碍

肾小管具有重吸收、排泌离子和酸化尿液等作用。影响肾小管功能的因素主要有：肾小管供血不足、毒物损伤肾小管上皮细胞、肾小管的溶质负荷过度增加及诸如抗利尿素、醛固酮等物质的作用等。在上述因素作用下，肾小管功能发生障碍时，会引起尿液和血液成分的改变。由于各段肾小管的结构与功能不同，故在不同部位发生病变时，其功能障碍的表现也各异。

1. 近曲小管功能障碍 近曲小管功能是重吸收肾小球滤液中几乎全部的葡萄糖、氨基酸和蛋白质，绝大部分的钾、钙和无机磷，以及大部分的水、钠、氯和尿素等。近曲小管重吸收功能障碍时，可导致上述物质在动物体内潴留，出现肾性糖尿、氨基酸尿、蛋白尿、磷酸盐尿、钠水潴留等。此外，近曲小管还具有排泌功能，可排泌对氨马尿酸、酚红、青霉素等，故其功能障碍时，也会引起上述物质潴留。

2. 髓袢功能障碍 髓袢包括降支和升支，通过逆流倍增作用造成肾髓质间质内的高渗环境，从而起到浓缩尿液的作用。一旦髓袢功能障碍，髓质间质高渗环境受到破坏，尿液浓缩发生障碍，临床上动物会出现尿量增多、尿比重偏低等症状。

3. 远曲小管和集合管功能障碍 远曲小管的功能是能排泌H^+、K^+和NH_4^+以与原尿中的Na^+交换，起到排酸保碱的作用。当远曲小管功能障碍时，肾不能排酸保碱，可导致电解质和酸碱平衡紊乱。集合管和远曲小管的关系密切，在终尿形成，尤其是浓缩中起重要的作用，因此当集合管功能障碍使尿液的浓缩受损时，临床可发生多尿。抗利尿素（antidiuretic hormone，ADH）可作用于集合管，从而调节尿量和尿的浓缩与稀释。如集合管对抗利尿素激素不反应时，就可发生肾性尿崩症。

4. 球-管功能失调 球-管功能失调主要是指肾小球的滤过率与肾小管的重吸收功能间的不平衡，可能是两者间的损伤程度和恢复程度不一致，常见的如肾小管的坏死或功能障碍较重，而肾小球的滤过率下降程度较轻（或恢复较快），因此肾小管的重吸收功能障碍明显，尿量明显增多。

三、肾内分泌功能障碍

肾可以合成、分泌、激活或降解多种激素和生物活性物质，在维持水、电解质、酸碱平衡，以及血压、红细胞生成和钙、磷代谢等中均有重要作用。因此，肾受损可影响内分泌功能，并引起机体一系列病理生理变化，如骨营养不良、高血压和贫血等。

（一）肾素-血管紧张素-醛固酮分泌增多

肾素（renin）主要是由肾小球球旁细胞合成和分泌的，它是一种蛋白水解酶，可催化血浆中的血管紧张素原（angiotensinogen）生成血管紧张素Ⅰ（angiotensin Ⅰ，Ang Ⅰ），再经肺等部位的转化酶作用而生成血管紧张素Ⅱ（angiotensin Ⅱ，Ang Ⅱ），后者在血管紧张素酶A的作用下，分解成血管紧张素Ⅲ（angiotensin Ⅲ，Ang Ⅲ）。血管紧张素Ⅱ、血管紧张素Ⅲ均具有明显的血管收缩、增加醛固酮分泌的作用，其中收缩血管作用，Ang Ⅱ＞Ang Ⅲ，促进肾上腺皮质分泌醛固酮作用，则Ang Ⅲ＞Ang Ⅱ。

肾素的分泌受交感神经、入球小动脉处的牵张感受器和体内钠量3方面的调节。当动物全身平均动脉压降低、脱水、肾动脉狭窄、低钠血症、交感神经兴奋等时，可通过牵张感受器、致密斑细胞（肾内钠感受器）及直接作用于球旁细胞β_2受体，引起肾素释放过多，继而可提高动物平均动脉血压，促进钠、水潴留。此外，肾素分泌还受血管紧张素、醛固酮和抗利尿激素（ADH）的反馈调节；高血钙、高血镁、低血钾等也可刺激肾素分泌。

（二）促红细胞生成素合成减少

促红细胞生成素（erythropoietin，EPO）有90%由肾（毛细血管丛、肾小球旁器、肾皮质和髓质）产生，是一种多肽类激素，与受体结合，可加速骨髓造血干细胞和原红细胞的分化、成熟，促进网织红细胞释放入血和加速血红蛋白合成。慢性肾病时，由于肾组织进行性破坏，EPO明显减少，因而可出现肾性贫血。

（三）1,25-二羟维生素D₃合成减少

维生素D_3的作用只有转化为具有活性的1,25-二羟维生素D_3（1,25-二羟钙化醇）才能实现。维生素D_3的活化过程需要肝和肾的参与，经食物摄入或皮肤合成的维生素D_3随血流进入肝，在肝细胞线粒体内经25-羟化酶作用，转化为25-羟维生素D_3（25-羟钙化醇）。25-羟维生素D_3经血流到达肾，经肾皮质细胞线粒体上的1α-羟化酶作用形成具有生物活性的1,25-二羟维生素D_3。1,25-二羟维生素D_3可促进小肠对钙、磷的吸收，促进骨骼钙、磷代谢，维持血钙稳态。肾是动物体内唯一具有1α-羟化酶的器官，也是唯一生成1,25-二羟维生素D_3的器官。当慢性肾衰竭时，由于肾实质损害，1α-羟化酶生成障碍，1,25-二羟维生素D_3生成减少，可发生低钙血症，是肾性骨营养不良的重要原因。

（四）激肽释放酶-激肽-前列腺素系统障碍

肾（尤其是近曲小管细胞）富含激肽释放酶，可作用于血浆α_2球蛋白（激肽原）而生成缓激肽。缓激肽可对抗血管紧张素的作用，促进小动脉扩张，使血压下降，同时还可作用于肾髓质乳头部的间质细胞，引起前列腺素释放。当激肽释放酶-激肽系统功能障碍时，前列腺素合成、释放减少，极易促进高血压的发生。

前列腺素（prostaglandin，PG）是由20个碳原子组成的不饱和脂肪酸，肾髓质间质细胞主要合成前列腺素E_2、I_2和F_2。PGE_2和PGI_2均可扩张血管、降低外周阻力、促进肾小管钠水排出，继而引起血压降低。因此，肾功能障碍、肾受损时，可使激肽释放酶-激肽-前列腺素系统障碍，缓激肽、前列腺素合成和释放减少，这可能是肾性高血压的另一个重要发病环节。

（五）甲状旁腺激素和促胃泌素灭活减少

肾可灭活甲状旁腺激素（parathyroid hormone，PTH）和促胃泌素，PTH具有溶骨和抑制肾对磷的重吸收作用。慢性肾衰竭时，由于这两种激素灭活减少，故易发生肾性骨营养不良和消化性溃疡。

第三节　急性肾功能不全

急性肾功能不全（acute renal insufficiency，ARI）是由各种病因所引起的肾泌尿功能

在短期内急剧降低，以致不能维持机体内环境的稳定性，从而出现水、电解质、酸碱平衡紊乱及代谢产物蓄积的综合征。临床常出现氮质血症、高钾血症和代谢性酸中毒。

一、急性肾功能不全的原因

引起急性肾功能不全的原因较多，大致有肾前性因素、肾性因素和肾后性因素3种。

（一）肾前性因素

肾前性因素主要是指引起肾有效循环血量减少或血流灌注不足的一些原因。常见的有：①创伤、外科手术、消化道出血、产后大出血。②剧烈的呕吐、腹泻、胃肠引流。③糖尿病、利尿剂使用不当、肾上腺皮质功能不全等及大量出汗、大面积烧伤等所致的细胞外液的大量流失。④严重心力衰竭、心肌梗死、严重心律失常、心包填塞所致的心输出量减少。⑤败血症、过敏性休克等所致的血管床容量扩张等。其他引起肾血流动力学改变的因素有阿司匹林等前列腺素合成抑制剂、卡托普利等血管紧张素转换酶抑制剂致出球小动脉扩张；血管收缩药物，如α-肾上腺素制剂（如去甲肾上腺素）等引起的肾自身的调节紊乱。

在正常情况下，即使肾血流量在一定程度上有所降低，但由于肾血管本身的自主调节能力，肾小球滤过率可维持不变，加之各种神经、体液因素，如抗利尿素、醛固酮等的作用，肾小管重吸收钠、水增加，尿量减少，从而起到一定的代偿作用。若有效循环血量减少、肾灌注不足超过了肾血管的自主调节能力或由于神经、体液因素，改变肾血流的自主调节活动（如肾血管收缩加强等），肾小球灌流减少，肾小球有效滤过压降低，会导致肾小球滤过率减少，机体终末代谢产物潴留，引起急性肾功能不全。这些患病动物的急性肾功能障碍多为功能性急性肾功能障碍，通常肾无器质性的病变，一旦肾灌注不足持续存在，可导致肾小管坏死，可发展至器质性的肾功能不全。

（二）肾性因素

肾性因素主要包括肾本身的一些器质性病变，或肾前性的病因未能及时处理使病情不断发展所致。通常将肾性因素所致的急性肾功能不全称为器质性肾功能不全。常见病因有急性肾小管坏死、各种原因导致的肾小球肾炎和间质性肾炎及肾血管的病变，其中急性肾小管坏死是引起急性肾功能不全的常见原因，占75%～80%。

引起急性肾小管坏死的原因有以下几种。

1. 肾缺血和再灌注损伤　　各类休克未及时抢救而发生持续的肾缺血或休克好转后的再灌注损伤，均可引起肾小管损伤，此时功能性的肾功能不全可转化为器质性的肾功能不全。

2. 肾毒物　　引起肾中毒的毒物主要有重金属（如汞、铅、锑、砷等）、磺胺类药物、抗生素（新霉素、卡那霉素、庆大霉素、多黏菌素和头孢菌素等）、某些有机毒物（如四氯化碳、氯仿、甲苯、甲醇、酚、四氯乙烯等）、杀虫药、动物毒素（如蛇毒）、植物毒素（如栎叶单宁、猪屎豆素）等，以及生物性病原引起的内毒素血症等。由于肾血流量大，具有浓缩尿的能力，因此当各种毒物经血流进入肾时，往往被滤过并浓缩，使肾组织中的浓度大大高于其他器官组织，尤其是肾小管内及血管周围的浓度高于其他组织。因此，肾小管细胞接触毒物的浓度比其他细胞更高，加上肾小管细胞的高代谢活动，故毒物对肾小管的损伤更为严重。

3. 肾小管阻塞　　血型不符的输血、葡萄糖-6-磷酸脱氢酶缺乏引起的溶血、创伤和外科手术引起的横纹肌溶解，肌红蛋白（挤压伤）和血红蛋白（各种原因所致的溶血）及内毒素均可直接损害肾小管，引起肾小管的上皮细胞变性和坏死。

4. 体液异常　　严重的低钾血症、高钙血症和高胆红素血症也可导致肾小管的损害。在许多病理条件下，肾缺血和肾自体中毒常同时或相继发生损伤作用。例如，肾自体中毒时，肾内可出现局部血管痉挛而致肾缺血；肾缺血也常伴毒性代谢产物的蓄积。

（三）肾后性因素

肾后性因素主要是指引起尿路不畅的因素，如两侧输尿管结石、血凝块堵塞、尿酸盐结晶堵塞、磺胺结晶堵塞等所致的尿路急性梗阻。无论肾内或肾外尿流受阻，均可引起肾小球囊内压升高，肾小球有效滤过压降低，从而使肾小球滤过率减少，导致急性肾功能不全。如及时解除梗阻，肾泌尿功能可很快恢复。

尽管急性肾功能不全的发病机制目前尚未完全阐明，但其发病的中心环节是肾小球滤过率的下降。临床和实验研究表明，在不同的患病动物及不同的条件下，急性肾功能不全可能是一种或一种以上病因和病理生理机制单独或共同作用的结果。

二、急性肾功能不全的发生机制

急性肾功能不全的发生机制非常复杂，至今尚未完全阐明。除临床观察和尸体解剖外，常利用实验动物模型来研究急性肾功能不全的发生机制。不同原因引起的急性肾功能不全的机制不尽相同，目前认为急性肾功能不全发生的主要环节是肾小球滤过率降低，肾的肾小管上皮、内皮细胞及系膜细胞的损伤是肾小球滤过率降低发生的病理生理基础。图18-1是急性肾功能不全的发生机制。

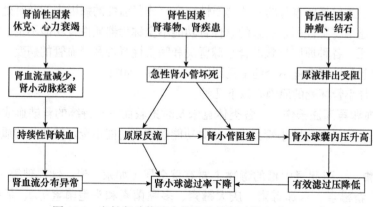

图 18-1　急性肾功能不全的发生机制（吴立玲，2014）

（一）肾血流量减少

持续的血管收缩使肾的血流量减少和肾小球滤过率降低是急性肾功能不全初期的主要

发病机制。

1. 肾血管收缩

（1）交感神经兴奋使儿茶酚胺增加而引起血管收缩　　疼痛、血容量减少和休克等都可以引起交感神经兴奋和儿茶酚胺的大量释放，造成肾皮质的血流量减少，而肾髓质的血流量变化不大。动物试验也证明，在肾动脉灌注肾上腺素后再做肾动脉造影，肾皮质血管不显影，而肾髓质血管显影，与急性肾功能不全时的血管改变相似。肾皮质呈缺血改变与肾皮质外 1/3 的入球动脉对儿茶酚胺的敏感有关。

（2）肾素-血管紧张素系统激活引起血管收缩　　很多学者认为肾素-血管紧张素是引起和维持肾血管收缩的主要因素。肾缺血和肾毒物使近曲小管对 Na^+ 的重吸收减少，到达远曲小管的 Na^+ 增多，后者刺激致密斑释放肾素，使肾素-血管紧张素系统激活，引起入球小动脉收缩。因肾皮质的肾素含量比肾髓质肾素含量丰富，所以肾内血液重新分布，使皮质肾单位缺血更甚，这就是管-球反馈调节，被普遍认为是肾内肾素-血管紧张素系统活性增加的可能机制。皮质肾单位血流减少还可使肾小球毛细血管压下降，导致肾小球的有效滤过压减少。

（3）前列腺素合成障碍引起血管收缩加剧　　肾是产生前列腺素的主要器官，肾皮质肾小球内皮细胞能合成 PGI_2，肾髓质间质细胞和集合管上皮细胞能合成 PGE_2，其作用均能使肾血管扩张。因此，肾内合成前列腺素的基本作用是调节肾血流量，减轻肾内缩血管物质对血管的收缩作用。在肾缺血时，前列腺素合成细胞受损，致使前列腺素合成分泌减少，肾血管收缩加剧。

（4）内皮素水平升高引起肾小球动脉收缩　　内皮素可引起肾入球小动脉和出球小动脉的收缩，对出球小动脉的作用更明显。急性肾功能不全情况下，血浆内皮素水平升高。缺血、缺氧的情况下，肾细胞膜上的内皮素受体结合内皮素的能力也明显升高。

2. 肾血管内凝血　　部分急性肾功能不全患畜有血小板数降低，凝血时间延长，纤维蛋白降解产物在血和尿中增加，尸检可见肾小管毛细血管内有微血栓形成。这些都提示肾内弥散性血管内凝血（DIC）可能在发病机制中起一定的作用。

3. 肾缺血-再灌注损伤　　肾是高血流量的器官，约占心输出量的 1/4，同时也是对缺血最敏感的器官之一。当缺血-再灌注损伤后，可产生大量的氧自由基，继而损伤血管内皮细胞，引起微血管的阻塞、肾小管的坏死，使肾血液灌流进一步降低。

4. 肾毛细血管内皮细胞肿胀　　肾缺血、缺氧及中毒时，肾细胞代谢受损，ATP 生成减少，Na^+、K^+-ATP 酶活性降低，细胞内钠、水潴留，细胞发生水肿肿胀；随着细胞肿胀的发生，特别是肾毛细血管内皮细胞肿胀，使得血管管腔变窄，血流阻力增加，肾血流量减少。

总之，肾血流量的减少在急性肾功能不全的发生、发展过程中起较为重要的作用，仅仅用肾血流量的变化还不能很好地解释急性肾功能不全发生的全过程。

（二）肾小管损伤

1. 肾小管阻塞　　一般认为肾小管阻塞可能是急性肾功能不全持续期时导致肾小球滤过率下降的重要因素。在异型输血、挤压伤等引起急性肾功能不全时，镜下可见坏死脱落的上皮细胞碎片、肌红蛋白、血红蛋白等所形成的管型阻塞肾小管，使原尿不易通过而引起少尿。同时肾小管管腔内压升高，有效滤过压和肾小球滤过率降低。实验表明，肾小管被管型阻塞是肾小球滤过率减少的结果，但本身又可促进肾功能的恶化。

2. 原尿回漏　　　正常近端肾小管可重吸收 3/4 的肾小球滤液及滤过的大部分溶质。在持续肾缺血和肾毒物作用下，肾小管上皮细胞变性坏死、脱落，原尿即可经受损的肾小管管壁反漏入肾间质，除直接造成尿量减少外，还可引起肾间质水肿，压迫肾小管，造成囊内压的升高，并压迫肾小管周围的毛细血管而加重肾缺血，形成恶性循环，进一步引起肾小球滤过率减少，导致少尿或无尿。受损肾小管上皮细胞的通透性增强，这在 14C-菊粉、辣根过氧化物酶显微穿刺直接注入的试验中得以证实。

（三）肾细胞损伤

1. 受损细胞种类及其特征

（1）肾小管上皮细胞　　　肾小管上皮的损伤包括坏死性损伤和凋亡性损伤。

坏死性损伤有两种形式：肾小管破裂性损伤和肾毒性损伤，前者表现为肾小管上皮细胞坏死、脱落，基膜受损，病变累及肾小管各段，呈异质性，可见于肾中毒和肾持续性缺血；后者主要累及近曲小管，肾小管上皮细胞呈大片状坏死，但基膜完整，主要见于肾中毒。

凋亡性损伤主要发生在肾中毒和肾缺血的病例，细胞凋亡明显增加，且常发生于远端肾小管，表现为微绒毛消失，细胞核染色质边集，核断裂，出现凋亡小体。

（2）内皮细胞　　　内皮细胞受损的特征主要有：内皮细胞肿胀，使血管管腔变窄，血流阻力增加；内皮细胞受损，促使血小板凝聚和微血栓形成；肾小管内皮细胞变小，影响超滤系数；内皮细胞释放舒血管因子减少而缩血管因子增多。

（3）系膜细胞　　　缺血和中毒促使机体释放的内源性活性因子（如血管紧张素、抗利尿激素等）及庆大霉素等外源性毒物，均可引起系膜细胞的收缩，导致肾小球血管阻力增加，滤过面积减小和滤过系数降低，进而促使肾小球滤过率（GFR）持续降低。

2. 细胞损伤机制　　　肾小管上皮细胞的功能活动依赖于细胞能量代谢和膜转运系统的完整，因此，代谢障碍和膜转运破坏是导致细胞损伤甚至死亡的主要机制。

（1）ATP 合成减少和离子泵失灵　　　缺血、缺氧时，缺少氧气和代谢的底物，引起线粒体功能障碍，致 ATP 合成减少，生物膜（细胞膜、线粒体膜和内质网膜）和离子泵（Na^+，Ka^+-ATP 酶、Ca^{2+}，Mg^{2+}-ATP 酶）失灵。缺血时产生大量的 ADP、细胞内酸中毒和某些肾毒物也可直接抑制离子泵的活性和使细胞膜的通透性增强，导致细胞内钠、水潴留，细胞肿胀和细胞内钙超载，形成恶性循环，导致细胞死亡。

（2）自由基增多　　　缺血-再灌注时体内自由基的产生增多和清除减少，有些肾毒物如氯化汞也可以促使自由基的产生增多。自由基可使血管内皮受损，引起微血管的阻塞和微血栓的形成，进一步导致肾内血流量减少，加重肾其他细胞的损伤。

（3）还原型谷胱甘肽减少　　　还原型谷胱甘肽重要的生理作用包括能清除自由基，保护细胞免受损伤；通过与膜蛋白反应维持膜蛋白中巯基/二硫化物的正常比例，确保生物膜功能的发挥。当肾缺血和肾中毒时，肾组织中的还原型谷胱甘肽明显减少，使细胞的抗氧化能力减弱，使生物膜的稳定性降低，细胞更易损伤。

（4）磷脂酶活性升高　　　当细胞内的 Ca^{2+} 增加和还原型谷胱甘肽减少时，磷脂酶 A_2

的活性升高，分解膜磷脂，使细胞骨架解体，释放大量的脂肪酸，其中花生四烯酸在脂加氧酶和环加氧酶的作用下生成前列腺素和白三烯，可影响血管张力、血小板的凝聚及肾小管上皮细胞的功能。

（5）细胞骨架结构改变　　细胞骨架在维持细胞的正常形态结构、功能和信息转导中均发挥重要作用。肾缺血和肾中毒时，由于ATP产生减少，细胞内骨架可以发生明显的改变，如调控微绒毛重吸收面积的肌动蛋白脱偶联，肌丝网与膜的连接破坏，锚蛋白与血影蛋白的相互作用发生改变，这些将导致细胞的主体结构及膜的极性发生异常，细胞膜面积减少和肾小管上皮的连续性破坏。

（6）细胞凋亡激活　　急性肾功能不全时肾小管上皮细胞凋亡明显增多，具有损伤和抗损伤的双重作用。促凋亡因子（如TNF）和抗凋亡蛋白（如$BclG_2$家族）之间的平衡发生变化后，在数分钟到数天的时间内，共同决定细胞的存活或死亡。

3. 细胞增生与修复机制

（1）缺血和缺氧的基因调节反应　　在缺氧$20\sim30min$，肾小管上皮细胞通过分子适应机制，上调或下调相关基因，包括编码糖酵解通路的各种酶、生长因子和产生各种局部血管活性物质的酶，如NO合酶、环加氧酶、血红素氧合酶等，进而扩张血管和清除毒物等而修复组织。

（2）应激蛋白的产生与激活　　热休克蛋白（HSP）广泛存在于肾小管细胞，缺血等应激反应时热休克因子迅速形成三聚体，并与DNA上的热休克成分结合，进而激活*HSP*基因的转录和蛋白质的合成。HSP主要通过它的分子伴侣发挥作用，使正常的细胞蛋白不受酶解，并使与其结合的Na^+，Ka^+-ATP酶、肌动蛋白和其他细胞骨架重新转移和修复到原来的位置。

（3）生长因子的作用　　在肾小管上皮细胞增生与修复中起作用的生长因子主要有上皮生长因子（EGF）、转化生长因子（TGF）、胰岛素生长因子（IGF）、血小板源性生长因子（PDGF）及成纤维细胞生长因子（FGF）等。它们与细胞膜特异性受体结合，激活细胞内酪氨酸激酶、丝裂原蛋白激酶或磷脂酰肌醇系统，促进细胞增生和组织修复。

（4）细胞骨架与肾小管结构的重建　　在急性肾功能不全恢复期，肾小管上皮细胞骨架间的连续性逐渐恢复，骨架的重构是膜极性恢复的重要前提。

一般来说，肾血流减少和肾小球滤过率降低是急性肾功能不全的主要发病机制，肾小管坏死所致的肾小管阻塞和原尿回漏是辅助因素。

三、急性肾功能不全时机体功能和代谢的变化

急性肾功能不全是一个发展变化的过程，临床上常将典型的急性肾功能不全分为少尿期、多尿期和恢复期3个阶段。

（一）少尿期

少尿期（oliguria phase）是病情最危险的时期，该期一般为$7\sim14d$。肾毒性药物所致者，少尿期较短，临床症状也较轻，预后较好。严重创伤等所致者，少尿期较长，临床症状较重，预后差。如果少尿期超过4周，常提示有广泛的肾皮质坏死、肾小球肾炎或其他伴随病变。引起少尿或无尿的原因主要有：肾血流灌注不足等所致的肾小球滤过率减少；

严重肾缺血或肾中毒而引起肾小管坏死时，肾小球滤液进入肾小管后，在坏死区域反漏入肾间质，造成少尿或无尿；肾间质出现水肿，致使肾小管受压萎陷，尿路不畅，尿量减少；由于肾小管上皮细胞受损，脱落入管腔或蛋白质等物质漏出，在肾小管内形成管型，造成肾小管机械性阻塞，也可导致少尿或无尿。一般认为，少尿期的主要病理变化表现如下。

1. 尿液质与量的改变　　主要表现为少尿、无尿和尿液性质的变化。一昼夜间尿量减少称为少尿，完全停止称为无尿。少尿时，往往尿液的比重高，故称为高渗尿。尿液性质的改变，通常表现为尿液成分的异常，如蛋白尿、血尿、血红蛋白尿及管型尿等。

（1）蛋白尿　　尿液中出现蛋白质，称为蛋白尿。正常时，肾小球毛细血管基膜只允许分子质量小于70kDa、分子半径小于3.5nm的物质透过，而血浆白蛋白［又称清蛋白（albumin，Alb）］分子质量为69kDa，半径为3.2nm，故原尿中含有少许清蛋白，但在通过肾小管时，又被吸收，因此终尿中蛋白质含量甚微。在肾功能不全时，由于缺氧、缺血、肾小球肾炎、重症传染病及中毒，肾小球毛细血管通透性增强，蛋白质大量漏出，加之生物性病原及毒物所致肾小管上皮细胞变性、坏死、脱落，致其对蛋白质的重吸收功能降低，而出现蛋白尿。此外，输尿管、膀胱及尿道发生炎症时，尿内也出现蛋白质。因其与肾泌尿功能无关，故又称为假性蛋白尿。

（2）血尿　　尿液中出现红细胞，称为血尿（hematuria）。急性肾功能不全时，由于肾小球毛细血管通透性显著增强，常伴发红细胞渗出或漏出而发生血尿。

（3）血红蛋白尿　　尿液中出现游离的血红蛋白，称为血红蛋白尿（hemoglobinuria）。伴有溶血，如焦虫病、锥虫病、马传染性贫血等病的肾功能不全时，血液中大量红细胞破坏，游离出血红蛋白，从肾小球滤出，并超过了肾小管对其重吸收的能力，出现血红蛋白尿。

（4）管型尿　　尿液中出现圆柱状或管型样物质，称为管型尿（cylinderuria）或圆柱尿。管型尿主要由蛋白质、脱落的上皮细胞、红细胞、白细胞及细胞碎片等在远曲小管和集合小管经酸化及浓缩后凝固而成。在急性肾功能不全时所出现的管型，因其组成成分不同，主要有透明管型（又称为蛋白管型，由蛋白质凝固而成，呈均质透明的玻璃样）、上皮管型（由脱落的形态较完整的上皮细胞所构成）、颗粒管型（由崩解的肾小管上皮细胞碎屑、尿酸盐及脂滴凝集而成，不透明，含有颗粒），此外有红细胞管型、白细胞管型、血红蛋白管型等。大量管型可阻塞肾小管，造成尿液淤积，加重少尿或无尿。

2. 氮质血症　　急性肾功能不全时血液中非蛋白氮（NPN）的含量增多，称为氮质血症（azotemia）。由于肾泌尿功能降低，不能有效排出蛋白质的含氮代谢产物，如尿素、尿酸、肌酸酐、氨基酸、氨等，以致血液中的非蛋白氮含量增高而形成氮质血症。肾功能检查一般包括血清尿素氮、血肌酐、血尿酸、β_2-微球蛋白、内生肌酐清除率等，其中血肌酐、血尿素氮、内生肌酐清除率是临床上检查常用的主要指标。血肌酐、血尿素氮同时出现提示肾病损伤程度加大，且一般到达肾纤维化形成期，治疗难度加大。内生肌酐清除率也能较准确地反映肾工作状况（正常值80～120ml/min）。一般来说，内生肌酐清除率低于参考值的80%以下者，则表示肾小球滤过功能减退；低至70ml/min者，为肾功能轻微损害；30～50ml/min者，为中度损害；30ml/min以下者，为重度损害。

3. 肾性水肿　　急性肾功能不全时，由于少尿或无尿，特别是肾前性因素所致的肾小球滤过率降低时，肾小管无损伤而具有重吸收钠的能力，且高分解代谢状态又致内生水增多，极易引起钠、水在软组织中蓄积而发生水中毒或水肿。因此，如不适当地限制水分的摄入，可加重水肿或水中毒的发生。严重时，可出现脑水肿、肺水肿和心力衰竭等后果。

4. 代谢性酸中毒　急性肾功能不全时，由于肾小球滤过率降低，酸性代谢产物（如硫酸、磷酸和有机酸等）排出障碍，同时肾小管分泌氢离子、产氨及重吸收碳酸氢根功能丧失，酸性代谢产物在体内积聚和血碳酸氢盐浓度降低，因而易发生代谢性酸中毒。这种酸中毒常为进行性，且不易彻底纠正，临床上表现为软弱、嗜睡，甚至昏迷、心肌收缩力降低、血压下降，并可加重高钾血症。

5. 电解质紊乱　急性肾功能不全时，可导致高钾血症和低钠血症、低钙血症和高磷血症及高镁血症和低氯血症。

（1）高钾血症和低钠血症　高钾血症是急性肾功能不全最严重的并发症之一。其引起的原因和机制首先是尿量减少，单位时间内肾排出钾的量下降；其次是组织细胞破坏后，细胞内大量的钾释放入血；最后是代谢性酸中毒发生时，为纠正酸中毒，细胞内大量的钾离子向细胞外转移，从而导致血中钾的含量升高。低钠血症由于水、钠潴留而被冲淡，或随水转入软组织和细胞内，并非体内钠的减少。高钾血症可引起心律失常、心室纤维性颤动，甚至心脏停搏而死亡。低钠血症常伴发低氯血症，一般无临床症状，严重时可引起中枢神经系统功能紊乱，表现为全身无力、嗜睡，甚至惊厥、昏迷等。

（2）低钙血症和高磷血症　高磷血症是由于肾排磷功能受损，单位时间内排出磷减少。一般认为低钙血症继发于高磷血症，其机制可能是血磷过多时，不能从肾排出，改为由肠道排出，并在肠道内形成不溶性磷酸钙而影响吸收所致。低钙血症可加重高钾血症对心脏的毒性，同时可引起神经、肌肉的兴奋性升高，动物常发生抽搐。

（3）高镁血症和低氯血症　正常情况时，过剩的镁由肾排泄。急性肾功能不全时，排尿减少，可导致镁的排出减少，因而出现高镁血症。低氯血症常伴发低钠血症，其机制主要是水潴留使血浆中氯的浓度被稀释。此外，有的动物发生急性肾功能不全时，会出现呕吐、腹泻或大汗淋漓，可导致钠和氯的丢失过多，血液中氯的含量降低，从而出现低氯血症。血镁升高可引起中枢神经系统、心肌的抑制。

（二）多尿期

患畜度过少尿期后，进入多尿期（diuretic phase）。多尿期尿量的多少与少尿期体内蓄积的水分和尿素等含量有关。多尿的发生与以下几种因素有关：肾的血流量和肾小球滤过率开始恢复；新生的肾小管上皮尚不成熟，重吸收功能低下；肾间质水肿消退，肾小管内的管型被冲走，阻塞解除；少尿期滞留在血中的尿素等代谢产物经肾小球大量滤出，增加原尿的渗透压，引起渗透性利尿。从多尿期开始，肾小球滤过率就有所恢复，但总的肾小球滤过率仍然明显低于正常，因此内环境紊乱仍持续存在，清除体内过多蓄积物质的能力尚未恢复正常，氮质血症无明显减轻，甚至尚可继续加重。通常多尿期开始后2周，肾小球滤过率和内环境紊乱才明显改善或基本正常。但由于肾小管功能仍未完全恢复，动物会因尿量增多出现脱水、低钠血症、低钾血症及低镁血症等水、电解质紊乱，动物抵抗力及适应力明显低于正常，因而易发生感染、抽搐及心血管功能紊乱等疾病，甚至死亡。该期一般约为2周，可进入恢复期。

（三）恢复期

多尿期与恢复期（recovery phase）一般无明显的界线。多尿期后，患病动物肾功能显著改善，新生的肾小管上皮细胞建立了重吸收和分泌功能，体内蓄积的代谢产物及有毒物质逐渐随尿液排出体外，水、电解质失调得以纠正，尿量逐渐恢复正常。本期预后较好，多数病例可较快恢复。如果肾功能不全时伴发了严重的并发症或多器官功能障碍，则恢复较慢，预后较差。

四、急性肾功能不全防治的病理生理学基础

（一）积极治疗原发病或控制致病因素是防治急性肾功能不全的基础

首先是要明确导致急性肾功能不全的原因或原发病，采取积极有效的措施消除病因、治疗原发病。例如，解除尿路阻塞，纠正血容量不足，畅通肾血管，抗休克等；合理用药，尽量选择使用对肾无或小毒副作用的药物。

（二）纠正内环境紊乱是治疗急性肾功能不全的关键措施

1. 纠正水、电解质紊乱　　在少尿期，因钠、水潴留，应严格控制输液量，以防水中毒发生。在多尿期，由于大量尿液排出，电解质随尿液排出过多，应注意补充水和钠、钾等电解质，防止动物发生脱水、低钠血症和低钾血症。

2. 及时处理高钾血症　　限制含钾丰富的饲料和药物；适当使用钾拮抗剂；注射葡萄糖和胰岛素，促进细胞外K^+内流。

3. 纠正代谢性酸中毒　　参见第九章酸碱平衡紊乱。

4. 控制氮质血症　　滴注葡萄糖以减轻蛋白质的分解；使用促进蛋白质合成、降低尿素氮产生速度和肾小管上皮再生的药物，如必需氨基酸等。

（三）抗感染和其他辅助治疗可提高急性肾功能不全的治疗效果

1. 抗感染治疗　　急性肾功能不全时，动物机体抵抗力低，易于合并感染，且感染也是急性肾功能不全发生的常见原因之一，因此要加强抗感染治疗。在治疗中，应选择对肾无或小损伤的抗感染药物，避免肾毒性。

2. 加强护理　　补充营养，提供易消化吸收的饲料，以利于损伤细胞的修复和再生。

3. 针对发生机制用药　　可适当使用针对发生机制的药物如自由基清除剂、膜稳定剂、能量合剂等。

第四节　慢性肾功能不全

慢性肾功能不全（chronic renal insufficiency，CRI）是由各种慢性肾疾病引起肾单位慢性进行性、不可逆性破坏，以致残存的肾单位不足以充分排除代谢废物和维持内环境稳定，导致严重的代谢紊乱及其他损害所组成的临床综合征，主要表现在体内代谢产物及有毒物质潴留、肾排泌及调节功能的减退、水与电解质代谢紊乱、肾素及红细胞生成酶的分泌发生障碍等。如不及时有效治疗，患畜可因尿毒症而死亡。

一、慢性肾功能不全的原因

引起慢性肾功能不全的病因较多，一般来说，凡是能造成肾实质破坏的疾患均能引起慢性肾功能不全。其主要病因可概括为3类：第一类是肾本身的病变，如慢性肾小球肾炎、慢性间质性肾炎、肾结核等慢性肾感染性疾患；第二类是继发于其他全身性疾病，如高血压及动脉硬化、糖尿病性肾病、系统性红斑狼疮、各种类型的血管炎、痛风，以及慢性尿路梗阻如肾结石、双侧输尿管结石、尿路狭窄、肿瘤等；第三类是先天性的肾病变，最常见的是多囊肾。

二、慢性肾功能不全的发展过程

由于肾具有强大的代偿能力，能引起慢性肾功能不全的各种疾病并非短期内导致肾功能障碍，而是一个缓慢而渐进的过程，临床上根据肾功能受损程度不同，将其分为4个期：肾储备功能降低期、肾功能不全期（或氮质血症期）、肾衰竭期和尿毒症期，具体的临床表现见表18-1。

表18-1 慢性肾功能不全的发展阶段和临床表现

发展阶段	内生肌酐清除率	氮质血症	临床表现
肾储备功能降低期	正常值的 30% 以上	无	肾排泄和调节功能可维持内环境的稳定，临床上无或有轻度症状，如乏力、轻度贫血等
肾功能不全期	下降至正常值的 25%~30%	轻度或中度	内环境紊乱，出现血钙降低、血磷升高、代谢性酸中毒、多尿、夜尿、贫血等
肾衰竭期	下降至正常值的 15%~25%	中度或重度	出现严重贫血、尿毒症的部分中毒症状、恶心、呕吐、腹泻、水、电解质及酸碱平衡紊乱趋严重
尿毒症期	下降至正常值的 15% 以下	重度	出现肾毒性脑病、多器官功能紊乱、全身性严重中毒症状

资料来源：金惠铭和王建枝，2008

三、慢性肾功能不全的发生机制

慢性肾功能不全的发生机制较为复杂，任何单一学说都有其相对的合理性，但又不能较为全面地解释其所有的表现，故只能从多因素综合考虑，才能更为全面地认识慢性肾功能不全的发病机制。目前主要有"健存"肾单位学说（intact nephron hypothesis）、矫枉失衡学说（trade-off hypothesis）、肾小球过度滤过学说（glomerular hyper-filtration hypothesis）等。

（一）"健存"肾单位学说

"健存"肾单位学说是1960年由Bricker提出的，即当肾病变严重时，大部分肾单位毁损，残存的或损伤较轻微的肾单位称为"健存"肾单位。在大量的肾单位被破坏、功能消失后，这些健存的肾单位则通过代偿性肥大，增强其功能来进行代偿，以补偿被毁坏了的肾单位功能，维持机体内环境的稳定。随着病变的进展，"健存"肾单位即使加倍工作也无法代偿时，就出现慢性肾功能不全的症状。由于肾有很大的代偿和储备能力，代偿期可持续相当长时间，临床上也无明显的症状。

（二）矫枉失衡学说

20世纪60年代末到70年代初，Bricker等根据对慢性肾功能不全的一系列临床和实验研究，提出了矫枉失衡学说，即慢性肾疾病后期，肾排泄功能下降，机体会出现某些代谢异常，导致体内溶质增多。机体通过代偿活动矫正这些溶质使其恢复正常，从而维持内环境稳定。这种代偿的机制主要是通过激素调节下的肾单位活动改变发挥作用，即体内溶质增多可引起特异的调节，使激素分泌增加。但是这些激素除调节肾单位功能活动外，还可引起机体其他功能、代谢改变，如肾小球滤过率进一步下降，尿磷排出减少，血磷升高，随之血钙降低，导致甲状旁腺素分泌增多等。这种情况持续下去，不仅加重了内环境紊乱，而且可引起多器官功能失调，加重慢性肾功能不全的发展，甚至出现尿毒症，从而导致动物死亡。

（三）肾小球过度滤过学说

20世纪80年代初，Brenner等在5/6肾切除大鼠上，应用微穿刺研究证实残余肾的单个肾单位肾小球滤过率（single nephron GFR，SNGFR）增高（高滤过）、血液流量增高（高灌注）和毛细血管跨膜压增高（高压力），即著名的"三高学说""肾小球高滤过学说"或"肾小球过度滤过学说"，即当"健存"肾单位为了代偿被毁坏的肾单位功能时，不得不增高肾小球血液灌注及滤过率来代偿，如长期过度负荷，便可导致肾小球硬化，肾单位过度滤过而肥厚，出现继发性破坏，最终导致"健存"肾单位越来越少，代偿失调，内环境紊乱乃至多器官功能失调，出现肾功能不全。

应当指出：上述3种学说是相互关联的，其中"健存"肾单位学说是矫枉失衡学说的基础，而肾小球过度滤过学说又是矫枉失衡学说的补充和发展。在慢性肾功能不全的慢性进程中，可能3种机制都参与，也可能以某种为主。

四、慢性肾功能不全时机体功能和代谢的变化

慢性肾功能不全动物可出现较为明显的功能和代谢的变化，主要包括泌尿功能障碍，水、电解质和酸碱平衡紊乱，氮质血症，肾性贫血，尿毒症等改变。

（一）泌尿功能障碍

慢性肾功能不全时，尿液的变化主要为尿量增多、低比重尿、低渗透压尿及出现蛋白尿、管型尿等。其中尿量的增加是因为残存肾单位血流量增多，单个肾单位滤过率代偿性增加及肾小管因慢性炎症而扩张，致使肾小管重吸收功能相对降低。低比重尿和低渗透压尿常常出现在慢性肾功能不全的早期，它是肾浓缩尿液的功能减退及稀释功能正常的结果。当病情进一步发展时，肾浓缩和稀释功能均丧失，尿液的渗透压与血浆的渗透压接近，可能出现所谓的等渗尿。此外，由于肾小球毛细血管壁通透性增强，滤出蛋白质增多，加之肾小管重吸收蛋白质的能力下降，故临床上可出现蛋白尿，甚至血尿、管型尿等。一旦肾单位破坏严重，仍可发生少尿。

（二）水、电解质和酸碱平衡紊乱

慢性肾功能不全早期，肾浓缩稀释功能和肾小球滤过功能即有损害，但因为肾具有较

大的代偿功能，所以尚可维持机体的内环境稳定和水、电解质的平衡。随着肾单位的不断丧失，"健存"肾单位即使发挥最大的代偿能力，也不能维持机体内环境的稳定，最终出现水、电解质的紊乱及酸碱平衡失调。

1. 水代谢紊乱　由于肾小管对水、钠的重吸收减少，多尿，故有脱水倾向。若补水不及时，可发生脱水；若补水过多，因肾排水能力有限，不能将过多的水分排出体外，易导致水在体内潴留及水肿。因此在临床治疗过程中，应做到定时定量补水。

2. 电解质代谢紊乱　由于肾对钠浓度的调节能力下降，重吸收减少及多尿，钠、钾可随尿液排出而发生低钠血症、低钾血症，还会出现高镁血症、高磷血症和低钙血症等。

（1）低钠血症、低钾血症和高镁血症　慢性肾功能不全时，大量的钠离子随尿丢失，可导致低钠血症。发生机制有：①长期使用利尿剂，抑制肾小管对钠的重吸收，导致大量钠自尿丢失。②肾上腺皮质功能低下时，由于醛固酮分泌不足，肾小管对钠的重吸收减少。③慢性间质性肾炎时，肾髓质的破坏不能维持正常的渗透压梯度和导致髓袢升支功能受损等，使钠随尿排出增加。慢性肾功能不全时，通常早期易发生低钾血症，机制可能有：①厌食或摄食不足。②呕吐、腹泻使钾丢失过多。③长期应用排钾利尿剂，使尿钾排出增多。晚期也可发生高钾血症，机制大致有：①尿量减少而排钾减少。②长期应用保钾类的利尿药。③酸中毒。④感染使分解代谢增强。⑤溶血。⑥含钾饮食或药物摄入过多。慢性肾功能不全晚期伴少尿时，镁排出障碍，易引起高镁血症。

（2）高磷血症和低钙血症　慢性肾功能不全的早期，由于肾小球的滤过率降低，肾排磷减少并在血中蓄积，引起血磷暂时性升高并致血钙降低，后者刺激甲状旁腺，引起甲状旁腺激素（parathyroid hormone，PTH）分泌增多。PTH可抑制"健存"肾单位肾小管对磷的重吸收，使肾排磷增多，血磷可恢复正常。因此，早期不发生血磷升高。但随着病情的发展，"健存"肾单位的进一步减少，PTH分泌增多已不能维持磷的充分排出，导致血磷显著升高，出现高磷血症。由于血液中钙、磷浓度之间有一定的关系，血液中钙、磷浓度乘积为一常数，血磷升高，血钙就降低；血磷升高的同时，肠道分泌磷酸根增多，在肠道内与食物中的钙结合，形成不易溶解的磷酸钙从而妨碍钙的吸收，以及肾近曲小管上皮细胞对25-羟维生素D_3羟化功能发生障碍，使肠系膜对钙的吸收进一步降低。PTH同时增加溶骨过程，使血磷进一步升高，形成恶性循环。

3. 酸碱平衡紊乱　慢性肾功能不全时，PTH增多或间质受损可抑制肾小管上皮内碳酸酐酶活性，使近曲小管重排氢和重吸收碳酸氢盐减少，同时肾小管合成氨的能力下降，泌氨减少，动物机体酸性代谢产物（如硫酸盐、磷酸盐等）排出减少而潴留在体内，故慢性肾功能不全所引起的酸碱平衡失调主要是代谢性酸中毒。轻度酸中毒临床上可无明显症状，中度以上代谢性酸中毒可出现呼吸加深加快等临床症状，严重时可致中枢神经系统代谢紊乱。

（三）氮质血症

在初期，由于"健存"肾单位的代偿，一般血液中非蛋白氮含量不升高，但晚期可出现氮质血症，临床上通常以血浆尿素氮、血浆肌酐浓度及血浆尿酸浓度的变化来衡量病情的严重程度。

（四）肾性贫血

慢性肾功能不全晚期常伴随贫血，且贫血程度和肾功能损害程度一致。由于肾组织进行性破坏，肾产生的红细胞生成酶减少，以致促红细胞生成素也减少，导致骨髓红细胞生成减少；血浆中过多的毒性物质，如甲基胍、精胺、PTH、核素酶等抑制血红蛋白的合成和红系干细胞的增殖；体内潴留的尿毒素对红细胞的损伤，使红细胞破坏增多，同时机体厌食呕吐使营养物质吸收减少，从而导致动物出现贫血。

五、慢性肾功能不全防治的病理生理学基础

（一）积极治疗原发病和去除加重肾损伤因素可延缓肾实质进行性破坏

及时治疗引发慢性肾功能不全的原发病如慢性肾小球肾炎，可阻止肾实质的进一步破坏，减缓肾单位的继续损伤，有利于改善肾功能。去除加重肾损伤因素如抗感染治疗，控制高血压和糖尿病，避免使用肾损伤药物，及时纠正水、电解质和酸碱平衡紊乱等均可有效控制肾进一步损伤，改善临床症状，延缓疾病进程。

（二）防治并发症

其主要包括：控制高血压；防止心力衰竭的发生；治疗肾性贫血；控制钙磷代谢平衡、电解质平衡、酸碱平衡；抗纤维化等。

（三）加强护理

关键是蛋白质摄入量及成分的控制，采用低蛋白高热量日粮，减少非蛋白氮产生，提供充足能量。

第五节　尿　毒　症

尿毒症（uremia）是急性和慢性肾功能不全最严重的表现。其是由于动物肾单位被大量破坏，体内的代谢产物和内源性毒性物质在体内大量潴留，并有水、电解质和酸碱平衡严重紊乱，以及某些内分泌功能严重失调，由此出现的全身性功能和代谢严重障碍，从而引起一系列自体中毒症状的综合病理过程。动物尿毒症可表现出神经、心血管、消化、呼吸等系统出现功能障碍及代谢变化。根据血液中非蛋白氮含量升高与否，可将尿毒症分为真性尿毒症和假性尿毒症。尿毒症时，血液中非蛋白氮含量明显升高，称为真性尿毒症；若肾功能不全时，血液中非蛋白氮的含量不升高，从而出现一种以神经症状为主的尿毒症，称为假性尿毒症。

一、尿毒症的发生机制

尿毒症的发病机制非常复杂，除与水、电解质、酸碱平衡紊乱及某些内分泌障碍有关外，还与体内许多蛋白质代谢产物蓄积有关，其中有些代谢产物是有毒的，可以引起尿毒症的某些症状，但尚无一种毒物可以引起尿毒症的全部症状。因此尿毒症的发病是多种因

素综合作用的结果。

目前已从尿毒症患畜血中分离到200余种代谢产物，其中部分代谢产物具有毒性作用，可引起尿毒症症状，称为尿毒症毒素（uremia toxin）。下面介绍几种常见的尿毒症毒素。

1. 甲状旁腺激素 甲状旁腺激素（PTH）分泌增多是尿毒症患畜内分泌紊乱的主要表现，目前认为PTH是引起尿毒症的主要毒素。几乎所有尿毒症患畜都有继发性甲状旁腺功能亢进，因而几乎都有PTH增多。尿毒症时出现的许多症状和体征都与PTH增多有关。引起PTH分泌增多的原因有肾清除、降解PTH减少及低血钙刺激PTH分泌增多。PTH增高可使细胞内钙含量增多，引起线粒体功能障碍，导致细胞死亡。PTH分泌增多能引起尿毒症的大部分病理变化与临床表现：①肾性骨营养不良。②软组织钙化与坏死。③皮肤瘙痒（切除甲状旁腺后可减轻）。④刺激胃泌素和胃酸分泌并促进溃疡形成。⑤促进钙进入神经膜细胞或轴突，造成神经损害和尿毒症痴呆。⑥促进蛋白质分解加强，使非蛋白氮升高、高脂血症与贫血等。因此，有人认为PTH是尿毒症的主要毒性物质之一。

2. 胍类化合物 在尿毒症患畜的血液中，各种胍类化合物的含量增多，其中最受重视的是甲基胍，其次为胍基琥珀酸。胍类化合物是体内精氨酸的代谢产物，其含量仅次于尿素。甲基胍由肌酐氧化而来，正常动物血浆中甲基胍含量甚微，约为80μg/L，患尿毒症时可上升达6000μg/L。肌酐清除率越低，血浆肌酐浓度越高，血浆甲基胍含量也越高。甲基胍毒性最强，动物大剂量注射甲基胍可引起类似尿毒症表现。

正常情况下，精氨酸主要在肝经鸟氨酸循环生成尿素、胍乙酸和肌酐。肾功能衰竭时，精氨酸易和门冬氨酸在天冬氨酸精氨酸脒基移换酶的作用下，生成胍基琥珀酸。胍类化合物能抑制大部分酶的活性，并使氧化磷酸化脱偶联而抑制线粒体呼吸；可使红细胞寿命缩短，并可抑制红细胞中铁的转换，可引起溶血，故与贫血有关；其浓度增高可引起恶心、呕吐、腹泻、嗜睡、贫血及心律失常等。胍基琥珀酸能抑制脑组织转酮醇酶活性而影响脑功能；还可引起血小板减少，抑制血小板聚集，导致出血倾向。近年来认为胍类化合物是引起尿毒症的主要毒性物质之一。

3. 中分子物质 中分子物质是指分子质量为0.5～5kDa的一类物质，其化学本质还没确定，它包括代谢过程中产生的多肽类物质、细胞或细菌碎裂产物等。实验证明，此类物质与尿毒症时的外周神经变性、贫血、糖耐量降低、免疫功能减退等变化有关，在体外对成纤维细胞增生、白细胞吞噬作用、淋巴细胞增生及细胞对葡萄糖利用等有抑制作用。由于中分子毒性物质能透过腹膜而不能透过血液透析时所用的赛璐珞膜，因此在临床上除重视腹膜透析外，还加强了新型血透膜的研究，研制能较好清除中分子毒性物质的血透膜，提高了血液透析的效果。

4. 其他毒性物质

（1）尿素 尿素（urea）是机体内蛋白质代谢的主要终末产物。高浓度尿素可引起厌食、头痛、恶心、呕吐、糖耐量降低和出血等症状。其毒性作用与其分解产物氰酸盐有关，氰酸盐与蛋白质作用后产生氨基甲酰衍生物，破坏细胞或酶（如单胺氧化酶、黄嘌呤氧化酶等）的活性，使胍基琥珀酸产生增多，影响细胞功能。突触膜蛋白发生氨基甲酰化后，中枢神经系统的功能受损，产生头痛、嗜睡等症状。值得注意的是，尽管尿毒症的临床症状与血中尿素氮浓度并不平行，但尿素的长期作用和持续高浓度仍是尿毒症不可忽视的致病因素。

（2）酚类化合物　　酚类化合物是芳香族氨基酸在肠道细菌作用下产生的，经肝解毒后，通过肠和肾排出。当肾衰竭时，可出现血中酚类含量增高。酚类（如甲酚）能促进溶血，抑制血小板聚集，并对中枢神经系统有抑制作用，可引起昏迷。

（3）胺类　　胺类包括脂肪族胺、芳香族胺和多胺。脂肪族胺（如甲胺）可引起肌阵挛、扑翼样震颤和溶血，还可抑制某些酶的活性。芳香族胺（如苯丙胺、酪胺）可抑制脑组织的氧化作用、琥珀酸的氧化过程、谷氨酸脱羧酶及多巴羧化酶的活性。多胺是氨基酸代谢产物，包括精胺、精脒、尸胺和腐胺，可引起厌食、呕吐、溶血、共济失调、抽搐等，抑制 Na^+，K^+-ATP 酶活性，还可增强微血管壁通透性，促进肺水肿、脑水肿的发生。

（4）铝　　由于长期使用含铝的抗酸剂或透析液，铝摄入增加、排出减少，铝在体内潴留。铝的增高可抵抗维生素 D 作用，引起骨软化、骨痛和病理性骨折，骨愈合率下降，铝还能抑制亚铁氧化酶，引起缺铁性贫血。

（5）假毒素　　尿毒症患畜血浆中许多物质含量比正常人高，一些只在远远超过尿毒症浓度时有毒，另一些无毒或毒性还未确认，统称为假毒素。假毒素潴留的原因可能与产生过多、肾排泄和降解功能丧失、代谢异常等有关，也可能是多因素综合作用的结果。常见的可能的假毒素有核苷、脂肪族氨基酸、吲哚类等代谢产物，以及糖衍生物肌醇、甘露醇、三梨糖醇、大分子多肽核蛋白等。

二、尿毒症时机体功能和代谢的变化

尿毒症期，除上述水、电解质、酸碱平衡紊乱，贫血，出血倾向，高血压等进一步加重外，还可出现各器官系统功能障碍及代谢障碍所引起的临床表现。

（一）神经系统变化

中枢神经系统功能紊乱是尿毒症的主要表现，有头痛、头昏、烦躁不安、注意力不集中等，严重时出现神经抑郁、嗜睡甚至昏迷，称为尿毒症性脑病（uremic encephalopathy）。神经系统功能障碍的机制尚不清楚，可能与下列因素有关：①某些毒性物质的蓄积引起神经细胞变性。②电解质和酸碱平衡紊乱。③肾性高血压所致的脑血管痉挛，缺氧和毛细血管通透性增强，可引起脑神经细胞变性和脑水肿。④Na^+，K^+-ATP 酶和钙泵等活性降低。⑤神经递质释放障碍。由于尿毒症毒素的蓄积，尤其是中分子物质可引发周围神经病变，常为多发性的周围神经功能普遍丧失。其特征是从远端向近端发展，先感觉后运动再混合性神经功能损害，表现有乏力、肢端麻木、刺痛和烧灼感、腱反射减弱或消失，患畜常有疼痛或瘙痒，在夜间尤其严重，但运动后可消失。因患畜常活动腿，故又称为不宁腿综合征（restless leg syndrome）。

（二）消化系统变化

尿毒症患畜的胃肠道受损害较多见，最早出现的症状是食欲不振，以后逐渐可出现厌食、恶心、呕吐、口腔黏膜溃疡、腹泻或消化道出血。这些症状的发生可能与肠道细菌的尿素酶分解尿素，产氨增多，刺激胃黏膜产生炎症甚至溃疡有关；此外，由于肾实质破坏，胃泌素灭活减少，再加上 PTH 增多又可刺激促胃泌素释放，胃肠道黏膜也可发生溃疡。

（三）心血管系统变化

尿毒症患畜80%以上伴有心血管的损害，是尿毒症的重要死因，主要表现为多种心血管损害，如动脉粥样硬化、高血压、缺血性心脏病、尿毒症心肌病、充血性心力衰竭和心律失常，晚期可出现尿毒症心包炎。心血管功能障碍是肾性高血压，酸中毒，高钾血症，水、钠潴留，贫血及毒性物质等作用的结果。尿毒症心包炎多为纤维素性心包炎（尿素、尿酸渗出所致），患畜有心前区疼痛，临床检查时可闻及心包摩擦音。

（四）呼吸系统变化

尿毒症时可出现酸中毒，使呼吸加深加快，严重时出现潮式呼吸、库斯莫尔呼吸（Kussmaul respiration）。这是由于尿素经唾液酶分解生成氨，故呼出气可有氨味。患畜严重时可发生尿毒症肺炎、肺水肿、纤维素性胸膜炎或肺纤维化、钙化等病变。肺水肿、心力衰竭的发生与低蛋白血症及钠、水潴留等有关。纤维素性胸膜炎是尿素刺激引起的炎症；肺钙化是磷酸钙在肺组织内沉积所致。患畜可出现呼吸困难、咳泡沫痰，两肺可闻及干、湿啰音等。

（五）免疫系统变化

尿毒症常并发免疫功能障碍，患畜体液免疫变化不大，以细胞免疫异常为主，如血中T淋巴细胞绝对数降低、迟发型皮肤变态反应减弱、中性粒细胞趋化作用降低，故尿毒症患畜常有严重感染，并成为主要死亡原因之一。细胞免疫功能异常可能与毒性物质抑制了淋巴细胞的分化和成熟，或者对淋巴细胞产生直接毒性作用等有关。

（六）皮肤变化

患畜常出现皮肤苍白或呈黄褐色，瘙痒、干燥、脱屑等，其中瘙痒可能与毒性物质刺激皮肤感觉神经末梢及继发性甲状旁腺功能亢进所致皮肤钙沉积有关。尿素随汗液排出，在汗腺开口处形成的细小白色结晶，称为尿素霜。

（七）内分泌系统变化

尿毒症可产生多种内分泌的紊乱，除了PTH增多及肾产生的激素减少，还可出现性激素紊乱。

（八）蛋白质、糖、脂肪代谢异常

1. 蛋白质代谢异常　　尿毒症患畜血浆总蛋白较正常低，白蛋白明显减少，常出现消瘦、恶病质、低蛋白血症等负氮平衡的体征，其原因主要有：①由于肾实质受损，白蛋白随尿排出而丢失。②毒素影响肠道上皮细胞氨基酸转运，使蛋白质从肠道丢失，或尿素抑制蛋白质合成，使分解增加。③患畜摄入蛋白质减少，或厌食、恶心、呕吐、腹泻使蛋白质吸收减少，或治疗中限制摄入蛋白。④合并感染时，蛋白质分解和更新加快。

2. 糖代谢异常　　尿毒症患畜一半以上有糖代谢异常，糖耐量降低、胰岛素水平升高，主要原因为：①血中拮抗胰岛素功能的激素增多。②肝糖原合成酶活性降低，组织对葡萄糖的利用障碍。③肾灭活胰岛素减少及胰岛素与靶细胞受体结合障碍；糖代谢异常可能与尿素、肌酐和中小分子质量毒物等的毒性作用有关。

3. 脂肪代谢异常 尿毒症患畜血中三酰甘油含量增高，可出现脂肪代谢异常，而且异常程度与肾功能损害的程度相关。这是胰岛素拮抗物使肝合成三酰甘油增加，周围组织脂蛋白酶活性降低而清除三酰甘油减少所致。脂肪代谢异常对肾损害起关键作用，可使肾小动脉粥样硬化，导致或加剧心血管系统并发症。

小　结

肾功能不全是各种原因引起的肾生理功能紊乱或障碍，使机体首先表现为泌尿功能障碍，继之可引起体内代谢紊乱与肾内分泌功能障碍，严重时机体各系统可发生继发性高血压、贫血、出血、骨营养不良、氮质血症等严重病理变化。根据发病的轻重缓急和病程的长短，肾功能不全可分为急性和慢性两种。前者经过及时的治疗可能痊愈，是一个可逆的过程，而后者往往是不可逆的。急性、慢性肾功能不全的共同发病环节为肾小球的滤过功能障碍、肾小管功能障碍和肾内分泌功能障碍，二者发展到病程最严重阶段均呈现明显的尿毒症症状而导致动物死亡。

思 考 题

1. 简述肾功能不全的概念及基本发病环节。
2. 简述肾前性、肾性和肾后性急性肾功能不全的发生原因及机制。
3. 简述急性肾功能不全和慢性肾功能不全的联系与区别。
4. 简述急性肾功能不全对机体的影响。
5. 简述尿毒症的概念和尿毒症发生的可能机制。

（程国富）

第十九章　多器官功能障碍综合征

自20世纪70年代提出多器官功能障碍综合征（multiple organ dysfunction syndrome，MODS）概念以来，MODS一直是外科危重病的难点和重点。从最早的感染学说到巨噬细胞学说、肠学说和微循环学说，再到目前公认的炎症失控学说，对MODS本质的认识逐渐深入，临床防治措施也相应地不断改进。近年来，在兽医临床中常见一些病因复杂的疾病（继发感染或混合感染），常表现为不典型的症状和剖检病理变化及多系统器官衰竭的病例。例如，猪圆环病毒引起断奶仔猪多系统器官衰竭综合征，但由于其发病机制研究相对滞后，故在临床防控中存在较大的局限性。本章主要阐述MODS名词的来源、临床上常见的发生原因、可能的发生机制及其对机体的影响，从而了解MODS发生的复杂性，为临床疾病的诊断和防控提供依据。

第一节　多器官功能障碍综合征的概念

第二次世界大战时期，创伤导致的失血性休克和循环衰竭是死亡的主要原因，人们通过血流动力学和液体复苏来补充血容量，避免了休克；20世纪50年代，急性肾功能不全成为主要问题，通过快速补液和改善肾血流量增加尿量可以维持肾功能；60年代，肺功能衰竭又成了新问题。70年代以后，随着医学理论研究、医疗技术和器官支持疗法的发展，单个器官功能衰竭的危重患者抢救的成功率提高，存活率明显增加，使危重病症中原先隐蔽或较轻微的一些器官功能障碍得以表现，同一急性重症患者可出现两个或两个以上的器官功能障碍与衰竭。1973年，Tilney根据危重患者尤其是休克患者晚期各器官临床变化特点提出了序贯性系统衰竭（sequential system failure）这一概念。1975年，Baue又提出了多器官功能衰竭（multiple organ failure，MOF）的概念。此后由美国急性生理状态及慢性健康状态评估协会（Acute Physiology and Chronic Health Evaluation，APACHE）将上述现象定义为：由创伤、手术、严重感染、心肺复苏后及免疫性疾病等各种因素侵袭机体，引起的两个或两个以上重要器官同时或以连锁形式出现的持续24~48h功能衰竭的复杂病理综合征。除心、肺、肝、肾及脑等重要器官的功能发生衰竭外，也有血液、消化、神经及免疫系统的功能衰竭，据此，1976年，Border提出了多器官功能障碍综合征（multiple organ dysfunction syndrome，MODS）这一名词。

虽然MOF曾普遍应用，但其缺点是容易将这类患者器官功能障碍的发生理解为不连续的过程，即正常或者衰竭。可能"多器官衰竭"这一名词过于强调器官衰竭这一终点，未反映衰竭以前的状态，因为有的器官早期只有功能障碍，不一定衰竭。因此，1977年在美国胸内科医师学会和危重医学会（the American College of Chest Physicians/Society of Critical Care Medicine，ACCP/SCCM）（芝加哥）会议上，专家根据MOF的发生、发展过程，提出多器官功能障碍（multiple organ dysfunction，MOD）和多器官功能障碍综合征（MODS），用MODS代替MOF，指各种疾病导致机体内环境稳态失衡，包括早期多器官功能障碍到多器官衰竭动态的全过程。1991年，ACCP/SCCM正式改用MODS，取代

MOF，国内在1995年把MOF更名为MODS。

MODS也称多器官功能不全综合征，是指机体遭受严重创伤、休克、感染及外科大手术等急性损害24h后，同时或序贯性出现两个或两个以上的系统或器官功能障碍或衰竭，即多个器官功能改变不能维持内环境稳定的临床综合征。目前研究认为，MODS实际上就是全身炎症反应综合征兼器官功能障碍，可由感染或其他原因诱发；发生率约是重症监护病房（intensive care unit，ICU）患者的15%；总体病死率为40%～100%。对MODS的诊断并不意味着出现任何两个以上的器官功能障碍就可以确立，其危害也不是功能障碍数目的简单相加。MODS首先应与下列情况相区别：①发病24h以内死亡的病例，应属复苏失败，不属多器官功能障碍。②直接损伤所致的多个脏器的复合伤。③一些传统的综合征，如脑心综合征、肝肾综合征、肺性脑病、肝性脑病、慢性器官衰竭失代偿、临终状态发生的多个脏器功能衰竭等。MODS是目前发病机制尚不十分明确的临床综合征，具有较广泛的内涵，包含了早期的内环境紊乱到MOF期的连续的病理生理过程，是一个动态过程。MODS概念的提出有助于对多种危重疾病的早期诊断和早期治疗。

第二节　多器官功能障碍综合征的原因和分型

一、多器官功能障碍综合征的原因

在MODS的发生、发展过程中，原因比较复杂，通常由多个因素同时或相继发挥作用，主要分为感染性因素与非感染性因素两大类。

（一）感染性因素

细菌、病毒、寄生虫、真菌等严重感染及其引起的败血症是MODS的主要原因，如急性梗阻性化脓性胆管炎、严重腹腔感染、继发于创伤后的感染等。MODS患者中70%由全身性感染引起，病死率约为70%。腹腔内感染是引起MODS的主要原因，引起感染的病原菌主要是大肠埃希氏菌和绿脓杆菌。当然，不同年龄患者的感染原因也不同，老龄患者以肺部感染作为原发病因者最多，青壮年患者在腹腔脓肿或肺部感染后MODS发生率较高。腹腔内有感染的患者，其手术后发生MODS者占30%～50%，但在临床上约半数的患者发生MODS后找不到感染病灶或血液细菌培养阴性，甚至MODS出现在感染病原菌消灭以后，此类MODS称为非菌血症性临床败血症（nonbacterial clinical sepsis），可能是由肠源性内毒素血症或炎症介质引起的。

（二）非感染性因素

外伤、烧伤、大手术、休克等非感染性因素引起的全身炎症反应综合征（systemic inflammatory response syndrome，SIRS），都可以使机体出现MODS。

严重的组织创伤尤其是多发损伤、多处骨折、大面积烧伤及外科大手术，如心血管手术、胸外科手术、颅脑手术等合并大量失血和低血容量性休克或延迟复苏等情况下，经过处理在一段时间内病情稳定，而在受伤后12～36h发生呼吸功能不全，继之发生肝功能不全、肾功能不全和凝血功能障碍。另外，休克晚期的常见并发症是MODS，据报道，约80%的MODS患者有明显的休克。休克时组织较长时间的低灌流和交感神经的高反应及合并弥散性血管内凝血（DIC）时，MODS的发生率更高。另外，上述的严重感染和创伤除引起MODS外，也常参与休克的发生。

除上述原发病外，一些高危因素更易引起MODS。例如，低氧血症、急性肺损伤、急性出血性坏死性胰腺炎、急性肠梗阻、大量快速输血、吸氧浓度过高等；或者是治疗延误及治疗不当时，如未及时纠正组织低灌流和酸碱平衡紊乱或过量应用镇静剂、麻醉剂等；尤其是当机体的免疫功能和单核巨噬细胞系统功能减弱时，都会加速MODS的发生。

无论感染或非感染因素均可引起全身炎症反应，如果不能及时有效控制，则会发展为MODS。MODS的发病与诸多因素相关，但在相同危险因素情况下，年龄是首个危险因素，故在临床上必须高度重视，并掌握MODS的防治技能，预防其发生更为重要，尽可能做到防患于未然，降低MOF的发生率和死亡率。

二、多器官功能障碍综合征的分型

从病因作用于机体，到MODS出现，再发展到MOF是一个有规律的发病过程，从临床发病形式看，一般分为以下两种类型。

（一）速发单相型

速发单相型（rapid single-phase）是由损伤因子直接引起的速发型，又称单相型，原无器官功能障碍的患者同时或在短时间内（通常小于4d）相继出现两个或两个以上器官系统的功能障碍。例如，多发性创伤或休克直接引起两个以上的器官功能障碍或原发损伤先引起一个器官功能障碍，随后又导致另一个器官功能障碍。该型病情发展迅速，发病后很快出现肝、肾和呼吸功能障碍，在短期内死亡或恢复，病变的进程只有一个时相，器官功能损伤只有一个高峰，故又称为原发型MODS（primary MODS）。各器官的发生顺序依次为：肺、肾、消化道、中枢神经、心脏。世界各国的报道多以肺为首发脏器，继之为肾或血液，在老龄多器官功能衰竭综合征中，肺的作用一直受到关注，因为肺往往是首发衰竭的器官，肺部感染又是老年多器官衰竭患者最常见的诱发因素。

（二）迟发双相型

迟发双相型（delayed two-phase）常出现在创伤、失血、感染等原发因子［第一次打击（first hit）］作用经过一定时间或经支持疗法，甚至休克复苏后。其发病过程有一个相对稳定的缓解期（4d），但以后又受到致炎因子的第二次打击（second hit），发生多器官功能障碍和衰竭。第一次打击可能是较轻、可以恢复的；而第二次打击的炎症反应常严重失控，其病情较重，甚至有致死的危险。该病程中有两个高峰出现，呈双相，又称双相型，该型病情常继发创伤、休克后感染所致的迟发型，又称为继发型MODS（secondary MODS）。此型患者往往有一个相对稳定的间歇期，多在败血症发生后才相继出现多器官功能衰竭，临床上典型的MODS多属于此型。

第三节 多器官功能障碍综合征的发生机制

速发单相型MODS和迟发双相型MODS的发病机制不尽相同。速发单相型MODS的器官功能障碍由损伤直接引起，与患者的抗损伤防御反应关系不大。迟发双相型MODS不完全是由损伤本身引起，其发病机制比较复杂，尚未完全阐明。目前一般认为迟发双相型MODS的发病机制可能与多个环节发生障碍有关，主要有以下几个方面。

一、全身炎症反应失控

正常机体的促炎反应和抗炎反应保持平衡。在感染、休克和创伤时，生物性和非生物性多种刺激可激活机体各种体液系统（补体、凝血与纤溶、免疫）和细胞系统（中性粒细胞、内皮细胞、单核巨噬细胞），导致多种介质（活性氧、蛋白水解酶、黏附分子、细胞因子）的合成、表达和释放。通过炎症介质的复杂网络和循环反馈，生物学效应放大，引起局部和全身炎症反应失控，出现全身炎症反应综合征（systemic inflammatory response syndrome，SIRS），针对全身炎症反应，体内可出现代偿性抗炎反应综合征，或二者同时存在又相互加强，则会导致炎症反应和免疫功能更为严重的紊乱，对机体产生更强的损伤，最终导致多器官系统损害，它们是形成MODS的基础（图19-1）。在第四届国际休克会议上，对MODS和SIRS之间的关系进行了争论，有学者认为MODS等于SIRS，也有学者认为MODS比SIRS更严重，SIRS是一个过程，MODS是它的结局，MODS发生的本质是SIRS。以下分步阐述炎症反应失控在MODS发生中的变化。

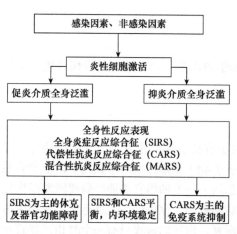

图 19-1　失控的全身炎症反应发展模式

（一）全身炎症反应综合征

全身炎症反应综合征（SIRS）是指感染性或非感染性病因作用于机体而引起的难以控制的全身性瀑布式炎症反应。其表现为播散性炎症细胞活化和炎症介质泛滥到血浆并在远隔部位引起全身性炎症。机体受到各种感染与非感染性因子严重侵袭后，具备以下各项中的两项或两项以上，SIRS即可成立：①体温＞38℃或＜36℃；②心率＞90次/min；③呼吸＞20次/min或$PaCO_2$＜32mmHg；④白细胞计数＞$12×10^9$/L或＜$4.0×10^9$/L，或幼稚粒细胞＞10%。

SIRS时体内主要病理生理变化特点为高代谢、高动力循环状态和过度炎症反应。高代谢本身是一种防御性的应激反应，但若高代谢持续过盛，虽然氧运输到组织可增强代谢，但因氧耗量增加而组织摄氧减少，乳酸生成增多，进一步促进器官衰竭的发生和发展。高动力循环表现心输出量增加，末梢血管阻力下降，容易导致心力衰竭，静息时全身耗氧量增高并伴有心排出量增加等变化。多种炎症介质的失控性释放指大量的炎性细胞被激活后主要通过释放炎症介质参与SIRS的发生、发展。

1. 炎症细胞活化　　炎症启动的特征是炎症细胞的激活。炎症细胞主要包括吞噬细胞如单核巨噬细胞、中性粒细胞、嗜酸性粒细胞，以及参与炎症反应的血小板和内皮细胞。在严重感染、创伤、休克或者缺血-再灌注损伤过程中，体内可出现大量炎症刺激物

（缺氧、内毒素、补体等），使损伤的局部炎症细胞活化，产生大量的炎症介质（TNF-α、IFN、IL等）、氧自由基、溶酶体酶、凝血物质和过表达的黏附分子等。这些炎症介质可以进一步反馈活化炎症细胞，二者互为因果，形成炎症瀑布（inflammatory cascade），使炎症出现自我放大反应和损伤。

2. 促炎介质泛滥　　活化的炎症细胞释放的炎症介质在炎症局部发挥防御作用。当炎症细胞（如单核巨噬细胞、血管内皮细胞）在第一次打击后处于"致敏状"（priming）。此时如果病情稳定，炎症反应可逐渐消退；相反，若机体遭受第二次打击，使致敏状态的炎症细胞反应性异常增强，导致致敏的炎症细胞突破自我限制作用，通过失控的自我持续放大反应，使促炎症介质泛滥。不同的炎症细胞释放不同的炎症介质活性氧、溶酶体酶等。这些泛滥的促炎介质是造成多个器官损害和功能障碍的主要机制（表19-1）。动物试验也证实，给动物注入TNF可以引起发热、休克、DIC、肾功能衰竭和休克肺。

表19-1　主要促炎介质及其作用

促炎介质	来源	主要作用
TNF-α	巨噬细胞、淋巴细胞	活化内皮细胞、中性粒细胞及巨噬细胞，发热
IL-1	巨噬细胞	活化内皮细胞、巨噬细胞，发热
IL-2	淋巴细胞	活化T淋巴细胞、巨噬细胞
IL-6	巨噬细胞	活化内皮细胞、巨噬细胞
IL-8	巨噬细胞、淋巴细胞	趋化中性粒细胞，释放整合素
IFN	巨噬细胞、淋巴细胞	活化巨噬细胞，抗病毒
LTB$_4$	中性粒细胞	趋化中性粒细胞
PAF	白细胞、血小板、巨噬细胞、内皮细胞	活化血小板、中性粒细胞、巨噬细胞、内皮细胞
Ams	白细胞、内皮细胞、血小板	促白细胞、血小板与内皮细胞黏附活性氧
TF	内皮细胞、单核细胞和吞噬细胞	促凝血
TXA$_2$	血小板、巨噬细胞	血小板聚集和活化，血管收缩
血浆源介质	XII活化血浆前体物质	促进凝血、纤溶、激肽、补体活化

（二）代偿性抗炎反应综合征

代偿性抗炎反应综合征（compensatory anti-inflammatory response syndrome，CARS）是指体内释放抗炎介质过量而引起机体的免疫功能降低、易感性增高的内源性抗炎反应。1996年，Bone认为创伤、感染时，机体可释放抗炎介质，产生抗炎反应。适量的抗炎介质有助于控制炎症，恢复内环境稳定；抗炎介质过量释放，则引起免疫功能降低及对感染的易感性增强，提出了CARS这一概念。正常情况下，在感染创伤过程中，随着炎症介质的大量释放，体内也产生一些内源性抗炎介质（IL-4、IL-10、IL-13、PGE$_2$、PGI$_2$、NO、sTNF-αR、IL-1ra等）来抑制和下调炎症介质的产生，以恢复促炎与抗炎的平衡，达到控制炎症和维持机体的自稳态，体内具有复杂的多层次的抗炎机制，防止过度的炎症反应对机体的损害（表19-2）。具体抗炎反应由下面两种因素引起。

表19-2　主要抗炎介质及其作用

抗炎介质	来源	主要作用
IL-4	巨噬细胞	抑制巨噬细胞产生的细胞因子
IL-10	巨噬细胞	活化内皮细胞、巨噬细胞，发热
IL-13	Th2 细胞	活化 T 淋巴细胞、巨噬细胞
PGI_2、PGE_2	内皮细胞	刺激 IL-10、对抗 TXA_2
脂氧素	中性粒细胞	抑制 LTB_4
NO	巨噬细胞、内皮细胞	血管紧张
膜联蛋白 G_1	细胞膜	抑制磷脂酶 A_2 活性，抑制巨噬细胞活化
sTNF-αR	巨噬细胞	降低血液中 TNF-α 水平
IL-1ra	巨噬细胞	干扰 IL-1 作用

1. 内源性抗炎介质　　内源性抗炎介质最重要的是前列腺素 E_2（PGE_2），其次有前列环素、脂氧素（lipoxin）等，创伤、感染早期由巨噬细胞产生诱导 Th2 细胞和巨噬细胞释放 IL-4、IL-10、IL-11、IL-13 等抗炎介质。临床研究表明，IL-4 和 IL-10 水平升高与创伤患者的感染发生率呈正相关；PGE_2 强力抑制 TNF、IL-1 等炎症介质释放。近年来发现，NO 也具有抗炎作用，肺泡巨噬细胞释放的 NO 能有效地抑制 IL-1、IL-6、IL-8 等炎症介质的释放。此外，可溶性 TNF-α 受体、内源性 IL-1 受体拮抗剂等同样具有抗炎作用。

2. 抗炎性内分泌激素　　糖皮质激素（GC）和儿茶酚胺（CA）是参与 CARS 的主要抗炎性内分泌激素。给动物注射内毒素后，血浆 TNF 和 IL-1 升高的同时，糖皮质激素也显著升高。内毒素和 TNF 等均能刺激下丘脑-垂体-肾上腺皮质轴，诱导下丘脑的促皮质激素释放激素（CRH）、垂体前叶的促皮质激素（ACTH）和 GC 的大量释放。GC 和靶细胞上的糖皮质激素受体结合，阻断 NF-κB 进入细胞核内，抑制 TNF、IL-1 等炎症介质的转录和释放，提示它可能是导致 CARS 的重要原因。近年来研究人员发现，CA 能抑制内毒素诱导的炎症介质释放，并呈量效关系。

适量的抗炎介质有助于控制炎症，维持机体稳态。但在 SIRS 的发展过程中，常常由于抗炎反应占优势，抗炎介质及抗炎内分泌激素产生过量并泛滥入血，机体出现 CARS，导致免疫功能抑制。也可以说 CARS 以免疫抑制为主，它在一定程度上减轻炎症对机体的损害，但是到晚期常因免疫功能的严重抑制而造成无法控制的感染。内源性抗炎介质失控性释放可能是导致机体在感染或创伤早期出现免疫功能损害的主要原因。

（三）混合性抗炎反应综合征

炎症局部的促炎介质与抗炎介质低水平的平衡，有助于控制炎症，维持机体稳态。炎症加重时两种介质均可泛滥入血，导致 SIRS 与 CARS。1996 年，Bone 等提出了 SIRS 与 CARS 平衡失控理论。当 SIRS＞CARS 时，即 SIRS 占优势时，机体可出现休克、细胞凋亡和多器官功能障碍；当 SIRS＜CARS 时，机体的免疫功能全面被抑制，增加对病原的易感性；当 SIRS 与 CARS 同时并存又相互加强时，则会导致炎症反应和免疫功能更为严重的紊乱，对机体产生更强的损伤，称为混合性抗炎（或拮抗）反应综合征（mixed antagonist response syndrome，MARS）。抗炎介质与促炎介质在高水平上的平衡，即使 CARA＝SIRS，也是不稳定的平衡，不是真正的稳态，实际上属于MARS的范畴。

二、肠屏障功能损伤与肠道细菌和内毒素移位

胃肠道是机体最大的细菌和毒素库，同时存在大量的淋巴细胞，临床证实30%的脓毒症源于腹腔。正常情况下，肠道内吸收的少量内毒素经门静脉进入肝，可以被肝内的库普弗细胞滤过灭活。发生内毒素血症和肠道细菌移位的主要机制是缺血、缺氧和再灌注损伤。在MODS时，多种病因均可造成肠黏膜的机械屏障结构或功能受损，使大量细菌和内毒素迁移至血液循环和淋巴系统，激活体内各处的效应细胞释放多种炎症介质，导致全身多器官功能损害。其次，在严重创伤、烧伤、休克等危重病时，血液重新分布使肠黏膜缺血，如果同时应用了大量抗生素，进一步使肠腔中正常菌群失调，革兰氏阴性菌过度生长，再加上机体免疫、防御功能受损，肠道细菌可通过肠黏膜的机械屏障进入体循环的血液中，引起全身感染和内毒素血症，把这种肠道细菌和内毒素透过肠黏膜屏障入血，经血液循环（门静脉循环或体循环）抵达远隔器官的过程称为肠道细菌和内毒素移位（图19-2）。

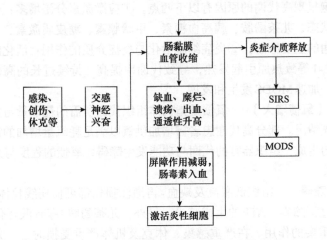

图 19-2　肠功能紊乱在 MODS 发生中的作用

三、器官血流量减少和缺血-再灌注障碍

缺氧、缺血（即氧代谢障碍）是引起组织器官损伤致MODS的一个重要原因，但是目前的研究以提高氧输送为复苏目标的治疗并没有达到改善MODS预后的目的，氧利用障碍已经成为SIRS向MODS转变的标志。

危重疾患时重要器官微循环血液灌注量减少，引起缺血、缺氧，使微血管内皮细胞肿胀、微血管壁通透性增强。如同时伴有输液过多，则组织间液体潴留，使毛细血管到实质器官细胞内线粒体的距离增加，氧弥散发生障碍，导致氧分压下降。当线粒体氧分压降低到133~267Pa（0.1~0.2mmHg）时，线粒体的氧化磷酸化功能停止，各种酶系统受抑制，ATP生成减少，从而导致细胞功能障碍。创伤后的高代谢本质上是一种防御性应激反应，交感-肾上腺髓质系统高度兴奋，患者体内组织器官耗氧量增加。如代偿功能健全，尚可通过增加供氧或提高氧摄取率来代偿。但是高代谢过剧，加上同时伴有的高动力循环，可以加重心、肺负担，能量消耗加剧。这些变化又进一步加重细胞损伤和代谢障碍，促进器

官功能障碍的发生、发展。

缺血-再灌注过程自由基大量释放也是导致MODS的重要机制，且比缺氧所导致的损伤更为严重；白细胞与内皮细胞相互作用在MODS中具有举足轻重的作用，各种因素诱发MODS的共同通路是内皮细胞的激活和白细胞及内皮细胞的黏附，从而诱发黏附分子的释放、内皮损伤、凝血机制激活等。

四、细胞代谢障碍与细胞凋亡

细胞功能不全和衰竭最根本的原因是细胞代谢特别是细胞的氧代谢障碍，主要表现为以下几个方面。近年对细胞凋亡所起的作用也给予了充分的关注。

（一）细胞代谢障碍

细胞代谢障碍主要表现为高代谢、组织缺氧与能量代谢障碍。

1. 高代谢　　静息时全身耗氧量增高的情况称为高代谢（hypermetabolism）。多器官功能障碍时，细胞呈现高代谢的原因有以下两点。①应激激素分泌增多：急性危重病时机体处于高度应激状态，儿茶酚胺、胰高血糖素、甲状腺素、糖皮质激素、生长激素等分泌增多，这是高代谢的主要原因。②炎症细胞活化与炎症介质的作用：活化的炎性细胞耗氧增加；TNF-α、IL-1等致热原引起发热，导致代谢率提高。持续过长的高代谢，消耗能量和分解蛋白增强，加速MODS发生和发展。

2. 组织缺氧（氧债增大）　　氧债是指机体组织代谢所需的耗氧量与实际测得的耗氧量之差，反映供氧情况。部分高代谢患者需增加供氧以满足耗氧量增加的需要，因此氧债增大，影响ATP的生成，组织器官的代谢与功能发生障碍，氧债的程度与MODS的严重程度及预后密切相关。

3. 能量代谢障碍　　组织低灌流及缺血-再灌注损伤都可损伤线粒体的结构和功能，引起氧化磷酸化过程障碍，ATP的生成减少。另外，儿茶酚胺-腺苷酸环化酶-cAMP系统异常也可能起着重要的作用。在严重感染、休克及机体严重受损时，一方面，因为细胞的缺血、缺氧，膜功能异常，腺苷酸环化酶系统受损，对儿茶酚胺（CA）的反应减弱；另一方面，由于组织ATP含量减少，缺乏产生cAMP的底物，结果使细胞内cAMP水平下降，进而影响细胞内的许多代谢过程和功能。

（二）细胞凋亡

1. 炎症细胞凋亡　　在急性炎症反应中，炎症细胞存在着适时和自发性凋亡，这样可以减轻炎症免疫反应，减轻或避免组织损伤，维持机体内环境稳定。但是当凋亡过度或不足时，就可能造成炎症反应失控，导致MODS。炎症细胞凋亡一般可表现为微血管内皮细胞凋亡过度、淋巴细胞凋亡过度、中性粒细胞凋亡不足这3方面。

2. 脏器实质细胞凋亡　　大量动物试验表明，在SIRS发生过程中，由于细胞微环境发生紊乱，各脏器实质细胞均可发生凋亡。在MODS时，最先是肺细胞凋亡，接着小肠黏膜上皮细胞和浆细胞凋亡增加；浆细胞减少可直接削弱肠道局部的免疫功能，导致肠道细菌和内毒素移位。巨噬细胞因严重创伤、感染而吞噬能力下降，凋亡的细胞得不到及时吞噬清除而发生继发性坏死，凋亡的细胞最终破裂引起炎症扩散。

MODS的发病机制尚不清楚，现认为MODS的发生是多因素参与作用的结果，其中休克时组织低灌流所导致的组织缺血缺氧、代谢障碍和酸中毒都起着重要作用；在感染中毒性休克时，细菌内毒素在MOF的发生机制中被认为是起着关键的作用。

第四节　多器官功能障碍综合征发生时机体主要器官、系统功能的变化

MODS发生过程中几乎可以累及体内各个重要的器官系统，使其功能和代谢发生变化。这些变化构成了MODS临床表现发生的基础，同时也成为临床诊断的依据。这些重要器官系统相继或同时发生功能障碍甚至衰竭的程度和频率不同，其程度和频率依次为：肺、肝、肾、胃肠道、凝血-纤溶系统、心、脑。具体器官和系统的功能变化分述如下。

一、肺功能的变化

据临床统计，MODS患者肺功能障碍发生率为83%～100%。如肺功能障碍较轻，可称为急性肺损伤（acute lung injury，ALI），在严重创伤和感染后24～72h病情恶化，则可进一步发展为急性呼吸窘迫综合征（acute respiratory distress syndrome，ARDS）。ALI和ARDS常见于多发性创伤、严重休克或SIRS，也可发生于脂肪栓子、吸入性和原发性肺炎等病例。SIRS发生时，肺往往是最先受累的器官，一般在24～72h即可出现ARDS，可将ALI视为发生MODS的先兆。

休克早期由于创伤、出血、感染等刺激，呼吸中枢兴奋，呼吸加速，通气过度，可出现低碳酸血症和呼吸性碱中毒。休克进一步发展时，交感-肾上腺髓质系统的兴奋及其他缩血管物质的作用使肺血管阻力升高。严重休克患者晚期，经复苏治疗，在脉搏、血压和尿量都趋向平稳以后，仍可发生急性呼吸衰竭。肺之所以容易受损，至少有3个方面的原因：①肺是全身血液的滤过器，从全身组织引流出的代谢产物、活性物质及血液中的异物都经过甚至被阻塞在肺。②SITS时产生的C_{3a}、C_{5a}及其他趋化因子可以活化中性粒细胞，流经肺可与血管内皮细胞黏附，进一步造成肺毛细血管通透性增强，导致肺间质水肿。③肺内富含的巨噬细胞在促炎物质作用下被激活，并产生大量炎症介质，引起炎症反应，损伤肺组织。

肺部病理变化主要为急性炎症，具体表现为：①小血管内中性粒细胞聚集、黏附，内皮细胞受损，肺毛细血管内微血栓形成。②活化的中性粒细胞释放氧自由基、弹力蛋白酶和胶原酶，进一步损伤内皮细胞，使毛细血管通透性增强，出现间质性肺水肿；当损伤进一步累及肺泡上皮时可使其屏障功能降低，肺顺应性降低，引起肺泡性肺水肿。③肺泡表面活性物质合成减少，出现肺不张。④血浆蛋白透过毛细血管附着在肺泡腔，形成透明膜。这种肺损伤称为休克肺（shock lung）。

临床表现为进行性呼吸困难与进行性和顽固的低氧血症，肺顺应性降低，其动脉血氧分压（PaO_2）可低于665kPa（50mmHg）。ARDS时常伴有肺动脉高压，使右心后负荷过重，可促进心力衰竭的发生；肺清除功能障碍使细菌扩散，可加重微循环的灌流障碍和组织缺氧。

二、肝功能的变化

MODS时肝功能不全的发生率可高达95%。一般在创伤后5d左右出现，8～10d达到高峰，常由全身性感染引起。肝功能障碍主要表现为黄疸和肝功能不全，创伤、休克和全身性感染引起肝血流量减少，直接影响肝细胞和库普弗细胞能量代谢，使之受损。这与肝的解剖部位和组织学特征有关：由肠道移位，吸收入血的细菌、毒素直接损害肝细胞，或通过库普弗细胞激活而造成对肝细胞的损害；受到来自肠道的LPS的作用，库普弗细胞比其他部位的巨噬细胞更容易活化。这些特点对SIRS时MODS的发生至少有两方面的作用：首先，库普弗细胞活化，分泌IL-8，表达组织因子（tissue factor，TF）等，引起中性粒细胞黏附和微血栓形成，导致微循环障碍；其次，库普弗细胞活化，分泌TNF-α，产生NO，释放氧自由基等，可直接损伤相邻的肝细胞；此外，肝的嘌呤氧化酶含量很多，容易产生氧自由基及发生缺血-再灌注损伤。

肝功能不全患者常出现黄疸，血清谷丙转氨酶、谷草转氨酶或碱性磷酸酶在正常值上限的2倍以上，有或无肝性脑病。由于肝代偿能力较强，有时虽然肝出现了较明显的形态学改变，但其临床检测的多数生化代谢指标还显示正常，因此肝功能不全常不能及时被一般生化代谢指标检查所发现。

三、肾功能的变化

肾的严重损害可导致急性肾小管坏死，即肾性急性肾功能衰竭。其发生率仅次于肺和肝，占40%～50%。急性肾功能障碍在临床上表现为少尿、无尿，同时伴有高钾血症、代谢性酸中毒和氮质血症。近年发现，非少尿型肾衰的发病率增加，其尿量并没有明显减少，而尿钠排出明显增多。这说明除肾血流量减少外，还有肾小管的重吸收功能降低。

重度低血容量休克引起的急性肾功能衰竭多发生在休克后1～5d，属于速发单相型，由于休克时血液重分布的特点，肾是最早受损害的器官之一，休克初期发生的急性肾功能衰竭，以肾灌注不足、肾小球滤过减少为主要原因，及时恢复有效循环血量，肾灌注得以恢复，肾功能即可立刻恢复，称为急性功能性肾衰竭。如果休克持续时间延长，或不恰当的长时间大剂量应用缩血管药，病情继续发展可出现急性肾小管坏死（acute tubular necrosis，ATN），其机制既与肾持续性缺血导致肾小球滤过率（GFR）显著降低和肾小管坏死有关，又与缺血-再灌注损伤过程中释放的氧自由基等炎症介质，溶血产生的血红蛋白，肌肉组织损伤释出的肌红蛋白，细菌毒素及肾毒性药物等使肾小管出现中毒性损伤，以及中性粒细胞活化后释放氧自由基及肾微血栓形成有关。此时即使通过治疗恢复了正常的肾血流量，也难以使肾功能在短期恢复正常，肾功能只有在肾小管上皮细胞修复再生后才能恢复，此种类型称为器质性肾衰竭。是否存在肾功能衰竭在决定MODS患者的预后上起关键性作用。

四、心功能的变化

MODS患者心功能障碍发生率较低，只有10%～23%，因为除心源性休克伴有原发性心功能障碍外，其他类型的休克（非心源性休克），由于机体的调节功能和心脏本身具有的储备能力，心功能障碍多在MODS较晚期时才趋于明显。非心源性休克早期，由于机体代偿能够维持冠状动脉血流量，心功能一般不会受到明显影响。但随着休克的发展，血压进行性降低，使冠状动脉血流量减少，从而心肌缺血、缺氧，加上其他因素的影响，有可能发生急性心力衰竭。休克持续时间越久，心功能障碍也越严重。

非心源性休克发展到一定阶段发生心功能障碍的机制主要有：①冠状动脉血流量减少，休克时血压降低及心率加快所引起的心室舒张期缩短，可使冠状动脉灌流量减少和心肌供血不足，同时交感-肾上腺髓质系统兴奋引起心率加快和心肌收缩加强，导致心肌耗氧量增加，更加重了心肌缺氧。②危重患者多伴有水、电解质代谢与酸碱平衡紊乱，如低血钙、低血镁、高血钾和酸中毒等，影响心率和心肌收缩力。③心肌抑制因子（myocardial depressant factor，MDF）使心肌收缩性减弱。MDF主要由缺血的胰腺产生，除引起心肌收缩力下降外，还引起肠系膜上动脉等内脏阻力血管收缩，进一步减少胰腺血流量，胰腺灌注减少又更加促进MDF形成。MDF还抑制单核巨噬细胞系统，使已产生的MDF清除较少，导致体内MDF不断形成和积累。④心肌内微循环障碍，发生局灶性坏死和心内膜下出血使心肌受损。⑤内毒素LPS对心肌的毒性，引起心功能抑制。

五、脑功能的变化

休克早期，由于血液重新分布和脑循环的自身调节，可保证脑的血液供应，因而患者神志清醒，除由应激引起烦躁不安外，没有明显的脑功能障碍表现。随着休克的发展，休克晚期血压进行性下降可引起脑的血液供应不足，再加上出现的DIC，使脑循环障碍加重，脑组织严重缺血、缺氧使能量生成减少，乳酸等有害代谢物质积聚等导致细胞内外离子转运紊乱，从而出现一系列神经功能损害。患者神志淡漠，甚至昏迷。缺血、缺氧还使脑血管壁通透性增强，引起脑水肿和颅内压升高，严重者形成脑疝，压迫延髓生命中枢，可导致死亡。

六、胃肠道功能的变化

胃肠道功能的变化主要有胃黏膜损害、肠缺血和应激性溃疡（stress ulcer）。临床表现为腹痛、消化不良、呕血和黑便等。由于休克早期就有腹腔内脏血管收缩，胃肠道血流量大为减少。胃肠道缺血、缺氧、淤血和DIC形成，导致肠黏膜变性、坏死、黏膜溃烂，形成应激性溃疡。应激性溃疡多发生在胃近端，溃疡形成与消化液反流引起自身消化及缺血-再灌注损伤有关。病变早期只有黏膜表层损伤，如损伤穿透黏膜下层甚至破坏血管，可引起溃疡出血。

通常感染是导致胃黏膜损伤的重要因素。肠道细菌大量繁殖加上长期静脉高营养，没有食物经消化道进入体内，引起胃肠道黏膜萎缩，屏障功能减弱，大量内毒素甚至细菌经肠道和门静脉系统入血。MODS和MOF患者在肠黏膜损伤的同时，菌血症、内毒素血症、败血症的发生率很高，如原先已有的，则可进一步加重。消化道功能障碍是休克晚期发生肠源性败血症和SIRS、MODS以至MOF的主要原因之一。

七、凝血-纤溶系统功能的变化

出现凝血-抗凝血平衡混乱，部分患者有DIC形成的证据。开始时血液高凝，通常不易察觉而漏诊，以后由于凝血因子的大量消耗，会发生继发性纤溶亢进，患者可有较为明显和难以纠正的出血或出血倾向。血液检查可见血小板计数进行性下降，凝血时间、凝血酶原时间和部分凝血活酶时间均延长，纤维蛋白原减少，并且纤维蛋白降解产物增加，有明显的全身出血表现。

八、免疫系统功能的变化

MODS患者血浆补体水平有明显变化，主要表现为C_{3a}升高，影响微血管通透性、激活白细胞与组织细胞。革兰氏阴性菌产生的内毒素具有抗原性，能形成免疫复合物激活补体，产生一系列血管活性物质。免疫复合物可沉积于多个器官的微循环内皮细胞，吸引多形核粒细胞，释放多种活性物质，破坏细胞膜和细胞质内溶酶体、线粒体等，从而导致各系统器官细胞的非特异性炎症，细胞变性坏死和器官功能障碍。MODS患者除有明显的补体改变外，部分患者由于过度表达IL-4、IL-10、IL-13等抗炎介质，免疫系统处于全面抑制状态，特异性免疫功能降低。体内中性粒细胞的吞噬和杀菌功能低下，单核巨噬细胞功能受抑制，杀菌功能降低，外周血淋巴细胞数减少，B淋巴细胞分泌抗体的能力减弱，炎症反应无法局限化。因此感染容易扩散，引起菌血症和败血症，甚至死亡。

应该指出的是，上述各器官系统的功能障碍在休克患者均可单独或同时发生。MODS在发病过程中，一个器官的功能状态取决于其他器官的功能。若存活时间长，则一个器官损伤可引起其他器官损伤，使器官的损伤和衰竭序贯发生。器官损伤、衰竭的顺序可能与各器官的生理储备、代偿功能及反映器官损伤指标的敏感程度有关。

小　结

多器官功能障碍综合征（MODS），也称多器官功能不全综合征，是指机体遭受严重创伤、休克、感染及外科大手术等急性损害24h后，同时或序贯性出现两个或两个以上的系统或器官功能障碍或衰竭，即多个器官功能改变不能维持内环境稳定的临床综合征，其病因往往是复合性的。多器官功能衰竭（MOF）是MODS继续发展的最严重的终末期阶段。本章主要阐述了MODS的概念；临床上常见的发生原因、发生机制及其对机体各器官系统的影响和产生的病理生理学基础。器官微循环障碍、肠道细菌移位、内毒素启动失控性炎症级联反应是全身炎症反应综合征（SIRS）的始动环节，从SIRS到MODS是一个有规律的循序发展过程，MODS是SIRS进行性发展的严重结局。MODS一旦发生，救治十分困难，因此临床上应注意预防。

思 考 题

1. 简述MODS的概念、发生原因和分类。
2. 简述MODS发生的可能机制。
3. 简述SIRS、MODS、MOF和MOD的联系与区别。
4. 简述MODS对机体主要器官系统的影响。

（谷长勤）

主要参考文献

陈怀涛，赵德明．2013．兽医病理学．2版．北京：中国农业出版社

陈媛，周玫．2002．自由基医学基础与病理生理．北京：人民卫生出版社

陈主初．2001．病理生理学．北京：人民卫生出版社

崔瑞耀，倪雄秀，于小玲．2006．病理生理学．2版．北京：人民卫生出版社

何球藻，吴厚生，曹雪涛．2000．细胞与分子免疫学．上海：上海科学技术文献出版社

何维，高晓明，曹雪涛．2005．医学免疫学．北京：人民卫生出版社

金泊泉．2001．细胞和分子免疫学．2版．北京：科学出版社

金惠铭，卢建，殷莲华．2002．细胞分子病理生理学．郑州：郑州大学出版社

金惠铭，王建枝．2008．病理生理学．7版．北京：人民卫生出版社

李碧春．2008．动物遗传学．北京：中国农业大学出版社

林曦．2000．家畜病理学．3版．北京：中国农业出版社

马学恩，王凤龙．2016．家畜病理学．5版．北京：中国农业出版社

佘锐萍．2007．动物病理学．北京：中国农业出版社

孙大业，郭艳林，马力耕．2001．细胞信号转导．3版．北京：科学出版社

王迪浔，金惠铭．2008．人体病理生理学．3版．北京：人民卫生出版社

王建枝，陈国强．2006．病理生理学．北京：科学出版社

王培林，傅松滨．2007．医学遗传学．2版．北京：科学出版社

王小龙．1995．兽医临床病理学．北京：中国农业出版社

吴立玲．2014．病理生理学．4版．北京：北京大学医学出版社

吴其夏，余应年，卢建．2003．新编病理生理学．北京：中国协和医科大学出版社

杨慧玲，潘景轩，吴伟康．2006．高级病理生理学．2版．北京：科学出版社

查锡良．2003．医学分子生物学．北京：人民卫生出版社

张书霞．2011．兽医病理生理学．4版．北京：中国农业出版社

赵德明．2021．兽医病理学．4版．北京：中国农业大学出版社

赵克然，杨毅军，曹道俊．2000．氧自由基与临床．北京：中国医药科技出版社

郑世民．2021．动物病理学．2版．北京：高等教育出版社

郑世民，范春玲．2007．动物病理生理学．哈尔滨：黑龙江教育出版社

Anoyo V, Femandez J, Gines P. 2008. Pathogenesis and treatment of hepatorenal syndrome. Sem in Liver Dis, 28 (1): 81-95

Danial N N, Korsmeyer S J. 2004. Cell death: critical control points. Cell, 116: 205-219

Erster S, Mihara M, Kim R H, et al. 2004. *In vivo* mitochondrial p53 translocation triggers a rapid first wave of cell death in response to DNA damage that can precede p53 target gene activation. Mol Cell Biol, 24: 6728-6741

Fadeel B, Orrenius S. 2005. Apoptosis: a basic biological phenomenon with wide-ranging implications in human disease. J Intern Med, 258: 479-517

Greijer A E, van der Wall E. 2004. The role of hypoxia inducible factor 1 (HIF-1) in hypoxia induced apoptosis. Clin Pathol, 57 (10): 1009

Guill M F, Shanley T P. 2000. Neuromuscular respiratory failure. *In:* Wheeler D S, Wong H K, Shanley T P. The Respiratory Tract in Pediatric Critical Illness and Injury. London: Springer-Verlag

Hengartner M O. 2000. The biochemistry of apoptosis. Nature, 47: 770-776

John P, Calum M, Jaimie T A D, et al. 2004. Roles of parasites in animal invasions. Trends in Ecology & Evolution, 19 (7): 385-390

Liapikou A, Valencia M, Torres A. 2008. Diagnosis and treatment of nosocomial pneumonia definition and classification. *In*: Lucangelo U, Pelosi P, Zin W A, et al. Respiratory System and Artificial Ventilation. Heidelberg: Springer-Verlag

Lucangelo U, Gramaticopolo S, Bacer B. 2008. Controlled mechanical ventilation in ARDS. *In*: Lucangelo U, Pelosi P, Zin W A, et al. Respiratory System and Artificial Ventilation. Heidelberg: Springer-Verlag

MacCallum N S, Quinlan, G J, Evans T W. 2006. Pulmonary dysfunction. *In*: Abraham E, Singer M. Mechanisms of Sepsis-Induced Organ Dysfunction and Recovery. Heidelberg: Springer-Verlag

Martin T R, Hagimoto N, Matute-Bello G. 2006. Cell death and acute lung injury. *In*: Abraham E, Singer M. Mechanisms of Sepsis-Induced Organ Dysfunction and Recovery. Heidelberg: Springer-Verlag

Michael V, Thomas P S. 2008. Acute lung injury and acute respiratory distress syndrome. *In*: Wheeler D S. The Respiratory Tract in Pediatric Critical Illness and Injury. Heidelberg: Springer-Verlag

Mitruka B M, Rawnsley H M. 1981. Clinical biochemical and hematological reference values in normal experimental animals and normal humans. 2nd ed. Rockford: Masson

Robinson J P, Cossarizza A. 2017. Single Cell Analysis —Contemporary Research and Clinical Applications. Heidelberg: Springer-Verlag

Roger F B. 2004. Pathophysiology of hepatic encephalopathy: A new look at ammonia. Metabolic Brain Disease, 17 (4): 221-227

Salemo F, Gerbes A, Gines P, et al. 2007. Diagnosis, prevention and treatment of hepatorenal syndrome in cirrhosis. Gut, 56 (9): 1310-1318

Shin S, Sung B J, Cho Y S, et al. 2005. An anti-apoptotic protein human survivin is a direct inhibitor of caspase-3 and caspase-7. Biochem, 40: 1117-1123

Srinivasa P, Radha K D, Ajay D, et al. 2007. Lactulose improves cognitive functions and health-related quality of life in patients with cirrhosis who have minimal hepatic encephalopathy. Hepatology, 45 (3): 549-559

Story D A, Morimates H, Bellomo R. 2004. Strong ion, weak acids and base excess: a simplified Fencl-Stewart approach to clinical acid-base disorders. Br J Anaesth, 92 (1): 54-60

Suzuki A, Ito T, Kawano H, et al. 2006. Survivin initiates procaspase3/p21 complex formation as a result of interaction with Cdk4 to resist Fas-mediated cell death. Oncogene, 19: 1346-1353

Turi J L, Cheifetz I M. 2009. Acute respiratory. *In*: Wheeler D S, Wong H R, Shanley T P. Resuscitation and Stabilization of the Critically Ill Child. London: Springer-Verlag

Zachary J F, McGavin M D. 2012. Pathologic Basis Of Veterinary Disease. 5th ed. Amsterdam: Elsevier Inc.

常用英汉名词对照

1,2-diacylglycerol，DG　甘油二酯

1,4,5-inositol triphosphate，IP_3　三磷酸肌醇

$^1O_2$　单线态氧

2,3-diphosphoglyceric acid，2,3-DPG　2,3-二磷酸甘油酸

2,3-DPG phosphatase，2,3-DPGP　2,3-DPG磷酸酶

5-hydroperoxyeicosatetraenoic acid，5-HPETE　5-氢过氧花生四烯酸，5-羟过氧化二十碳四烯酸

5-hydroxyeicosatetraenoic acid，5-HETE　5-羟基花生四烯酸，5-羟二十碳四烯酸

5-hydroxytryptamine，5-HT　5-羟色胺

α_1-acidoglycoprotein　α_1-酸性糖蛋白

α_1-antichymotrypsin　α_1-抗糜蛋白酶

α_1-antitrypsin　α_1-抗胰蛋白酶

α-actinin　α-辅肌动蛋白

α-melanocyte stimulating hormone，α-MSH　α-黑素细胞刺激素

α-MHC　α-心肌肌球蛋白重链

β-adrenergic receptor agonists　β-肾上腺素能受体增效剂

β-adrenergic receptor，β-Ar　β-肾上腺受体

β-endorphin　β-内啡肽

β-MHC　β-心肌肌球蛋白重链

γ-aminobutyric acid，GABA　γ-氨基丁酸

acetylcholine，ACh　乙酰胆碱

acid-base balance　酸碱平衡

acid-base disturbance　酸碱平衡紊乱

aconitase　顺乌头酸酶

acquired immunity　获得性免疫

actin binding protein，ABP　肌动蛋白结合蛋白

activator protein-1，AP-1　激活蛋白-1，活化蛋白-1

actual bicarbonate，AB　实际碳酸氢盐

acute gastric mucosal lesion　急性胃黏膜病变

acute hemorrhagic gastritis　急性出血性胃炎

acute lung injury，ALI　急性肺损伤

acute phase protein，APP　急性期蛋白

acute phase reactant　急性期反应物

acute phase reaction，acute phase response　急性期反应

acute phase reactive protein，AP　急性期反应蛋白

acute renal insufficiency，ARI　急性肾功能不全

acute respiratory distress syndrome，ARDS　急性呼吸窘迫综合征

acute respiratory failure　急性呼吸衰竭

acute serous necrotizing myositis　急性浆液性坏死性肌炎

adaptation response　适应性反应

adapter　接头蛋白，衔接蛋白

adaptive immunity　适应性免疫

adenylyl cyclase，AC　腺苷酸环化酶

adherence junction　黏合连接

adhesion molecule，AM　黏附分子

adhesion　黏着

adrenocorticotropic hormone，ACTH　促肾上腺皮质激素

adult respiratory distress syndrome，ARDS　成人呼吸窘迫综合征

after load　后负荷

agonal stage　濒死期

alarm stage　警觉期

albuminuria　白蛋白尿

aldosterone　醛固酮

alkaline phosphatase，AKP，ALP　碱性磷酸酶

alveolar attachment　肺泡附着物

alveolar PCO_2，P_ACO_2　肺泡气二氧化碳分压

alveolar PO_2，P_AO_2　肺泡气氧分压

amino acid imbalance hypothesis　血浆氨基酸失衡学说

aminoguanidine　氨基胍

ammonia intoxication hypothesis　氨中毒学说

anaphylactic shock　过敏性休克

anasarca　全身性水肿

anatomic shunt　解剖分流

androgen insensitivity syndrome，AIS　雄激素不敏感综合征

androgen　雄激素

anemia　贫血

anemic hypoxia　贫血性缺氧

angiotensin Ⅱ，Ang Ⅱ　血管紧张素Ⅱ

angiotensin converting enzyme，ACE　血管紧张素转化酶

angiotensin，Ang　血管紧张素

angiotensinogen　血管紧张素原

anion gap，AG　阴离子间隙

annexin A_1　膜联蛋白A_1

antibody　抗体

antidiuretic hormone，ADH　抗利尿激素

anti-infection immunity　抗感染免疫

antimicrobial peptide　抗菌肽

apoptosis inducing factor，AIF　凋亡诱导因子

apoptosis protease activating factor-1，Apaf-1　凋亡蛋白酶活化因子1

apoptosis　凋亡

apoptosome　凋亡体

apoptotic body　凋亡小体

apparent infection　显性感染

aquaporin　水通道蛋白

aquaporin-2，AQP2　水通道蛋白-2

arachidonic acid，AA　花生四烯酸

arginine vasopressin，AVP　精氨酸加压素

aromatic amino acid，AAA　血浆芳香族氨基酸

Asp　天冬氨酸

atrial natriuretic polypeptide，ANP　心房利钠肽

autocrine　自分泌

autoimmune thyroid disease　自身免疫性甲状腺病

autoxidation　自氧化

avium cholera　禽霍乱

azotemia　氮质血症

B cell lymphoma/leukemia-2　B淋巴细胞瘤/白血病-2

baculovirus IAP repeat，BIR　杆状病毒IAP重复序列

base excess，BE　碱剩余

basophil chemotactic factor，BCF　嗜碱性粒细胞趋化因子

BCL-2 homologous domain　BCL-2同源域

biot breathing　比奥呼吸

bite tail syndrome of swine　猪咬尾综合征

black disease　黑疫

bradykinin　缓激肽

brain death　脑死亡

branched chain amino acid，BCAA　支链氨基酸

bronchoalveolar lavage fluid，BALF　支气管肺泡灌洗液

bronchoalveolar lavage，BAL　支气管肺泡灌洗

budding　出芽

buffer base，BB　缓冲碱

burn shock　烧伤性休克

cachectic edema　恶病质水肿

cachectin　恶液质素

cadherin family　钙黏附素家族

cadherin　钙黏附素

calcineurin　钙调磷酸酶

calcitonin，CT　降钙素

calcium dependent cell adhesion molecule　钙

依赖性细胞黏附分子

calcium store proteins　钙贮存蛋白

calcium-binding subunit of troponin　肌钙蛋白钙结合亚单位

cAMP response element binding protein, CREB　CRE结合蛋白

cAMP response element, CRE　cAMP反应元件

canavanine　刀豆氨酸

carbon monoxide, CO　一氧化碳

carboxyhemoglobin, HbCO　碳氧血红蛋白

carcinoembryonic antigen, CEA　癌胚抗原

cardiac edema　心性水肿

cardiac index, CI　心指数

cardiac insufficiency　心功能不全

cardiac output, CO　心输出量

cardiac reserve, CR　心力贮备

cardiogenic shock　心源性休克

catalase, CAT　过氧化氢酶

catecholamine　儿茶酚胺

catecholamines　儿茶酚胺类

cause of disease　病因

cell adhesion molecule, CAM　细胞黏附分子

cell mechanism　细胞机制

cell signal system　细胞信号系统

cell signal transduction system　细胞信号转导系统

cell signal transduction　细胞信号转导

cellular immunity　细胞免疫

central airway obstruction　中央性气道阻塞

central nervous system, CNS　中枢神经系统

central respiratory failure　中枢性呼吸衰竭

central venous pressure, CVP　中心静脉压

cerebral edema　脑水肿

cerebral oxygen intoxication　脑型氧中毒

ceruloplasmin　铜蓝蛋白

cGMP　环鸟苷酸

chain reaction　连锁反应

checkpoint　检查点

chemical mediator　化学介质

chemotactic factor　趋化因子

Cheyne-Stokes respiration　陈-施呼吸

chondroitin sulfate, CS　硫酸软骨素

chromosomal aberration　染色体畸变

chronic renal insufficiency, CRI　慢性肾功能不全

chronic respiratory failure　慢性呼吸衰竭

cimetidine　甲氰咪胍

clinic manifest period　临床明显期

clostridium novyi　诺维氏梭菌

cloting system　凝血系统

cNOS　细胞型NOS

collagen, COL　胶原蛋白

colony stimulating factor, CSF　集落刺激因子

commensal　共生物

commensalism　共栖

compensated metabolic acidosis　代偿性代谢性酸中毒

compensated metabolic alkalosis　代偿性代谢性碱中毒

compensated respiratory acidosis　代偿性呼吸性酸中毒

compensated respiratory alkalosis　代偿性呼吸性碱中毒

compensatory anti-inflammatory response syndrome, CARS　代偿性抗炎反应综合征

compensatory stage of shock　休克代偿期

complement　补体

complement C_3　补体C_3

complement system　补体系统

complete recovery　完全康复

compositionistic approach　构成论方法

concentric hypertrophy　向心性肥大

conformational change　构象变化

connexin　连接蛋白

constitutive　组成型

contractility　收缩能力

corticotropin releasing hormone，CRH　促肾上腺皮质激素释放激素

counter receptor　反受体

C-reactive protein，CRP　C反应蛋白

creatine phosphokinase，CPK　磷酸肌酸激酶

cross-talk　串流

cybernetics　控制论

cyclin dependent kinase，CDK　细胞周期依赖性激酶

cyclooxygenase　环加氧酶

cylinderuria　管型尿

cysteine protease　半胱氨酸蛋白酶

cystine-containing aspartate-specific protease，caspase　含半胱氨酸的天冬氨酸特异性水解酶

cytoadhesin　细胞黏附素

cytochalasin B　细胞松弛素B

cytokine cascade　细胞因子级联反应

cytokine synthesis inhibitory factor，CSIF　细胞因子合成抑制因子

cytokine　细胞因子

cytolytic T-lymphocyte-associated antigen-4，CTLA-4　细胞素性T淋巴细胞相关抗原-4

cytomegalovirus，CMV　巨细胞病毒

cytoplasmic/nuclear receptor　细胞质或核受体

cytoskeleton binding protein，CBP　骨架结合蛋白

dark pork　暗猪肉

dead space-like ventilation　无效腔样通气

death domain，DD　死亡结构域

death effector domain，DED　死亡效应结构域

death receptor pathway　死亡受体途径

death　死亡

death-inducing signaling complex，DISC　死亡诱导信号复合体

decompensated metabolic acidosis　失代偿性代谢性酸中毒

decompensated metabolic alkalosis　失代偿性代谢性碱中毒

decompensated respiratory acidosis　失代偿性呼吸性酸中毒

decompensated respiratory alkalosis　失代偿性呼吸性碱中毒

decompensatory stage　休克失代偿期

degradation　降解

dehydration　脱水

deletion　缺失

dendritic cell，DC　树突状细胞

deoxygenated hemoglobin，HHb　脱氧血红蛋白

diacylglycerol，DAG　甘油二酯

diandry　双雄受精

diastolic property　舒张特性

dicentric chromosome　双着丝粒染色体

diphenhydramine　苯海拉明

diphtheria toxin，DT　白喉毒素

disseminated intravascular coagulation，DIC　弥散性血管内凝血

distributive shock　分布性休克

diuretic phase　多尿期

DNase Ⅰ　核酸内切酶Ⅰ

DNase Ⅱ　核酸内切酶Ⅱ

dopamine　多巴胺

down-regulation　下调

duplication　重复

dust cell　尘细胞

dysoxidative hypoxia　氧化障碍性缺氧

E-cadherin　上皮-钙黏附素

eccentric hypertrophy　离心性肥大

edema　水肿

EDTA　乙二胺四乙酸

effector cell protease receptor-1　效应细胞蛋白酶受体-1

effector　效应酶

ejection fraction，EF　射血分数

electron paramagnetic resonance，EPR　电子顺磁共振

emergency theory　紧急学说，应急学说

endocrine　内分泌

endogenous anti-inflammatory mediator　内源性抗炎介质

endogenous pyrogen，EP　内生致热原

endomitosis　核内有丝分裂

endoreduplication　核内再复制

endothelin，ET　内皮素

endothelin-1，ET-1　内皮素 -1

endothelium　内皮

endotoxin shock　内毒素性休克

endotoxin，ET　内毒素

engulfment　吞入

eNOS　内皮型 NOS

enzyme induction　酶诱导作用

enzyme inhibition　酶抑制作用

enzyme-linked receptor　酶偶联受体

eosinophil chemotactic factor of anaphylaxis，ECF-A　过敏性嗜酸性粒细胞趋化因子

eosinophile chemotactic factor，ECF　嗜酸性粒细胞趋化因子

epidermal growth factor，EGF　表皮生长因子

epithelial isoform of CD_{44}，$CD_{44}E$　上皮细胞型 CD_{44}

epithelial-derived neutrophil attractant-78，ENA-78　上皮源性中性粒细胞趋化物 -78

equal pressure point，EPP　等压力点

equine recurrent airway obstruction　马复发性气道阻塞

erythropoietin，EPO　促红细胞生成素

E-selectin　E- 选择素

esophagogastric ulceration of swine　猪胃食道区溃疡病

estrogen　雌激素

etiology　病因学

eustress　良性应激

event　事变

exhaustion stage　衰竭期

expansibility　可扩张性

expiratory dyspnea　呼气性呼气困难

external factor　外部因素

extracellular fluid，ECF　细胞外液

extracellular matrix，ECM　细胞外基质

extracellular signal regulated kinase，ERK　细胞外信号调节激酶

extrapulmonary injury　肺外肺损伤

extravasation　外向侵袭

exudate　渗出液

exudative　渗出

false neurotransmitter　假性神经递质

false neurotransmitter hypothesis　假性神经递质学说

familial hypercholesterolemia，FH　家族性高胆固醇血症

Fas-associated death domain protein，FADD　Fas 死亡结构域衔接蛋白

FasL　Fas 配体

fatty liver　脂肪肝

fever　发热

fibrin or fibrinogen degradation product，FDP　纤维蛋白（原）降解产物

fibrinogen，FB　纤维蛋白原

fibrinolytic system　纤维蛋白溶解系统

fibrinopeptide　纤维蛋白多肽

fibroblast growth factor，FGF　纤维母细胞生长因子

fibronectin，FN　纤连蛋白

fight　对抗，斗争

fight-flight reaction　应急反应，斗争-脱险反应

filtration fraction，FF　肾小球滤过分数

FiO_2　氧浓度

firm adhesion　牢固黏附

FLICE-inhibitory protein　FLICE 抑制蛋白

flight　逃避，脱险

fodrin　胞衬蛋白

follicle-stimulating hormone，FSH　卵泡刺激素

frank edema　显性水肿

free iron　游离铁

free radical，FR　自由基

functional dead space，V_{Df}　功能性无效腔

functional renal failure　功能性肾功能衰竭

functional shunt　功能性分流

gap junction　缝隙连接

gelsolin　凝胶蛋白

gene diagnosis　基因诊断

gene disease　基因病

gene mutation　基因突变

general adaptation syndrome，GAS　全身适应综合征

genetics　基因学

genomics　基因组学

glomerular filtration rate，GFR　肾小球滤过率

glomerular hyper-filtration hypothesis　肾小球过度滤过学说

glucagon　胰高血糖素

glucocorticoid receptor，GR　糖皮质激素受体

glucocorticoid response element，GRE　糖皮质激素反应元件

glucocorticoid，GC　糖皮质激素

glucocorticoid receptor，GCR，GC受体

glucose-6-phosphate dehydrogenase，G-6-PD　葡萄糖-6-磷酸脱氢酶

glutamate　谷氨酸

glutamic acid-leucine-arginine，ELR　谷氨酸-亮氨酸-精氨酸功能区

glutamic oxaloacetic transaminase，GOT　谷草转氨酶

glutamic pyruvate transaminase，GPT　谷丙转氨酶

glutamine　谷氨酰胺

glutaredoxin，Grx　谷氧还蛋白

glutathione peroxidase，GSH-Px　谷胱甘肽过氧化物酶

glutathione reductase，GSH-R　谷胱甘肽还原酶

glutathione sulfurtransferase，GSH-ST　谷胱甘肽转硫酶

glyceraldehyde phosphate dehydrogenase，GAPDH　甘油醛-3-磷酸脱氢酶

glycosyl-phosphatidyl inositol，GPI　糖基磷脂酰肌醇

gonadotropin-releasing hormone，GnRH　促性腺激素释放激素

GPK cGMP　依赖蛋白激酶

G-protein coupled receptor，GPCR　G蛋白偶联受体

granular membrane protein 140，GMP-140　颗粒膜蛋白

granulocyte chemotactic protein-2，GCP-2　粒细胞趋化蛋白-2

granulocyte colony stimulating factor，G-CSF　粒细胞集落刺激因子

granulocyte-macrophage colony stimulating factor，GM-CSF　粒细胞-巨噬细胞集落刺激因子

growth factor-like product　生长因子样活性物质

growth hormone，GH　生长激素

growth related gene，GRG　生长相关基因

guanylate cyclase，GC　鸟苷酸环化酶

H_2O_2　过氧化氢

halothane　氟烷

haptoglobin　结合珠蛋白

health　健康

heart failure　心力衰竭

heat shock transcription factor，HSF　热休克转录因子

heat-shock protein，HSP　热休克蛋白

hematopoietic isoform of CD_{44}，CD_{44} H　血细胞型 CD_{44}

hematuria　血尿

heme　血红素

hemeoxygenase, HO　血氧合酶

hemic hypoxia　血液性缺氧

hemizygote　半合子

hemoglobinuria　血红蛋白尿

hemorrhagic shock　失血性休克

hepatic edema　肝性水肿

hepatic encephalopathy　肝性脑病

hepatic failure　肝功能衰竭

hepatic insufficiency　肝功能不全

hepatorenal syndrome, HRS　肝肾综合征

heritability　遗传率

heterolytic bond cleavage　异裂

hexosemonophosphate, HMP　磷酸己糖

histamine　组织胺

histogenous hypoxia　组织性缺氧

homeostasis control　自稳调节

homeostasis hypothesis　体内稳态学说

homing　归巢

homolytic bond clearage　均裂

hormone response element, HRE　激素反应元件

human immunodeficiency virus, HIV　人免疫缺陷病毒

human syncytial virus, HSV　人合胞体病毒

humoral immunity　体液免疫

humoral mechanism　体液机制

hyaluronic acid, HA　透明质酸

hydrops　积水

hyperacute liver failure　超级性肝功能衰竭

hyperbilirubinemia　高胆红素血症

hypercalcemia　高钙血症

hypercapnia　高碳酸血症

hypercapnic respiratory failure　高碳酸血症型呼吸衰竭

hyperdiploid　超二倍体

hyperdynamic shock　高动力型休克

hyperkalemia　高钾血症

hypermagnesemia　高镁血症

hyperphosphatemia　高磷血症

hyperpolarized block　超极化阻滞

hyperthermia　体温过高

hypertonic dehydration　高渗性脱水

hypervolemic hypernatremia　高容量性高钠血症

hypervolemic hyponatremia　高容量性低钠血症

hypocalcemia　低钙血症

hypodiploid　亚二倍体

hypodynamic shock　低动力型休克

hypoglycemia　低血糖

hypokalemia　低钾血症

hypomagnesemia　低镁血症

hypophosphatemia　低磷血症

hypothalamus-pituitary-adrenal cortex system, HPA　下丘脑-垂体-肾上腺皮质系统

hypotonic dehydration　低渗性脱水

hypotonic hypoxemia　低张性低氧血症

hypotonic hypoxia　低张性缺氧

hypovolemia　低容量血症

hypovolemic hypernatremia　低容量性高钠血症

hypovolemic hyponatremia　低容量性低钠血症

hypovolemic shock　低血容量性休克

hypoxemia　低氧血症

hypoxemic respiratory failure　低氧血症型呼吸衰竭

hypoxia　缺氧

hypoxia inducible factor, HIF　缺氧诱导性因子

hypoxia inducible factor-1, HIF-1　缺氧诱导因子-1

immune system　免疫系统

immunization　免疫作用

immunoglobulin superfamily, IgSF　免疫球蛋白超家族

incomplete recovery　不完全康复

incubation period　潜伏期

induced mutation　诱发突变

inducible　诱导型

infection　感染

infective shock　感染性休克

inflammatory cascade　炎症的级联反应

inflammatory edema　炎性水肿

inflammatory factor，IF　炎症因子

inflammatory mediator　炎症介质

inhibitor of apoptosis protein，IAP　凋亡抑制蛋白/凋亡抑制因子

inhibitory subunit of troponin，Tn-I　肌钙蛋白抑制亚单位

initiation　启动

initiator　启动酶

innate immunity　固有免疫

iNOS　诱生型NOS

inspiratory dyspnea　吸气性呼吸困难

insulin　胰岛素

insulin like growth factor，IGF　胰岛素样生长因子

insulin like growth factor-1，IGF-1　胰岛素样生长因子1

insulin receptor，IR　胰岛素受体

intact nephron hypothesis　"健存"肾单位学说

integration　整体

integrin　整合素

integrin family　整合素家族

intercalary deletion　中间缺失

intercellular adhesion molecule，ICAM　细胞间黏附分子

interferon，IFN　干扰素

interferon-γ inducing protein-10，IP-10　干扰素-γ诱导蛋白-10

interleukin，IL　白细胞介素

interleukin-1，IL-1　白细胞介素-1

interleukin-1 receptor antagonist，IL-1RA　IL-1受体拮抗剂

interleukin-1β，IL-1β　白细胞介素-1β

interleukin-1β convertase，ICE　IL-1β转换酶

interleukin-6，IL-6　白细胞介素-6

interleukin-8，IL-8　白细胞介素-8

internal factor　内在因素

intracellular fluid，ICF　细胞内液

intracellular gap junction　细胞内间隙连接

intracrine　胞内分泌

intraepidermal lymphocyte　表皮内淋巴细胞

intraepithelial lymphocyte，IEL　黏膜组织的上皮内淋巴组织

intravasation　内向侵袭

inversion　倒位

ion-channel-linked receptor　离子通道型受体

iron regulatory protein，IRP　铁调节蛋白

isochromosome　等臂染色体

isotonic dehydration　等渗性脱水

isotonic hypoxia　等张性缺氧

IκB kinase，IKK　IκB激酶

jaundice　黄疸

juxtapulmonary capillary receptor　肺毛细血管旁感受器

kallikrein　激肽释放酶

kallikrein-kininprostraglandin-system，KKPGS　激肽释放酶-激肽-前列腺素系统

karyotype　核型

karyotype analysis　核型分析

killing　杀伤

kinin system　激肽系统

kininogen　激肽原

Kupffer cell　库普弗细胞

lactic dehydrogenase，LDH　乳酸脱氢酶

ladder pattern　梯状条带

laminin，LN　层粘连蛋白

lectin cell adhesion molecule，Lec-CAM　凝集素样细胞黏附分子

leg's muscle necrosis　腿肌坏死

leucocyte migration inhibitory factor，LIF　白细胞移动抑制因子

leukotriene，LT　白三烯

leukocyte 白细胞

leukocyte-CAM, Leu-CAM 白细胞黏附分子

leukocyte adhesion molecule-1, LAM-1 白细胞黏附分子-1

leukocyte endothelial cell adhesion molecule, LECAM 白细胞内皮细胞黏附分子

leukocyte endothelial cell adhesion molecule-1, LECAM-1 白细胞内皮细胞黏附分子-1

leukocyte pyrogen, LP 白细胞致热原

leukocytic margination 白细胞边集

leukotriene B_4, LTB_4 白三烯 B_4

leukotriene C_4, LTC_4 白三烯 C_4

leukotriene D_4, LTD_4 白三烯 D_4

liability 易患性

ligand 配体

lipid flipsite 脂翻转位点

lipid peroxide, LPO 脂质过氧化物

lipocortin-1 脂皮质蛋白-1

lipopolysaccharide, LPS 脂多糖

lipopolysaccharide binding protein, LBP 脂多糖结合蛋白

lipoxin, LX 脂氧素

lipoxygenase 脂加氧酶

local edema 局部性水肿

locoweed 疯草

LOOH 脂氢过氧化物

loss of the steady state 定态丧失

low-resistance shock 低阻力性休克

luteinizing hormone, LH 黄体生成素

lymph edema 淋巴性水肿

lymphnode homing receptor 淋巴结归巢受体

lymphocyte function associated antigen-2,3, LFA-2,3 淋巴细胞功能相关抗原-2,3

lymphokine, LK 淋巴因子

lymphotactin 淋巴细胞趋化蛋白

lymphotoxin, LT 淋巴毒素

lysozyme 溶菌酶

macrophage 巨噬细胞

macrophage activating factor, MAF 巨噬细胞活化因子

macrophage chemotactic factor, MCF 巨噬细胞趋化因子

macrophage colony stimulating factor, M-CSF 巨噬细胞集落刺激因子

macrophage differentiation antigen-1, Mac-1 巨噬细胞分化抗原-1

macrophage inflammatory protein-1, MIP-1 巨噬细胞炎症蛋白-1

macrophage migration inhibitory factor, MIF 巨噬细胞移动抑制因子

macrophage specific metalloproteinase-12, MMP-12 巨噬细胞特异性金属酶-12

malignant hyperthermia syndrome, MHS 恶性高温综合征

malignant stress 劣性应激

malignant systemic inflammation 恶性全身性炎症

malondialdehyde, MDA 丙二醛

medial amygdaloid nucleus, MAN 中杏仁核

metabolic acidosis 代谢性酸中毒

metabolic alkalosis 代谢性碱中毒

metalloproteinase 金属蛋白酶

metallothionein 金属硫蛋白

methemoglobin 高铁血红蛋白

methemoglobinemia 高铁血红蛋白血症

microangiopathic hemolytic anemia, MHA 微血管病性溶血性贫血

microcirculation 微循环

microthrombus 微血栓

mitochondrial DNA, mtDNA 线粒体DNA

mitochondrial pathway 线粒体途径

mitogen activated protein kinase, MAPK 丝裂原激活蛋白激酶

mixed acid-base disturbance 混合型酸碱平衡紊乱

mixed antagonist response syndrome, MARS 混合性抗炎反应综合征

molecular chaperone　分子伴侣

molecular disease　分子病

molecular mechanism　分子机制

molecular pathology　分子病理学

monocyte　单核细胞

monocyte chemoattractant protein，MCP　单核细胞趋化蛋白

monocyte chemotactic and activating factor，MCAF　单核细胞趋化激活因子

monokine，MK　单核因子

monokine inducing by IFN-γ，MIG　干扰素-γ诱导的单核细胞因子

mononuclear phagocyte，MNP　单核巨噬细胞

monosomy　单体

mosaic　嵌合体

mtp53　突变型*p53*基因

mucosal vascular addressin　黏膜血管定居因子

multi-colony stimulating factor，Multi-CSF　多系-集落刺激因子

multiple organ dysfunction syndrome，MODS　多器官功能障碍综合征

multiple organ failure，MOF　多器官功能衰竭

multiple system organ failure，MSOF　多系统器官功能衰竭

mutagen　诱变剂

mutation　突变

mutualism　互利共生

myasthenia gravis，MG　重症肌无力

myocardial contractility　心肌收缩性

myocardial depressant factor，MDF　心肌抑制因子

myocardial hypertrophy　心肌肥大

myoglobin，MGB　肌红蛋白

natriuretic hormone，NH　利钠激素

natural immunity　天然免疫

natural killer，NK　自然杀伤

natural killer T　特殊T细胞亚群

natural stress　自然应激

N-cadherin　神经-钙黏附素

necrosis　坏死

negative GRE，nGRE　负糖皮质激素反应元件

nephrogenic diabetes insipidus，NDI　肾性尿崩症

nerve growth factor，NGF　神经生长因子

neural cell adhesion molecule，NCAM　神经细胞黏附分子

neural mechanism　神经机制

neuregliacyte-cellular adhesion molecule，Ng-CAM　神经元-胶质细胞黏附分子

neurogrowth factor receptor，NGFR　神经生长因子受体

neuropeptide　神经肽

neutrophil activating protein-2，NAP-2　中性粒细胞活化蛋白-2

neutrophil derived prooxidant activity　中性粒细胞性促氧化剂活性

neutrophile chemotactic factor，NCF　中性粒细胞趋化因子

neutrophilic granulocyte，NG　中性粒细胞

NF-κB inducing kinase，NIK　NF-κB激酶

NG-monomethyl-L-arginine，L-NMA　一氧化氮合酶抑制剂单甲基L-精氨酸

nitric oxide，NO　一氧化氮自由基

nitric oxide synthase，NOS　一氧化氮合酶

NO^+　亚硝镓离子

$NO_2^{\cdot}$　二氧化氮自由基

nonbacterial clinical sepsis　非菌血症性临床败血症

non-constitutive　非结构性

noninvasive positive pressure ventilation，NPPV　非侵袭性正压通气

nonspecific immunity　非特异性免疫

nonspecific　非特异性

no-reflow　无复流

norepinephrine　去甲肾上腺素

nuclear factor of activated T cell, NFAT　活化T细胞核因子

nuclear factor-κB, nuclear factor kappa B, NF-κB　核转录因子κB

nuclear lamin　核层纤蛋白

nuclear receptor　核受体

nullisomic　缺体

nutritional edema　营养性水肿

O_3　臭氧

obstructive hypoventilation　阻（堵）塞性通气不足

obstructive sleep apnea-hypopnea syndrome, OSAHS　阻塞性睡眠呼吸暂停低通气综合征

octopamine　羟苯乙醇胺

ocular oxygen intoxication　眼型氧中毒

OH·　羟自由基

oliguria phase　少尿期

$ONOO^-$　过氧化亚硝酸阴离子

ONOOH　氢过氧化亚硝酸

opsonin　调理素

orange daylily　萱草

organism as a whole　机体作为一个整体

organum vasculosum of the laminae terminalis, OVLT　终板血管器

oxygen binding capacity, CO_2max　血氧容量

oxygen burst　氧爆发

oxygen content, CO_2　血氧含量

oxygen free radical, OFR　氧自由基

oxygen intoxication　氧中毒

oxygen saturation, SO_2　血氧饱和度

oxyhaemoglobin dissociation curve　氧合血红蛋白解离曲线

oxyhemoglobin, HbO_2　氧合血红蛋白

$PaCO_2$　二氧化碳分压

pale　灰白色

paracrine　旁分泌

parallel hyperplasia　并联性增生

parasite　寄生物

parasitism　寄生

parathyroid hormone, PTH　甲状旁腺激素

parenchymal renal failure　器质性肾功能衰竭

partial pressure of oxygen, PaO_2　血氧分压

pathogen　病原体

pathogenesis　发病学

pathogenic factor　致病因素

pathologic stress　病理性应激

paxillin　桩蛋白

P-cadherin　胎盘-钙黏附素

PCR-restriction fragment length polymorphism, PCR-RFLP　PCR-限制性片段长度多态性分析

PCR-single strand conformation polymorphism, PCR-SSCP　PCR-单链构象多态性分析

period of apparent wanifestation　症状明显期

period of outcome　转归期

periodic breathing　周期性呼吸

peripheral airway obstruction　外周性气道阻塞

peripheral respiratory failure　外周性（末梢性）呼吸衰竭

permeability transition pore, PTP　通透性转换孔

peroxynitrite, $ONOO^-$　过氧亚硝基阴离子

phagocytic cell　吞噬细胞

phagocytosis　吞噬作用

phagolysosome　吞噬-溶酶体

phagosome　吞噬体

phenylethanolamine　苯乙醇胺

phosphatidylinositol 3 kinase, PI_3K　磷脂酰肌醇3激酶

phosphatidylinositol-4,5-diphosphate, PIP_2　磷脂酰肌醇二磷酸

phosphodiesterase，PDE　磷酸二酯酶

phospholamban，PLB　受磷蛋白

phospholipase C，PLC　磷脂酶C

physical　躯体

physiologic stress　生理性应激

physiological dead space，V_D　生理无效腔

plasma protamin paracoagulation test，3P　血浆鱼精蛋白副凝固试验

platelet activating factor，PAF　血小板激活因子

platelet　血小板

platelet-activation-dependent granule-external membrane，PADGEM　血小板活化依赖性颗粒表面膜蛋白，P-选择素

platelet-derived growth factor，PDGF　血小板源性生长因子

polymerase chain reaction，PCR　聚合酶链反应

polyunsaturated fatty acid，PUFA　多聚不饱和脂肪酸

porcine stress syndrome，PSS　猪应激综合征

posttraumatic stress disorde，PTSD　创伤后应激障碍

potassium deletion　缺钾

pre-capillary pulmonary　肺前毛细血管

precipitating factor　诱因

precursor　前体

prekallikrein　前激肽释放酶

preoptic anterior hypothalamus，POAH　视前区下丘脑前部

pre-renal failure　肾前性功能衰竭

pressure load　压力负荷

pro-domain　原结构域

prodromal period　前驱期

programmed cell death，PCD　程序性细胞死亡

prolactin　催乳素

propagation　扩增，增殖

prostacyclin　前列环素

prostaglandin E，PGE　前列腺素E

prostaglandin，PG　前列腺素

protease　蛋白酶

protease-activated receptor，PAR　蛋白酶激活受体

protein kinase A，PKA　蛋白激酶A

protein kinase C，PKC　蛋白激酶C

protein tyrosine kinase，PTK　酪氨酸蛋白激酶

proteolytic enzyme　蛋白水解酶

proteomics　蛋白质组学

PS　磷脂酰丝氨酸

P-selectin　P-选择素

pseudohyperkalemia　假性高钾血症

psychologic　心理

psychologic factor　心理因素

PTH-related protein　PTH相关蛋白

pulmonary artery wedge pressure，PAWP　肺动脉楔压

pulmonary edema　肺水肿

pulmonary encephalopathy　肺性脑病

pulmonary oxygen intoxication　肺型氧中毒

pyrogen　致热原

pyrogenic activator　发热激活物

pyrrolidine　吡咯烷碱

qualitative character　质量性状

quantitative character　数量性状

R·　脂自由基

reactive oxygen species，ROS　活性氧

receptor desensitization　受体减敏

receptor disease　受体病

receptor down regulation　受体下调

receptor hypersensitivity　受体增敏

receptor of tyrosine kinase，RTK　酪氨酸蛋白激酶受体

receptor operated Ca^{2+} channel，ROCC　受体操纵型钙通道

receptor up regulation　受体上调

receptor-mediated signal transduction system

受体介导的信号转导系统

recessive edema 隐性水肿

recidivation 复发

recognition and attachment 识别及附着

recovery phase 恢复期

reduced glutathione 还原型谷胱甘肽

reduced upon activation, normal T cell expressed and secreted factor, RANTES因子 T细胞激活性低分泌因子

reductionistic approach 还原论方法

refractory stage of shock 休克难治期

renal edema 肾性水肿

renal insufficiency 肾功能不全

renin 肾素

renin-angiotensin system, RAS 肾素-血管紧张素系统

renin-angiotensin-aldosterone system, RAAS 肾素-血管紧张素-醛固酮系统

renin-angiotensin-aldosterone, RAA 肾素-血管紧张素-醛固酮

reserve accommodation 储备调节

resistance stage 抵抗期

respiratory acidosis 呼吸性酸中毒

respiratory alkalosis 呼吸性碱中毒

respiratory burst 呼吸爆发

respiratory failure, RF 呼吸衰竭

respiratory insufficiency 呼吸功能不全

restless leg syndrome 不宁腿综合征

restrictive hypoventilation 限制性通气不足

resuscitation 复活,复苏

rift valley fever 裂谷热

ring-chromosome 环形染色体

RO· 脂氧自由基

rolling 滚动

ROO· 脂过氧自由基

ROOH 氢过氧化物

salt intoxication 盐中毒

sarcoma virus 40, SV40 肉瘤病毒40

scavenging 清除

schistocyte 裂体细胞

second messenger 第二信使

selectin family 选择素家族

selectin 选择素

self-destructive 自体破坏

self-perpetuating amplification 自身持续放大

semiquinone radical 半醌类自由基

septic shock 败血性休克

sequential multiple organ failure, SMOF 序贯性器官衰竭

series hyperplasia 串联性增生

serotonin 血清素

serum amyloid A, SAA 血清淀粉样物质A

serum ornithine carbamyl transferase, SOCT 血清氨甲酰鸟氨酸转氨酶

serum response element, SRE 血清反应元件

serum response factor, SRF 血清反应因子

sFasL 可溶性Fas配休

shear injury 扭力损伤

shedding 脱落

shipping fever 运输热

shock 休克

shock cell 休克细胞

shock kidney 休克肾

shock lung 休克肺

sign 体征

signal transducers and activators of transcription, STAT 信号转录激活因子

silent infection 隐形感染

simple acid-base disturbance 单纯型酸碱平衡紊乱

skin reactive factor, SRF 皮肤反应因子

slow reacting substance of anaphylaxis, SRS-A 过敏性慢反应物质

slow reaction substance, SRS 慢反应物质

soft 柔软

soluble adhesion molecule, sAM 可溶性黏附分子

soluble cell adhesion molecules, sCAM 可

溶性细胞黏附分子

sorbitol dehydrogenase，SDH　山梨醇脱氢酶

specific immunity　特异性免疫

specificityproteinum-1，SP-1　特异性蛋白-1

spinal and bulbar muscular atrophy，SBMA　延髓脊髓性肌萎缩

splicing variants of CD_{44}，CD_{44v}　拼接变异体

spontaneous mutation　自发突变

stability of the milieu interne hypothesis　体内环境恒定学说

stage of biological death　生物学死亡期

stage of clinical death　临床死亡期

stagnant edema　淤血性水肿

standard bicarbonate，SB　标准碳酸氢盐

standard isoform of CD_{44}，CD_{44s}　标准型CD_{44}

staphylococcal enterotoxin B，SEB　葡萄球菌产生的肠毒素B

staphylococcal enterotoxin，SE　葡萄球菌肠毒素

state of complete well-being　完好状态

stem cell factor，SCF　干细胞因子

streptococcal pyrogenic exotoxin B，SPEB　化脓性链球菌产生的外毒素B

stress cardiopathy　应激性心脏病

stress disease　应激性疾病

stress protein　应激蛋白

stress related disease　应激相关疾病

stress response　应激反应

stress syndrome　应激综合征

stress ulcer　应激性溃疡

stress　应激

stressor　应激原

stroma cell-derived factor-1，SDF-1　基质细胞源性因子-1

subacute liver failure　亚急性肝功能衰竭

subfornical organ，SFO　穹窿下器

substance P　P物质

sudden death syndrome，SDS　猝死综合征

superantigen，SAg　超抗原

superoxide dismutase，SOD　超氧化物歧化酶

surface/membrane receptor　细胞表面或膜受体

symbiosis　共生

sympathetico-adrenomedullary system　交感-肾上腺髓质系统

symptom　症状

synoeciosis　偏利共生

system theory　系统论

systemic inflammatory response syndrome，SIRS　全身炎症反应综合征

T cell receptor，TCR　T细胞受体

tachykinin　速激肽

talin　踝蛋白

target cell　靶细胞

tensin　张力蛋白

terminal deletion　末端缺失

termination　终止

Terry's syndrome　眼晶体后纤维组织形成（特里综合征）

test cross　测交

tethering　系链，聚合

tetrahydrodeoxycorticosterone，THDOC　四氢脱氧皮质酮

tetrahydropregnenolone，THP　四氢孕烯醇酮

theory of ammonia intoxication　氨中毒学说

theory of false neurotransmitter　假性神经递质学说

theory of plasma amino acid imbalance　血浆氨基酸失衡学说

theory of γ-aminobutyric acid　γ-氨基丁酸学说

thiobarbituric acid reactant substance，TBARS　丙二酰硫脲酸试剂底物

thioredoxin，Trx　硫氧还蛋白

threatened homeostasis　自稳态威胁

thrombin　凝血酶

thrombospondin receptor，TSPR　血小板反

应蛋白受体

thromboxane，TX 血栓素，凝血噁烷

thromboxane A_2，TXA_2 血栓素 A_2

thyroid axis 甲状腺轴

thyroid stimulating hormone，TSH 促甲状腺激素

thyrotropin-releasing hormone，TRH 促甲状腺激素释放激素

thyroxin 甲状腺素

tidalvolume，V_T 潮气量

tissue factor，TF 组织因子

TNF receptor-associated death domain protein，TRADD蛋白 TNF受体相关死亡域蛋白

TNF receptor-associated factor 2，TRAF2 TNF受体相关因子2

TNF-α 肿瘤坏死因子-α

Toll-like receptor，TLR Toll样受体

Toll-like receptor 4，TLR4 Toll样受体4

toxic shock syndrome toxin，TSST 中毒性休克毒素

trade off hypothesis 矫枉失衡学说

transcellular biosynthetic mechanism 转细胞合成机制

transcellular fluid 跨细胞液

transferrin 运铁蛋白

transforming growth factor-α，TGF-α 转化生长因子-α

transforming growth factor-β，TGF-β 转化生长因子-β

transforming growth factor-β_1，TGF-β_1 转化生长因子-β_1

transition 转换

translocation 易位

transmembrane signal transduction 跨膜信号转导

transmigration 游出，穿越，跨膜迁移

transport disease 运输病

transudate 漏出液

transversion 颠换

traumatic shock 创伤性休克

triggering 激发，触发

trisomy 三体，三体性

true shunt 真性分流

tumor necrosis factor receptor，TNFR 肿瘤坏死因子受体

tumor necrosis factor，TNF 肿瘤坏死因子

tyrosine protein kinase，TPK 酪氨酸蛋白激酶

undetermined anion，UA 未测定的阴离子

undetermined cation，UC 未测定的阳离子

univalent leak 单价泄漏

up-regulation 上调

urea 尿素

uremia toxin 尿毒症毒素

uremia 尿毒症

uremic encephalopathy 尿毒症性脑病

vascular cell adhesion molecule 1，VCAM-1 血管细胞黏附分子1

vascular endothelial growth factor，VEGF 血管内皮生长因子

vascular intercellular adhesion molecule，VCAM 血管内皮细胞间黏附分子

vasoactive amine 血管活性胺

vasogenic shock 血管源性休克

vasopressin 加压素

vasoregulin 血管调节素

venous admixture 静脉血掺杂

ventilation RF 通气性呼吸衰竭

ventral septal area，VSA 腹中隔

ventricular compliance 心室顺应性

ventricular stiffness 心室僵硬度

very late appearing antigen，VLA 迟现抗原

vinculin 黏附斑蛋白

vitronectin receptor，VnR 玻连蛋白受体

voltage dependent Ca^{2+} channel，VDC 电压依赖性钙通道

volume load　容量负荷

von Willebrand factor，vWF　冯·维勒布兰
德因子

water intoxication　水中毒

watery pork　水猪肉

wtp53　野生型 *p53* 基因

xanthine/xanthine oxidase X/XO system，X/
XO　次黄嘌呤（或黄嘌呤）/黄嘌呤氧化
酶系统